普通高等教育"十一五"国家级规划教材

·计算机新技术应用系列丛书·

虚拟现实技术基础与应用

胡小强　编著

北京邮电大学出版社
·北京·

内容简介

自20世纪80年代末以来，虚拟现实技术作为一个完整的体系受到人们极大关注，成为一种新技术、新媒体，尤其最近几年发展极为迅速，并在各个领域中发挥出重要的作用。本书主要介绍了有关虚拟现实技术的概念、发展状况，虚拟现实系统的硬件组成，虚拟现实系统的相关技术，虚拟现实技术的工具软件等。全书共有7个章节，内容包括：虚拟现实技术概论、虚拟现实系统的硬件组成、虚拟现实系统的相关技术、虚拟现实技术的相关软件、全景技术、Cult3D技术、VRML虚拟现实建模语言。本书的配套光盘内容有虚拟现实系统相关工具软件、相关的制作素材、浏览插件、作品实例等。

本书内容较为系统、全面，编写时本着侧重于普及与应用的原则，在介绍虚拟现实技术必要理论知识的同时，还介绍了几个具有代表性的虚拟现实工具软件，并采用实例进行讲解，使读者能在较短的时间内对虚拟现实技术有所了解，并能进行应用。

本书可作为高等院校的图形图像、电子商务、教育技术学、动漫、多媒体技术、建筑、传媒技术、计算机应用等相关专业本科与高职高专学生教材，也可作为虚拟现实爱好者、虚拟现实技术应用人员的参考资料。

图书在版编目(CIP)数据

虚拟现实技术基础与应用/胡小强编著. ——北京：北京邮电大学出版社，2009(2019.7 重印)
ISBN 978-7-5635-1898-2

Ⅰ. 虚… Ⅱ. 胡… Ⅲ. 虚拟技术 Ⅳ. TP391.9

中国版本图书馆 CIP 数据核字(2009)第 020082 号

书　　　名：	虚拟现实技术基础与应用
作　　　者：	胡小强
责任编辑：	王志宇
出版发行：	北京邮电大学出版社
社　　　址：	北京市海淀区西土城路10号(邮编：100876)
发　行　部：	电话：010-62282185　传真：010-62283578
E-mail：	publish@bupt.edu.cn
经　　　销：	各地新华书店
印　　　刷：	北京九州迅驰传媒文化有限公司
开　　　本：	787 mm×1 092 mm　1/16
印　　　张：	21.5
字　　　数：	536 千字
版　　　次：	2009 年 2 月第 1 版　2019 年 7 月第 11 次印刷

ISBN 978-7-5635-1898-2　　　　　　　　　　　　　　　定价：38.00 元

· 如有印装质量问题，请与北京邮电大学出版社发行部联系 ·

前　言

随着计算机技术的高速发展、网络的普及，虚拟现实（Virtual Reality）技术迎来了一个发展的春天。它是近年来一项十分活跃的研究与应用技术。从20世纪80年代末被人们关注以来，目前发展极为迅速。美国一家杂志社在评选影响未来的十大科技水平时，Internet技术位居第一，虚拟现实技术名列第二。

虚拟现实技术是一系列高新技术的汇集，这些技术包括计算机技术、计算机图形学、传感技术、人体工程学、人机交互理论、多媒体技术等多项关键技术。虚拟现实技术是对这些技术更高层次的集成与渗透。虚拟现实技术、理论分析、科学实验，已成为人类探索客观世界规律的三大手段。据权威人士断言，虚拟现实技术将是21世纪信息技术的代表，可见其重要性。

虚拟现实技术的应用目前较为广泛，从军事方面到民用领域，已有很多的应用系统，并且已经在多个领域中发挥着重要的作用。在军事、航天、医学、工业、商业、娱乐业、建筑、教育等领域都有极大的发展潜力，在今后的几年中，发展将会更为迅速。虚拟现实技术的出现必将对我们的生活、工作带来巨大的冲击，是一项值得关注的重要技术。

尽管如此，但是现在的虚拟现实技术就像当初问世的计算机、互联网一样，并不为世人所熟悉，也没有引起人们足够关注，甚至连计算机相关专业人员也了解甚少，国内外相关的书籍和资料寥寥无几，业界也重视不足，并且我国虚拟现实技术水平与国外相比有较大的差距。所以，笔者认为很有必要加强这一技术方面的教育，特别在相关专业领域、在高等教育中，增加虚拟现实技术相关的内容，以吸引更多的人了解它、关注它、研究它、应用它，以推动我国虚拟现实技术的应用与普及。

在本书的编写中主要侧重于虚拟现实技术的应用，书中介绍了虚拟现实技术的基本概念、基础理论，虚拟现实系统的硬件设备，虚拟现实中的相关技术等，并介绍了几个基于桌面型虚拟现实技术的实用工具软件。

在编写过程中，得到何玲、赵自明、况扬、蒋先梅、陈兰丽、李艳、陈美芳、张莉琴、袁玖根、江婕、魏丹丹等同志的大力帮助，在此衷心表示感谢。书中很多资料来源于网络，得到了很多网友的帮助，在此一并表示感谢。

虚拟现实技术是一门交叉性很强的学科，随着相关技术的发展而处于飞速发展中，同时很多相关的技术标准尚未完善，加之作者水平与学识有限，时间仓促，书中难免有错漏之处，恳请读者批评指正。如需要本书的电子教案、教学素材、相关软件，请通过 vrbook@126.com 进行联系。

目 录

第1章 虚拟现实技术概论

1.1 虚拟现实技术概述 ………………………………………………………… 2
  1.1.1 虚拟现实技术的定义 …………………………………………… 2
  1.1.2 虚拟现实技术的发展历程 ……………………………………… 3
  1.1.3 虚拟现实系统的组成 …………………………………………… 7
  1.1.4 虚拟现实技术与其他技术 ……………………………………… 8
  1.1.5 虚拟现实技术的实现意义与影响 ……………………………… 12
1.2 虚拟现实技术的特性 ……………………………………………………… 14
  1.2.1 沉浸性 …………………………………………………………… 14
  1.2.2 交互性 …………………………………………………………… 16
  1.2.3 想象性 …………………………………………………………… 16
1.3 虚拟现实系统分类 ………………………………………………………… 17
  1.3.1 沉浸式虚拟现实系统 …………………………………………… 17
  1.3.2 桌面式虚拟现实系统 …………………………………………… 19
  1.3.3 增强式虚拟现实系统 …………………………………………… 20
  1.3.4 分布式虚拟现实系统 …………………………………………… 21
1.4 虚拟现实系统中人的因素 ………………………………………………… 22
  1.4.1 人的视觉 ………………………………………………………… 23
  1.4.2 人的听觉 ………………………………………………………… 25
  1.4.3 身体感觉 ………………………………………………………… 27
  1.4.4 健康与安全问题 ………………………………………………… 29
1.5 虚拟现实技术的研究 ……………………………………………………… 30
  1.5.1 国外的研究状况 ………………………………………………… 30
  1.5.2 国内的研究状况 ………………………………………………… 32
  1.5.3 目前存在的问题 ………………………………………………… 33
  1.5.4 今后的研究方向 ………………………………………………… 34
1.6 虚拟现实技术的应用 ……………………………………………………… 35
  1.6.1 军事与航空航天 ………………………………………………… 35
  1.6.2 教育与培训 ……………………………………………………… 38

  1.6.3 建筑设计与城市规划 41
  1.6.4 娱乐、文化艺术 43
  1.6.5 商业领域 47
  1.6.6 工业应用 48
  1.6.7 医学领域 50
 习题 52

第 2 章 虚拟现实系统的硬件设备

 2.1 虚拟现实系统的输入设备 53
  2.1.1 基于自然的交互设备 53
  2.1.2 三维定位跟踪设备 61
 2.2 虚拟系统的输出设备 69
  2.2.1 视觉感知设备 70
  2.2.2 听觉感知设备 81
  2.2.3 触觉(力觉)反馈设备 83
 2.3 虚拟世界生成设备 90
  2.3.1 基于 PC 的 VR 系统 91
  2.3.2 基于图形工作站的 VR 系统 92
  2.3.3 超级计算机 94
 习题 95

第 3 章 虚拟现实系统的相关技术

 3.1 立体显示技术 97
  3.1.1 彩色眼镜法 98
  3.1.2 偏振光眼镜法 99
  3.1.3 串行式立体显示法 99
  3.1.4 裸眼立体显示实现技术 100
 3.2 环境建模技术 101
  3.2.1 几何建模技术 102
  3.2.2 物理建模技术 103
  3.2.3 行为建模技术 104
  3.2.4 听觉的建模技术 105
 3.3 真实感实时绘制技术 106
  3.3.1 真实感绘制技术 106
  3.3.2 基于几何图形的实时绘制技术 108
  3.3.3 基于图像的实时绘制技术 111
 3.4 三维虚拟声音的实现技术 111
  3.4.1 三维虚拟声音的概念与作用 112
  3.4.2 三维虚拟声音的特征 112

3.4.3 语音识别技术 ⋯⋯⋯⋯⋯⋯⋯⋯⋯⋯⋯⋯⋯⋯⋯⋯⋯⋯⋯⋯⋯⋯⋯⋯⋯⋯⋯⋯⋯⋯ 113
　　3.4.4 语音合成技术 ⋯⋯⋯⋯⋯⋯⋯⋯⋯⋯⋯⋯⋯⋯⋯⋯⋯⋯⋯⋯⋯⋯⋯⋯⋯⋯⋯⋯⋯⋯ 114
3.5 自然交互与传感技术 ⋯⋯⋯⋯⋯⋯⋯⋯⋯⋯⋯⋯⋯⋯⋯⋯⋯⋯⋯⋯⋯⋯⋯⋯⋯⋯⋯⋯⋯⋯ 114
　　3.5.1 手势识别 ⋯⋯⋯⋯⋯⋯⋯⋯⋯⋯⋯⋯⋯⋯⋯⋯⋯⋯⋯⋯⋯⋯⋯⋯⋯⋯⋯⋯⋯⋯⋯⋯ 116
　　3.5.2 面部表情识别 ⋯⋯⋯⋯⋯⋯⋯⋯⋯⋯⋯⋯⋯⋯⋯⋯⋯⋯⋯⋯⋯⋯⋯⋯⋯⋯⋯⋯⋯⋯ 117
　　3.5.3 眼动跟踪 ⋯⋯⋯⋯⋯⋯⋯⋯⋯⋯⋯⋯⋯⋯⋯⋯⋯⋯⋯⋯⋯⋯⋯⋯⋯⋯⋯⋯⋯⋯⋯⋯ 118
　　3.5.4 触觉(力觉)反馈传感技术 ⋯⋯⋯⋯⋯⋯⋯⋯⋯⋯⋯⋯⋯⋯⋯⋯⋯⋯⋯⋯⋯⋯⋯⋯⋯ 119
3.6 实时碰撞检测技术 ⋯⋯⋯⋯⋯⋯⋯⋯⋯⋯⋯⋯⋯⋯⋯⋯⋯⋯⋯⋯⋯⋯⋯⋯⋯⋯⋯⋯⋯⋯⋯ 119
　　3.6.1 碰撞检测的要求 ⋯⋯⋯⋯⋯⋯⋯⋯⋯⋯⋯⋯⋯⋯⋯⋯⋯⋯⋯⋯⋯⋯⋯⋯⋯⋯⋯⋯⋯ 120
　　3.6.2 碰撞检测的实现方法 ⋯⋯⋯⋯⋯⋯⋯⋯⋯⋯⋯⋯⋯⋯⋯⋯⋯⋯⋯⋯⋯⋯⋯⋯⋯⋯⋯ 120
习题 ⋯⋯ 121

第4章 虚拟现实技术的相关软件

4.1 建模工具软件 ⋯⋯⋯⋯⋯⋯⋯⋯⋯⋯⋯⋯⋯⋯⋯⋯⋯⋯⋯⋯⋯⋯⋯⋯⋯⋯⋯⋯⋯⋯⋯⋯⋯⋯ 122
　　4.1.1 3DS MAX ⋯⋯⋯⋯⋯⋯⋯⋯⋯⋯⋯⋯⋯⋯⋯⋯⋯⋯⋯⋯⋯⋯⋯⋯⋯⋯⋯⋯⋯⋯⋯⋯ 123
　　4.1.2 Maya ⋯⋯⋯⋯⋯⋯⋯⋯⋯⋯⋯⋯⋯⋯⋯⋯⋯⋯⋯⋯⋯⋯⋯⋯⋯⋯⋯⋯⋯⋯⋯⋯⋯⋯ 125
　　4.1.3 Multigen Creator 系列 ⋯⋯⋯⋯⋯⋯⋯⋯⋯⋯⋯⋯⋯⋯⋯⋯⋯⋯⋯⋯⋯⋯⋯⋯⋯⋯⋯ 127
4.2 开发工具软件 ⋯⋯⋯⋯⋯⋯⋯⋯⋯⋯⋯⋯⋯⋯⋯⋯⋯⋯⋯⋯⋯⋯⋯⋯⋯⋯⋯⋯⋯⋯⋯⋯⋯⋯ 128
　　4.2.1 虚拟世界工具箱 WTK ⋯⋯⋯⋯⋯⋯⋯⋯⋯⋯⋯⋯⋯⋯⋯⋯⋯⋯⋯⋯⋯⋯⋯⋯⋯⋯⋯ 129
　　4.2.2 Vega 系列 ⋯⋯⋯⋯⋯⋯⋯⋯⋯⋯⋯⋯⋯⋯⋯⋯⋯⋯⋯⋯⋯⋯⋯⋯⋯⋯⋯⋯⋯⋯⋯⋯ 130
4.3 Web3D 技术 ⋯⋯⋯⋯⋯⋯⋯⋯⋯⋯⋯⋯⋯⋯⋯⋯⋯⋯⋯⋯⋯⋯⋯⋯⋯⋯⋯⋯⋯⋯⋯⋯⋯⋯⋯ 133
　　4.3.1 Web3D 的发展过程 ⋯⋯⋯⋯⋯⋯⋯⋯⋯⋯⋯⋯⋯⋯⋯⋯⋯⋯⋯⋯⋯⋯⋯⋯⋯⋯⋯⋯ 134
　　4.3.2 Web3D 技术的特点 ⋯⋯⋯⋯⋯⋯⋯⋯⋯⋯⋯⋯⋯⋯⋯⋯⋯⋯⋯⋯⋯⋯⋯⋯⋯⋯⋯⋯ 136
　　4.3.3 其他基于 Web 的 3D 技术 ⋯⋯⋯⋯⋯⋯⋯⋯⋯⋯⋯⋯⋯⋯⋯⋯⋯⋯⋯⋯⋯⋯⋯⋯⋯ 138
　　4.3.4 Web3D 技术应用与发展 ⋯⋯⋯⋯⋯⋯⋯⋯⋯⋯⋯⋯⋯⋯⋯⋯⋯⋯⋯⋯⋯⋯⋯⋯⋯⋯ 145
习题 ⋯⋯ 147

第5章 全景技术

5.1 全景技术概述 ⋯⋯⋯⋯⋯⋯⋯⋯⋯⋯⋯⋯⋯⋯⋯⋯⋯⋯⋯⋯⋯⋯⋯⋯⋯⋯⋯⋯⋯⋯⋯⋯⋯⋯ 149
　　5.1.1 全景技术的特点 ⋯⋯⋯⋯⋯⋯⋯⋯⋯⋯⋯⋯⋯⋯⋯⋯⋯⋯⋯⋯⋯⋯⋯⋯⋯⋯⋯⋯⋯ 149
　　5.1.2 全景技术的分类 ⋯⋯⋯⋯⋯⋯⋯⋯⋯⋯⋯⋯⋯⋯⋯⋯⋯⋯⋯⋯⋯⋯⋯⋯⋯⋯⋯⋯⋯ 149
　　5.1.3 常见的全景技术 ⋯⋯⋯⋯⋯⋯⋯⋯⋯⋯⋯⋯⋯⋯⋯⋯⋯⋯⋯⋯⋯⋯⋯⋯⋯⋯⋯⋯⋯ 151
　　5.1.4 常见全景的文件格式 ⋯⋯⋯⋯⋯⋯⋯⋯⋯⋯⋯⋯⋯⋯⋯⋯⋯⋯⋯⋯⋯⋯⋯⋯⋯⋯⋯ 156
5.2 全景作品制作前期拍摄 ⋯⋯⋯⋯⋯⋯⋯⋯⋯⋯⋯⋯⋯⋯⋯⋯⋯⋯⋯⋯⋯⋯⋯⋯⋯⋯⋯⋯⋯⋯ 157
　　5.2.1 硬件设备 ⋯⋯⋯⋯⋯⋯⋯⋯⋯⋯⋯⋯⋯⋯⋯⋯⋯⋯⋯⋯⋯⋯⋯⋯⋯⋯⋯⋯⋯⋯⋯⋯ 157
　　5.2.2 全景照片拍摄方法 ⋯⋯⋯⋯⋯⋯⋯⋯⋯⋯⋯⋯⋯⋯⋯⋯⋯⋯⋯⋯⋯⋯⋯⋯⋯⋯⋯⋯ 165
5.3 全景作品的后期制作 ⋯⋯⋯⋯⋯⋯⋯⋯⋯⋯⋯⋯⋯⋯⋯⋯⋯⋯⋯⋯⋯⋯⋯⋯⋯⋯⋯⋯⋯⋯⋯ 168
　　5.3.1 柱形全景作品制作 ⋯⋯⋯⋯⋯⋯⋯⋯⋯⋯⋯⋯⋯⋯⋯⋯⋯⋯⋯⋯⋯⋯⋯⋯⋯⋯⋯⋯ 168
　　5.3.2 球形全景作品制作 ⋯⋯⋯⋯⋯⋯⋯⋯⋯⋯⋯⋯⋯⋯⋯⋯⋯⋯⋯⋯⋯⋯⋯⋯⋯⋯⋯⋯ 171

  5.3.3 对象全景作品的制作 ………………………………………………… 184

 习题 ……………………………………………………………………………… 188

第6章 Cult3D 技术

 6.1 Cult3D 概述 …………………………………………………………………… 189

  6.1.1 Cult3D 的特点与组成 …………………………………………………… 189

  6.1.2 Cult3D 的工作流程 ……………………………………………………… 191

  6.1.3 Cult3D 窗口简介 ………………………………………………………… 195

 6.2 Cult3D 制作实例 ……………………………………………………………… 202

  6.2.1 基本三维展示 …………………………………………………………… 202

  6.2.2 高级交互设置 …………………………………………………………… 212

 6.3 Cult3D 应用展示 ……………………………………………………………… 226

  6.3.1 在网络中的应用 ………………………………………………………… 226

  6.3.2 在 PowerPoint 中插入 Cult3D 作品 …………………………………… 230

  6.3.3 在 Authorware 中插入 Cult3D 作品 …………………………………… 230

 习题 ……………………………………………………………………………… 232

第7章 VRML 虚拟现实建模语言

 7.1 VRML 语言概述 ……………………………………………………………… 233

  7.1.1 VRML 的特点 …………………………………………………………… 234

  7.1.2 VRML 的运行环境 ……………………………………………………… 234

 7.2 VRML 场景的编辑与浏览 …………………………………………………… 234

  7.2.1 VRML 的编辑器 ………………………………………………………… 234

  7.2.2 VRML 场景的浏览器 …………………………………………………… 237

 7.3 VRML 基础 …………………………………………………………………… 245

  7.3.1 VRML 的语法与结构 …………………………………………………… 245

  7.3.2 VRML 节点 ……………………………………………………………… 247

 7.4 创建基本几何造型 …………………………………………………………… 250

  7.4.1 外形节点 Shape 的使用 ………………………………………………… 250

  7.4.2 构建虚拟场景的几何造型 geometry 域 ……………………………… 251

  7.4.3 设置对象的外观和材质 ………………………………………………… 252

  7.4.4 创建基本几何造型 ……………………………………………………… 253

  7.4.5 添加文本造型 …………………………………………………………… 256

  7.4.6 点、线、面的构建 ……………………………………………………… 258

 7.5 虚拟造型中的群节点 ………………………………………………………… 267

  7.5.1 内联节点 ………………………………………………………………… 267

  7.5.2 编组节点 ………………………………………………………………… 268

  7.5.3 物体的空间坐标变换 …………………………………………………… 270

  7.5.4 细节层次节点 …………………………………………………………… 272

7.5.5 Anchor 锚节点 …… 274
7.6 虚拟场景环境的设置 …… 276
7.6.1 在虚拟场景中添加背景 …… 276
7.6.2 为造型添加纹理 …… 278
7.6.3 虚拟环境中添加光照 …… 281
7.6.4 虚拟环境中添加声音 …… 287
7.6.5 虚拟环境中视点变换 …… 293
7.7 动画效果的实现 …… 296
7.7.1 时间传感器节点 …… 296
7.7.2 利用插补器构造动画 …… 297
7.8 交互功能的实现 …… 302
7.8.1 触摸型传感器的使用 …… 302
7.8.2 感知型传感器的使用 …… 308
7.9 VRML 通用接口 …… 312
7.9.1 Script 脚本节点 …… 313
7.9.2 VRML 与网络 …… 316
7.9.3 VRML 与 Cult3D …… 319
7.9.4 VRML 与 Office …… 319
7.10 VRML 与 3DS MAX …… 320
7.10.1 3DS MAX 的场景导出 …… 320
7.10.2 在 3DS MAX 中插入节点 …… 321
7.11 VRML 程序的优化 …… 324
7.11.1 文件容量的优化 …… 324
7.11.2 提高渲染速度 …… 325
7.12 X3D 介绍 …… 327
7.12.1 X3D 概述 …… 327
7.12.2 X3D 基本语法 …… 328
7.12.3 X3D 浏览器与编辑工具 …… 330
7.12.4 X3D-VRML 格式转换 …… 331
习题 …… 332

参考网站 …… 333

参考文献 …… 334

第1章 虚拟现实技术概论

【学习目标】
1. 掌握虚拟现实技术的基本概念
2. 掌握虚拟现实技术的分类、特性
3. 掌握虚拟现实系统的组成
4. 了解虚拟现实系统中人的因素
5. 了解虚拟现实技术与其他学科的关系
6. 了解虚拟现实技术的研究与应用状况

虚拟现实技术,又称"灵境技术"、"虚拟环境"、"赛伯空间"等,原来是美国军方开发研究出来的一种计算机技术,其主要目的是用于军事上的仿真,在美国军方内部使用。一直到20世纪80年代末期,虚拟现实技术才开始作为一个较完整的体系受到人们极大关注。

虚拟现实技术是20世纪以来科学技术进步的结晶,集中体现了计算机技术、计算机图形学、多媒体技术、传感技术、显示技术、人体工程学、人机交互理论、人工智能等多个领域的最新成果。它以计算机技术为主,利用计算机和一些特殊的输入/输出设备来营造出一个"看起来像真的、听起来像真的、摸起来像真的、嗅起来像真的、尝起来像真的"多感官的三维虚拟世界。在这个虚拟世界中,人与虚拟世界可进行自然的交互,能实时产生与真实世界相同的感觉,使人与虚拟世界融为一体,即人们可以直接观察与感知周围世界及物体的内在变化,与虚拟世界中的物体之间进行自然的交互(包括感知环境并干预环境)。

虚拟现实从英文"Virtual Reality"一词翻译过来,"Virtual"的含义即这个世界或环境是虚拟的,不是真实的,是由计算机生成的,存在于计算机内部的世界;"Reality"的含义是真实的世界或现实的环境,把两者合并起来就称为虚拟现实,也就是说采用计算机等设备,并通过各种技术手段创建出一个新的环境,让人感觉到就如同处在真实的客观世界一样。

虚拟现实技术现在已成为信息领域中继多媒体技术、网络技术之后被广泛关注及研究、开发与应用的热点,也是目前发展最快的一项多学科综合技术。

虚拟现实技术的发展与普及,有十分重大的意义。它改变了过去人与计算机之间枯燥、生硬、被动的交流方式,使人机之间的交互变得更为人性化,为人机交互接口开创了新的研究领域,为智能工程的应用提供了新的接口工具,为各类工程的大规模数据可视化提供了新的描述方法,也同时改变了人们的工作方式和生活方式,改变了人们的思想观念。虚拟现实技术已成为一门艺术、一种文化,深入到我们的生活中。

据有关权威人士断言,在21世纪,人类将进入虚拟现实的科技新时代,虚拟现实技术将是信息技术的代表,与多媒体技术、网络技术并称为三大前景最好的计算机技术。目前,虚拟现实技术、理论分析、科学实验也已成为人类探索客观世界规律的三大手段。

1.1 虚拟现实技术概述

1.1.1 虚拟现实技术的定义

关于虚拟现实技术的定义,目前尚无统一的标准,有多种不同的定义,主要分为狭义和广义两种。

所谓狭义的定义,认为虚拟现实技术就是一种先进的人机交互方式。在这种情况下,虚拟现实技术被称之为"基于自然的人机接口",在虚拟现实环境中,用户看到的是彩色的、立体的、随视点不同而变化的景象,听到的是虚拟环境中的声响,手、脚等身体部位可以感受到虚拟环境反馈给他的作用力,由此使用户产生一种身临其境的感觉。换而言之,也就是说人以与感受真实世界一样的(自然的)方式来感受计算机生成的虚拟世界,具有与真实世界中一样的感觉。

所谓广义的定义,认为虚拟现实技术是对虚拟想象(三维可视化的)或真实的、多感官的三维虚拟世界的模拟。它不仅仅是一种人机交互接口,更主要的是对虚拟世界内部的模拟。人机交互接口采用虚拟现实的方式,对某个特定环境真实再现后,用户通过自然的方式接受和响应模拟环境的各种感官刺激,与虚拟世界中的人及物体进行思想和行为等方面的交流,使用户产生身临其境的感觉。

虚拟现实系统产生的虚拟世界不同于一般的虚拟世界,虚拟现实产生的虚拟世界可以称为"三维的、由计算机生成的、存在于计算机内部的虚拟世界",这个虚拟世界或环境一定是人工构造的。这种虚拟的世界,通常有两种情况:一种情况是真实世界的再现。如文物古迹保护中真实建筑物的虚拟重建。这种真实建筑物可能是已经建好的;或是已经设计好但尚未建成的;也可能是原来完好的,现在被损坏了的。另一种情况是完全虚拟的人造世界。如在虚拟风洞中,借助可视化技术构造的虚拟风洞世界或在三维动画设计中形成的人工构造的虚拟世界。如果涉及接口的话,则称之为"具有虚拟现实接口的由计算机生成的多维虚拟世界"。而一般虚拟世界的定义,也就成了"使人有参与感、可与之交互的非真实的世界",这种世界并不一定是由计算机生成的,如电影拍摄所搭建的场景,人的参与感、沉浸性也不一定要像虚拟现实系统那样强烈。

综上所述,虚拟现实技术的定义可以归纳如下:虚拟现实技术是指采用以计算机技术为核心的现代高科技手段生成逼真的视觉、听觉、触觉、嗅觉、味觉等一体化的虚拟环境,用户借助一些特殊的输入/输出设备,采用自然的方式与虚拟世界中的物体进行交互,相互影响,从而产生亲临真实环境的感受和体验。其中,虚拟环境即指计算机生成的、色彩鲜明的立体图形,它可以是某一特定现实世界的真实体现,也可以是纯粹构想的虚拟世界;特殊的输入与输出设备是指如立体头盔式显示器、数据手套、数据衣等穿戴于用户身上和设置于现实环境中的传感设备(不直接穿戴在身上);自然的交互是指用户在日常生活中对物体进行操作并得到实时立体反馈,如手的移动、头的转动、人的走动等。

从虚拟现实技术的相关定义可以看出,其在人机交互的方面有了很大的改进。

1. 人机接口形式的改进

传统的计算机通常使用显示器、键盘、鼠标等接口设备进行交互,这些设备基本能满足各类数据和多媒体信息交互,以至于计算机发明的几十年以来一直是采用键盘与鼠标进行输入,这类接口设备是面向计算机开发的,人们操作计算机就必须学习这些设备的相关操作。而在虚拟现实系统中,强调基于自然的交互方式,采用三维鼠标、头盔式显示器、数据手套、空间跟踪设备,通过这些特殊的输入与输出设备,用户可以利用自己的视觉、听觉、触觉(力觉)、嗅觉等来感知环境,用自然的方式来与虚拟世界进行互动,这些设备不是特别为计算机设计的而是专门为人设计的。这也是虚拟现实技术中最有特色的内容,充分体现了计算机人机接口的新方向。

2. 人机交互内容的改进

计算机从 20 世纪 40 年代发明以来,最早的应用就是数值计算。当时,主要处理与计算有关的数值。此后,计算机的处理扩大到处理数值、字符串、文本等各类数据。近年来,更扩大到处理图像、图形、声音、动画等多种媒体信息。虚拟现实系统中,由计算机提供的不仅是"数据、信息",而且还包括多种媒体信息的"环境",以环境作为计算机处理的对象和人机交互的内容。人机交互内容的改进,开拓了计算机应用的新思路,体现了计算机应用的新方向。

3. 人机接口效果的改进

在虚拟现实系统中,用户通过特殊设备与虚拟境进行自然的交互,得到逼真的视觉、听觉、触觉、嗅觉等感知效果,使人产生身临其境的感觉,好象人置身于真实世界中一样,这也就大大改进了人机交互的效果,同时也体现了人机交互的一个发展要求。

由于虚拟现实技术而产生的具有交互作用的虚拟世界,使得人机交互接口更加形象和逼真,激发了人们对虚拟现实技术的兴趣。近十年来,国内外对虚拟现实技术的应用较广泛,在军事与航空航天、工业、商业、医学、教育、娱乐业、建筑等多个领域也得到越来越广泛的应用,并取得了巨大的经济效益与社会效益。正是因为虚拟现实技术是一个发展前景非常广阔的新技术,人们对它充满了憧憬。

1.1.2　虚拟现实技术的发展历程

虚拟现实技术像大多数技术一样,不是突然出现的,它经过军事、企业界及学术实验室长时间研制开发后才进入民用领域。虽然它在 20 世纪 80 年代后期被世人关注,但其实早在 20 世纪 50 年代中期就有人提出这一构想。计算机刚在美国、英国的一些大学相继出现,电子技术还处于以真空电子管为基础的时候,美国电影摄影师 Morton Heilig 就成功地利用电影技术,通过"拱廊体验"让观众经历了一次沿着美国曼哈顿的想象之旅。但由于当时各方面的条件制约,如缺乏相应的技术支持、没有合适的传播载体、硬件处理设备缺乏等原因,虚拟现实技术没有得到很大的发展,直到 20 世纪 80 年代末,随着计算机技术的高速发展及 Internet 技术的普及,才使得虚拟现实技术得到广泛的应用。

虚拟现实技术的发展大致分为 3 个阶段:在 20 世纪 70 年代以前,是虚拟现实技术的探索阶段;80 年代初期到 80 年代中期,是虚拟现实技术系统化、从实验室走向实用的阶段;80 年代末期到 21 世纪初,是虚拟现实技术高速发展的阶段。

1. 虚拟现实技术的探索阶段

1929年,在许多年使用教练机训练器(机翼变短,不能产生离开地面所需的足够提升力)进行飞行训练之后,Edwin A. Link 发明了简单的机械飞行模拟器,在室内某一固定的地点训练飞行员,使乘坐者的感觉和坐在真的飞机上一样,使受训者可以通过模拟器学习如何进行飞行操作。

1956年,在全息电影的启发下,Morton Heilig 研制出一套称为 Sensorama 的多通道体验的显示系统,如图1-1-1所示。这是一套只供一人观看、具有多种感官刺激的立体显示装置,它是模拟电子技术在娱乐方面的具体应用。它模拟驾驶汽车沿曼哈顿街区行走,它生成立体的图像、立体的声音效果,并产生不同的气味,座位也能根据场景的变化产生摇摆或振动,还能感觉到有风在吹动。在当时,这套设备非常先进,但观众只能观看而不能改变所看到的和所感受到的世界,也就是说无交互操作功能。1960年,Morton Heilig 获得单人使用立体电视设备的美国专利,该专利蕴涵了虚拟现实技术的思想。

图 1-1-1 Sensorama 立体电影系统

1965年,计算机图形学的奠基者美国科学家 Ivan Sutherland 博士在国际信息处理联合会大会上发表了一篇名为"The Ultimate Display(终极显示)"的论文,文中提出了感觉真实、交互真实的人机协作新理论,这是一种全新的、富有挑战性的图形显示技术,即能否不通过计算机屏幕这个窗口来观看计算机生成的虚拟世界,而是使观察者直接沉浸在计算机生成的虚拟世界之中,就像我们生活在客观世界中一样:随着观察者随意地转动头部与身体

(即改变视点),他所看到场景(即由计算机生成的虚拟世界)就会随之发生变化,同时,他还可以用手、脚等部位以自然的方式与虚拟世界进行交互,虚拟世界会产生相应的反应,从而使观察者有一种身临其境的感觉。这一理论后来被公认为在虚拟现实技术中起着里程碑的作用,所以 Ivan Sutherland 既被称为是"计算机图形学"之父,也是"虚拟现实技术"之父。

1966 年,美国的 MIT 林肯实验室在海军科研办公室的资助下,研制出了第一个头盔式显示器(HMD)。

1967 年,美国北卡罗来纳大学开始了 Grup 计划,研究探讨力反馈(Force Feedback)装置。该装置可以将物理压力通过用户接口传给用户,可以使人感到一种计算机仿真力。

1968 年,Ivan Sutherland 在哈佛大学的组织下开发了头盔式立体显示器(Helmet Mounted Display,HMD),他使用两个可以戴在眼睛上的阴极射线管(CRT)研制出了头盔式显示器,并发表了"A Head-Mounted 3D Display"的论文,对头盔式显示器装置的设计要求、构造原理进行了深入的分析,并描绘出了这个装置的设计原型,成为三维立体显示技术的奠基性成果。在 HMD 的样机完成后不久,研制者们又反复研究,在此基础上把能够模拟力量和触觉的力反馈装置加入到这个系统中,并于 1970 年研制出了一个功能较齐全的头盔式显示器系统。如图 1-1-2 所示。

 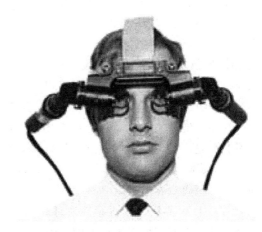

图 1-1-2　虚拟现实技术之父 Ivan Sutherland 与他设计的头盔式显示器

1973 年,Myron Krurger 提出了"Artificial Reality(人工现实)",这是早期出现的虚拟现实的词语。

2. 虚拟现实技术系统化阶段

从 20 世纪 80 年代初到 80 年代中期,开始形成虚拟现实技术的基本概念。这一时期出现了两个比较典型的虚拟现实系统,即 VIDEOPLACE 与 VIEW 系统。

20 世纪 80 年代初,美国的 DARPA(Defense Advanced Research Projects Agency)为坦克编队作战训练开发了一个实用的虚拟战场系统 SIMNET。其主要原因是为了减少训练费用,提高安全性,另外也可减轻对环境的影响(爆炸和坦克履带会严重破坏训练场地)。这项计划的结果是,产生了使在美国和德国的二百多个坦克模拟器联成一体的 SIMNET 模拟网络,并在此网络中模拟作战。

进入 20 世纪 80 年代,美国宇航局(NASA)及美国国防部组织了一系列有关虚拟现实技术的研究,并取得了令人瞩目的研究成果,从而引起了人们对虚拟现实技术的广泛关注。

1984年,NASA Ames研究中心虚拟行星探测实验室的M. McGreevy和J. Humphries博士组织开发了用于火星探测的虚拟世界视觉显示器,将火星探测器发回的数据输入计算机,为地面研究人员构造了火星表面的三维虚拟世界。在随后的虚拟交互世界工作站(VIEW)项目中,他们又开发了通用多传感个人仿真器和遥控设备。

1985年,WPAFB和Dean Kocian共同开发了VCASS飞行系统仿真器。

1986年可谓硕果累累,Furness提出了一个叫作"虚拟工作台"(Virtual Crew Station)的革命性概念;Robinett与合作者Fisher、Scott S、James Humphries、Michael McGreevy发表了早期的虚拟现实系统方面的论文"The Virtual Environment Display System";Jesse Eichenlaub提出开发一个全新的三维可视系统,其目标是使观察者不使用那些立体眼镜、头跟踪系统、头盔等笨重的辅助设备也能看到同样效果的三维世界。这一愿望在1996年得以实现,因为有了2D/3D转换立体显示器的发明。

1987年,James. D. Foley教授在具有影响力的《科学的美国》上发表了一篇题为《先进的计算机接口》(Interfaces for Advanced Computing)一文;另外还有一篇报导数据手套的文章,这篇文章及其后在各种报刊上发表的虚拟现实技术的文章引起了人们的极大兴趣。

1989年,基于20世纪60年代以来所取得的一系列成就,美国的VPL公司的创始人Jaron Lanier正式提出了"Virtual Reality"一词。在当时研究此项技术的目的是提供一种比传统计算机仿真更好的方法。

3. 虚拟现实技术高速发展的阶段

1992年,美国Sense 8公司开发了"WTK"开发包,为VR技术提供更高层次上的应用。

1996年10月31日,世界上第一场虚拟现实技术博览会在伦敦开幕。全世界的人们都可以通过Internet坐在家中参观这个没有场地、没有工作人员、没有真实展品的虚拟博览会。这个博览会是由英国虚拟现实技术公司和英国《每日电讯》电子版联合举办的。人们在Internet上输入博览会的网址,即可进入展厅和会场等地浏览。展厅内有大量的展台,人们可从不同角度和距离观看展品。

1996年12月,世界第一个虚拟现实环球网在英国投入运行。这样,Internet用户便可以在由一个立体虚拟现实世界组成的网络中遨游,身临其境般地欣赏各地风光、参观博览会和到大学课堂听讲座等等。输入英国"超景"公司的网址之后,显示器上将出现"超级城市"的立体图像。用户可从"市中心"出发参观虚拟超级市场、游艺室、图书馆和大学等场所。

进入20世纪90年代后,迅速发展的计算机硬件技术与不断改进的计算机软件系统极大地推动了虚拟现实技术的发展,使得基于大型数据集合的声音和图像的实时动画制作成为可能,人机交互系统的设计不断创新,很多新颖、实用的输入输出设备不断地出现在市场上,而这些都为虚拟现实系统的发展打下了良好的基础。

1993年11月,宇航员利用虚拟现实系统的训练成功完成了从航天飞机的运输舱内取出新的望远镜面板的工作。波音公司在一个由数百台工作站组成的虚拟世界中,用虚拟现实技术设计出由300万个零件组成的波音777飞机。

英国"超景"公司总裁在新闻发布会上说,"虚拟现实技术的问世,是Internet继纯文字信息时代之后的又一次飞跃,其应用前景不可估量"。随着Internet传输速度的提高,虚拟现实技术也趋于成熟。因此,虚拟现实全球网的问世已是大势所趋。这种网络将广泛地应用于工程设计、教育、医学、军事、娱乐等领域,虚拟现实技术改变人们生活的日子即将来临。

1.1.3 虚拟现实系统的组成

一个典型的虚拟现实系统主要由计算机、输入/输出设备、应用软件和数据库等组成,其模型如图 1-1-3 所示。

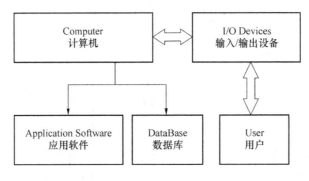

图 1-1-3 虚拟现实系统模型

1. 计算机

在虚拟现实系统中,计算机是系统的心脏,被称之为虚拟世界的发动机。它负责虚拟世界的生成、人与虚拟世界的自然交互等功能的实现。由于所生成的虚拟世界本身具有高度复杂性,尤其在大规模复杂场景中,生成虚拟世界所需的计算量极为巨大,因此对虚拟现实系统中的计算机配置提出了极高的要求。通常可分为基于高性能个人计算机、基于高性能图形工作站及超级计算机系统等。

2. 输入/输出设备

在虚拟现实系统中,用户与虚拟世界之间要实现自然的交互,依靠传统的键盘与鼠标是无法实现的,这就必须采用特殊的输入/输出设备,用以识别用户各种形式的输入,并实时生成相应的反馈信息。常用的设备有用于手势输入的数据手套、用于语音交互的三维声音系统、用于立体视觉输出的头盔式显示器等。

3. 应用软件

在虚拟现实系统中,应用软件完成的功能有:虚拟世界中物体的几何模型、物理模型、运动模型的建立;三维虚拟立体声的生成;模型管理技术及实时显示技术、虚拟世界数据库的建立与管理等。

4. 数据库

虚拟世界数据库主要存放的是整个虚拟世界中所有物体的各方面信息。在虚拟世界中含有大量的物体,在数据库中就需要有相应的模型。如在显示物体图像之前,就需要有描述虚拟环境的三维模型数据库支持。

图 1-1-4 所示是基于头盔式显示器的典型虚拟现实系统,由计算机、头盔式显示器、数据手套、力反馈装置、话筒、耳机等设备组成。该系统首先由计算机生成一个虚拟世界,由头盔式显示器输出一个立体的显示,用户可以采用头的转动、手的移动、语音等与虚拟世界进行自然交互,计算机能根据用户输入的各种信息实时进行计算,即对交互行为进行反馈,由头盔式显示器更新相应的场景显示,由耳机输出虚拟立体声音、由力反馈装置产生触觉

(力觉)反馈。

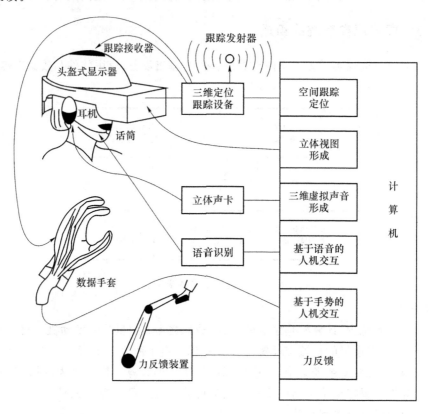

图 1-1-4　基于头盔式显示器的典型虚拟现实系统

虚拟现实系统应用最多的专用设备是头盔式立体显示器和数据手套。但是如果把使用这些专用设备作为虚拟现实系统的标志就显得不十分准确,虚拟现实技术是在计算机应用(特别是计算机图形学方面)和人机交互方面开创的全新的学科领域,当前在这一领域我们的研究还处于初步阶段,头盔式立体显示器和数据手套等设备只是当前已经实现虚拟现实技术的一部分虚拟显示设备,虚拟现实技术所涉及的范围还很广泛,远不止这几种特殊的输入/输出设备。

1.1.4　虚拟现实技术与其他技术

1. 计算机图形学

计算机图形学(Computer Graphics,CG)是利用计算机研究图形的表示、生成、处理、显示的学科。它研究的基本内容是如何在计算机中表示图形,以及如何利用计算机进行图形的生成、处理和显示的相关原理与算法。它是计算机科学最活跃的分支之一,随着计算机技术的发展而发展,近 30 年来发展迅速、应用广泛。事实上,图形学的应用在某种意义上标志着计算机软、硬件的发展水平。计算机图形学的研究内容非常广泛,如图形硬件、图形标准、图形交互技术、光栅图形生成算法、曲线曲面造型、实体造型、真实感图形计算与显示算法,以及科学计算可视化、计算机动画、自然景物仿真、虚拟现实等。

从处理技术上来看,图形主要分为两类,一类是由线条组成的图形,如工程图、等高线地图、曲面的线框图等;另一类是类似于照片的明暗图,也就是通常所说的真实感图形,这必须建立图形所描述场景的几何表示,再用某种光照模型,计算在假想的光源、纹理、材质属性下的光照明效果。事实上,图形学也把可以表示几何场景的曲线曲面造型技术和实体造型技术作为其重要的研究内容。同时,真实感图形计算的结果是以数字图像的方式提供的,计算机图形学也就和图像处理有着密切的关系。图形与图像两个概念间的区别越来越模糊,但一般认为还是有区别的:图像纯指计算机内以位图形式存在的灰度信息,而图形通常由点、线、面、体等几何元素和灰度、色彩、线型、线宽等非几何属性组成。图形含有几何属性,或者说更强调场景的几何表示,是由场景的几何模型和景物的物理属性共同组成的。

20世纪80年代中期以来,超大规模集成电路的发展,为图形学的飞速发展奠定了物质基础。计算机的运算能力的提高,图形处理速度的加快,使得图形学的各个研究方向得到充分发展,图形学已广泛应用于动画、科学计算可视化、CAD/CAM、影视娱乐等各个领域。

为了提高计算机图形学研究与应用水平,每年在美国召开ACM SIGGRAPH会议,SIGGRAPH会议是由Brown大学教授Andries van Dam(Andy)和IBM公司的Sam Matsa在20世纪60年代中期发起的,全称是"the Special Interest Group on Computer Graphics and Interactive Techniques"。这是计算机图形学最权威的国际会议,一般参加会议的人在50 000人左右,SIGGRAPH会议很大程度上促进了图形学的发展。1974年,在Colorado大学召开了第一届SIGGRAPH年会,取得了巨大的成功,当时大约有600位来自世界各地的专家参加了会议。在1997年,参加会议的人数增加到48 700。每年录用大约50篇论文,在《Computer Graphics》杂志上发表,因此论文的学术水平较高,基本上代表了图形学的主流方向。经过了30年的发展,如今SIGGRAPH已经成为了世界上影响最广、规模最大,同时也是最权威的集科学、艺术、商业于一身的CG展示舞台和学术研讨会。图1-1-5为2007年在美国加利福尼亚的圣地亚哥举行的SIGGRAPH 2007大会。

图1-1-5　2007年SIGGRAPH大会在美国圣地亚哥举行

计算机图形学来源于生活、科学、工程技术、艺术、音乐、舞蹈、电影等领域,反过来,它又大大促进了它们的发展。

2. 多媒体技术

所谓媒体(Media),通常认为包括着两种含义:一种是指信息的物理载体(即存储和传递信息的实体),如纸质的书、照片、磁盘、光盘、磁带以及相关的播放设备等;另一种含义是指信息的表现形式(或称传播形式),如文本、声音、图像、动画等。在计算机多媒体技术中所说的媒体,一般是指后者,即计算机不仅能处理文字、数值之类的信息,而且还能处理声音、图形、图像等各种不同形式的信息。国际电话电报咨询委员会(CCITT)把媒体分成5类。

(1) 感觉媒体:指直接作用于人的感觉器官,使人产生直接感觉的媒体。如引起听觉反应的声音,引起视觉反应的图像等。

(2) 表示媒体:指传输感觉媒体的中介媒体,即用于数据交换的编码。如图像编码(JPEG、MPEG 等)、文本编码(ASCII 码、GB2312 等)和声音编码等。

(3) 表现媒体:指进行信息输入和输出的媒体。如键盘、鼠标、扫描仪、话筒、摄像机等为输入媒体;显示器、打印机、喇叭等为输出媒体。

(4) 存储媒体:指用于存储表示媒体的物理介质。如硬盘、软盘、光盘、U 盘等。

(5) 传输媒体:指传输表示媒体的物理介质。如网络电缆、光缆等。

多媒体的英文单词是 Multimedia,它由 media 和 multi 两部分组成。一般理解为多种媒体的综合。多媒体技术不是各种信息媒体的简单复合,它是一种把文本(Text)、图形(Graphics)、图像(Images)、动画(Animation)和声音(Sound)等形式的信息结合在一起,并通过计算机进行综合处理和控制,能支持完成一系列交互式操作的信息技术。它具有集成性、交互性、非线性、实时性等特点。

多媒体技术的发展改变了计算机的使用领域,使计算机由办公室、实验室中的专用品变成了信息社会的普通工具,广泛应用于工业生产管理、学校教育、公共信息咨询、商业广告、军事指挥与训练,甚至家庭生活与娱乐等领域。

3. 系统仿真技术

系统仿真技术是一种实验技术,它为一些复杂系统创造了一种计算机实验环境,使系统的未来性能测试和长期动态特性能在相对极短的时间内在计算机上得到实现,从实施过程来看,它是通过对所研究系统的认识和了解,抽取其中的基本要素的关键参数,建立与现实系统相对应的仿真模型,经过模型的确认和仿真程序的验证,在仿真实验设计的基础上,对模型进行仿真实验,以模拟系统的运行过程,观察系统状态变量随时间变化的动态规律性,并通过数据采集和统计分析,得到被仿真的系统参数的统计特性,根据推断和估计系统的真实参数和性能指数,为决策提供辅助依据。

4. 虚拟现实技术与计算机图形学、多媒体技术、系统仿真技术

(1) 虚拟现实技术与计算机图形学

计算机图形学的任务是在计算机上生成看起来、动起来像真的一样的图像,而用户通过显示器(犹如一个窗户)观看计算机生成的图像所构造的景象。但是,在多感知和存在感方面图形学与虚拟现实技术有较大差距。图形学主要依赖于视觉感知,虽然生成的图形可以具有三维立体数据,但由于感知手段的限制,用户并不能感到自己和生成的图形世界融合在一起,比如场景不能随自己的视线改变而改变等。

尽管如此,虚拟现实技术的发展离不开计算机图形学的进步,虚拟现实技术的很多基础理论来自于计算机图形学,很多学术学科分类也把虚拟现实技术作为计算机图形学之下的一个发展方向。确实目前虚拟现实技术离不开图形学技术,并随图形学技术的发展而高速发展。但我们认为,虚拟现实系统是一个综合的系统,随着它的进一步发展,它不仅包括有图形学的内容,还有机械、电子、人工智能等多学科的综合,并借助于这些学科的最新发展成果,共同推动着虚拟现实技术的发展与应用。

(2) 虚拟现实技术与多媒体技术

从多个方面看,多媒体技术与虚拟现实技术有很多类似之处,但两者之间的关系,一直以来都存在着争论。

一些学者认为多媒体技术包括虚拟现实技术,因为虚拟现实技术是一种通过计算机技术、传感技术、仿真技术、微电子技术表现出来的仿真科技产品,它着重于用数字模仿真实世界;多媒体技术则是一种综合的表现形式,只要是把文本、图形、图像、动画和声音等形式的信息结合在一起进行的表现就可以统称为多媒体,所以虚拟现实只是多媒体表现形式里面的一种而已。

另一些学者则认为虚拟现实技术应该包括多媒体技术,因为多媒体技术的出现是源于计算机/个人计算机的出现。多媒体技术使计算机能够交互式地处理文字、声音、图像、动画、视频等多种媒体信息。为了实现这些目标,多媒体计算机配置了海量存储器、声卡、3D图形加速卡等硬件设备。然而虚拟现实技术却不一样,它包括各种的软硬件、附属设施,它不仅仅是在计算机上的应用,它的应用面较为广泛,还可以应用在视觉、听觉、触觉、嗅觉、味觉等媒体感觉等,所以就其应用的范围而言,多媒体技术应该算是虚拟现实技术的一个应用子集。就像3D空间的特例是2D空间一样,所以2D技术实际是3D技术的一个子集或者说是一个特殊应用。他们认为多媒体应该归属于虚拟现实技术的一个子集更趋完美。"虚拟现实之父"Ivan Sutherland曾说过,多媒体技术再向前跨进一步,就必然进入"虚拟现实"。

其实,两者之间谁是谁的应用子集都无关紧要,两者相互渗透较多,按照多媒体技术和虚拟现实的定义,它们应是相互交叉的学科。过多地讨论这个问题没有什么意义,主要的是我们应该懂得虚拟现实技术是现在主要流行的高科技表现技术,概念并不重要,重要的是我们要懂得如何应用它。等到虚拟现实技术发展到与多媒体技术一样被广泛应用时,也许会有更好的答案。

(3) 虚拟现实技术与系统仿真技术

虚拟现实系统侧重于表现形式,它可以与客观世界相同,也可以与现实背道而驰,而系统仿真则侧重于真实复杂世界的科学抽象,真正反映出现实世界的运动形式,利用虚拟现实技术可以更好地帮助系统仿真验证模型的有效性,并可以更加直观地、有效地表现仿真结果,两者相辅相成。

5. 虚拟现实技术与传统三维动画技术

从外部的表现形式上来看,虚拟现实技术让人看到的东西与三维动画差别不大,其实两者是不同的两种技术,虚拟现实技术和传统三维动画技术有本质上的区别。传统三维动画技术是依靠计算机预先处理好的含有某些场景或物体等的静态图片连续播放形成,不具有任何交互性,即用户不是根据自己的意愿去查看信息,而只能按照设计师预先固定好的一条线路去看某些场景,系统只能给用户提供很少的或不是所需的信息,用户是被动的;而虚拟现实技术则截然不同,它是通过计算机实时计算场景,可以根据用户的需要把整个空间中所有的信息真实地提供给用户,用户可根据自己的路线行走,计算机会产生相应的场景,真正做到"想得到,就看得到",所以说交互性是两者最大的不同。

虚拟现实技术源于人们对传统三维动画自由交互的渴望,虽然形式上和三维动画有些相似之处,但它最终将是传统三维动画的替代品。举例来说,3D SMAX是三维动画制作的利器,其软件制作效果好,运行效率高,用户遍及全球,如果需要利用3D SMAX渲染一张小区建筑效果图大概需要几十秒的时间,而虚拟现实软件在同样的分辨率下,每一秒中却是在渲染几十帧这样的效果图,因为如果每秒不能达到20帧以上,就难以达到实时交互的目的。

这种效率是传统三维动画软件通过软件的优化所无法达到的。

　　房地产展示是两个技术最常用的领域,在现在的应用中,很多房地产公司采用三维动画来展示楼盘,其设计周期长,模式固定,制作费用高。而同时在国内也已经有多家公司采用虚拟现实技术来进行设计,其展示效果好,设计周期短,更重要的是它基于真实数据的科学仿真,不仅可达到一般展示的功能,而且还可把业主带入未来的建筑物里参观,还可展示如门的高度、窗户朝向、某时间的日照、采光的多少、样板房的自我设计、与周围环境的相互影响等。这些都是传统三维动画技术所无法比拟的。有关虚拟现实技术与传统三维动画技术的比较详如表 1-1-1 所示。

表 1-1-1　虚拟现实技术与传统三维动画技术的比较

	虚拟现实技术	传统三维动画技术
场景的选择性	虚拟世界由基于真实数据建立的数字模型组合而成,严格遵循工程项目设计的标准和要求,属于科学仿真系统。操纵者亲身体验虚拟三维空间,可自由选择观察路径,有身临其境的感觉	场景画面由动画制作人员根据材料或想象直接绘制而成,与真实的世界和数据有较大的差距,属于演示类艺术作品。预先假定的观察路径,无法改变
实时交互性	可以实时感受运动带来的场景变化,步移景异,并可亲自布置场景,具有双向互动的功能	只能像电影一样单向演示场景变化,画面需要事先制作生成,耗时、费力、成本较高
空间立体感	支持立体显示和 3D 立体声,三维空间感真实	不支持
演示时间	没有时间限制,可真实、详尽地展示,并可以在虚拟现实基础上导出动画视频文件,同样可以用于多媒体资料制作和宣传,性价比高	受动画制作时间限制,无法详尽展示,性价比低
方案应用的灵灵活性	在实时三维世界中,支持方案调整、评估、管理、信息查询等功能,适合较大型复杂工程项目的规划、设计、投标、报批、管理等需要,同时又具有更真实和直观的多媒体演示功能	只适合简单的演示功能

1.1.5　虚拟现实技术的实现意义与影响

　　由于虚拟现实技术的广泛用途,能够实现人与自然之间和谐交互;扩大人对信息空间的感知通道;提高人类对跨越时空事物和复杂动态事件的感知能力,把计算机应用提高到一个崭新的水平,其作用和意义是十分重要的。此外,还可从更高的层次上来看待其作用和意义。

1. 在观念上,从"以计算机为主体"变成"以人为主体"

　　人们研究虚拟现实技术的初衷是"计算机应该适应人,而不是人适应计算机"。在传统的信息处理环境中,一直强调的是"人适应计算机",人与计算机通常采用键盘与鼠标进行交互,这种交互是间接的、非直觉的、有限的,人要使用计算机必须要先学习如何使用,才能使计算机为人所用。而虚拟现实技术的目标或理念是要逐步使"计算机适应人",人机交互不再使用键盘、鼠标等,而是使用数据手套、头盔式显示器等,通过视觉、听觉、触觉、嗅觉,以及形体、手势或口语等媒体形式,参与到信息处理的环境中去,并获得身临其境的体验。人们可以像在日常生活中那样去同计算机交流,这就把人从操作计算机的复杂工作中解放出来,使用计算机无须培训与学习,操作也异常简单而方便。在信息技术日益复杂、用途日益广泛的今天,虚拟现实技术对计算机的普及使用,充分发挥信息技术的潜力具有重大的意义。

2. 在哲学上使人进一步认识"虚"和"实"之间的辩证关系

"虚"和"实"的关系是一个古老的哲学话题。我们是处于真实的客观世界中,还是只处于自己的感观世界中,一直是唯物论和唯心论争论的焦点。以视觉为例,我们所看到的世界,不过是视网膜上的影像。过去,视网膜上的影像都是真实世界的反映,因此客观的真实世界同主观的感观世界是一致的。现在,虚拟现实导致了二重性,虚拟现实的景物对人的感官来说是实实在在的存在,但它又的的确确是虚构的东西。可是,按照虚构的东西行事,往往又会得出正确的结果。因此就引发了哲学上要重新认识"虚"和"实"之间关系的课题。

事实上,虚拟现实技术刚出现便引起了许多哲学家的关注。人们开始以新的眼光重读以往的哲学史。古老的柏拉图的洞穴之喻可以说是一个"虚拟现实"问题,根据斯劳卡在《大冲突》一书的描述,虚拟体系将不断扩张,物质空间、个性、社会之类词汇的定义也将从根本上改变。现在人们已经可以在同一时间里与地球上不同地区的人通过某种界面相聚,在不远的将来相互触摸都将成为可能。这样一来,真实事物与技术制造的幻觉就变得无法分辨了,物质的存在变得可有可无,甚至成为一种假像。"现实"这个词语将丧失它所有的意义,或变得意义模糊而无法确认,甚至连死亡也完全失去了它的领地。这种存在方式不仅突破了以往一切媒介的制约,也突破了自然身体的时空限度。对网络文化的早期鼓吹者吉布森而言,今天人们通过Internet,借助超文本链接的方式是幼稚可笑的,真正的网络空间并非通过键盘和鼠标,而是通过植入大脑和身体中的神经传感器进入。他在著名科幻小说《神经漫游者》中提出的"网络空间"(Cyberspace)概念被沿用至今,成为轰动一时的电影《黑客帝国》的创作灵感来源。在电影中提出了一个可怕的问题:既然可以通过虚拟技术创造一个与现实世界相同的世界,那么我们有什么绝对的理由相信,原先认为是真实的世界就不是一场虚拟?

当然,上述构想毕竟还没有完全成为事实,但虚拟与现实的界限已经模糊。就目前的技术水平而言,高精度的网络遥感和身体互动尚不可行(但就远景而言却难以限量),纯粹意义上的文字通信也难以达到理想化。在更多情况下,虚拟现实是由文字、图像、声音、动画与想象情境等多层次的符号意象共同构成,使当代人的感知环境进入了相当程度上的虚实交错。在虚实交错的情境下,网络游戏等数字仿真所体现的不仅是某种逃避或消遣,而是窗口式交往对整个当代生活秩序的重构,虚拟现实以最直接的游戏形式展现了世界最深刻的一面。

当虚拟比真实还真实时,真实便反而成了虚拟的影子,当代生活就成为一个完全符号化的幻象。技术媒介不仅不需要模仿现实,而且本身就是现实。在数字仿真和实时反馈构成的世界中,虚拟与现实的关系发生了彻底颠倒。

3. 引起了一系列的技术和手段的重大变革

虚拟现实技术的应用,改变了过去一些陈旧的技术,出现了新技术、改进产品设计开发的手段,大大地提高了工作效率,减小了危险性,降低了工作难度,也使训练与决策的方式得以改进。

4. 促进了理论与技术的进步

首先是硬件技术的进步,虚拟现实系统的建立与实现依赖着计算机等硬件设备,但随之也大大促进了计算机等硬件设备的高速发展。与此同时,虚拟现实技术的产生与发展,本身就依赖于其他技术的最新成果,但相关软件与理论也随着虚拟现实技术的发展而高速发展,如图形理论、算法与显示技术;图形、图像/视频和其他感知信号的处理与融合技术;传感器与信息获取技术;人机交互技术等。

5. 促进了计算机相关学科的发展与交叉

由于虚拟现实系统的建立的需要,人们设计出很多新型的硬件、软件与处理方法,这涉及计算机图形学、人体工程学、人工智能等多学科综合应用,虚拟现实系统是一个综合的系统,虚拟现实技术的发展促进了这些计算机相关学科的发展。

6. 为人类认识世界提供了全新的方法与手段,对人类的生活产生了重大的影响

虚拟现实技术使人类可以跨越时间与空间,去经历和体验世界上早已发生或尚未发生的事件;可以使人类突破生理上的限制,进入宏观或微观世界进行研究和探索;也可以模拟因条件限制等原因而难以实现的任务。

1.2 虚拟现实技术的特性

虚拟现实系统提供了一种先进的人机接口,它通过为用户提供视觉、听觉、触觉等多种直观而自然的实时感知交互的方法与手段,最大程度地方便了用户的操作,从而减轻了用户的负担、提高了系统的工作效率,其效率主要由系统的沉浸程度与交互程度来决定。美国科学家 Burdea G. 和 Philippe Coiffet 在 1993 年世界电子年会上发表了一篇题为"Virtual Reality System and Applications"(虚拟现实系统与应用)的文章,在该文中提出一个"虚拟现实技术的三角形",它表示出虚拟现实技术具有的 3 个突出特征:沉浸性、交互性和想象性,如图 1-2-1 所示。

图 1-2-1 虚拟现实技术的 3 个特性

1.2.1 沉浸性

沉浸性(Immersion)又称浸入性,是指用户感觉到好像完全置身于虚拟世界之中一样,被虚拟世界所包围。虚拟现实技术的主要特征就是让用户觉得自己是计算机系统所创建的虚拟世界中的一部分,使用户由被动的观察者变成主动的参与者,沉浸于虚拟世界之中,参与虚拟世界的各种活动。比较理想的虚拟世界可以达到使用户难以分辨真假的程度,甚至超越真实,实现比现实更逼真的照明和音响等效果。

虚拟现实的沉浸性来源于对虚拟世界的多感知性,除了我们常见的视觉感知、听觉感知外,还有力觉感知、触觉感知、运动感知、味觉感知、嗅觉感知、身体感觉等。从理论上来说,虚拟现实系统应该具备人在现实客观世界中具有的所有感知功能。但鉴于目前科学技术的局限性,目前在虚拟现实系统中,研究与应用中较为成熟或相对成熟的主要是视觉沉浸、听觉沉浸、触觉沉浸、嗅觉沉浸,有关味觉等其他的感知技术正在研究之中,还很不成熟。

1. 视觉沉浸

视觉通道给人的视觉系统提供图形显示。为了提供给用户身临其境的逼真感觉,视觉通道应该满足一些要求:显示的像素应该足够小,使人不至于感觉到像素的不连续;显示的频率应该足够高,使人不至于感觉到画面的不连续;要提供具有双目视差的图形,形成立体视觉;要有足够大的视场,理想情况是显示画面充满整个视场。

虚拟现实系统向用户提供虚拟世界真实的、直观的三维立体视图,并直接接受用户控制。在虚拟现实系统中,产生视觉方面的沉浸性是十分重要的,视觉沉浸性的建立依赖于用户与合成图像的集成,虚拟现实系统必须向用户提供立体三维效果及较宽的视野,同时随着人的运动,所得到的场景也随之实时地改变。较理想的视觉沉浸环境是在洞穴式显示设备(CAVE)中,采用多面立体投影系统可得到较强的视觉效果。另外,可将此系统与真实世界隔离,避免受到外面真实世界的影响,用户可获得完全沉浸于虚拟世界的感觉。

2. 听觉沉浸

声音通道是除视觉外的另一个重要感觉通道,如果在虚拟现实系统加入与视觉同步的声音效果作为补充,在很大程度上可提高虚拟现实系统的沉浸效果。在虚拟现实系统中,主要让用户感觉到的是三维虚拟声音,这与普通立体声有所不同,普通立体声可使人感觉声音来自于某个平面,而三维虚拟声音可使听者能感觉到声音来自于围绕双耳的一个球形中的任何位置。也可以模拟大范围的声音效果,如闪电、雷鸣、波浪声等自然现象的声音,在沉浸式三维虚拟世界中,两个物体碰撞时,也会出现碰撞的声音,并且用户根据声音能准确判断出声源的位置。

3. 触觉沉浸

在虚拟现实系统中,我们可以借助于各种特殊的交互设备,使用户能体验抓、握等操作的感觉。当然从现在技术来说,不可能达到与真实世界完全相同的触觉沉浸,将来也不可能,除非技术发展到同人脑能进行直接交流。目前的技术水平,我们主要侧重于力反馈方面。如使用充气式手套,在虚拟世界中与物体相接触时,能产生与真实世界相同的感觉;如用户在打球时,不仅能听到拍球时发出的"嘭嘭"声,还能感受到球对手的反作用力,即手上感到有一种受压迫的感觉。

4. 嗅觉沉浸

有关嗅觉模拟的开发是最近几年的一个课题,在日本最新开发出一种嗅觉模拟器,只要把虚拟空间中的水果放到鼻尖上一闻,装置就会在鼻尖处释放出水果的香味。其基本原理是这一装置的使用者先把能放出香味的环状的嗅觉提示装置套在手上,头上戴着图像显示器,就可以看到虚拟空间的事物。如果看到苹果和香蕉等水果,用指尖把显示器拉到鼻尖上,位置感知装置就会检测出显示器和环状嗅觉提示装置接近。环状装置里装着8个小瓶,分别盛着8种水果的香料,一旦显示器接近该装置,气泵就会根据显示器上的水果形象释放特定的香味,让人闻到水果飘香。

虽然这些设备还不是很成熟，但对于虚拟现实技术来说，是在嗅觉研究领域的一个突破。

5. 身体感觉沉浸、味觉沉浸等

在虚拟现实系统中，除了可以实现以上的各种感觉沉浸外，还有身体的各种感觉、味觉感觉等，但基于当前的科技水平，人们对这些沉浸性的形成机理还知之较少，有待进一步研究与开发。

1.2.2 交互性

在虚拟现实系统中，交互性（Interactivity）的实现与传统的多媒体技术有所不同。从计算机发明直到现在，在传统的多媒体技术中，人机之间的交互工具主要是通过键盘与鼠标进行一维、二维的交互，而虚拟现实系统强调人与虚拟世界之间要以自然的方式进行，如人的走动、头的转动、手的移动等，通过这些，用户与虚拟世界进行交互，并且借助于虚拟现实系统中特殊的硬件设备（如数据手套、力反馈设备等），以自然的方式，与虚拟世界进行交互，实时产生在真实世界中一样的感知，甚至连用户本人都意识不到计算机的存在。例如，用户可以用手直接抓取虚拟世界中的物体，这时手有触摸感，并可以感觉物体的重量，能区分所拿的是石头还是海绵，并且场景中被抓的物体也立刻随着手的运动而移动。

虚拟现实技术的交互性具有以下特点：

（1）虚拟环境中人的参与与反馈

虚拟现实系统中人是一个重要的因素，这是产生一切变化的前提，正是因为有了人的参与和反馈，才会有虚拟环境中实时交互的各种要求与变化。

（2）人机交互的有效性

人与虚拟现实系统之间的交互是基于真实感的虚拟世界，并与人进行自然的交互，人机交互的有效性是指虚拟场景的真实感，真实感是前提和基础。

（3）人机交互的实时性

实时性指虚拟现实系统能够快速响应用户的输入。例如头的转动后能立即在所显示的场景中产生相应的变化，并且能得到相应的其他反馈；用手移动虚拟世界中的一个物体，物体位置会立即发生相应的变化。没有人机交互的实时性，虚拟环境就失去了真实感。

1.2.3 想象性

想象性（Imagination）指虚拟的环境是人想象出来的，同时这种想象体现出设计者相应的思想，因而可以用来实现一定的目标。所以说虚拟现实技术不仅仅是一种媒体或一种高级用户接口，它同时还是为解决工程、医学、军事等方面的问题而由开发者设计出来的应用系统，通常它以夸大的形式反映设计者的思想，虚拟现实系统的开发是虚拟现实技术与设计者并行操作，为发挥它们的创造性而设计的。虚拟现实技术的应用，为人类认识世界提供了一种全新的方法和手段，可以使人类突破时间与空间，去经历和体验世界上早已发生或尚未发生的事件；可以使人类进入宏观或微观世界进行研究和探索；也可以完成那些因为某些条件限制难以完成的事情。

例如当在建设一座大楼之前，传统的方法是绘制建筑设计图纸，无法形象展示建筑物更多的信息，而现在可以采用虚拟现实系统来进行设计与仿真，非常形象直观。制作的虚拟现实作品反映的就是某个设计者的思想，只不过它的功能远比那些呆板的图纸生动强大得多，所以有些学者称虚拟现实为放大人们心灵的工具，或人工现实，这就是虚拟现实所具有的第3个特征，即想象性。

现在，虚拟现实技术在许多领域中起到了十分重要的作用，如核试验、新型武器设计、医疗手术的模拟与训练、自然灾害预报，这些问题如果采用传统方式去解决，必然要花费大量的人力、物力及漫长的时间，或是无法进行的，甚至会牺牲人员的生命。而虚拟现实技术的出现，为解决和处理这些问题提供了新的方法及思路，人们借助虚拟现实技术，沉浸在多维信息空间中，依靠自己的感知和认知能力全方位地获取知识，发挥主观能动性，寻求解答，形成新的解决问题的方法和手段。

综上所述，虚拟现实系统具有"沉浸性"、"交互性"、"想象性"，使参与者能沉浸于虚拟世界之中，并与之进行交互。所以也有人说，虚拟现实系统是能让用户通过视觉、听觉、触觉等信息通道感受设计者思想的高级计算机接口。

1.3 虚拟现实系统分类

近10年来，随着计算机技术、网络技术、人工智能等新技术的高速发展及应用，虚拟现实技术也发展迅速，并呈现多样化的发展趋势，其内涵也已经大大扩展。虚拟现实技术不仅指那些采用高档可视化工作站、高档头盔式显示器等一系列昂贵设备的技术，而且包括一切与其有关的具有自然交互、逼真体验的技术与方法。虚拟现实技术的目的在于达到真实的体验和基于自然的交互，而一般的单位或个人不可能承受昂贵的硬件设备及相应软件的价格，因此我们说只要是能达到上述部分目的的系统就可以称为虚拟现实系统。

在实际应用中，我们根据虚拟现实技术对"沉浸性"程度的高低和交互程度的不同，划分了4种典型类型：沉浸式虚拟现实系统、桌面式虚拟现实系统、增强式虚拟现实系统、分布式虚拟现实系统。其中桌面式虚拟现实系统因其技术非常简单，实用性强，需投入的成本也不高，在实际应用中较为广泛。

1.3.1 沉浸式虚拟现实系统

沉浸式虚拟现实系统（Immersive VR）是一种高级的、较理想的虚拟现实系统，它提供一个完全沉浸的体验，使用户有一种仿佛置身于真实世界之中的感觉。它通常采用洞穴式立体显示装置或头盔式显示器等设备，首先把用户的视觉、听觉和其他感觉封闭起来，并提供一个新的、虚拟的感觉空间，利用空间位置跟踪器、数据手套、三维鼠标等输入设备和视觉、听觉等设备，使用户产生一种身临其境、完全投入和沉浸于其中的感觉，如图1-3-1所示。

沉浸式虚拟现实系统具有以下5个特点。

（1）高度实时性能

沉浸式虚拟现实系统中，要达到与真实世界相同的感觉，必须具有高度实时性能。如当人头部转动改变观察点时，空间位置跟踪设备须及时检测到，并且由计算机进行运算，改变输出的相应场景，要求必须有足够小的延迟，而且变化要连续平滑。

（2）高度的沉浸感

沉浸式虚拟现实系统采用多种输入与输出设备来营造一个虚拟的世界，并使用户沉浸于其中，营造一个"看起来像真的、听起来像真的、摸起来像真的、嗅起来像真的、尝起来像真的"多感官的三维虚拟世界，同时使用户与真实世界完全隔离，不受外面真实世界的影响，可产生高度的沉浸感。

图 1-3-1　沉浸式虚拟现实系统

（3）良好的系统集成度与整合性能

为了实现用户产生全方位的沉浸，就必须要多种设备与多种相关软件相互作用，且相互之间不能有影响，所以系统必须有良好的整合性能。

（4）良好的开放性

虚拟现实技术之所以发展迅速是因为它采用其他先进技术的成果。在沉浸式虚拟现实系统中要尽可能利用最先进的硬件设备、软件技术及软件，这就要求虚拟现实系统能方便地改进硬件设备及软件技术，因此必须用比以往更灵活的方式构造虚拟现实系统的软、硬件结构体系。

（5）能同时支持多种输入与输出设备并行工作

为了实现沉浸性，可能需要多个设备综合应用，如用手拿一个物体，就必须要数据手套、空间位置跟踪器等设备同步工作。所以说同时支持多种输入/输出设备的并行处理是实现虚拟现实系统的一项必备技术。

常见的沉浸式虚拟现实系统有基于头盔式显示器的系统、投影式虚拟现实系统、远程存在系统。

基于头盔式虚拟现实系统是采用头盔显示器来实现单用户的立体视觉输出、立体声音输入的环境，可使用户完全投入。它把现实世界与之隔离，使用户从听觉到视觉都能投入到虚拟环境中去。

投影式虚拟现实系统是采用一个或多个大屏幕投影来实现大画面的立体视觉效果和立体声音效果，使多个用户具有完全投入的感觉。

远程存在系统是一种远程控制形式，也称遥控操作系统。它由人、人机接口、遥控操作机器人组成。实际上是遥控操作机器人代替了计算机,这里的环境是机器人工作的真实环境,这个环境是远离用户的,可能是人类无法进入的工作环境,如核环境、深海工作环境等,这时通过虚拟现实系统可使人自然地感受这种环境,完成此环境下的工作。

1.3.2 桌面式虚拟现实系统

桌面式虚拟现实系统(Desktop VR)也称窗口虚拟现实系统,是利用个人计算机或初级图形工作站等设备,以计算机屏幕作为用户观察虚拟世界的一个窗口,采用立体图形、自然交互等技术,产生三维立体空间的交互场景,通过包括键盘、鼠标和力矩球等各种输入设备操纵虚拟世界,实现与虚拟世界的交互,如图1-3-2所示。

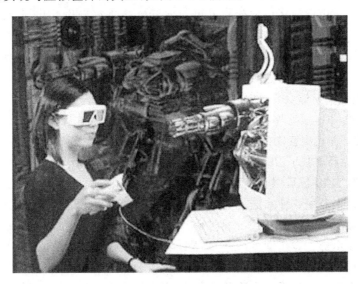

图1-3-2 桌面式虚拟现实系统

桌面式虚拟现实系统一般要求参与者使用空间位置跟踪器和其他输入设备(如数据手套和6个自由度的三维空间鼠标),使用户虽然坐在显示器前,但可以通过计算机屏幕观察360°范围内的虚拟世界。

在桌面式虚拟现实系统中,计算机的屏幕是用户观察虚拟世界的一个窗口,在一些虚拟现实工具软件的帮助下,参与者可以在仿真过程中进行各种设计。使用的硬件设备主要是立体眼镜和一些交互设备(如数据手套和空间跟踪设备等)。立体眼镜用来观看计算机屏幕中的虚拟三维场景的立体效果,它所带来的立体视觉能使用户产生一定程度的沉浸感。有时为了增强桌面虚拟现实系统的效果,在桌面虚拟现实系统中还可以借助于专业的投影设备,达到增大屏幕范围及多人观看的目的。

桌面式虚拟现实系统主要具有以下3个特点:

(1)用户处于不完全沉浸的环境,缺少完全沉浸、身临其境的感觉,即使戴上立体眼镜,他仍然会受到周围现实世界的干扰;

(2)对硬件设备要求极低,有的简单型甚至只需要计算机,或是增加数据手套、空间跟踪设置等;

(3)由于桌面式虚拟现实系统实现成本相对较低,应用相对比较普遍,而且它也具备了沉浸性虚拟现实系统的一些技术要求。

桌面式虚拟现实系统采用设备较少，实现成本低，对于开发者及应用者来说，应用桌面式虚拟现实技术是从事虚拟现实研究工作的初始阶段。

1.3.3 增强式虚拟现实系统

在沉浸式虚拟现实系统中强调人的沉浸感，即沉浸在虚拟世界中，人所处的虚拟世界与现实世界相隔离，看不到真实的世界也听不到真实的世界。而增强式虚拟现实系统（Augmented VR）既可以允许用户看到真实世界，同时也可以看到叠加在真实世界上的虚拟对象，它是把真实环境和虚拟环境组合在一起的一种系统，既可减少构成复杂真实环境的开销（因为部分真实环境由虚拟环境取代），又可对实际物体进行操作（因为部分物体是真实环境），真正达到了亦真亦幻的境界。在增强式虚拟现实系统中，虚拟对象所提供的信息往往是用户无法凭借其自身感觉器官直接感知的深层信息，用户可以利用虚拟对象所提供的信息来加强现实世界中的认知，如图1-3-3所示。

增强式虚拟现实系统主要具有以下3个特点：
(1) 真实世界和虚拟世界融为一体；
(2) 具有实时人机交互功能；
(3) 真实世界和虚拟世界是在三维空间中整合的。

增强式虚拟现实系统可以在真实的环境中增加虚拟物体，如在室内设计中，可以在门、窗上增加装饰材料，改变各种式样、颜色等来审视最后的效果以达到增强现实的目的。

增强式虚拟现实系统常见的有：基于台式图形显示器的系统、基于单眼显示器的系统（一个眼睛看到显示屏上虚拟世界，另一只眼睛看到的是真实世界）、基于光学透视式头盔显示器、基于视频透视式头盔显示器的系统。

目前，增强现实系统常用于医学可视化、军用飞机导航、设备维护与修理、娱乐、文物古迹的复原等。典型的实例是医生在进行虚拟手术中，戴上可透视性头盔式显示器，既可看到做手术现场的情况，也可以看到手术中所需的各种资料，如图1-3-3(b)所示。

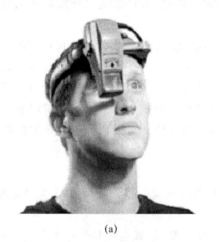
(a)

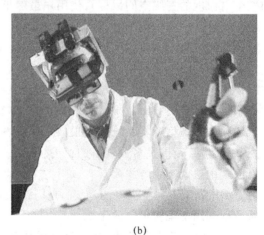
(b)

图1-3-3 增强式虚拟现实系统

1.3.4 分布式虚拟现实系统

近年来,计算机、通信技术的同步发展和相互促进成为全世界信息技术与产业飞速发展的主要特征。特别是网络技术的迅速崛起,使得信息应用系统在深度和广度上发生了本质性的变化,分布式虚拟现实系统(Distributed VR)是一个较为典型的实例。分布式虚拟现实系统是虚拟现实技术和网络技术发展和结合的产物,是一个在网络的虚拟世界中,位于不同物理位置的多个用户或多个虚拟世界通过网络相连接共享信息的系统。分布式虚拟现实系统的目标是在"沉浸式"虚拟现实系统的基础上,将分布在不同地理位置上的多个用户或多个虚拟世界通过网络连接在一起,使每个用户同时参与到一个虚拟空间,计算机通过网络与其他用户进行交互,共同体验虚拟经历,以达到协同工作的目的,它将虚拟现实的应用提升到了一个更高的境界。

虚拟现实系统运行在分布式系统下有两方面的原因:一方面是充分利用分布式计算机系统提供的强大计算能力;另一方面是有些应用本身具有分布特性,如多人通过网络进行游戏和虚拟战争模拟等。

分布式虚拟现实系统有以下特点:
(1) 各用户具有共享的虚拟工作空间;
(2) 伪实体的行为真实感;
(3) 支持实时交互,共享时钟;
(4) 多个用户可以各自不同的方式相互通信;
(5) 资源信息共享以及允许用户自然操纵虚拟世界中的对象。

根据分布式系统所运行的共享应用系统的个数,可以把分布式虚拟现实系统分为集中式结构和复制式结构两种。

集中式结构是指在中心服务器上运行一份共享应用系统,该系统可以是会议代理或对话管理进程,中心服务器对多个参加者的输入/输出操作进行管理,允许多个参加者信息共享。集中式结构的优点是结构简单,同时,由于同步操作只在中心服务器上完成,因而比较容易实现。缺点是:由于输入和输出都要对其他所有的工作站广播,因此,对网络通信带宽有较高的要求,而且所有的活动都要通过中心服务器来协调,当参加者人数较多时,中心服务器往往会成为整个系统的瓶颈。另外,由于整个系统对网络延迟十分敏感,并且高度依赖于中心服务器,所以,这种结构的系统坚固性不如复制式结构。

复制式结构是指在每个参加者所在的机器上复制中心服务器,这样每个参加者进程都有一份共享应用系统。服务器接收来自于其他工作站的输入信息,并把信息传送到运行在本地机上的应用系统中,由应用系统进行所需的计算并产生必要的输出。复制式结构的优点是所需网络带宽较小。由于每个参加者只与应用系统的局部备份进行交互,所以,交互式响应效果好,而且在局部主机上生成输出,简化了异种机环境下的操作,复制应用系统依然是单线程,必要时把自己的状态多点广播到其他用户。其缺点是:它比集中式结构复杂,在维护共享应用系统中的多个备份的信息或状态一致性方面比较困难,需要有控制机制来保证每个用户得到相同的输入事件序列,以实现共享应用系统的所有备份必须同步,并且用户接收到的输出应具有一致性。

目前最典型的应用是 SIMNET 系统,SIMNET 由坦克仿真器通过网络连接而成,用于部队的联合训练。通过 SIMNET,位于德国的仿真器可以和位于美国的仿真器运行在同一个虚拟世界,参与同一场作战演习,如图 1-3-4 所示。

图 1-3-4　分布式虚拟现实系统

1.4　虚拟现实系统中人的因素

在虚拟现实系统中,强调的是人与虚拟环境之间的交互作用,或是两者相互作用,从而反映出虚拟环境所提供的各种感官刺激信号及人对虚拟环境做出的各种反应动作,要实现"看起来像真的、听起来像真的、摸起来像真的、嗅起来像真的、尝起来像真的"多感官的刺激,必须采用相应的技术来"欺骗"人的眼睛、耳朵、鼻子、舌头等器官,所以说人在虚拟现实系统中是一个重要的组成部分。在虚拟现实系统的设计与实现过程中,人起着不可缺少的作用,同时,如何评价一个虚拟现实系统的性能,其主要体现在系统提供的接口与人配合的效果如何,这需要考虑到人这个因素。表 1-4-1 列出的是虚拟环境给人提供的各种感官刺激。本节主要介绍与虚拟现实技术相关的人的因素问题。

表 1-4-1　虚拟环境给人提供的各种感官刺激

人的感官	说明	显示设备
视觉	感觉各种可见光	显示器或投影仪等
听觉	感觉声音波	耳机、喇叭等
嗅觉	感知空气中的化学成分	气味放大传递装置
味觉	感知液体中的化学成分	
触觉	皮肤感知各种温度、压力、纹理等	触觉传感器
力觉	肌肉等感知力度	力觉传感器
身体感觉	感知肢体或身躯的位置与角度	数据衣等
前庭感觉	平衡感知	动平台

1.4.1 人的视觉

人的感知有80%～90%来自于人类的视觉，要实现虚拟现实的目的，首先要在视觉上进行模拟。

1. 人类的视觉

人的视觉是通过人眼来实现的，它是一个高度发达的器官。如图1-4-1(a)所示为视觉系统的生理结构图，主要有角膜、前房、后房、晶状体、玻璃体及视网膜等组成，除视网膜外的其他部分共同组成一套光学系统，使来自外界的物体的光线发生折射，在视网膜上形成倒置像，之后再由大脑部分颠倒过来，如图1-4-1(b)所示，铅笔的反射光线通过眼睛晶状体的透镜，铅笔的倒置图像直接投影在视网膜上。

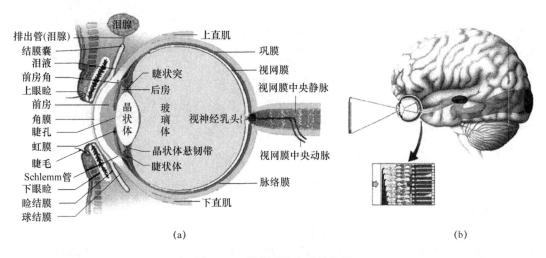

图1-4-1 视觉系统生理结构图

视网膜是眼的光敏层，共有10层。光线通过其中8层，被另外两层的光感受器吸收。光感受器是每只眼睛视网膜中1.26亿个神经细胞中的一部分，它在受到特定波长的光的刺激时，会发出电信号。脊椎动物有两种光感受器，分别是视杆细胞和视锥细胞。视杆细胞负责低分辨率的、单色的、夜间的视觉。视锥细胞负责高分辨率的、彩色的、白天的视觉。

2. 立体视觉

视觉的另一个重要因素是立体视觉能力。人在现实世界中看到的物体是立体的，这样可以感觉出被看物体的远近。人是如何产生立体感觉的呢？原来人的两眼位于头部的不同位置，两眼之间相距6～8 cm，因此看同一个物体，两眼会得到稍有差别的视图。左视区的信息，送到两眼视网膜的右侧。在视交叉处，左眼的一半神经纤维交叉到大脑的右半球，左眼的另一半神经纤维不交叉，直接到大脑的左半球。这样，两眼得到的左视区的所有信息，都送到右半球，在大脑中融合，形成立体视觉。如图1-4-2所示是人类立体视觉形成的原理图。

3. 屈光度

与眼的光学部分有关的一个度量是"屈光度"。有1个屈光度的镜头，可以聚焦平行光线在1 m距离处。人眼的聚焦能力约60屈光度，这表明聚焦平行光大约在17 mm距离，这就是眼球尺寸，是晶状体和视网膜之间的距离。

人的屈光度是可以变化的,称为调节或聚焦,这保证对远近物体都能看到清晰的图像。年轻人可以连续改变 14 个屈光度,年长后调节能力减弱。在注视运动物体时,自动调节屈光度。调节的作用是保证某个距离的物体清晰,而其他距离物体模糊。这相当于滤波器的作用,使人集中关注视场中部分区域。而在头盔式显示器中屈光度是不能调节的,两个图像一般都是聚焦在 2～3 m 距离处。

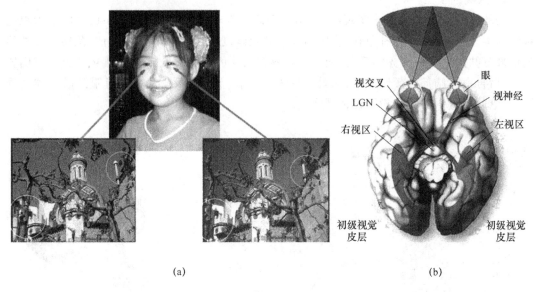

图 1-4-2 立体视觉形成原理图

4. 瞳孔

瞳孔是晶状体前的孔,其直径可变化。瞳孔作用有两个:①瞳孔放大时,眼睛中进入的光线比较多,可增加眼的敏感度,如人在暗处瞳孔会放大;②当瞳孔缩小时可增加近视觉的视距,看近处的物体比较清楚。同时,可限制入射光,挡住眼睛周围的杂乱光线,在中心区的光学效果最好。

5. 分辨力

分辨力是人眼区分两个点的能力。人眼区分两个点的能力,在 2 m 距离上约 0.4 mm。则宽度 400 mm 上应该有 1 000 个 0.4 mm 大小的像素。现在的计算机显示器和高清晰度电视机,都达到了这样的要求。

6. 明暗适应

人眼对亮度的变化感觉会自动进行调节,这是通过改变在视杆和视锥细胞中光敏化合物的浓度。例如,从亮处进入暗室时的现象,称为暗适应,一般人大概要 40 分钟才能适应。亮适应是指从暗处进入阳光下时的适应能力,人的这种适应很强,对视杆细胞适应时间约 1 小时,视锥细胞适应时间约几分钟。

7. 周围视觉和中央视觉

视网膜不仅是被动的光敏表面,通过视杆和视锥细胞与神经细胞的连接,它还有一定的图像处理能力。中央凹是视网膜中央部分,在光轴与视网膜焦点附近,直径约 1 mm,有高密度视锥细胞。中央凹区域的视觉称为中央视觉,中央视觉是高分辨率部分,是彩色的、白天的视觉。视网膜周围区域包含视杆和视锥细胞。视网膜周围区域的视觉称为周围视觉。这些神经细胞对光强的变化敏感,它帮助我们注意运动物体。周围视觉虽然分辨率低,是单色的、夜间的视觉,但对运动物体敏感。

8. 视觉暂留

人的眼睛具有保持视觉印象的特性。当光对视网膜所产生的视觉在光停止作用后仍保留一段时间的现象就是视觉暂留。

视觉暂留是电影、电视、虚拟现实显示的基础。临界熔合频率(CFF)效果会产生把离散图像序列组合成连续视觉的能力,CFF 最低为 20 Hz,并取决于图像尺寸和亮度。英国电视帧频 25 Hz,美国电视帧频 30 Hz,近代电影全球统一帧频是 24 Hz。同时,人眼对闪烁的敏感正比于亮度,所以若白天的图像更新率为 60 Hz,而夜间则只要 30 Hz。

9. 视场

视场(Field of View,FOV)指人眼能够观察到的最大范围,通常以角度来表示,视场越大,观测范围越大。如果显示平面是在投影平面内的一个矩形,则视场是矩形四边分别与视点组成的四个面围成的部分。一般来说,一只眼睛的水平视场大约为 150°,垂直视场大约为 120°,双眼的水平视场大约为 180°,垂直视场大约为 120°,双眼定位于一幅图像时,水平重叠部分大约为 120°,而在实际的虚拟现实系统中,可能产生水平±100°,垂直±30°的视场,这就会有很强的沉浸感。

1.4.2 人的听觉

听觉是人类感知世界的第二大通道,因此在虚拟现实中,除在视觉上进行模拟,还必须在听觉上进行模拟,并作为视觉的补充,使虚拟现实系统的沉浸感更强。

1. 人类的听觉模型

如图 1-4-3 所示,耳朵分为外耳、中耳、内耳。外耳、中耳是接受并传导声音的装置;内耳则是感受声音和初步分析声音的场所。所以,外耳、中耳合称为传音系统,而内耳及其神经传导经络则称为感音神经系统。

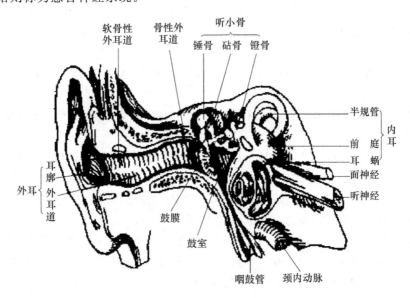

图 1-4-3 耳朵的听觉模型

外耳包括耳廓和外耳道两部分。主要作用是收集及部分放大声音和参与声音方向的辨别。

中耳的结构比外耳复杂,有鼓室、咽鼓管、鼓窦及乳突 4 部分。鼓室又称中耳腔,容积约为 2 ml。中耳腔内有一条通到鼻咽部的管道,叫作咽鼓管。咽鼓管使中耳与外界相通,起到调节鼓室压力的作用。

内耳构造非常精细,管道盘旋,好像迷宫一样,故称为迷路。内耳分为 3 部分,即半规管、前庭和耳蜗。半规管和前庭主要负责身体平衡,耳蜗则负责感受声音。

外耳把声音引导进内耳,它也作为滤波器而改变声音。把手放在耳前面,就会感到声音变化。声音最终冲击耳膜,使之振动。耳膜振动再传到耳蜗,并且振动加大 20 倍。

人耳感受声音的过程就是听觉的产生过程。听觉的产生过程是一个复杂的生理过程,它包括 3 个基本过程:

(1) 声波在耳朵内部的传递过程;

(2) 声波在传递过程中由声波引起的机械振动转变为生物电能,同时通过化学递质的释放而产生神经冲动的过程;

(3) 听觉中枢对传入信息进行综合加工处理的过程。

声音是通过空气传导和骨传导两种途径传入内耳的。正常情况下以空气传导为主,也就是说声波通过这两种途径传入内耳使毛细胞兴奋,毛细胞又和蜗神经的末梢相接触,毛细胞兴奋后激发化学递质的释放,使蜗神经产生冲动。冲动经蜗神经传导路径传入大脑,经大脑皮质听觉中枢的综合分析,最后才使人感觉到声音,即听到声音。

2. 频率范围

耳蜗有 3 个螺旋管,被前庭膜和耳底膜 2 个膜片分开。振动会刺激耳底膜上的 2~3 万个硬毛,并产生电信号传给大脑。耳底膜有识别频率的机制。高频振动刺激膜的开始部分,中频振动刺激膜的中间部分,低频振动刺激膜的远端部分。

耳听到的频率范围约 20 Hz~20 kHz。随年岁增加,频率范围缩小,特别是高频段。

声音在空气中的速度是 344 m/s,20 Hz 的波长为 17.2 m,1 kHz 的波长为 34.4 cm,10 kHz 的波长为 3.44 cm。人耳的尺寸约 7 cm,这是 5 kHz 的波长。这说明耳的大小会影响这种频率声音的收集。人的身体也会与声波交互,这也会影响声音的质量。

3. 声音的定位

一般认为,人脑识别声源位置,是利用两耳听到的声音的混响时间差和声音的混响强度差。

混响时间差是指声源到达两个耳朵的时间之差,根据到达两个耳朵的时间来判断,当左耳先听到声音,就说明声音源位于听者的左侧,即偏于一侧的声源的声音先到达较近的耳朵。当人面对声源时,两耳的声强和路径相等。当人向左转以后,右耳声音强度比左耳强,且更早听到。若两耳路径之差为 20 cm,则时间差 0.6 ms。

混响强度差是指声音源对左右两个耳朵作用的压强之差。在声波的传播过程中,如果声源距离一侧耳朵比另一侧近,则到达这一侧耳朵的声波就比到达另一侧耳朵的声波大。一般来讲,混响强度差因为时间因素产生的压力差较小,其实,头部阴影效应所产生的压力差影响更显著,使到达较远一侧耳朵的声波就比较近一侧要小,这就存在一个压力差。这一现象在人的声源定位机能中起着重要的作用。

4. 头部有关的传递函数

在人类听觉系统用于确定声源位置和方向信息中,不仅与混响时间差和混响强度差有关,更取决于对进入耳朵的声音产生频谱的耳廓。

根据研究表明,在声波频率较低时,混响压力强度很小,声音定位依赖混响时间差;当声波的频率较高时,混响强度差在声音定位中起作用。但进一步研究表明该理论不能解释所有类型的声音定位,即使双耳的声音中包含时间相位及强度信息,仍使听者感觉到声音是在头内而不是在身外。

1974 年 Shaw 的研究表明,大脑就是依靠耳廓加在人耳的压力波上的独特的"耳印"来获取空间信息的。每个耳朵都有一个耳洞,但并不是简单的洞,声音在外耳上反射进入内耳,因此声音在听者的面部、肩部和外耳上发生反跳,并改变了声音的频谱。头部散射、躯体散射和外耳廓散射等散射/衍射的波信息,每当声音传播到身体的上述 3 个部位时,就会发生散射现象,而且左右两耳产生的波谱分布不同,当进入的声波与外耳或耳廓产生交互作用时,发生与方向有关的滤波作用对定位有着重要的影响。

声音相对于听者的位置会在两耳上产生两种不同的频谱分布,靠得近的耳朵通常感受到的强度相对高一些。并通过测量外界声音及鼓膜上的声音的频谱差异,获得了声音在耳附近发生的频谱波形,随后利用这些数据对声波与人耳的交互方式进行编码,得出相关的一组转移函数,并确定出两耳的信号传播延迟特点,以此对声源进行定位。这种声音在两耳中产生的频段和频率的差异就是第 2 条定位线索,称之为头部相关传递函数(Head-Related Transfer Function,HRTF)。通常在虚拟现实系统中,当无回声的信号由这组传递函数处理后,再通过与声源缠绕在一起的滤波器驱动一组耳机,就可以在传统的耳机上形成有真实感的三维音阶了。

1974 年,Plenge 的研究证实了 Shaw 的研究成果。他认为,通过改变声音进入耳的声音的形式,会产生外部的声音舞台的感觉。对于耳机(特别是插入式耳塞),忽视或破坏了耳廓的作用,使人感觉的声音舞台是内部的。如果耳机的左右通道人为地进行电子成形后,就可能使人会感觉声音有外部的真实性。为此要求知道声音的形状,也就要求知道"头部有关的传递函数",并且发现每个人有不同的 HRTF。

理论上,这些传递函数应因人而异,因为每个人的头、耳的大小和形状都各不相同。但这些函数通常是从一群人获得的,因而它只是一组平均特征值。而且,由于头的形状也要与耳廓的本身的行为作用,因此,传递函数是与头相关的。事实上,HRTF 的主要影响因素是耳廓,但除耳廓外还有头部的衍射和反射、肩膀的反射及躯体的反射等多方面因素的影响。

1.4.3 身体感觉

视觉与听觉都是由光波或声波激起,而身体感觉则是收集来自用户身体的信息,使用户知道身体状态及与周边环境的关系,比如在黑暗中用手触摸物体能感觉到它的表面粗糙等属性。

1. 体感

身体感觉与如何感知表面的粗糙程度、振动、相对皮肤的运动、位置、压力、疼痛及温度的方式密切相关。大脑的体感皮层将分布在体表及深层组织内的感受器接收到的信号转化为各种感觉。如图 1-4-5(a)所示是 Brodmann 发现的体感在大脑皮层上的映射图,它表明身体各部分是怎样与皮层中的表面部位相连的。根据这个图显示，身体的不同部位按以下序列相关：趾、脚、腿、臂、颈部、头部、肩、臂肘、小臂、手腕、手、手指、拇指、眼、鼻、面部、唇、齿、口、舌、咽喉及腹部。嘴唇面积最大，身体下部占的面积最小；刺激身体不同部位有以下4类感觉。

（1）深度感觉

深度感觉提供关节、骨、腱、肌肉和其他组织的信息，涉及压力、疼痛和振动。它以内部压力、疼痛和颤动方式体验。肌肉收缩、舒张时，这些结构内的感受器被激活，使我们知道躯体及四肢的空间状态。肌肉健康状况也很重要，当其状态良好时，在地球引力场中可十分迅速地采取一种新的姿势，当其出现问题时，保持站立姿势有困难，神经系统的反馈机制因延时而受影响。

（2）内脏感觉

它提供胸腹腔中的内脏的状况，当身体出现问题时主要的感觉形式是疼痛。这种感觉一般不是由外部引起的，而是由内脏器官内部病变所致的。

（3）本体感觉

它提供身体的位置、平衡和肌肉感觉。也涉及与其他物体的接触，如通过这种感觉可判断人是站在地上还是躺在床上。本体感觉接受器能提供接触时的信息。

（4）外感受感觉

它是身体表面体验到的接触感觉信息。常见的有力觉与触觉。

图1-4-4(a)所示为人体皮肤的内部结构。虚拟现实系统的触觉接口直接刺激皮肤，产生接触感。人体具有约20种不同的神经末梢，受到刺激就会给大脑发送信息。最普通的感知器是热感知器、冷感知器、疼痛感知器，以及压力（或接触）感知器。虚拟现实系统的触觉接口可以提供高频振动、小范围的形状或压力分布、以及热特性，由此来刺激这些感知器。

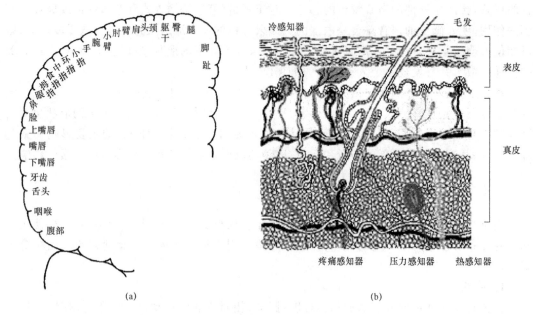

图1-4-4　大脑皮层体感分布简图与皮肤内部结构图

2. 痛感

痛感是身体状态的警告信号,特别是当身体受到某种损害或压迫时,身体便发出这种警告信号,如身体遭到毒害,不管是外源有毒物质或体内产生的毒素,均以疼痛信号或某种不适(如恶心)向大脑发出警告。

皮肤表面和其他组织内包含着以游离神经末梢形式存在的感受器。当这些感受器受过热或受化学物如缓激肽的刺激时,会感到强烈的疼痛。人们还认为,当血流在肌肉处受阻,疼痛由缓激肽或乳酸引起。

3. 触觉

接触、压力及颤动感均由同一类感受器感知。触觉一般由皮肤及邻近组织内的感受器产生;压觉是当皮肤及深层组织变形时产生;振动感是感受器受周期性的刺激时产生的。触觉感受器可以是游离神经末梢、Meissner 小体、Iggo 圆顶形感受器、毛细胞、Ruffini 小体及 Pacimn 小体。同时,痒感也是触觉中的一种,这种感受器对很微小的刺激做出反应,如小虫在身上爬动等。

4. 体位感

体位感与监视身体的静态和动态位置有关。关节、肌肉及深层组织内的感受器完成体位的感觉。然而,对关节角度的感觉并不仅仅涉及对关节角度做出反应的感受器,根据来自位于皮肤、组织、关节、肌腱及肌肉内的不同感受器的信号,这些数据组合在一起用来收集关于各个关节的信息,包括是静止还是运动,是否超出了其活动范围等。

从以上对体感的粗略介绍中,可以看出用以监视身体接触及体位的感受是极其广泛的。显然,在虚拟现实系统中不可能完全模仿出对虚拟物体做出的类似反应。首先,人们日常活动中体验到的触觉信息大多来自与空气及周围环境直接接触的皮肤。戴上手套,就会限制了通过手进入的丰富的感觉信息源,因此任何以压力垫与虚拟物体接触的交互手套都只能看做是对"接触"含义的粗略解释,不可能达到完全的虚拟。

毫无疑问,虚拟现实系统的触觉接口在目前还面临着巨大技术难题。然而,如果重建一种与真实触觉世界对应的虚拟世界的思路,就会在开发合适接口方面取得成功。事实上,人们已经制造出各种将压力信息反馈到用户指尖的手套,可用来补充视、听感受,增加虚拟现实系统的沉浸性。

1.4.4 健康与安全问题

在设计虚拟现实系统时,应充分考虑到人的因素,如头盔显示器应能根据使用者的双目之间的距离进行调节,设计的三维跟踪设备若性能不良,尽管有些情况下并不明显,但如长时间工作会引起头晕、视觉不适、四肢乏力等现象。

在虚拟现实系统中,所谓三维位置跟踪器性能不良是指定位误差较大。定位出错造成的结果从表面看仅仅表现为被跟踪对象出现在它不该出现的位置上,使得被跟踪对象在真实世界中的坐标与其在虚拟世界中的坐标不相符,从而使用户在虚拟世界中的体验与其在客观世界中积累多年形成的经验相违背了。跟踪器的定位误差将给用户造成一种类似于运动病的症状,包括眩晕、晕船感、视觉混乱、身体乏力等。根据一份研究资料显示,在虚拟现实仿真实验中有 60% 的人有过轻微不适症状,有 0.1% 的人出现强烈反应,甚至出现呕吐。造成出现这种运动病症状的因素是多方面的,例如虚拟世界中身体位置的扭曲、运动响应的延迟以及力反馈的不适度等。这种后果是对虚拟现实应用的一个潜在威胁。

但是,人们对长期使用虚拟现实系统的后果还知之甚少,这是一件可怕的事情。我们知道的是人类的适应力很强,能够忍受极度的虐待。如在照明很差的办公室工作,呼吸污浊的空气,无支撑地坐在计算机前一连数小时,身体前倾着阅读屏幕上的内容。而且,我们已经习惯并将这些当做日常工作的一部分。

英国国防研究局(DRA)对沉浸式虚拟现实系统中的显示器产生的负面效应进行了调查,尤其调查了有些用户经历的恶心呕吐状况。在此之前的工作表明:头盔的佩戴者感到紧张是因为他们在观察不同距离的虚拟物体时不能利用眼睛调焦。由DRA所做的类似的研究表明:如果人的双目距离与头盔的光学中心间的距离不一致,也会容易引起人的眼睛疲劳。

一些人对不熟悉的运动刺激非常敏感。汽车、船只、火车、飞机、摆动及圆周运动都是造成运动病的常见原因。敏感的人背朝运动方向坐几分钟就会感到恶心。

经过试验,可以证实现在的沉浸式系统会引发恶心、呕吐等现象,但其真实原因还未查明。James Reason为解释运动病而提出了冲突理论,理论指出:当大脑接收到同时来自前庭器官及视觉系统的相互矛盾的信号时,就会刺激引发呕吐。普遍认为该理论也可用来解释模拟器及虚拟现实系统中体验到的症状。

大多数现在的虚拟现实系统在图像生成、跟踪及计算物理仿真方面还存在延时,因此出现冲突的可能性非常大。如果这是产生症状的原因,计算机采用更快的处理器将有助于解决这些问题。其他技术如预测算法可能有助于虚拟视觉系统及身体前庭器官的同步。

1.5 虚拟现实技术的研究

虚拟现实技术的问世,为人机交互等方面开辟了广阔的天地,同时也带来了巨大的社会与经济效益。人们从多媒体技术、网络技术的高速发展中得到启示,认识到虚拟现实技术的重要性。随着计算机系统的性能迅速提高,其价格不断降低。同时,与虚拟现实相关的技术日趋成熟,为虚拟现实的研究提供了基础,如实时三维图形生成与显示技术、三维声音定位与合成技术、传感器技术、识别定位技术、环境建模技术、CAD技术等。现在,不论是在商业性,还是在实用性以及技术创新性上都有巨大的潜力。

由于人们意识到虚拟现实技术的巨大的应用前景,目前,虚拟现实技术几乎是所有发达国家都在大力研究的前沿技术,它的发展速度也非常迅速。实际上基于虚拟现实技术的研究主要有虚拟现实技术与虚拟现实应用两大类。在国外,虚拟现实技术研究方面做得较好的有美国、德国、英国、日本、韩国等国家。在我国,浙江大学、北京航空航天大学、国防科技大学、中国科学院等单位在虚拟现实方面的研究工作开展得比较早,取得的相关成果也较多。

1.5.1 国外的研究状况

1. 美国

虚拟现实技术诞生于美国,是全球研究最早,研究范围最广的国家,美国虚拟现实研究技术的水平基本上就代表国际虚拟现实技术发展的水平。虚拟现实技术的大多数研究机构都在美国。大多数的虚拟现实硬件设备也出自于美国。其研究内容几乎涉及到从新概念发展(如虚拟现实的概念模型)、单项关键技术(如触觉反馈)到虚拟现实系统的实现及应用等有关虚拟现实技术的各个方面。

美国国家航空航天局(NASA)于20世纪80年代初就开始研究虚拟现实技术,1981年开始研究空间信息显示,1984年开始研究虚拟视觉环境显示,并研制出新型的头盔显示器,后来又开发了虚拟界面环境工作站(VIEW)。

美国北卡大学是进行虚拟现实研究最早的著名大学,其主要研究方面是:分子建模、航空驾驶、外科手术、建筑仿真。

美国SRI研究中心建立了"视觉感知计划",研究高级的虚拟现实技术。1991年后,SRI进行了基于虚拟现实技术在军用飞机或车辆驾驶训练方面的研究,试图通过仿真来减少飞行事故。另外,SRI还利用遥控技术进行外科手术仿真的研究。

麻省理工学院(MIT)的媒体实验室在研究人工智能、机器人、计算机图形学和动画方面取得了许多成就。在VR领域,媒体实验室也取得了许多进展。他们现在建立了一个虚拟环境下的对象运动跟踪动态系统。其研究项目主要有"虚拟蟑螂"、"路径计划"与"运动计划"等。

2. 欧洲

欧洲的虚拟现实技术研究主要由欧盟的许多计划支持,在英国、德国、瑞典、西班牙、荷兰等国家都积极进行了虚拟现实的开发与应用。

英国在虚拟现实技术的研究与开发的某些方面,如分布式并行处理、辅助设备(触觉反馈设备等)设计、应用研究方面在欧洲是领先的。

1991年年底,英国已有从事VR的6个主要中心,它们是Windustries(工业集团公司)、British Aerospace(英国航空公司)、Dimension International、Division Ltd、Advanced Robotics Research Center和Virtual Presence Ltd(主要从事VR产品销售)。

英国航空公司Bae的Brough分部正在利用虚拟现实技术设计高级战斗机座舱,Bae开发的项目VECTA是一个高级测试平台,用于研究虚拟现实技术及考察用虚拟现实技术替代传统模拟器方法的潜力。VECTA的一个子项目RAVE是专门为训练飞行员而设计的。

在德国,以德国FHG-IGD图形研究所和德国计算机技术中心(GMD)为代表,主要从事虚拟世界的感知、虚拟环境的控制和显示、机器人远程控制、虚拟现实在空间领域的应用、宇航员的训练、分子结构的模拟研究等。

德国的计算机图形研究所(IGD)测试平台,主要用于评估虚拟现实对未来系统和界面的影响,向用户和生产者提供通向先进的可视化模拟技术和虚拟现实技术的途径。

荷兰应用科学研究组织(TNO)的物理与电子实验室(FEL)有一个仿真训练组,将一些仿真问题集中在该训练组进行研究。其中之一是通用(并非VR专用)导弹发射点火仿真装置。另一个是太空工作站工作。当宇航员在太空需要做一些修复之类的技术处理时,需要借助于太空工作站进行。在VR的研制中,FEL使用了英国Bristal公司的Pro Vision硬件和DVS软件系统、Virtual Research的头盔显示器和Polhemus的磁性传感器,同时使用头盔显示器与Bristal公司的鼠标器来跟踪动作。

3. 亚洲

在亚洲,日本的虚拟现实技术研究发展十分迅速,同时韩国、新加坡等国家也在积极开展虚拟现实技术方面的研究工作。

日本是虚拟现实技术研究居于全球领先位置的国家之一，它主要致力于建立大规模虚拟现实知识库的研究。另外在虚拟现实游戏方面的研究也做了很多工作。

东京大学的原岛研究室开展了3项研究：人类面部表情特征的提取、三维结构的判定和三维形状的表示、动态图像的提取。东京大学的广濑研究室重点研究虚拟现实的可视化问题。为了克服当前显示和交互作用技术的局限性，他们开发了一种虚拟全息系统。成果有：一个类似CAVE的系统、用HMD在建筑群中漫游、人体测量和模型随动、飞行仿真器等。

筑波大学工程机械学院研究了一些力反馈显示方法。他们开发了9自由度的触觉输入，并开发了虚拟行走原型系统，步行者只要脚上穿上全方向的滑动装置，就能交替迈动左脚和右脚。

日本的NEC公司计算机和通信分部中的系统研究实验室开发了一种虚拟现实系统，它能让操作者使用"代用手"去处理三维CAD中的物体模型。

富士通实验室有限公司正在研究的一个项目是虚拟生物与虚拟现实世界的相互作用。他们还研究虚拟现实中的手势识别，开发了一套神经网络姿势识别系统，该系统可以识别姿势，也可以识别表示词的信号语言。

1.5.2 国内的研究状况

虚拟现实技术是一项投资大，具有高难度的科技领域。和一些发达国家相比，我国虚拟现实技术研究始于20世纪90年代初，相对其他国家来说起步较晚，技术上有一定的差距，但已引起我国政府有关部门和科学家们的高度重视，并及时根据我国的国情，制定了开展虚拟现实技术的研究计划。国家"九五"规划、"十五"规划、863计划、国家自然科学基金会、国防科工委等都把虚拟现实列入了重点资助范围，在国家"973"计划中虚拟现实技术的发展应用列为重中之重，而且支持研究开发的力度也越来越大。

我国军方对虚拟现实技术的发展关注较早，支持研究开发的力度也非常大。同时，国内一些重点高等院校和科研院所也积极投入到了这一领域的研究工作，现在已经实现与正在研制的虚拟现实系统也很多。

2003年，由浙江大学CAD&CG国家重点实验室牵头，由浙江大学、中科院软件所、清华大学、北京航空航天大学等联合申报的2002年度《国家重点基础研究发展规划》项目（即973项目）"虚拟现实的基础理论、算法及其实现"获批准立项。对虚拟环境的建立、自然人机交互、增强式虚拟现实、分布式虚拟现实、虚拟现实在产品创新中的应用等技术进行联合攻关。

北京航空航天大学计算机学院是国内最早进行虚拟现实研究的单位之一，他们首先进行了一些基础知识方面的研究，并着重研究了虚拟世界中物体物理特性的表示与处理；在虚拟现实中的视觉接口方面开发出了部分硬件，并提出了有关算法及实现方法；实现了分布式虚拟世界网络设计，建立了网上虚拟现实研究论坛，可以提供实时三维动态数据库，提供虚拟现实演示世界，提供用于飞行员训练的虚拟现实系统，提供开发虚拟现实应用系统的开发平台，并将要实现与有关单位的远程连接。

清华大学信息科学技术学院对虚拟现实和临场感进行了研究，例如对球面屏幕显示和图像随动、克服立体图闪烁的措施和深度感实验等方面都具有不少独特的方法。他们还针对室内环境中水平特征丰富的特点，提出借助图像变换，使立体视觉图像中对应水平特征呈现形状一致性,以利于实现特征匹配,并获取物体三维结构的新颖算法。

西安交通大学信息工程研究所对虚拟现实中的关键技术——立体显示技术——进行了研究。他们在借鉴人类视觉特性的基础上提出了一种基于 JPEG 标准压缩编码的新方案,并获得了较高的压缩比、信噪比以及解压速度,并且已经通过实验结果证明了这种方案的优越性。

哈尔滨工业大学计算机学院已经成功地虚拟出了人的高级行为中特定人脸图像的合成、表情的合成和唇动的合成等技术问题,并正在研究人说话时头的姿势和手势动作、话音和语调的同步等。

北京科技大学虚拟现实实验室多年来一直从事虚拟现实研究,成功开发出了纯交互式汽车模拟驾驶培训系统。由于开发出的三维图形非常逼真,虚拟环境与真实的驾驶环境几乎没有什么差别,因此投入使用后效果良好。

武汉大学投资建成的虚拟现实实验室,目前已成为国内一流的虚拟地理环境教学与研究机构,不仅成功研制了多项数码三维模拟系统,而且为国民经济的发展提供了大量科学的空间信息。

国家体育总局体育科学研究所体育系统仿真开放实验室,主要以研究计算机仿真技术在体育领域应用为主,开展智能化体育软件、体育器材和其他相关研究,其研究方向集中在:体育系统仿真与虚拟现实研究、体育与新媒体研究、人体生物信息采集与可视化研究、运动训练仪器器材智能化研究、体育系统仿真理论与数学建模研究、体育场馆场景仿真研究、体育系统仿真理论研究。

国内在虚拟现实方面有较多研究成果的其他单位有:国防科技大学、北京理工大学、中科院自动化所、大连海事大学、天津大学、西北大学、香港中文大学等。

此外,在国内其他民营企业及组织对虚拟现实的研究中,以 www.86vr.com 等为代表的国内一批技术网站的兴起,为国内众多的虚拟现实爱好者创立了良好的学习氛围,并提供有益的虚拟现实技术引导,他们在积极推动虚拟现实本土化的同时,在建筑漫游仿真、房地产交互展示、教育虚拟平台的应用系统开发方面取得了良好的效果,使虚拟现实在商业应用上,走向大众化和民用化。

1.5.3　目前存在的问题

虚拟现实技术是一门年轻的科学技术,虽然这个领域的技术潜力是巨大的,应用前景也很广阔,但总体来说它仍然处于初级发展阶段,仍存在着许多尚未解决的理论问题和尚未克服的技术障碍。客观地说,目前虚拟现实技术所取得的成就,绝大部分还仅仅限于扩展了计算机的接口能力,仅仅是刚刚开始涉及人的感知系统和肌肉系统与计算机的结合作用问题,还根本未涉及很多深层次的内容。

虚拟现实技术成功的原因之一在于它充分利用了现在已经成熟的科技成果,计算机为其提供了实时的硬件平台,显示设备利用了电视与摄像机的显示技术,同时也依赖着其他相关技术的发展。正是由于当前科技的水平状况,虚拟现实当前的技术水平离人们心目中追求的目标尚有较大的差距,在沉浸性、交互性等方面,都需进一步改进与完善。

虚拟现实技术在现实中的应用局限性较大,主要表现在以下几个方面。

1. 硬件设备方面

主要存在着3个方面问题,第一是相关设备普遍存在使用不方便,效果不佳等情况,难以达到虚拟现实系统所需的要求。如计算机的处理速度还不足以满足在虚拟世界中巨大数据量处理实时性的需要,对数据存储能力也不足;基于嗅觉、味觉的设备还没有成熟及商品化。第二是硬件设备品种有待进一步扩展,在改进现有设备的同时,应该加快新设备的研制工作。同时,针对不同的领域要开发能满足应用要求的特殊硬件设备。第三是虚拟现实系统应用的相关设备价格也比较昂贵,且这些设备局限性很大。如建设CAVE系统的投资达百万以上,一个头盔式显示器一般达数万元等。

2. 软件方面

现在大多数虚拟现实软件普遍存在语言专业性较强、通用性较差、易用性差。同时,由于硬件设备的诸多局限性,使得软件的开发费用也十分巨大,而且软件所能实现的效果受到时间和空间的影响较大。很多算法及许多相关理论也不成熟,如在新型传感和感知机理,几何与物理建模新方法,基于嗅觉、味觉的相关理论与技术,高性能计算特别是高速图形图像处理,以及人工智能、心理学、社会学等方面都有许多挑战性的问题有待解决。

3. 实现效果方面

从虚拟现实的实现效果来说,其可信度较差,是指对创建的虚拟环境的可信性,要求符合人的理解和经验,包括有物理真实感、时间真实感、行为真实感等。具体表现在以下几个方面:(1)虚拟世界的表示侧重几何图形表示,缺乏逼真的物理、行为模型;(2)虚拟世界的感知方面,有关视觉方面研究多,听觉、触觉(力觉)关注较少,真实性与实时性不足;(3)在与虚拟世界的交互中,自然交互性不够,基于自然的交互效果还远不能令人满意。

4. 应用方面

现阶段主要在军事领域应用较多,在各高校科研方面较多,在建筑领域、工业领域应用还远远不够,有待进一步加强。未来的发展努力向民用方向发展,并在不同的行业将发挥更大的作用。

1.5.4 今后的研究方向

虚拟现实技术研究内容很广,基于现在的研究成果及国际上近年来关于虚拟研究前沿的学术会议和专题讨论,虚拟现实技术在目前及未来几年的主要研究方向有以下几个。

1. 人机交互接口

虚拟现实技术的出现,是人机接口的重大革命,在今后工作中,将进一步开展独立于应用系统的交互技术和方法的研究,建立软件技术交换机构以支持代码共享、重用和软件投资,并鼓励开发通用型软件维护工具。

2. 感知研究领域

从目前虚拟现实技术在感知方面来说,视觉方面较为成熟,但对其图像质量要进一步加强;在听觉方面加强听觉模型的建立,提高虚拟立体声的效果,并积极开展非听觉研究;在触觉方面,要开发各种用于人类触觉系统的基础研究和虚拟现实触觉设备的计算机控制的机械装置。

3. 高效的虚拟现实软件和算法

积极开发满足虚拟现实技术建模要求的新一代工具软件及算法、虚拟现实语言模型的研究、复杂场景的快速绘制及分布式虚拟现实技术的研制。

4. 廉价的虚拟现实硬件系统

现在,基于虚拟现实技术的硬件系统价格相对比较昂贵,这是影响虚拟现实应用的一个瓶颈。下一阶段中主要研究方向是研究在外部空间的实用跟踪技术、力反馈技术、嗅觉技术,开发出相关的硬件设备,并使硬件进一步降低成本。

5. 智能虚拟环境

智能虚拟环境是虚拟环境和人工智能/人工生命两种技术的结合。它涉及多个不同学科,包括计算机图形、虚拟环境、人工智能/人工生命、仿真、机器人等。该项技术的研究将有助于开发新一代具有行为真实感的实用的虚拟环境,支持分布式虚拟环境中的交互协同工作。

1.6 虚拟现实技术的应用

根据有关统计资料表明,虚拟现实技术目前在军事与航空、娱乐、医学方面、机器人方面的应用占据主流,其次是教育及艺术商业方面,另外在可视化计算、制造业等领域也有相当的比重,并且现在的应用也越来越广泛。其中应用增长最快的是制造业。

1.6.1 军事与航空航天

虚拟现实的技术根源可以追溯到军事领域,军事应用是推动虚拟现实技术发展的源动力,直到现在依然是虚拟现实系统的最大应用领域,在军事和航天领域早已理解仿真和训练的重要性。当前趋势是减少经费开支、提高演习效果和改善军用硬件的生命周期等。

1. 军事上的应用

军事上的应用中,采用虚拟现实系统不仅提高了作战能力和指挥效能,而且大大减少了军费开支,节省了大量人力、物力,同时保障了人员的生命安全。与虚拟现实技术最为相关的应用有军事训练和武器的设计制造等。

(1) 军事训练方面

现在各个国家都习惯于采用举行实战演习来训练军事人员和士兵,但是这种实战演练,特别是大规模的军事演习,将耗费大量资金和军用物资,安全性差,而且还很难在实战演习条件下改变状态,来反复进行各种战场态势下的战术和决策研究。近年来,随着虚拟现实技术在军事上的应用,使演习与训练在概念和方法上有了一个飞跃,如图 1-6-1 所示。目前在军事训练领域主要用于以下 4 个方面。

① 虚拟战场环境

利用虚拟现实系统生成相应的三维战场环境图形图像数据库,包括作战背景、战地场景、各种武器装备和作战人员等,并通过网络等手段为使用者创造一种逼真的立体战场世界,以增强其临场感觉,提高训练的效率。

在 20 世纪 80 年代初,美国国防先进研究课题局(DARPA)开始研究第一个真正的虚拟战场 SIMNET,这是为了在联合演习中训练坦克队伍。这个尝试的最初动机是减少训练代价,同时也增加了安全性和减少了环境影响(爆炸和坦克轨迹会大大破坏训练场地)。由于这个课题而产生了仿真网络,它连接到在美国和德国的200多个坦克仿真器。北大西洋公约组织同盟国将逐步在SIMNET中把各国军事力量集成放进一个虚拟战场,这有利于联合军力作战。

图1-6-1 军事训练

北京航空航天大学虚拟现实与可视化新技术教育部重点实验室在国家863计划支持下,作为集成单位,与国防科技大学、海军潜艇学院、装甲兵工程学院等单位一起建立了一个用于虚拟现实技术研究和应用的分布式虚拟世界基础信息平台DVENET。DVENET由一个专用广域计算机网络以及支持分布式虚拟世界研究与应用的各种标准、开发工具和基础信息数据(如3D逼真地形)组成,如图1-6-2所示。

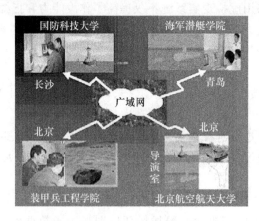

图1-6-2 DVENET平台

② 近战战术训练

近战战术训练系统把在地理上分散的各个单位、战术分队的多个训练模拟器和仿真器连接起来,以当前的武器系统、配置等为基础,把陆军的近战战术训练系统、空军的合成战术训练系统、防空合成战术训练系统、野战炮兵合成战术训练系统、工程兵合成战术训练系统，通过局域网和广域网连接起来。这样的虚拟作战世界，可以使众多军事单位参与到作战模拟之中，而不受地域、空间的限制，具有动态的、分布交互作用；进行战役理论和作战计划的检验，并预测军事行动和作战计划的效果；可以评估武器系统的总体性能，启发新的作战思想。

③ 单兵模拟训练

让士兵穿上数据衣服，戴上头盔显示器和数据手套，通过操作传感装置选择不同的战场场景，练习不同的处置方案，体验不同的作战效果，进而像参加实战一样，锻炼和提高技术、战术水平，快速反应能力和心理承受力。美国空军用虚拟现实技术研制的飞行训练模拟器，能进行视觉控制，能处理三维实时交互图形，且有图形以外的声音和触感，不但能以正常方式操纵和控制飞行器，还能处理系统中飞机以外的各种情况，如气球的威胁、导弹的发射轨迹等。

还有一个基于单兵训练的课题是 TNO Physics Electronics Laboratory（物理电子实验室）在荷兰开发的"虚拟 Stinger 训练器"。Stinger 是为防御低空飞机设计的紧凑的士兵发射的火箭，它用于全世界很多军队。荷兰军队使用的标准的 Stinger 训练器包括 20 m 直径的投影拱顶。背景景色由安装在拱顶上的一台有鱼眼镜头的投影机投影。指导者能确定攻击场景，并用工作站跟踪训练过程。

④ 诸军兵种联合战略战术演习

建立一个"虚拟战场"，使陆、海、空多军种现处一个战场，根据虚拟世界中的各种情况及其变化，实施联合演习。利用虚拟现实技术，根据侦察的资料合成出战场全景图，让受训指挥员通过传感装置观察各军种兵力部署和战场情况，以便模拟相互配合，共同作战。

(2) 在武器装备研究与新武器展示中的应用

① 在武器设计研制过程中，采用虚拟现实技术提供先期演示，检验设计方案，把先进设计思想融入武器装备研制的全过程，从而保证总体质量和效能，实现武器装备投资的最佳选择，对于有些无法进行实验或实验成本太高的武器研制工作，也可由虚拟现实系统来完成，所以尽管不进行武器试验，也能不断改进武器性能。

② 研制者和用户利用虚拟现实技术，可以很方便地介入系统建模和仿真试验的全过程，既能加快武器系统的研制周期，又能合理评估其作战效能及其操作的合理性，使之更接近实战的要求。

③ 采用虚拟现实技术对未来高技术战争的战场环境、武器装备的技术性能和使用效率等方面进行仿真，有利于选择重点发展的武器装备体系，改善其整体质量和作战效果。

④ 很多武器供应商借助于网络，采用虚拟现实系统来展示武器的各种性能。

2. 航空航天方面的应用

众所周知，航天飞行是一项耗资巨大、变量参数很多、非常复杂的系统工程，其安全性、可靠性是航天器设计时必须考虑的重要问题。因此，可利用将 VR 技术与仿真理论相结合的方法来进行飞行任务或操作的模拟，以代替某些费时、费力、费钱的真实实验或者真实实验无法开展的场合，利用虚拟现实技术的经济、安全及可重复性等特点，从而获得提高航天员工作效率、航天器系统可靠性等的设计对策。

美国政府把虚拟现实看成保持美国技术优势的战略努力的一部分，并开始了"高性能计算和计算机通信"计划(HPCC)。在这个计划中,资助开发先进的计算机硬件、软件和应用,给虚拟现实的研究与开发产生了很大的推动。

在航空航天方面,美国国家航空航天局(NASA)于20世纪80年代初就开始研究虚拟现实技术。在1984年,美国艾姆斯航天研究中心利用流行的液晶显示电视和其他设备开始研究低成本的虚拟现实系统,这对于虚拟现实技术的软、硬件研制发展推动很大。90年代以来,虚拟现实的研究与应用范围不断扩大。例如美国马歇尔空间飞行中心研制载人航天器的VR座舱,指导座舱布局设计并训练航天员熟悉航天器的舱内布局、界面和位置关系,演练飞行程序。目前,美国各大航天中心已广泛地应用VR技术开展相应领域内的研究工作,宇航员利用虚拟现实系统进行了失重心理等各种训练。美国航空航天局计划将虚拟现实系统用于国际空间站组装、训练等工作。

(1) NASA的虚拟现实训练

1993年12月,人类在太空成功地更换了哈伯太空望远镜上有缺陷的仪器板。在这之前的工作中,美国约翰逊航天中心启用了一套虚拟现实系统来训练航天员熟悉太空环境,为修复哈勃望远镜作准备。航天员通过操作虚拟设备,大大提高了操作水平,使修复工作取得了圆满成功。

(2) EVA的虚拟现实训练

EVA(欧洲航天局)近些年来在探索把虚拟现实技术用于提高宇航员训练、空间机器人遥控和航天器设计水平等方面的可能性,而近期内的计划重点是开发用于宇航员舱外活动训练、月球与火星探测模拟,以及把地球遥感卫星的探测数据转化为三维可视图像用的虚拟现实系统。

(3) 英国空军的虚拟座舱

虚拟座舱方向早期的工作于1991年在巴黎国际航空展览上发布。演示的是英国空军"虚拟环境布局训练辅助(VECTA)"课题的研究结果。在这个早期研究阶段,系统包括一对SGI 210显示生成器,具有Polhemus跟踪器的低分辨率VPL EyePhone等。但存在着HMD图形分辨率低、缺乏纹理映射等问题。

在我国神舟七号飞船发射任务的准备和实施过程中,航天发射一体化仿真训练系统起到了重要作用。航天发射一体化仿真训练系统是采用半实物仿真技术、虚拟仪器技术、虚拟现实技术,形成一套融虚拟装备、测试发射、测量控制、指挥通信、地勤支持于一体的大型系统,可以实现发射场全系统、全流程、全人员的综合训练,从而有效提高参加航天发射人员的技术水平。具体地说,在没有火箭、飞船目标的情况下,系统可以把火箭、飞船的信息虚拟出来,组织模拟发射场全系统参加的火箭测试发射,从而大大缩短产品研制开发的周期,节省研发成本。

1.6.2 教育与培训

1. 虚拟校园

虚拟校园是指从Internet、虚拟现实技术、网上虚拟社区和3S技术的发展角度,对现实大学三维景观和教学环境的虚拟化和数字化,是基于现实大学的一个三维虚拟环境,用于支持对现实大学的资源管理、环境规划和学校发展。

虚拟校园在现在很多高校都有成功的例子,先后有浙江大学、清华大学、上海交通大学、北京大学、中国人民大学、山东大学、西北大学、杭州电子工业大学、西南交通大学、中国海洋大学等高校,都采用虚拟现实技术构建了虚拟校园。

大学对每个人来说都有着特殊的感情,大学校园的学习氛围、校园文化对我们具有巨大影响,教师、同学、教室、实验室等,以及校园的一草一木无不潜移默化地影响着我们每一个人,大学校园赋与我们的教益从某种程度来说,远远超出书本所给予我们的。网络的发展、虚拟现实技术的应用,使我们可以仿真校园环境。因此虚拟校园成了虚拟现实技术与网络教育最早的具体应用,如图1-6-3为江西科技师范学院的虚拟校园。

图1-6-3　虚拟校园

2. 虚拟演示教学与实验

在学校教育中,虚拟现实技术在教学中应用较多,特别是对于理工科类课程的教学,尤其在建筑、机械、物理、生物、化学等学科有着质的突破。它不仅适用于课堂教学,使之更形象生动,也适用于互动性实验中。很多大学都有虚拟现实技术研究中心或实验室,如杭州电子工业大学虚拟现实与多媒体研究所,研究人员把虚拟现实应用于教学,开发了虚拟教育环境。

浙江大学CAD&CG国家重点实验室虚拟现实与多媒体研究室在承担的欧盟科技项目中(与英国Salford大学、葡萄牙里斯本大学合作),开发了基于虚拟人物的电子学习环境(ELVIS),用来辅助9~12岁的小学生进行故事创作,研究人员设计了一组虚拟人物,并支持不同情绪变化。

虚拟现实技术在仿真领域方面,特别是交互性仿真方面尤为突出,如西南交通大学致力于工程漫游方面的虚拟现实应用,开发出了一系列有国际水平的计算机仿真和虚拟现实应用产品,在此基础上,还开发了虚拟现实模拟培训系统、交互式仿真系统。

中国科技大学运用虚拟现实技术,开发了几何光学设计实验平台,它是全国第一套基于虚拟现实的教学软件。它用计算机制作的虚拟智能仪器代替价格昂贵、操作复杂、容易损坏、维修困难的实验仪器,具有操作简便、效果真实、物理图像清晰、着重突出物理实验设计思想的特点。

利用虚拟现实技术在课堂上可对办公自动化设备进行三维展示,并模拟通电运行,特别对于有些学校缺乏相应的实验设备的情况下,一方面可大大提高教学效果,一方面可节省大量的实验投资。

3. 远程教育系统

随着Internet技术的发展、网络教育的深入,远程教育有了新的发展,真实、互动、情节化、突破了物理时空的限制并有效地利用了共享资源,这些特点可以弥补远程教学条件的不足,彻底打破空间、时间的限制,它可以虚拟历史人物、伟人、名人、教师、学生、医生等各种人物形象,创设一个人性化的学习环境,使接受远程教育的学生能够在自然、亲切的气氛中进行学习。也可以利用虚拟现实系统来虚拟实验设备,使学生足不出户便可以做各种各样的实验,获得与真实实验一样的体会,从而丰富感性认识,加深对教学内容的理解,同时可避免真实实验或操作所带来的各种危险。

正是虚拟现实技术独特的魅力所在,基于国际 Internet 的远程教育系统具有巨大的发展前景,也必将引起教育方式的革命。如中央广播电视大学,投入较大的人力和物力,采用基于 Internet 的类游戏图形引擎,将网络学院具体的实际功能整合在图形引擎中,突破了目前大多数虚拟现实技术的应用仅仅停留在一般性浏览应用上的限制。

4. 特殊教育

由于虚拟现实技术是一种基于自然的交互形式,这个特点对于一些特殊的教育有其特殊的用途。在国家 863 计划、国家自然科学基金委、北京市科委等的支持下,中国科学院计算技术研究所多年来积极从事多功能感知技术的研究,开发集语音、体势、情感于一体的"中国手语合成系统",2004 年 4 月 16 日,研发的新版中国手语合成系统 V2.0(中国手语电子词典 V2.0)完成系统开发和内部测试。中国手语合成系统是利用计算机技术,将正常的语言或词语转变成计算机三维手语。通过虚拟人合成和手语合成技术,用三维虚拟人来展示合成的手语。该软件还可以合成任意的句子和文章,帮助用户从多角色多方位学习标准的中国手语,帮助听力障碍者与正常人进行交流。

新版中国手语合成系统重点对原来的手语库进行了升级,提高了手语的标准性,加入了人脸表情和"眨眼"等个性化脸部动作、增加了 3 个更有亲和力的女性主持人形象的虚拟人模型。运用这套系统还可以在任意显示设备上用手语发布信息,并实现手语导游。这有助于聋人使用电视、网络、电话、计算机、电影等高科技产品,提高生活质量,并有助于手语的标准化,改善聋人受教育的环境,给聋人朋友的学习和生活带来极大方便,如图 1-6-4 所示。

图 1-6-4　手语合成系统

日本京都的先进电子通信研究所(ATR)系统研究实验室的开发者们开发的一套系统,能用图像处理来识别手势和面部表情,并把它们作为系统输入。该系统提供了一个更加自然的接口,而不需要操作者带上任何特殊的设备。

5. 技能培训

将虚拟现实技术应用于技能培训可以使培训工作更加安全,并节约了成本。比较典型的应用是训练飞行员的模拟器及用于汽车驾驶的培训系统。交互式飞机模拟驾驶器是一种小型的动感模拟设备,舱体内前面是显示屏幕,配备飞行手柄和战斗手柄,在虚拟的飞机驾驶训练系统中,学员可以反复操作控制设备,学习在各种天气情况下驾驶飞机起飞、降落,通过反复训练,达到熟练掌握驾驶技术的目的,如图1-6-5(a)所示。

交互式汽车模拟驾驶器采用虚拟技术构造一个模拟真车的环境,通过视景仿真、声音仿真、驾驶系统仿真,给驾驶人员以真车般的感觉,让驾驶学员在轻松、安全、舒适的环境中掌握汽车的常识,学会汽车驾驶,又可体验疯狂飞车的乐趣,集科普、学车以及娱乐于一体,如图1-6-5(b)所示。

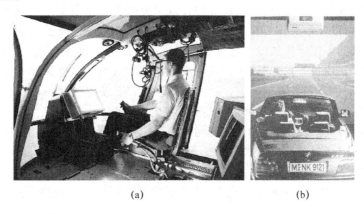

(a)　　　　　　　　　　(b)

图1-6-5　模拟驾驶系统

在我国神舟五号载人飞船发射项目中,也采用模拟训练器来辅助发射训练工作,神舟五号模拟训练器系统包括有飞船系统、运载系统、监控系统、着陆系统等,对驾驶的神舟五号载人飞船发射升空、白天和黑夜在空中运行状态以及返回着陆等进行模拟。

1.6.3　建筑设计与城市规划

在城市规划、建筑工程设计领域,虚拟现实技术被作为必须的开发工具,由于城市规划的关联性和前瞻性要求较高,在城市规划中,虚拟现实系统正发挥着巨大作用。许多城市都有自己的近期、中期和远景规划,在规划中需要考虑各个建筑同周围环境是否和谐相容,新建筑是否同周围的原有建筑协调,如图1-6-6所示。以免造成建筑物建成后,才发现它破坏了城市原有风格和合理布局,造成不可挽回的局面。

采用虚拟现实技术系统,可以让建筑设计师看到和"摸"到设计成果,而且方便随时修改,如改变建筑高度,改变建筑外立面的材质、颜色,改变绿化密度,并且可以所见即所得,只要修改系统中的参数即可,而不需要像传统三维动画那样,每做一次修改都需要对场景进行一次渲染。它支持多方案比较,不同的方案、不同的规划设计意图通过虚拟现实技术实时地反映出来,用户可以做出很全面的对比,另外,虚拟现实系统可以快捷、方便地随着方案的变化而进行调整,辅助用户做出决定。从而大大加快了方案设计的速度和质量,节省了大量的资金,这是采用传统手段如沙盘、效果图、平面图等所不能达到的。

图 1-6-6 利用 VR 系统模拟环境改变后的影响

规划决策者、规划设计者、城市建设管理者以及公众在城市规划中扮演不同的角色,有效的合作是保证城市规划最终成功的前提。由于虚拟现实系统打破了专业人士和非专业人士之间的沟通障碍,虚拟现实技术为这种合作提供了理想的沟通桥梁,运用虚拟现实技术能够使政府规划部门、项目开发人员、工程人员及公众能通过统一的仿真环境进行交流,能更好地理解设计方的思路和各方的意见,能更快地找到问题,使得各部门达成共识和解决一些设计中存在的缺陷,提高方案设计和修正的效率。

虚拟现实系统的沉浸感和互动性不但能够给用户带来强烈、逼真的感官冲击,获得身临其境的体验,还可以通过其数据接口与 GIS 信息相结合,即所谓的虚拟现实-GIS,从而可以在实时的虚拟世界中随时获取项目的数据资料,方便大型复杂工程项目的规划、设计、投标、报批、管理等需要,如图 1-6-7 所示。此外,虚拟现实系统还可以与网络信息相结合,实现三维空间的远程操作。

图 1-6-7 GIS 与虚拟现实技术的互动结合

同时,虚拟现实在重大工程项目论证中应用较多,一些大型的公共建筑工程项目或比较重要的建筑,如车站、机场、电视塔、桥梁、港口、大坝、核电站等,建成后往往会对某一地区的景观、环境等有较大的影响。由于这些项目的建设成本高,社会影响大,其安全性、经济性和功能合理性的意义更加重大。目前,对重大建设项目的综合评价是靠高度抽象的模型,建立在想象和先前经验的基础上,其结果经常出现很大偏差,而这种偏差造成的缺陷几乎是无法弥补的,所以很多项目(如奥运会工程、三峡水库等)在工程前期都必须采用虚拟现实技术进行先期技术成果的演示和技术论证,从而可以演示出设计与实际结果之间的关系,发现设计中潜在的缺陷和问题,试探解决问题的不同方法,从而使整个设计更加完善。

对于公众关心的大型规划项目,在项目方案设计过程中,虚拟现实系统是一个极好的展示工具,在方案设计前期,将方案导出制作成多媒体演示作品,让公众参与讨论。当项目方案确定以后,还可以通过输出制作 VCD 等多媒体宣传材料,进一步提高项目的宣传展示效果。

建筑设计是虚拟现实技术在德国应用最早的行业。从 1991 年开始,德国多家研究所和公司就探索将计算机辅助设计升级到具有交互效果的"虚拟设计"。例如,在全世界建筑设计软件领域居领先地位的慕尼黑内梅切克公司,研制出了由个人计算机、投影设备、立体眼镜和传感器组成的"虚拟设计"系统。它不仅可以让建筑师看到甚至"摸"到自己的设计成果,还能简化设计流程,缩短设计时间,而且方便随时修改。汉诺威世界博览会德国馆的建筑,就是用虚拟现实技术设计的。目前,德国科研机构和企业正力图进一步降低这类系统的成本,以适应中、小建筑企业的需求。

浙江大学 CAD&CG 国家重点实验室开发了一套桌面型虚拟建筑世界实时漫游系统,该系统采用了层面叠加的绘制技术和预消隐技术,实现了立体视觉,同时还提供了方便的交互工具,使整个系统的实时性和画面的真实感都达到了较高的水平。

1.6.4 娱乐、文化艺术

娱乐上的应用是虚拟现实技术应用最广阔的领域,从早期的立体电影到现代高级的沉浸式游戏,是虚拟现实技术应用较多的领域之一。丰富的感觉能力与 3D 显示世界使得虚拟现实成为理想的视频游戏工具。由于在娱乐方面对虚拟现实的真实感要求不是太高,所以近几年来虚拟现实在该方面发展较为迅猛。

作为传输显示信息的媒体,虚拟现实在未来艺术领域方面所具有的潜在应用能力也不可低估。虚拟现实所具有的临场参与感与交互能力可以将静态的艺术(如油画、雕刻等)转化为动态的,可以使观赏者更好地欣赏作者的思想艺术。如虚拟博物馆,利用网络或光盘等其他载体实现远程访问。另外,虚拟现实提高了艺术表现能力,如一个虚拟的音乐家可以演奏各种各样的乐器,即使远在外地,也可以在居室中去虚拟的音乐厅欣赏音乐会等。

1. 娱乐

世界第一个较大的虚拟现实娱乐系统是"BattleTech Center",是 1990 年 8 月在芝加哥开放的。主题是 3025 年的未来战争,由称为"BattleMech"的人控制的强大的机器人作战。

世界第一个基于 HMD 的娱乐系统是 1991 年英国 W-Industries Ltd. 开发的。这个沉浸的虚拟现实电子游戏系统称为"Virtuality",以后在美国由 Horizon Entertainment 销售。专门设计的 Virtuality 的立体 HMD 基于 LCD,它使用 4 路声音和游戏者之间进行语音通信。

浙江大学 CAD&CG 国家重点实验室开发了虚拟乒乓球、虚拟网络马拉松和"轻松保龄球艺健身器"等项目,如图 1-6-8 所示,并与国家体育总局合作进行体育训练仿真,开发了"大型团体操演练仿真系统"、"帆板帆船仿真系统"等项目。

宁波新文三维股份有限公司开发了室内高尔夫运动模拟器、虚拟比赛(模拟排球或足球比赛)系统、虚拟人脸变形系统、虚拟照相系统、虚拟主持人等项目。

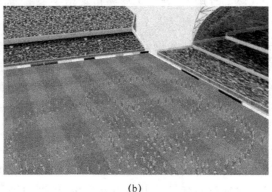

(a)　　　　　　　　　　　　(b)

图 1-6-8　轻松保龄球艺健身器和大型团体操演练仿真系统

腾讯 QQ 是由深圳市腾讯计算机系统有限公司开发的一款基于 Internet 的即时通信(IM)软件。2006 年 3 月,腾讯采用虚拟现实技术制作的 3D QQ 秀已开始引导 QQ 用户逐渐从二维平面客户端窗口拉入三维虚拟场景中,成为腾讯线上虚拟世界的起步,如图 1-6-9 所示。

(a)　　　　　　　　　　　　(b)

图 1-6-9　QQ 的三维聊天情景

2. 艺术

艺术是虚拟现实将起重要作用的另一个领域。为了传达作者的信息,虚拟现实是新的表达媒介。此外,虚拟现实的沉浸感和交互性可以把静态艺术(绘画、雕刻等)转成观看者可以探索的动态艺术。

(1) 虚拟博物馆与虚拟旅游

人们在自己家庭就可通过网络进入电子博物馆。参观者可以浏览"故宫",欣赏不列颠博物馆、卢浮宫,不必去北京、伦敦、巴黎。现在有很多的博物馆建立了自己的网站,允许人们通过网络进行虚拟浏览。

同样,不用花那么多时间和金钱,坐在家中就可以游遍名胜古迹,这是不少人的梦想。

现在,虚拟现实让这个梦想变成了现实,利用虚拟现实技术可以在网络上营造出一个逼真的场景,可以让使用者在虚拟世界里边走边看,实现虚拟旅游。

(2) 虚拟音乐

东京 Waseda 大学已经研究了"Musical Virtual Space(音乐虚拟空间)"系统。这个系统包括一个数据手套(Data Glove)、有 MIDI 转换器的麦克风、计算机、视频显示、MIDI 合成器和喇叭。作曲家用麦克风设置旋律音调,用 Data Glove 选择和演奏虚拟乐器。手套数据传送给计算机。如果作曲家的手在水平方向运动,则计算机理解为他希望演奏钢琴。虚拟钢琴被选定后,它的键盘就显示在用户前面的大屏幕上。然后钢琴琴键实时响应 Data Glove 手指的弯曲。各种乐器都可以用这种方式转换,或者作曲家可以产生一个合唱队或整个管弦乐队。

(3) 虚拟演播室

虚拟演播室的原理是一种典型的增强型虚拟现实技术的应用,实质是将计算机制作的虚拟三维场景与电视摄像机现场拍摄的人物活动图像进行数字化的实地合成,使人物与虚拟背景能够同时变化,从而实现两者天衣无缝的融合,以获得完美的合成画面。由于背景是计算机生成的,可以迅速变化,这使得丰富多彩的演播室场景设计可用非常经济的手段实现,提高了节目制作的效率和演播室的利用率;同时使演员摆脱了物理上的空间、时间及道具的限制,置身于完全虚拟的环境中自由表演。节目的导演可在广泛的想象空间中进行自由创作,从而使电视节目制作进入了一个全新的境界,如图 1-6-10 所示。

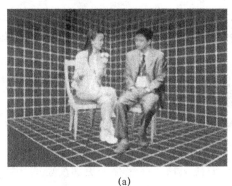 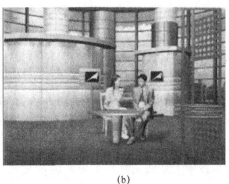

(a) (b)

图 1-6-10 虚拟演播室

第一套虚拟演播室是 1991 年由日本 NHK 研制成功的"Nano space"系统,1993 年,英国 BBC 利用虚拟演播室系统"Virtual Scenario"制作电视新闻背景,以三维模型形式报道选举,1997 年,美国 Evans&Sutherland 公司推出首套基于 Windows NT 和实时图形工作站的虚拟演播室系统"Mindset",1999 年,美国 Play 公司推出性价比高的、带虚拟场景的数字编辑系统"Trinity"。

目前市场上已有十多个虚拟演播室产品,如图 1-6-10 所示。按照摄像机跟踪方式的不同,可以分为两类:机械传感方式和图形识别方式。按照模型可以分为两类:二维虚拟场景和三维虚拟场景。全球已经采用了 100 多套虚拟演播室系统,如美国电影"泰坦尼克号"虚拟背景的制作,1998 年法国世界杯足球赛的电视转播。采用虚拟演播室,可以节省制作成本,保持前景和背景的正确的透视关系,且可依据想象力自由创作。1997年,中国中央电视台购买了第一台 MindSet 虚拟演播室系统,使中国成为继日本、新加坡、中国台湾(地区)之后亚洲第4个使用虚拟演播室系统的国家(地区)。

(4) 虚拟演员

虚拟演员(Virtual Actor)又称为虚拟角色,广义上它可包含两层含义,其一是用计算机处理手法使已故的著名影星起死回生,重返舞台;其二是完全由计算机塑造出来的电影明星,如《玩具总动员》中那个太空牛仔和蚁哥 Z-4195,它们的档案、肤色、气质、着装、谈吐完全都是由幕后制作者控制的。

虚拟演员的概念由 SimGraphics 公司开发并推向市场,作为 VACS(动画产生系统)的一部分。VACS 系统集成了专门设计的硬件和软件,以便开发和实时显示虚拟角色。VACS 硬件有"操作者站"和几个"观众交互站"两部分组成。"操作者站"为一个人类演员,他的面部表情由称为"Facial Waldo"的传感器面罩读取。这个输入控制了虚拟演员面部的表情。其他输入来自演员控制的数字脚踏板、滑标和 3D 鼠标,用于虚拟演员在空间的定位和控制它的身体运动。数字获取系统收集各种输入,送到工作站中,用来生成虚拟演员。"观众交互站"有显示 Vactor 的墙或投影屏幕,喇叭发出演员的语音,麦克风可以获取观众的响应。

(5) 虚拟世界遗产

文化遗产的数字化是虚拟现实技术的一个应用方向,对文化遗产的保护与复原有重大的意义。虚拟世界遗产是利用虚拟现实技术来介绍、保护、保存、还原世界自然和文化遗产。

运用虚拟现实技术手段将文物大量地制作成各种类型的影像,如三维立体的、动画的、平面连续的、等等,来展示文物生动的原貌。激动人心之处还在于,虚拟现实技术提供了脱离文物原件而表现其本来的重量、触觉等非视觉感受的技术手段,能根据考古研究数据和文献记载,模拟展示尚未挖掘或已经湮灭了的遗址、遗存。通过网络技术能将这些文物资源统一整合起来,全面地向社会传播,而丝毫不会影响到文物本身的安全。

利用细致拟真的虚拟技术来预先展现文物修复后的影像,从而检验修复技术、手段的可行性,进一步可以和视图计算技术相结合,考察修复过程中的各项环节和修复后的耐久性。利用虚拟技术大量而完好地多角度展示文物,从而使文物实体保存在更加严密的环境中,有利于文物寿命的延长。

在此方面典型的工作有:美国斯坦福大学、华盛顿大学和 Cyberware 公司合作完成的"数字化米开朗基罗计划",该计划使用三维扫描仪记录了10座米开朗基罗塑造的大型塑像;北京大学与故宫文化遗产数字化应用研究所合作对故宫进行数字化;浙江大学与敦煌研究院合作进行了敦煌数字化;中德合作创建敦煌信息网站,利用 VRML 和 Quicktime 虚拟现实等技术实现漫游敦煌洞窟。

(6) 电影拍摄

电影拍摄中利用计算机技术已有十余年的历史,美国好莱坞电影公司主要利用计算机技术构造布景,可以利用增强型虚拟现实的手法设计出人工不可能做到的布景,如雪崩、泥石流等。这不仅能节省大量的人力、物力,降低电影的拍摄成本,而且还可以给观众造成一种新奇、古怪和难以想象的环境,获得极大的票房收入。例如美国的《星球大战》、《外星人》、

《侏罗纪公园》等科幻片以及完全用三维计算机动画制作的影片《玩具总动员》，都取得了极大的成功。轰动全球的大片《泰坦尼克号》应用了大量的三维动画制作，用计算机真实地模拟了泰坦尼克号航行、沉船的全过程。

在电影电视拍摄过程中，经常采用运动捕捉技术，其原理就是把真实的人的动作完全附加到一个三维模型或者角色动画上。先由表演者（如专业武打替身演员）穿着特制的表演服，关节部位绑上闪光小球，如肩膀、肘弯和手腕 3 点各有一个小球，就能反映出手臂的运动轨迹。当表演者做各种动作的时候，一套特定的设备通过数十个数字摄像头，捕捉这些发光小球的动作，计算它们运动的规律，然后将这些运动附加给真正的角色演员，实现这些高难度运动的拍摄。

《铳梦》是大导演詹姆斯·卡梅隆自《泰坦尼克号》后拍摄的第一部故事长片，这部电影将运用卡梅隆开发并改进的"虚拟现实"技术进行制作。这套系统可以利用对演员"动作捕捉"得来的数据生成虚拟人物，让摄影机同时"拍到"实景和计算机虚拟的角色，并且可以通过显示设备指导演员在一个虚拟的环境中进行表演，此片将于 2009 年公映。

1.6.5 商业领域

在商业方面，近年来，虚拟现实技术常被用于产品的展示与推销。采用虚拟现实技术来进行展示，全方位地对商品进行展览，展示商品的多种功能，另外还能模拟工作时的情景，包括声音、图像等效果，比单纯使用文字或图片宣传更加有吸引力。并且这种展示可用于 Internet 之中，可实现网络上的三维互动，为电子商务服务，同时顾客在选购商品时可根据自己的意愿自由组合，并实时看到它的效果。全国第一家 3D 全景购物网开通，它采用全景展示技术来对所出售的商品进行展示，创造网络贸易新亮点，如图 1-6-11 所示。

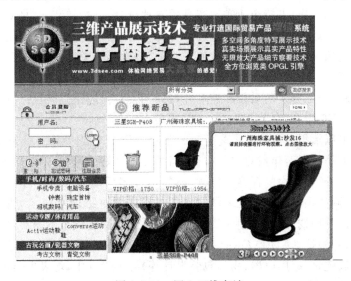

图 1-6-11 网上三维商城

房地产及装饰装修业是虚拟现实技术的一个应用热点，在国内已有多家房地产公司采用虚拟现实技术进行小区、样板房、装饰展示等，并已取得较好的效果。浙江大学

CAD&CG 国家重点实验室开发了布艺展示专家系统,用户可对场景中面料进行置换等,如图 1-6-12 所示。

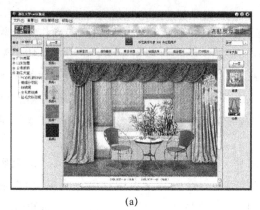
(a)

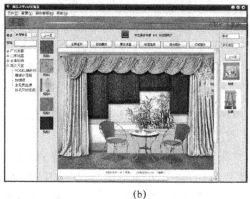
(b)

图 1-6-12　商业应用

1.6.6　工业应用

随着虚拟现实技术的发展,其应用已大幅进入民用市场。如在工业设计中,虚拟样机就是利用虚拟现实技术和科学计算可视化技术,根据产品的计算机辅助设计(CAD)模型和数据以及计算机辅助工程(CAE)仿真和分析的结果,所生成的一种具有沉浸感和真实感、并可进行直观交互的产品样机。

虚拟制造技术于 20 世纪 80 年代提出来,在 90 年代随着计算机技术的迅速发展,得到人们的极大重视而获得迅速发展。虚拟制造是采用计算机仿真和虚拟现实技术在分布技术环境中开展群组协同工作,支持企业实现产品的异地设计、制造和装配,是 CAD/CAM 等技术的高级阶段。利用虚拟现实技术、仿真技术等在计算机上建立起的虚拟制造环境是一种接近人们自然活动的一种"自然"环境,人们的视觉、触觉和听觉都与实际环境接近。人们在这样的环境中进行产品的开发,可以充分发挥技术人员的想象力和创造能力,相互协作发挥集体智慧,大大提高产品开发的质量和缩短开发周期。目前应用主要在以下几个方面。

1. 产品的外形设计

汽车工业是采用虚拟现实技术的先驱。一般情况下开发或设计一辆新式汽车,从初始设想到汽车出厂大约需要两年或更多的时间,当图纸设计好后,以前多采用泡沫塑料或黏土制作外形模型,然后通过多次的评测和修改,还需要许多后续的工序去研究基本外形、检验空气动力学性能、调整乘客的人机工程学特性等。而采用虚拟现实技术可随时修改、评测,可以大大地缩短这一周期,因为采用虚拟现实技术设计与制造汽车不需要建造实体模型,可以简化很多工序,并根据 CAD 和 CAM 程序所收集的有关汽车设计的数据库进行仿真。在其他产品(如飞机、建筑、家用电器、物品包装设计等)外形设计中,均表现出极大的优势。

2. 产品的布局设计

在复杂产品的布局设计中,通过虚拟现实技术可以直观地进行设计,甚至走入到产品中去,这样可避免出现很多不合理问题。例如,工厂和车间设计中的机器布置、管道铺设、物流系统等,都需要该技术的支持。在复杂的管道系统、液压集流块设计中,设计者可以"进入"

其中进行管道布置,检查可能的干涉等错误。在汽车、飞机的内部设计中,"直观"是最有效的工具,虚拟现实技术可发挥不可替代的积极作用。

3. 机械产品的运动仿真

在产品设计阶段中必须解决运动构件在运动过程中的运动协调关系、运动范围设计、可能的运动干涉检查等。

4. 虚拟装配

机械产品中有成千上万的零件要装配在一起,其配合设计、可装配性是设计人员常常出现的错误,往往要到产品最后装配时才能发现,造成零件的报废和工期的延误,不能及时交货造成巨大的经济损失和信誉损失。采用虚拟现实技术可以在设计阶段就进行验证,保证设计的正确。

汽车工业所用的虚拟现实应用程序中,技术人员可以在仿真过程中尝试装配汽车零部件,因而在花费时间和金钱去制造实际的零件之前,就可以将各个零部件虚拟地装配在一起。

5. 产品加工过程仿真

产品加工是个复杂的过程。产品设计的合理性、可加工性、加工方法和加工设备的选用、加工过程中可能出现的加工缺陷等,有时在设计时是不容易发现和确定的,必须经过仿真和分析。通过仿真,可以预先发现问题,采取修改设计或其他措施,保证工期和产品质量。

6. 虚拟样机

在产品的设计、重新制造等一系列的反复试制过程,许多不合理设计和错误设计只能等到制造、装配过程中,甚至到样机试验时才能发现。产品的质量和工作性能也只能当产品生产出来后,通过试运转才能判定。这时,多数问题是无法更改的,修改设计就意味着部分或全部的报废和重新试制。因此常常要进行多次试制才能达到要求,试制周期长,费用高。而采用虚拟制造技术,可以在设计阶段就对设计的方案、结构等进行仿真,解决大多数问题,提高一次试制成功率。用虚拟样机技术取代传统的硬件样机,可以大大节约新产品开发的周期和费用,很容易地发现许多以前难以发现的设计问题,如图1-6-13所示。

 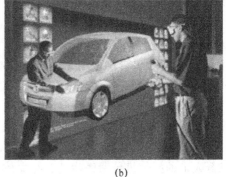

(a)   (b)

图 1-6-13 虚拟制造

同时,虚拟样机技术还可明显地改善开发团体成员之间的意见交流方式。虚拟现实技术还允许公司的主管人员、技术人员等对汽车的外形等做出评价,研究各个零部件如何装配在一起以及审核最终产品,这一切都无须建造各零部件或整车的模型。

德国汽车业应用虚拟现实技术最快也最广泛。目前,德国所有的汽车制造企业都建成了自己的虚拟现实开发中心,建立了面向汽车虚拟设计、虚拟装配、维护和维修的虚拟现实系统。奔驰、宝马、大众等大公司的报告显示,应用虚拟现实技术,以"数字汽车"模型来代替木制或铁皮制的汽车模型,可将新车型开发时间从一年以上缩短到 2 个月左右,开发成本最多可降低到原先的 1/10。

美国伊利诺斯州立大学的研制车辆设计中,研究人员提出采用支持远程协作的分布式虚拟现实系统进行设计,不同国家、不同地区的工程师们可以通过计算机网络实时协作进行设计。在设计车辆的过程中,各种部件都可以共享一个虚拟世界,并且可以查看对方任何一个位置的图像,通过视频传递和相应的定位方向。在系统中采用了虚拟快速成型技术,从而减少了设计图像和新产品进入市场的时间,这样,产品在生产之前就可以估算和测试,并且大大地提高了产品质量。

日本东京大学的高级科学研究中心将他们的研究重点放在远程控制方面,其开发的系统可以使用户控制远程摄像系统和一个模拟人手的随动机械人手臂。

1.6.7 医学领域

在医学领域,虚拟现实技术和现代医学的飞速发展以及两者之间的融合使得虚拟现实技术已开始对生物医学领域产生重大影响。目前正处于应用虚拟现实的初级阶段,其应用范围包括从建立合成药物的分子结构模型到各种医学模拟,以及进行解剖和外科手术教育等。在此领域,虚拟现实应用大致上有两类。一类是虚拟人体,也就是数字化人体,这样的人体模型,使医生更容易了解人体的构造和功能。另一类是虚拟手术系统,可用于指导手术的进行。

虚拟人体虚拟现实系统在医学方面的应用具有十分重要的现实意义,主要可用于教学与科研。在基于虚拟现实技术的解剖室环境中,学生和教师可以直接与三维模型交互。借助于跟踪球、HMD、感觉手套等虚拟的探索工具,可以达到常规方法(用真实标本)不可能达到的效果,学生可以很容易地了解人体内部各器官结构,这比现有的采用教科书的方式要有效得多。又如虚拟模型的链接和拆分、透明度或大小的变化、产生任意的横切面视图、测量大小和距离(用虚拟尺)、结构的标记和标识、绘制线条和对象(用空间绘图工具)。在其他医学教学中利用可视人体数据集的全部或部分数据,经过 3D 可视化,为学生展现人体器官和组织。不仅如此,还可以进行功能性的演示,例如心脏的电生理学的多媒体教学,它基于可视人体数据集的解剖模型,通过电激励传播仿真的方法,计算出不同的时间和空间物理场的分布,并采用动画的形式进行可视化,用户可以与模型交互,观看不同的变换效果。

另外,在远程医疗中,虚拟现实技术也很有潜力。对于危急病人,还可以实施远程手术。医生对病人模型进行手术,他的动作通过卫星传送到远处的手术机器人。手术的实际图像通过机器人上的摄像机传回医生的头盔立体显示器,并将其和虚拟病人模型进行叠加,即采用增强现实式虚拟现实系统,可为医生提供有用的信息。

综上所述,虚拟现实技术对于复杂手术的计划安排、手术过程的信息指导、手术后果预测、改善残疾人生活状况及新型药物的研制等方面,都有十分重要的意义。把虚拟现实应用于医学领域的典型例子有如下方面。

英国 UK Haptics 公司研制的触摸式三维虚拟系统,将用于护士的专业训练中。在这个帮助护士练习静脉注射的虚拟手中,传感器能"感觉"到与皮肤的接触,同时发送来自肌肉和关节的信息。有"感觉"的虚拟手能帮助护士或实习生掌握静脉注射技巧,与原先使用的塑料假手不同,虚拟手可以提供各种不同参数,例如存在"游动"的静脉、静脉破裂等。同时,还能模仿老人、小孩以及带有不同伤口的手,其中包括肌肉组织破裂和骨折。这样,在护士和实习生允许给真人静脉注射之前,她们可以先"试扎"虚拟患者。

美国有少数医院正在采用虚拟现实技术疗法,治疗烧伤病人以及各种恐惧症(如恐高症,害怕蜘蛛、飞行等)。研究人员表示,这种技术在治疗外伤导致的精神压抑、成瘾行为等疾病方面具有广阔的前景。此外它还能在一些会引起病人痛苦的治疗手段中起到分散病人注意力的作用,比如牙科治疗、理疗、化疗等。研究人员表示,随着技术的不断进步(例如头戴式高清晰度显示器的出现),虚拟现实技术将在更多的主流疗法中得到应用。

在医药行业,德国制药企业已着手将虚拟现实技术应用于新药的设计。不仅如此,医院和医学院校也开始用数字模型训练外科医生。其做法是将X光扫描、超声波探测、核磁共振等手段获得的人体信息综合起来,建立起反应非常接近真实人体和器官的仿真模型。医生动手术前先在数字模型上试验,可以优化手术方案,提高技术水平。目前,德国医学界已成功开发出供手术练习用的"虚拟膝关节",并计划进一步开发其他虚拟器官。

美国 Loma Linda 大学医学中心是一所从事高难度医学研究的单位。该单位的 David Warner 博士和他的研究小组成功地将计算机图形及虚拟现实的设备用于探讨与神经疾病相关的问题。他们以数据手套为工具,将手的运动实时地在计算机上用图形表示出来;他们还成功地将虚拟现实技术应用于受虐待儿童的心理康复之中,并首创了虚拟现实儿科治疗法。

美国在关于"数字虚拟化人体"的研究项目方面也是先行者,早在20世纪80年代中、后期即投入巨资开始"虚拟美国人"计划的研究,并于1994年和1996年相继推出一男一女两个虚拟人。

在我国,在863计划支持下,于2002年11月由中国科学院计算机所、首都医科大学、华中科技大学和第一军医大学等4家单位协作攻关,共同承担中国数字化虚拟人体中的"数字化虚拟人体若干关键技术"和"数字化虚拟中国人的数据结构与海量数据库系统"项目。"数字化虚拟人"分3个阶段。第一阶段是"虚拟可视人"即"几何人阶段",把实体变成切片,然后在计算机中变成三维的,但没有生理变化,在医学上的应用也是有限的。第二阶段是"虚拟物理人","虚拟物理人"可以模拟各种交通事故对人体的意外创伤的实验研究,以及防护措施的改进。比如说人的骨头受到打击会断,血管受伤会出血。把所有对人体的研究成果通过计算机变成数字化,计算机中就会出现虚拟人,这个阶段的物理人就不同于可视人,他会像真人一样,骨头会断,血管会出血。第三阶段是"虚拟生物人"。可用于研究人体疾病的发生机理,预测疾病发展规律,以及进行各种新药的筛选等。在2003年3月,研究小组初步完成了具有中国人生理特性的女虚拟人的三维重建。

美国佐治亚大学的研究人员目前正在与有关企业合作,研究将虚拟现实技术用于戒烟治疗。采用虚拟现实技术帮助医生营造出能够考验吸烟者的逼真环境,接受治疗的戒烟者将会遭遇很多吞云吐雾的人,这些人都是根据真人影像生成,他们会不断地向人敬烟。接受治疗的人在不同虚拟场景下究竟会萌生多大烟瘾,将通过心跳、呼吸等测量而得到反映,并最终提供给研究人员和医生。

总的来说,虚拟现实技术是一个充满活力、具有巨大应用前景的高新技术,但目前还存在许多有待解决与突破的问题。为了提高系统的交互性、逼真性和沉浸感,我们在新型传感和感知机理、几何与物理建模新方法、高性能计算,特别是高速图形图像处理,以及人工智能、心理学、社会学等方面都有许多具有挑战性的问题有待解决。但是我们坚信在这一高新技术领域,将会大有作为。

习 题

1. 什么是虚拟现实技术？它有几个重要的特性？
2. 什么是虚拟现实系统？由哪些部分组成？各有何作用？
3. 虚拟现实系统有哪几种类型？各有什么特点及应用？
4. 虚拟现实技术的实现对信息技术的发展会产生什么影响？
5. 为什么说虚拟现实技术是一门多学科交叉的学科？
6. 虚拟现实技术在聋哑人生活中有何具体的应用？
7. 举例说明虚拟现实技术在军事领域中的具体应用。
8. 举例说明虚拟现实技术在教育领域中的具体应用。
9. 举例说明虚拟现实技术与图形学的关系。
10. 在电影电视领域,虚拟现实技术带来了什么变化？
11. 在 Internet 中查找有关 SIGGRAPH 会议的情况。
12. 在 Internet 中查找 3 个有关虚拟校园的 DEMO,并观看其效果。
13. 在 Internet 中查找 10 个有关虚拟现实技术应用的网站,简述其网站的大致内容。
14. 通过 Internet 了解虚拟现实技术在建筑领域中的应用状况。

第 2 章　虚拟现实系统的硬件设备

【学习目标】

1. 了解虚拟现实系统的硬件组成
2. 了解虚拟现实系统的输入设备
3. 了解虚拟现实系统的输出设备
4. 了解虚拟现实系统的生成设备

虚拟现实系统和其他类型的计算机应用系统一样,由硬件和软件两大部分组成。在虚拟现实系统中,首先要建立一个虚拟世界,这就必须要有以计算机为中心的一系列设备,同时,为了实现用户与虚拟世界的自然交互,依靠传统的键盘与鼠标是达不到的,还必须有一些特殊的设备才能得以实现,如用户要看到立体的图像,三维的虚拟的声音,同时,用户的运动也要进行跟踪,所以说要建立一个虚拟现实系统,硬件设备是基础。

在虚拟现实系统中,硬件设备主要由 3 个部分组成:输入设备、输出设备、生成设备。

2.1　虚拟现实系统的输入设备

虚拟现实系统的首要目标是建立一个虚拟的世界,处于虚拟世界中的人与系统之间是相互作用、相互影响的,特别要指出的是,在虚拟现实系统中要求人与虚拟世界之间必须是基于自然的人机全方位交互。当人完全沉浸于计算机生成的虚拟世界之中时,常用的计算机键盘、鼠标等交互设备就变得无法适应要求了,而必须采用其他手段及设备来与虚拟世界进行交互,即人对虚拟世界采用自然的方式输入,虚拟世界要根据其输入进行实时场景输出与其他相应反馈。

有关虚拟现实系统的输入设备主要分为两大类:一类是基于自然的交互设备,用于对虚拟世界信息的输入;另一类是三维定位跟踪设备,主要用于对输入设备在三维空间中的位置进行判定,并将状态输入到虚拟现实系统中。

2.1.1　基于自然的交互设备

虚拟世界与人进行自然交互的实现形式很多,有基于语音的、基于姿势的等多种形式,可采用如数据手套、数据衣、三维控制器、三维扫描仪等设备来进行实现。手是我们与外界进行物理接触及意识表达的最主要媒介,在人机交互设备中也是如此,基于手的自然交互形式最为常见,相应的数字化设备很多,在这类产品中最为常见的就是数据手套。

1. 数据手套

数据手套(Data Glove)是美国 VPL 公司在 1987 年推出的一种传感手套的专有名称。现在数据手套已成为一种被广泛使用的输入传感设备,它是一种穿戴在用户手上,作为一只虚拟的手用于与虚拟现实系统进行交互,可以在虚拟世界中进行物体抓取、移动、装配、操纵、控制,并把手指和手掌伸屈时的各种姿势转换成数字信号传送给计算机,计算机通过应用程序识别出用户的手在虚拟世界中操作时的姿势,执行相应的操作。在实际应用中,数据手套还必须配有空间位置跟踪器,检测手在三维空间中的实际方位。

现在已经有多种传感手套产品,它们之间的区别主要在于采用的传感器不同,我们选择几种典型传感手套进行简单介绍。

(1) VPL 公司的数据手套

美国 VPL 公司的数据手套(Data Glove)是同类产品中第一个推向市场的。手套部分使用了轻质的富有弹性的 Lycra(莱卡)材料制成,并在手套中还可附加使用 Isotrack 3D 位置传感器,用于三维空间中位置检测。它采用光纤作为传感器,用于测量手指关节的弯曲和外展角度。采用光纤作为传感器是因为光纤较轻便、结构紧凑,可方便地安装在手套上,并且用户戴上手套感到很舒适。此数据手套中,手指的每个被测的关节上都有一个光纤维环。纤维经过塑料附件安装,使之随着手指的弯曲而弯曲。在标准的配置中,每个手指背面只安装两个传感器,以便测量主要关节的弯曲运动。为了适应不同用户,此数据手套有小号、中号和大号 3 种尺寸,如图 2-1-1 所示。

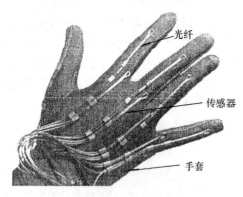

图 2-1-1　数据手套

在这个数据手套中,光纤环的一端与光电子接口的一个红外发射二极管相接,作为光源端;另一端与一个红外接收二极管相接,检测经过光纤环返回的光强度。当手指伸直(光纤也呈直线状态)时,因为圆柱壁的折射率小于中心材料的折射率,传输的光线没有被衰减;当手指弯曲(光纤呈弯曲状态)时,在手指关节弯曲处光会逸出光纤,光的逸出量与手指关节的弯曲程度成比例,这样测量返回光的强度就可以间接测出手指关节的弯曲角度。

因为用户手的大小不同,导致手套戴在手指上松紧程度不一样。为了能让通过测量得到的光强数据计算出的关节弯曲程度更为准确,每次使用数据手套时,都必须进行校正。所谓手套校正就是把原始的传感器读数变成手指关节角的过程。

(2) Vertex 公司的赛伯手套

1992 年底,VPL 公司倒闭,Vertex 公司的赛伯手套(Cyber Glove)渐渐取代了原来的数据手套,在虚拟现实系统中广泛应用。赛伯手套是为把美国手语翻译成英语所设计的。在手套尼龙合成材料上每个关节弯曲处织有多个由两片很薄的应变电阻片组成的传感器,在手掌区不覆盖这种材料,以便透气,并可方便其他操作。这样一来,手套使用十分方便且穿戴也十分轻便。它在工作时检测成对的应变片电阻的变化,由一对应变片的阻值变化间接测出每个关节的弯曲角度。当手指弯曲时成对的应变片中的一片受到挤压,另一片受到拉伸,使两个电阻片的电阻值一个变大、一个变小,在手套上每个传感器对应连接一个电桥电路,这些差分电压由模拟多路扫描器(MUX)进行多路传输,再放大并由 A/D 转换器数字化,数字化后的电压被主计算机采样,再经过校准程序得到关节弯曲角度,从而检测到各手指的状态,如图 2-1-2 所示。

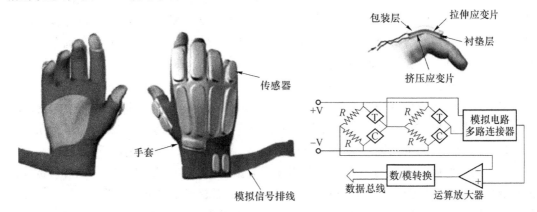

图 2-1-2　赛伯手套(Cyber Glove)

赛伯手套中一般的传感器电阻薄片是矩形的(主要安装在弯曲处两边,测量弯曲角度),也有 U 形的〔主要用于测量外展-内收角(即五指张开与并拢)〕,对弯曲处测量有 16～24 个传感器(每个手指有 3 个),对外展-内收角有一个传感器,此外还要考虑拇指与小指的转动,手腕的偏转与俯仰等。

在数据手套使用时,连续使用是十分重要的,很多种的数据手套都存在着易于外滑、需要经常校正的问题,这是比较麻烦的事,而赛伯手套的输出仅依赖于手指关节的角度,而与关节的突出无关。传感器的输出与关节的位置无关,因此,每次戴手套时校正的数据不变。并且传感器的输出与弯曲角度呈线性关系,因此分辨率也不会下降。

(3) Exos 公司的灵巧手手套

1990 年 Exos 公司推出 Dextrous Hand Master 数据传感手套(DHM Glove),如图 2-1-3 所示。它实际上不是一个手套,而是一个金属结构的传感装置,通常安装在用户的手背上,其安装及拆卸过程相对比较繁琐,在每次使用前也必须进行调整。在每个手指上安装有 4 个位置传感器,共采用 20 个霍尔传感器安装在手的每个关节处。

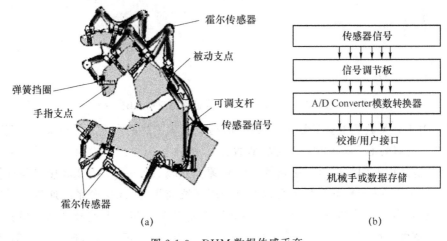

图 2-1-3　DHM 数据传感手套

DHM 数据传感手套是利用在每个手指上安装的机械结构关节上的霍尔效应传感器测量,其结构的设计很精巧,对手指运动的影响较少,专门设计的夹紧弹簧和手指支撑保证在手的全部运动范围内设备的紧密配合。设备用可调的 Velcro 带子安装在用户手上,附加的支撑和可调的杆使之适应不同用户手的大小。这些复杂的机械设计造成了高成本,是较为昂贵的传感手套。DHM 数据传感手套具有高传感速率以及高传感分辨率的特点,常用于精度与速度要求较高的场合。其优点是响应速度快、分辨率高、精度高,但是它也在精度和校准上存在与其他手套类似的问题。

(4) Mattel 公司的 Power Glove

Mattel 公司为家庭视频游戏市场设计出 Power Glove,与 Data Glove 和 Cyber Glove 等数据手套相比较,Power Glove 是很便宜的产品。它的价格只有其他数据手套的几十分之一,并在 1989 年大量销售,用于任天堂(Nintendo)公司的基于手套的电子游戏。

为了达到低成本,这个手套设计时使用了很多廉价的技术。如图 2-1-4 所示,手腕位置传感器是超声波传感器,超声源放在计算机显示器上,而超声麦克风放在手腕上。弯曲传感器采用了导电墨水传感器,传感器包括在支持基层上的两层导电墨水。墨水在粘合剂中有碳粒子。当支持基层弯曲时,在弯曲外侧的墨水就延伸,造成导电碳粒子之间距离增加(即 $L_2 > L_1$),导致传感器的电阻值增加($R_2 > R_1$)。反之,当墨水受压缩时,碳粒子之间距离减小,传感器的电阻值也减小,这些电阻值的数据变化经过简单的校准就转换成手指关节角度数据。尽管它精度低,传感能力有限,但其低廉的价格还是吸引了一些爱好者。

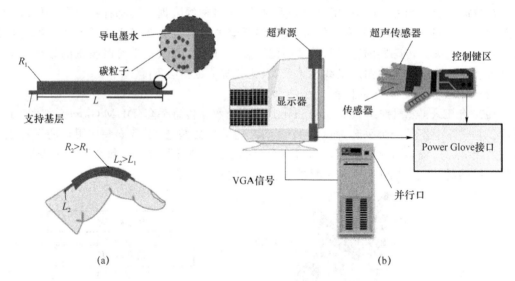

图 2-1-4 Power Glove 传感器与应用系统

此外,由于有关数据手套的技术相对较为成熟,在国内外的产品种类也较多,如图 2-1-5 所示为 5DT 公司的 Glove 16 型 14 传感器数据手套,它可以记录手指的弯曲(每根手指有 2 个传感器),能够很好的区分每根手指的外围轮廓。系统通过一个 RS-232 接口与计算机相连接,Glove 16 型 14 传感器数据手套也可以采用无线连接,无线手套系统通过无线电模块与计算机通信(最远支持 20 m 距离)。这种数据手套有左手和右手型号可供选择。手套为可伸缩的合成弹力纤维制造,可以适合不同大小的手掌,同时它还可以提供一个 USB 的转换接口。

图 2-1-5　5DT 公司 Glove16 型 14 传感器数据手套(有线/无线)

数据手套是虚拟现实系统最常见的交互式工具,它体积小、重量轻、用户操作简单,所以应用十分普遍。

2. 运动捕捉系统

运动捕捉的原理就是把真实人的动作完全附加到一个三维模型或者角色动画上。表演者穿着特制的表演服,关节部位绑上闪光小球,如肩膀、肘弯和手腕 3 点各有一个小球,就能反映出手臂的运动轨迹,如图 2-1-6 所示。在运动捕捉系统中,通常并不要求捕捉表演者身上每个点的动作,而只需要捕捉若干个关键点的运动轨迹,再根据造型中各部分的物理、生理约束就可以合成最终的运动画面。

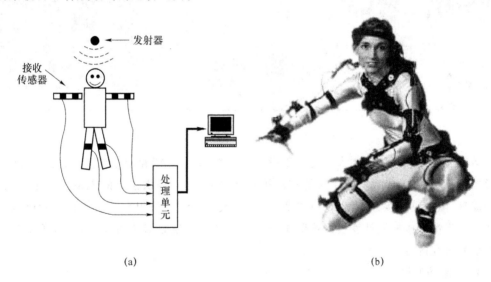

图 2-1-6　运动捕捉系统

从应用角度来看,表演系统主要有表情捕捉和身体运动捕捉两类;从实时性来看,可分为实时捕捉系统和非实时捕捉系统两种。

用于动画制作的运动捕捉技术的出现可以追溯到 20 世纪 70 年代,迪斯尼公司曾试图通过捕捉演员的动作以改进动画制作效果。之后从 20 世纪 80 年代开始,美国 Biomechanics 实验室、Simon Fraser 大学、麻省理工学院等开展了计算机人体运动捕捉的研究。由此,运动捕捉技术吸引了越来越多的研究人员和开发商的目光,并从试用性研究逐步走向了实用化。1988年,SGI公司开发了可捕捉人头部运动和表情的系统。随着计算机软、硬件技术的飞速发展和动画制作要求的提高,目前在发达国家,运动捕捉已经进入了实用化阶段,其应用领域也远远超出了表演动画,并成功地应用于虚拟现实、游戏、人体工程学研究、模拟训练、生物力学研究等许多方面。

到目前为止,常用的运动捕捉技术从原理上说可分为机械式、声学式、电磁式和光学式。从技术的角度来说,运动捕捉的实质就是要测量、跟踪、记录物体在三维空间中的运动轨迹。

来自荷兰的运动捕捉的行业先驱者 Xsens 发布了 Moven 产品进行游戏、虚拟现实等的开发制作。Moven 惯性运动捕捉系统是一款易操作、经济实用的人体动作捕捉装置。它以独特的微型惯性运动传输传感器(MTx)和无线 Xbus 系统为基础,结合了符合生物力学设计的高效传感器等 Xsens 的最新科技。Moven 惯性运动捕捉系统在全身采用16惯性传感器(最多可增加到18个)能实时捕捉人体6自由度的惯性运动,数据通过无线网络传输到计算机或笔记本计算机中,实时记录和查看动态捕捉效果。Moven 惯性运动捕捉系统最独特之处在于无须外部照相机和发射器等装置,避免了多余的数据传输线或电源线对使用者的行动限制。使用者即使将系统套装随意穿在自己衣服里面,都丝毫不会影响动态捕捉的效果(外套采用莱卡纤维制造而成,内部埋设传感器),如图2-1-7为 Moven 惯性运动捕捉系统应用实例。

图 2-1-7 Moven 惯性运动捕捉系统应用实例

运动捕捉系统提供新的人机交互手段。对人类来说,表情和动作是情绪、愿望的重要表达形式,运动捕捉技术完成了将表情和动作数字化的工作,提供了新的人机交互手段,比传统的键盘、鼠标更直接方便,不仅可以实现"三维鼠标"和"手势识别",还使操作者能以自然的动作和表情直接控制计算机。这些工作对虚拟现实系统是必不可少的,这也正是运动捕捉技术的研究内容。

3. 三维控制器

(1) 三维鼠标(3D Mouse)

普通鼠标只能感受在平面的运动,而三维鼠标则可能让用户感受到在三维空间中的运动反馈,如图2-1-8所示,三维鼠标可以完成在虚拟空间中6个自由度的操作,包括3个平移参数与3个旋转参数,其工作原理是在鼠标内部装有超声波或电磁发射器,利用配套的接收设备可检测到鼠标在空间中的位置与方向,与其他设备相比其成本低,常应用于建筑设计等领域。

(2) 力矩球(Space Ball)

力矩球通常被安装在固定平台上,如图 2-1-9 所示,它的中心是固定的,并装有 6 个发光二极管,这个球有一个活动的外层,也装有 6 个相应的光接收器。用户可以通过手的扭转、挤压、来回摇摆等操作,来实现相应的操作。它是采用发光二极管和光接收器,通过安装在球中心的几个张力器来测量手施加的力,并将数据转化为 3 个平移运动和 3 个旋转运动的值送入计算机中,当使用者用手对球的外层施加力时,根据弹簧形变的法则,6 个光传感器测出 3 个力和 3 个力矩的信息,并将信息传送给计算机,即可计算出虚拟空间中某物体的位置和方向等。

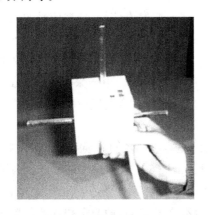 

图 2-1-8　Logitech Magellan™三维鼠标　　　　图 2-1-9　力矩球

力矩球的优点是简单而且耐用,可以操纵物体。但在选取物体时不够直观,在使用前一般需要进行培训与学习。

4. 三维扫描仪

三维扫描仪(3Dimensional Scanner)又称为三维数字化仪或三维模型数字化仪,是一种较为先进的三维模型建立设备,它是当前使用的对实际物体三维建模的重要工具,能快速方便地将真实世界的立体彩色的物体信息转换为计算机能直接处理的数字信号,为实物数字化提供了有效的手段。

三维扫描仪与传统的平面扫描仪、摄像机、图形采集卡相比有很大不同。首先,其扫描对象不是平面图案,而是立体的实物。其次,通过扫描,可以获得物体表面每个采样点的三维空间坐标,彩色扫描还可以获得每个采样点的色彩。某些扫描设备甚至可以获得物体内部的结构数据。而摄像机只能拍摄物体的某一个侧面,且会丢失大量的深度信息。第三,它输出的不是二维图像,而是包含物体表面每个采样点的三维空间坐标和色彩的数字模型文件。这可以直接用于 CAD 或三维动画。彩色扫描仪还可以输出物体表面色彩纹理贴图。

三维信息获取技术方法常见的有以下几种。

(1) 机械接触原理

早期常用于三维测量的是坐标测量机,现在它仍是工厂的标准立体测量装备。它将一个探针装在 3 自由度(或更多自由度)的伺服机构上,驱动探针沿 3 个方向移动。当探针接触物体表面时,测量其在 3 个方向的移动,就可知道物体表面这一点的三维坐标。控制探针在物体表面移动和触碰,可以完成整个表面的三维测量。其优点是测量精度高,不受表面反射特性影响。其缺点是价格昂贵,成本高,与被扫描物体是接触式,扫描速度慢,物体形状复杂时操作控制复杂,只能扫描到物体外表面的形状,而无色彩信息。

机械测量臂借用了坐标测量机的接触探针原理,把驱动伺服机构改为可精确定位的多关节随动式机械臂,由人牵引装有探针的机械臂在物体表面滑动扫描。利用机械臂关节上的角度传感器的测量值,可以计算探针的三维坐标。因为人的牵引使其速度比坐标测量机快,而且结构简单、成本低、灵活性好。但不如光学扫描仪快,也没有色彩信息。

(2) 雷达原理

人们采用雷达工作原理,发展了利用激光或超声波等媒介代替探针的方法来进行深度测量,这就是激光或超声波测距器。测距器向被测物体表面发出信号,依据信号的反射返回的时间或相位变化,可以推算物体表面的空间位置,称为"飞点法"或"图像雷达"。不少公司开发了用于大尺度测距的产品(如用于战场和工地)。小尺度测距的困难在于信号和时间的精确测量。Leica 和 Acuity 推出了采用激光或红外线的测距器。由于采用无接触式,受遮挡的影响较小。但要求测量精度高、扫描速度慢,而且受到物体表面反射特性的影响。

(3) 计算机视觉原理

基于计算机视觉原理提出了多种三维信息获取方法,包括单目视觉法、立体视觉法、从轮廓恢复形状法、从运动恢复形状法、结构光法、编码光法等。这些方法又可以分为被动式和主动式两大类:被动式的代表是立体视觉法,主动式的代表是结构光法、编码光法,而且这两种方法已成为目前多数三维扫描设备的基础,但也存在着缺陷,即光学扫描的装置比较复杂,价格偏高,存在不可视区,也受到物体表面反射特性的影响。

在工业、医学领域中采用的 CT 则可以测量物体内腔尺寸。它以高剂量 X 射线对零件内部进行分层扫描,不会破坏被扫描物体。它的缺点是精度不高、价格昂贵、对物体材料有限制,且存在放射性危害。而美国 CGI 公司生产的自动断层扫描仪可以克服这些缺点,它获得的内部信息精度高,但速度慢,并需要对被测物体进行破坏。

Cyberware 公司的三维扫描仪,在 20 世纪 80 年代就被迪斯尼等动画和特技公司采用,曾用于《侏罗纪公园》《终结者 II》《蝙蝠侠 II》《机械战警》等影片,还用于快速雕塑系统。90 年代的扫描仪可对人体全身扫描,对给定对象采用多边形、NURBS 曲面、点、Spline 曲线方式进行描述,常用于动画、人类学研究、服装设计等方面。

Cyberware 的代表产品是 3030 系列,如图 2-1-10 所示,其适用范围宽、价格适中、性能好。除了 3030R 外,都可进行彩色扫描。扫描速率可达 1.4 万点/秒。3030RGB 型扫描物体的尺寸在 30 cm,深度方向测量精度

图 2-1-10 Cyberware 公司的 3030RGB/PS 三维扫描仪

100~400 μm，测量单元重 23 kg，主机采用 SGI 工作站。有两种扫描方式，一种是被扫描的物体运动，另一种扫描方式是扫描单元运动，适于扫描大件物体。它的配套软件可以选择扫描参数，对扫描结果进行显示、缩放、旋转。输出支持 20 多种数据格式，包括 DXF、SCR、PLY、OBJ、ASCII、VRML、3DS、STL 等。

3D Scanner 公司的 Reversa 是采用非接触式双相机激光扫描头，基于线状结构光测距原理，采用"相机-激光源-相机"的方案实现。它制作精巧、重量轻、体积小、激光线最窄 40 μm，深度方向测量精度 10 μm。Reversa 可以装在 CNC 加工机、三坐标测量系统或 Replica（3D Scanner 公司 1994 年的产品）的独立扫描桌上，进行 4 轴或 5 轴的扫描运动，扫描采样速率为 1~1.5 万点/秒。其软件提供扫描方式控制、数据格式转化、三维显示、等高线显示、比例缩放、指定点坐标显示、修补界面等功能。

其他类型的产品有 CGI 公司的自动断层扫描仪 CSS-1000；Inspeck 公司的三维光学扫描装置；Digibot 公司的 Digbot II 采用点状结构光测量深度；Steinbichler 公司的三维扫描系统有 COMET、Tricolite、AutoScan；华中理工大学的 3DLCS95 等。

图 2-1-11 为三维扫描仪的使用过程及在计算机上输出的效果图。三维扫描仪可输出很多标准格式，特别适合于建立一些不规则三维物体模型，如人体器官和骨骼模型的建立、出土文物、三维数字模型的建立等。在医疗、动植物研究、文物保护、模具制造、珠宝设计、快速制造、特技制作等虚拟现实应用领域有广阔的应用前景。

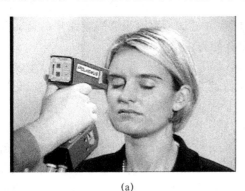 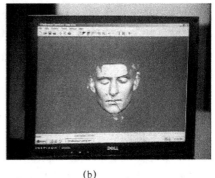

(a) (b)

图 2-1-11 三维扫描仪的使用及效果图

2.1.2 三维定位跟踪设备

三维定位跟踪设备是虚拟现实系统中关键的传感设备之一，它的任务是检测位置与方位，并将其数据输入给虚拟现实系统。需要指出的是，这种三维定位跟踪器对被检测的物体必须是无干扰的，也就是说，不论这种传感器基于何种原理和应用何种技术，它都不应影响被测物体的运动，即"非接触式传感跟踪器"。在虚拟现实系统中最常见的应用是跟踪用户的头部位置与方位来确定用户的视点与视线方向，而视点位置与视线方向是确定虚拟世界场景显示的关键。

虚拟现实系统中常需要检测头部与手的位置。要检测头与手在三维空间中的位置和方位，一般要跟踪 6 个不同的运动方向，即沿 x、y、z 坐标轴的平动和沿 x、y、z 轴方向的转动。由于这几个运动都是相互正交的，因此共有 6 个独立变量，即对应于描述三维对象的宽度、高度、深度、俯仰(pitch)角、转动(yaw)角和偏转(roll)角,称为6自由度(DOF),用于表征物体在三维空间中的位置与方位,如图2-1-12所示。

在虚拟现实系统中,显示设备或交互设备都必须配备跟踪定位设备。如头盔显示器、数据手套都要有跟踪定位装置,没有空间跟踪定位装置的虚拟现实硬件设备,无论从功能上还是在使用上都是有严重缺陷的、非专业的或无法使用的。同时,不良的位置跟踪器会造成被跟踪对象出现在不该出现的位置上,被跟踪对象在真实世界中的坐标与其在虚拟世界中的坐标不同,从而用户在虚拟世界的体验与其在现实世界中积累多年的经验相违背,同时会给用户在虚拟环境中产生一种类似"运动病"的症状,包括头晕、视觉混乱、身体乏力的感觉。

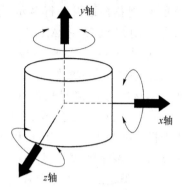

图 2-1-12　6自由度示意图

虚拟现实系统实质是一个人机交互系统,要求用户在虚拟世界中的体验符合用户在自然界中的固有经验,所以组成虚拟现实系统的各个分支技术的性能应该与人类感觉系统的要求相匹配,因此对于空间跟踪设备通常有下列要求:

① 数据采样率高且传输数据速度快,既要满足精确率的需要,同时又不能出现明显滞后;

② 抗干扰性要强,也就是受环境影响要小;

③ 对被检测的物体必须是无干扰的,不能因为增加了跟踪设备影响用户的运动等;

④ 真实世界和虚拟世界之间相一致的整合能力;

⑤ 多个用户及多个跟踪设备可以在工作区域内自由移动,不会相互之间产生影响。

空间位置跟踪技术有多种,常见的有电磁跟踪系统、声学跟踪系统、光学跟踪系统、机械跟踪系统、惯性位置跟踪系统。

1. 电磁跟踪系统

这是一种最常用的跟踪器,其应用较多且相对较为成熟。电磁跟踪系统的原理就是利用磁场的强度来进行位置和方位跟踪。它一般由3个部分构成:一个计算控制部件、几个发射器及与之配套的接收器。由发射器发射电磁场,接收器接收到这个电磁场后,转换成电信号,并将此信号送到控制部件,控制部件经过计算后,得出跟踪目标的数据。多个信号综合后可得到被跟踪物体的6个自由度数据。

如果要测量一个 x 轴方向的距离,电流通过主动线圈发出在 x 方向的电磁波,在被动线圈中相应线圈会产生感应电流,这个电流的大小正比于主动线圈和被动线圈的距离,由此得到主动线圈和被动线圈在 x 方向的距离。当然在被动线圈中的感应电流,还取决于主动线圈和被动线圈的交角。主动线圈和被动线圈的方向不同时,在被动线圈中的感应电流会变化。

根据所发射磁场的不同,电磁跟踪系统可分为交流电发射器型与直流电发射器型,其中交流电发射器型使用较多。

(1) 交流电发射器型电磁跟踪设备

在这种跟踪设备中,交流电发射器由3个互相垂直的线圈组成,当交流电在3个线圈中通过时,就产生互相垂直的3个磁场分量,在空间传播。接收器也由3个互相垂直的线圈组成,当有磁场在线圈中变化时,就在线圈上产生一个感应电流,接收器感应电流强度和其距发射器的距离有关。通过电磁学计算，就可以从这9个感应电流（3个感应线圈分别对3个发射线圈磁场感应产生的9个电流）计算出发射器和接收器之间的角度和距离。交流电发射器的主要缺点是易受金属物体的干扰。由于交变磁场会在金属物体表面产生涡流，使磁场发生扭曲，导致测量数据的错误。虽然这个问题可通过硬件或软件进行校正来解决，但因此会影响系统的响应性能。

（2）直流电发射器型电磁跟踪设备

在这种跟踪设备中，直流电发射器也是由3个互相垂直的线圈组成。不同的是它发射的是一串脉冲磁场，即磁场瞬时从0跳变到某一强度，再跳变回0，如此循环形成一个开关式的磁场向外发。感应线圈接收这个磁场，再经过一定的处理后，就可像交流电发射器系统一样得出跟踪物体的位置和方向。直流电发射器能避免金属物体的干扰，因为金属物体在磁场从无到有，或从有到无的跳变瞬间才产生感应涡流。而一旦磁场静止了，金属物体就没有了涡流，也不就会对跟踪系统产生干扰。

电磁跟踪系统突出的优点是体积小，不影响用户自由运动，电磁传感器没有遮挡问题（接受器与发射器之间允许有其他物体），价格低（处理简单，便宜），精度适中，采样率高（可达120次/秒），工作范围大（可达60 m²），可以用多个电磁跟踪器跟踪整个身体的运动，并且增加跟踪运动的范围。但也存在着一些问题：电磁传感器易受干扰，鲁棒性不好，可能因磁场变形引起误差（电子设备和铁磁材料会使磁场变形，还有凡是8～1 000 Hz的电磁噪声都会对它形成干扰。直流电磁场可以用补偿法，交流电磁场不可以用补偿法），测量距离加大时误差增加，时间延迟较大，有小的抖动。

大多数手的跟踪都采用磁跟踪系统，主要是手可以伸缩、摇晃，甚至被隐藏，而不会影响其使用。而其他跟踪技术难以适应。另外跟踪系统体积较小，不会妨碍手的各种运动。但由于存在适中的精度和大的等待时间等缺点，并且大的等待时间特别难解决，因此它限制了在真实交互中的应用。此外，在交流传感器的情况下，外部磁场的影响使之难以保证其精度，没有简单方法确定和补偿干扰磁场。

现在，销售电磁传感器的两个主要公司是Polhemus和Ascension。

Polhemus建立于1970年，占有运动测量设备市场的70%份额。主要产品为Fasttrak。精度为0.03英寸和0.15°，测量范围可达15英尺，采样率达120 Hz（修改率随传感器数目增加而下降）。等待时间为20～30 ms。采用交流磁场，由标准串行型接口连接计算机，图2-1-13为Fasttrak电磁跟踪器产品。

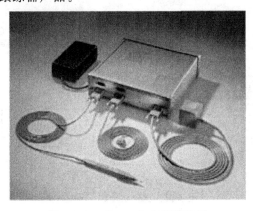

图2-1-13 Fasttrak电磁跟踪器

Ascension建立于1986年,产品的范围广,包括高级的研究设备以及低端的娱乐设备。高级的产品为Flock of Birds。采用直流磁场,可以补偿磁场失真,精度为0.1英寸和0.5°,测量范围可达3~8英尺,采样率达144 Hz(对每台测量设备)。等待时间为30 ms。低端产品为Ascension Space Pad,采样率达120 Hz,常用于游戏领域。

2. 声学跟踪系统

声学跟踪技术是所有跟踪技术中成本最低的。超声传感器包括3个超声发射器的阵列(安装在房间的天花板上),3个超声接收器(安装在被测物体上),用于启动发射的同步信号(一般采用红外)以及计算机。

图2-1-14所示为声学跟踪器用于在房间中测量头部的位置。轻便的超声接收器部分安装在头盔上,超声发射器安装在天花板上。

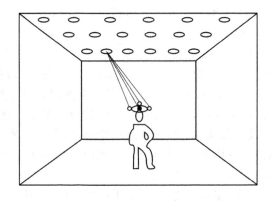

图2-1-14 声学跟踪器安装示意图

从声学跟踪系统理论上讲,可听见的声波也是可以使用的。采用较短的波长可以分辨较小的距离,但从50~60 kHz开始,空气衰减随频率增加很快加大。一般多数系统用40 kHz脉冲,波长约7 mm。但一些金属物体(如人身上的饰物等)在这个频带会使得系统受到干扰。此外,在高超声频率,难以找到全向发射器,而且麦克风昂贵,并要求工作在高电压状态。由于使用的是超声波(20 kHz以上),人耳是听不到的,所以声学跟踪系统有时也被称作超声跟踪系统。

在实际虚拟现实应用系统中,主要采用测量飞行时间法(Time of Flight)或相位相干法(Phase Coherent)这两种声音测量原理来实现物体的跟踪,如图2-1-15所示。

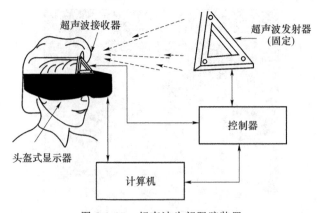

图2-1-15 超声波头部跟踪装置

① 在测量飞行时间的方式中,各个发射器轮流发出高频的超声波,测量到达各个接收点的飞行时间,由此利用声音的速度得到发射点与接收点的两两之间的 9 个距离参数,再由三角运算得到被测物体的位置。为了精确测量,要求在发射器与接收器之间的同步。为此还必须采用红外同步信号。为了测量物体位置的 6 个自由度,至少需要 3 个接收器和 3 个发射器。为了精确测量,要求发射器与接收器的合理布局。一般把发射器安装在天花板的 4 个角上。飞行时间方法是采用测量超声传输时间的方法,由此确定距离。它容易受到噪声声波的干扰,在一个小的工作空间里,TOF 系统有较好的正确率和响应时间,但当工作空间增大时,TOF 的数据率就开始下降,TOF 系统也易受一些次声波脉冲的干扰,TOF 系统只能在小范围内工作。

② 在测量相位差的方式中,各个发射器发出高频的超声波,测量到达各个接收点的相位差,由此得到点与点的距离,再由三角运算得到被测物体的位置。由于发射的声波是正弦波,发射器与接收器的声波之间存在相位差,这个相位差也与距离有关。相位差方法测量超声传输的相位差,由此确定距离。它是增量测量法。它测量这一时刻的距离与上一时刻的距离之差(增量)。因此有误差积累问题。

声学跟踪器的优点:不受电磁干扰,不受临近物体的影响,轻便的接收器易于安装在头盔上。但也有一定的缺点:工作范围有限,信号传输不能受遮挡,受到温度、气压、湿度的影响(改变声速造成误差),受到环境反射声波的影响,飞行时间法通常采用较低的采样率、分辨率,相位差法每步的测量误差会随时间积累,在大范围内工作效果很好。

对于适当精度和速度的点跟踪,超声传感器比电磁传感器更便宜,范围较大,没有磁干扰问题。但必须保持无障碍的视线,而且等待时间正比于最大的被测距离。

超声传感器和电磁传感器都是常用的位置传感器。它简单、经济,不怕铁磁材料引起误差,精度适中,可以满足一般要求,常用于手部与头部的跟踪。

瑞士 Logitech 公司成立于 1981 年,是世界最大的鼠标生产商。它也提供两种超声跟踪产品,如图 2-1-16 所示为一种超声 3D 鼠标跟踪器,它提供 6 个自由度的跟踪。在 CAD/CAM 软件系统中可以用于用户的操作,也可以用于计算机动画、建模、机器人控制和虚拟现实领域。另一个产品是超声头部跟踪器,它也提供 6 个自由度的跟踪。

3. 光学跟踪系统

光学跟踪技术也是一种较常见的跟踪技术。通常利用摄像机等设备获取图像,通过立体视觉计算,或由传递时间测量(如激光雷达),或由光的干涉测量,并通过观测多个参照点来确定目标位置。光学跟踪系统的感光设备有多种多样,从普通摄像机到光敏二极管都有。可采用的

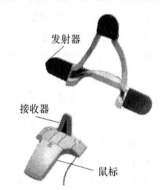

图 2-1-16 超声 3D 鼠标跟踪器

光源有很多,可以是被动环境光(如立体视觉),也可以使用结构光(如激光扫描),或使用脉冲光(如激光雷达),为了防止可见光对用户的观察视线影响,目前多采用红外线、激光等作为光源。基于光学跟踪系统使用的技术主要可分为标志系统、激光测距系统和模式识别方式 3 种。

(1) 标志系统

标志系统也称为信号灯系统或固定传感器系统。它是当前使用最多的光学跟踪技术。

它有两种结构：自外而内结构和自内而外结构，如图 2-1-17 所示。自外而内结构的标志系统是这样的：一个或几个发射器(发光二极管、特殊的反射镜等)装在被跟踪的运动物体上，一些固定的传感器从外面观测发射器的运动，从而得出被跟踪物体的运动情况，因此这个系统叫做自外而内系统。自内而外系统则正好相反，装在运动物体上的传感器从里面向外观测那些固定的发射器，从而得出自身的运动情况，就好像人类从观察周围固定景物的变化得出自己身体位置变化一样。自内而外系统比自外而内系统更容易支持多用户作业，因为它不必去分辨两个活动物体的图像。但自内而外系统在跟踪比较复杂的运动，尤其是像手势那样的复杂运动时就很困难，所以数据手套上的跟踪系统一般还是采用自外而内结构。

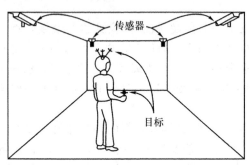 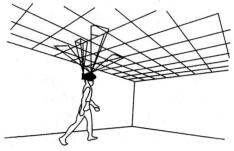

图 2-1-17　自外向内与自内向外光学跟踪示意图

（2）模式识别

模式识别是指跟踪器通过比较已知的样本模式和由传感器得到的模式而得出物体的位置，是前面介绍的标志系统的一个改进。把几个发光二极管(LED)那样的发光器件按某一阵列(即样本模式)排列，并将其固定在被跟踪对象身上。然后由摄像机跟踪拍摄运动的 LED 阵列，记录整个 LED 阵列模式的变化。这实际上是将人的运动抽象为固定模式的 LED 点阵的运动，从而避免从图像中直接识别被跟踪物体所带来的复杂性。

当目标之间的距离较近时，则很难精确测出位置和方向，并且会受到摄像机分辨率的限制和视线障碍的影响，这类系统仅适用于相对小的有效测量空间。光学跟踪系统通常在台式计算机上或墙上安放摄像机，在固定位置观察目标。为了得到立体视觉和弥补摄像机分辨率不足的问题，通常会使用多于一个的摄像机和多于一种摄像面积(例如窄角和广角)的镜头，这个系统可直接确定位置和方向，而且在摄像机的分辨率足够时还可增加摄像机的数量，覆盖更大的区域。

另外一种基于模式的识别原理的跟踪器是图像提取跟踪系统。它是应用一种称为剪影分析的技术，其实质是一种在三维上直接识别物体并定位的技术，使用摄像机等一些专用的设备实时对拍摄到的图像进行识别，分析出所要跟踪的物体。这是一种最容易使用但又最难开发的跟踪设备，它由一组(两台或多台)计算机拍摄人及人的动作，然后通过对其图像进行处理来分析确定人的位置及动作，这种方法最大的特点是对用户没有约束，又不会像磁跟踪设备一样受附近的磁场或金属物质的影响，因而在使用上非常方便。

图像提取跟踪设备对被跟踪的物体距离、环境的背景等要求较高，通常远距离的物体或灯光亮暗都会影响其识别系统的精度。另外，较少量的摄像机可能使被跟踪环境中的物体出现在拍摄视野之外，而摄像机较多又会增加采样识别算法复杂度与系统冗余度，目前应用并不广泛。

（3）激光测距系统

激光测距系统是通过将激光发射到被测物体，然后接收从物体上反射回来的光来测量位置的，如图 2-1-18 所示。激光通过一个衍射光栅发射到被跟踪物体上，然后接收经物体表面反射的二维衍射图的信号。这种经反射的衍射图带有一定畸变，而这一畸变是与距离有关的，所以可用作测量距离的一种量度。与其他位置跟踪系统一样，激光测距系统的工作空间也有限制。由于激光强度在传播过程中的减弱使得激光衍射图样变得越来越难以区别，精度因此会随距离增加而降低。

光学跟踪系统最显著的优点就是速度快，它具有很高的数据率，因而很适用于实时性强的场合。在许多军用的虚拟现实系统中都使用光学跟踪系统。

光学跟踪系统的缺点主要就是它固有的工作范围和精确度之间的矛盾带来的。在小范围内工作效果好，随着距离变大，其性能会变差。通过增加发射器或增加接收传感器的数目可以缓和这一矛盾。当然，付出的代价是增加了成本和系统的复杂性，也会对实时性产生一定影响。

光学跟踪系统的主要缺点是容易受视线阻挡的限制。如果被跟踪物体被其他物体挡住，光学系统就

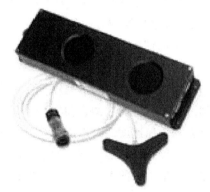

图 2-1-18　激光跟踪系统

无法工作，这个缺点对手的跟踪是很不利的。另外，它常常不能提供角度方向的数据，而只能进行 x、y、z 轴上的位置跟踪，且价格昂贵，一般常在航空航天等军用系统中使用。

4. 机械跟踪系统

机械跟踪系统的工作原理是通过机械连杆装置上的参考点与被测物体相接触的方法来检测其位置变化的，如图 2-1-19 所示。它通常采用钢体结构，一方面可以支撑观察的设备，另一方面可以测量跟踪物体的位置与方位。对于一个 6 自由度的机械跟踪器，机械结构上必须有 6 个独立的机械连接部件，分别对应 6 个自由度，将任何一种复杂的运动用几个简单的平动和转动组合表示。

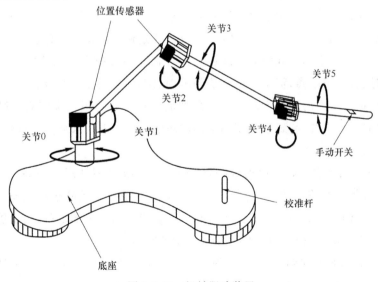

图 2-1-19　机械跟踪装置

机械跟踪系统是一个精确而响应时间短的系统,而且它不受声、光、电磁波等外界的干扰。另外,它能够与力反馈装置组合在一起,因此在虚拟现实应用中更具应用前景。它的缺点是比较笨重,不灵活而且有一定的惯性。由于机械连接的限制,对用户有一定的机械束缚,所以不可能应用在较大的工作空间。而且在不大的工作空间中还有一块中心地带是不能进入的(机械系统的死角),几个用户同时工作时也会相互产生影响。

5. 惯性位置跟踪系统

惯性位置跟踪系统是近几年虚拟现实技术研究的方向之一,它通常也是采用机械的方法,通过盲推的方法得出被跟踪物体的位置,它不是一个 6 自由度的设备,完全通过运动系统内部的推算,而绝不牵涉外部环境得到位置信息,因此只适合于不需要位置信息的场合。

惯性传感器使用加速度计和角速度计来测量加速度和角速度,如图 2-1-20 所示。线性加速度计可以同时测量物体在 3 个方向上的加速度。可动部件由弹性件支撑,弹性件的变形就表示加速度。可以用光学系统测量这种微小变形,例如利用硅的微机械可以制造很小的惯性传感器。加速度计的输出需要积分两次,从而得到物体的位置。角速度计利用陀螺原理测量物体的角速度。角速度计的输出需要积分一次,得到位置角度。

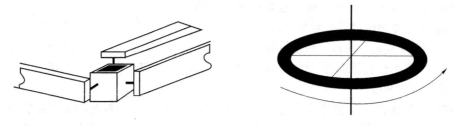

图 2-1-20 加速度计和角速度计

惯性传感器的主要特点是没有信号发射,设备轻便。因此在跟踪时,不怕遮挡,没有视线障碍和环境噪音问题,没有外界干扰,而且有无限大的工作空间,延迟时间短,抗干扰性好、无线化等。惯性传感器的缺点是漂移随时间积累、重力场使输出失真、测量的非线性(由于材料特性或温度变化)、角速度计敏感震动、难以测量慢速的位置变化、重复性差。目前尚无实用系统出现,对其准确性和响应时间还无法评估。在虚拟现实系统中应用纯粹的实用惯性跟踪系统还有一段距离,但将惯性系统与其他成熟的应用技术结合,用来弥补其他跟踪系统之不足,是很有潜力的发展方向。如在高性能 HMD 中的跟踪应该应用组合惯性传感器与其他技术的混合系统,它要求精度和快速动态响应。推荐的组合是全惯性方向跟踪,与混合的惯性-声学位置跟踪。

InterSense 公司提供 IS300 运动跟踪器和 InterTrax 等惯性跟踪设备。InterSense 建立于 1996 年,研制生产惯性的、混合的,以及 SensorFusion 的运动跟踪设备。Eric Foxlin 基于他在 MIT 的博士论文建立了该公司。它的产品包括头盔上的设备(用于仿真和训练)、摄像头跟踪(用于电影特技)、增强现实系统(用于装配)。

IS300 使用的固态惯性测量单元(称为 InertiaCube TM),InterTrax 是实时的头部 3 维位置跟踪器,如图 2-1-21 所示。它使用角速度计,在积分得到位置角。它还采用磁罗盘和重力计,防止陀螺漂移的积累。

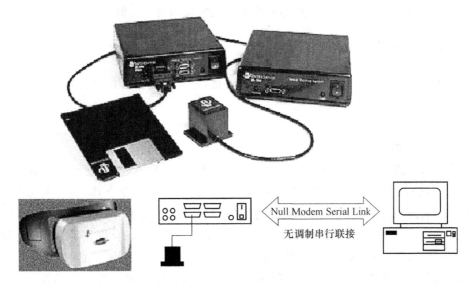

图 2-1-21　惯性跟踪产品

2.2　虚拟系统的输出设备

在虚拟现实系统中,人置身于虚拟世界中,要使人体得到沉浸的感觉,必须让虚拟世界模拟人在现实世界中的多种感受,如视觉、听觉、触觉、力觉、嗅觉、味觉、痛感等,然而基于目前的技术水平,成熟和相对成熟的感知信息的产生和检测技术仅有视觉、听觉和触觉(力觉)3种。

感知设备的作用在于在虚拟世界中,将各种感知信号转变为人所能接受的多通道刺激信号,在现在主要应用的是基于视觉、听觉和触觉(力觉)感知的设备,基于味觉、嗅觉等的设备有待开发研究。

(1) 视觉感知设备

视觉感知设备主要是向用户提供立体宽视野的场景显示,并且这种场景的变化会实时改变。此类设备主要有:头盔式显示器、洞穴式立体显示装置、响应工作台显示装置、墙式投影显示装置等。此类设备相对来说比较成熟。

(2) 听觉感知设备

听觉感知设备的主要功能是提供虚拟世界中的三维真实感声音的输入及播放。一般由耳机和专用声卡组成。通常用专用声卡将单通道或普通立体声源信号处理成具有双耳效应的三维虚拟立体声音。

(3) 触觉(力觉)感知设备

从本质上来说,触觉和力觉实际是两种不同的感知。力觉感知设备主要是要求能反馈力的大小和方向,而触觉感知所包含的内容要更丰富一些,例如手与物体相接触,应包含一般的接触感,进一步应包含感知物体的质感(布料、海绵、橡胶、木材、金属、石头等)、纹理感

(平滑、粗糙程度等)以及温度感等。在实际虚拟现实系统中,目前能实现的仅仅是模拟一般的接触感。在相应设备中,基于力觉感知的力反馈装置相对较成熟一些。

2.2.1 视觉感知设备

人从外界获得的信息,有80%以上来自视觉,视觉感知设备是最为常见的,也是这几类感知设备中最为成熟的,要实现视觉显示有很多种方法,下面介绍几种典型的应用产品。

1. 台式立体显示系统

最常见的台式立体显示系统由立体显示器(Stereo Monitor)和立体眼镜组成,如图2-2-1所示。这种台式立体显示系统有两种工作方式,即标准(非立体)方式和立体方式。当工作在标准方式时,无立体效果,与一般的显示器相同;而工作在立体方式时,采用分时显示技术,显示器屏幕上以一定频率交替显示生成的左、右眼视图,用户如不佩戴立体眼镜,则看到的图像有重影。所以用户需佩戴立体眼镜,使左右眼只能看到屏幕上对应的左眼视图和右眼视图,最终在人眼视觉系统中形成立体图像。为了使图像显示稳定,即所显示图像不出现闪烁现象,要求显示刷新频率为120 Hz,即左右眼所得到的视图刷新频率最低保持60 Hz。

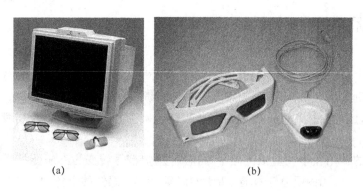

(a)　　　　　　　　　　(b)

图 2-2-1　带立体眼镜的台式显示系统与有源立体眼镜

使用户获得立体视觉的关键是让左右眼分别只能看到对应的左右视图,因此用户必须佩戴立体眼镜来实现上述目标。目前主要有两类立体眼镜,主要分为有源眼镜和无源眼镜两类。有源眼镜又称主动立体眼镜,无源立体眼镜又称被动立体眼镜。

有源立体眼镜有有线与无线两种。有线的是通过一根电缆线与主机相连接,而无线立体眼镜的镜框上装有电池及液晶调制器控制的镜片,立体显示器有红外线发射器,根据显示器显示左右眼视图的频率发射红外线控制信号。有源立体眼镜的液晶调制器接收到红外线控制信号后,调节左右镜片上液晶的通断状态,即控制左右镜片的透明或不透明状态。当显示器显示左眼视图时,发射红外线控制信号至有源立体眼镜,使有源立体眼镜的右眼镜片处于不透明状态,左眼镜片处于透明状态。如此轮流切换镜片的通断,使左右眼睛分别只能看到显示器上显示的左右视图。有源系统的图像质量好,但有源立体眼镜价格昂贵,且红外线控制信号易被阻挡而使观察者工作的范围有限,有线式立体眼镜还要受联机电缆的长度的限制,因此有源系统只适用小区域、少量观众的场合。

美国平达系统公司(www.planar3d.com 中文网站打不开)新推出平达三维立体显示器系列,采用创新的 StereoMirror™ 技术,提供了高分辨率、高高度、高对比度的平达立体显示器。其外观与原理示意图如图 2-2-2 所示。它采用的是无源立体眼镜,是根据光的偏振原理设计的,左右镜片是两片正交的偏振滤光片,分别只能容许一个方向的偏振光通过。显示器有两个显示屏分别显示左右两眼有一定视差的图像,在两个显示屏中间加有分光镜,上屏输出为右眼的图像,经分光反射到达无源立体眼镜的右眼并穿过,而被眼镜的左镜所阻断,下屏输出的左眼的图像经分光镜透过到达无源立体眼镜的左眼并穿过,而被眼镜的右镜所阻断,然后分别透过无源立体眼镜的图像到达人的双眼,实现左右眼睛分别只能看到显示器上显示的左右视图的目的。采用此种技术具有无可比拟的观看舒适度,可实现长时间使用而不会有不适感,而观看视角大。

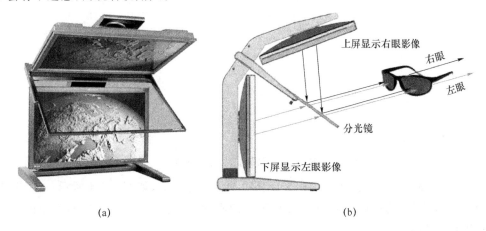

图 2-2-2 平达三维立体显示器

由于无源立体眼镜价格低廉,且无须接收红外控制信号,因此适用于观众较多的场合。实际上,对无源系统而言,观众数目主要由显示器屏幕尺寸决定的,但由于显示器的尺寸都不太大,目前可达 26 英寸,因此台式立体显示系统不能容纳更多的观众。

台式立体显示装置是一种低成本、单用户、非沉浸式的立体显示装置,它不适合多用户协同工作方式。

2. 头盔显示器

头盔显示器(Head-Mounted Display,HMD)是虚拟现实系统中普遍采用的一种立体显示设备,它通常安装在头部,并用机械的方法固定,头与头盔之间不能有相对运动,在头盔显示器上配有空间位置跟踪设备,能实时检测出头部的位置,虚拟现实系统能在头盔显示器的屏幕上显示出反映当前位置的场景图像。它通常由两个 LCD 或 CRT 显示器分别向两个眼睛提供图像,这两个图像由计算机分别驱动,两个图像存在着微小的差别,类似于"双眼视差"。通过大脑将两个图像融合以获得深度感知,得到一个立体的图像。头盔式显示器可以将参与者与外界完全隔离或部分隔离,因而已成为沉浸式虚拟现实系统与增强式虚拟现实系统不可缺少的视觉输出设备。

图 2-2-3 是 HMD 的光学模型的示意图,图中的一个目标点,在两个屏幕上的像素分别为 A1 和 A2。它们在屏幕上的位置之差,就是立体视差。这两个像素的虚像分别为 B1 和

$B2$。双目视觉的融合,人就感到这个目标点在 C 点,就是感觉的点。

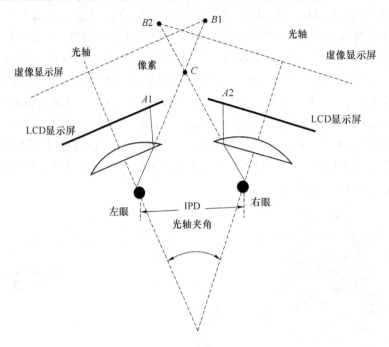

图 2-2-3 双眼立体光学模型

在头盔式显示器中有立体显示和平面显示两种工作方式,如图 2-2-4 所示。(a)图为立体显示的 VR 系统,为两眼分别计算具有视差的不同的图像。(b)图为平面显示的 VR 系统,为两眼提供相同的图像。

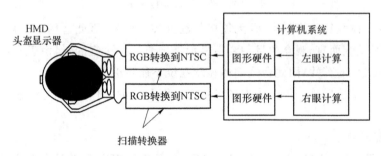

(a) 立体显示的VR系统

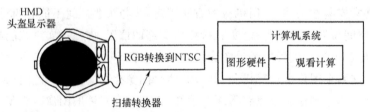

(b) 平面显示的VR系统

图 2-2-4 头盔式立体显示器示意图

虽然现在市面上有很多的 HMD 产品,其外形、大小、结构、显示方式、性能、用途等有较大的差异,但其原理是基本相同的。HMD 系统中主要由显示器(显示表面)和光学透镜组成,其中显示器有阴极射线管(CRT)、背光液晶显示器(LCD)、发光二极管(LED)、VRD、等离子管、硅 VLSI 显示器等多种,在现阶段主要应用的是 CRT 和 LCD 这两种。其中 CRT 显示器有较高的分辨率,LCD 显示器有较好的亮度,而 VRD、硅 VLSI 显示器等是今后新型 HMD 的一个发展方向。

(1) CRT 类显示表面

CRT 即阴极射线管(显像管),此技术是多年来在电视机和计算机显示器上广泛应用的成熟技术。CRT 技术能给头盔显示器提供足够小、高分辨率、高亮度的单色显示。但这些 CRT 较重,并在 CRT 中存在有高电压。此外,要开发小型高分辨率、高亮度、彩色 CRT 是相对困难的。

采用一些组合的技术可产生高质量彩色图像,并减少重量和价格。近期的途径是把高质量彩色的基于 CRT 的 HMD 引入市场,它使用了加在单色 CRT 的机械电子彩色滤光技术。这种途径中,CRT 以 3 倍于正常速率的速率扫描,并依次加上红、绿、蓝三种颜色的滤光器。

(2) LCD 类显示表面

LCD 技术能以较低电压产生彩色图像,但只具有很低的图像清晰度。而在头盔显示器中,也要求形成高质量图像。

市场出售的头盔式显示器几乎全部依靠 TV(电视机)质量的液晶显示。在虚拟现实的遥控操作领域,一般不要求大区域显示,只要求紧凑的、轻便的高分辨率显示。当然,LCD 显示器有待提高其分辨率。

(3) VRD 类显示表面

VRD(Virtual Reality Display)是美国华盛顿大学 HIT(Human Interface Technology Lab)在 1991 年发明的,如图 2-2-5 所示。其目标是产生全彩色、宽视场、高分辨率、高亮度、低价格的虚拟现实立体显示。

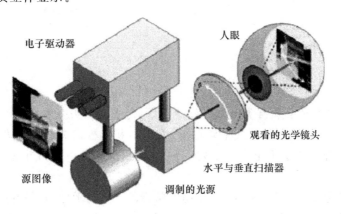

图 2-2-5 CRD 显示表面工作原理示意图

VRD 是直接把调制的光线投射在人眼的视网膜上,产生光栅化的图像。观看者感到这个图像是在前方 2 英尺远处的 14 英寸显示器上出现的。而事实上,图像是在眼的视网膜上。图像质量很高,有立体感,全彩色,宽视场,无闪烁。VRD 的主要特点如下:①体积很小、重量很轻;②具有大于 120°的大视场;③可以适应人类视觉的高分辨率;④具有高分辨率的全彩色;⑤可以适用于室外的高亮度;⑥具有很低的功率消耗;⑦有深度感的真正的立体显示;⑧具有看穿的显示方式(这类似于看穿的头盔显示。在看到激光扫描的虚拟图形的同时,也看到真实场景)。

(4) VLSI 类显示表面

MIT AI 实验室用硅 VLSI 芯片技术实现这种显示特征。比较液晶显示可达到的分辨率和基于硅技术的图像传感器商品的密度,就可以看到它的潜力。LCD 最大分辨率约 640×400;硅 VLSI 芯片技术的分辨率为 4 000×4 000。当前技术下合适的方案是采用 2 000×2 000 分辨率的图像显示。

头盔式显示器的显示屏距离人的双眼很近,因此需要有专用的光学系统使人眼能聚集在如此近的距离而不易疲劳。同时,这种专用镜头又能放大图像,向双眼提供尽可能宽的视野,这种专用的光学系统称为 LEEP 系统,如图 2-2-6 所示,它是以第一家研制这一系统的公司命名的。LEEP 系统实质是一个具有极宽视野的光学系统,其广角镜头能适应用户瞳孔间距的需要,使双眼分别获得的图像能自然会聚在一起,否则就要安装机械装置来调节光学系统左右两个光轴的间距,这样做既麻烦,又增加了成本与重量。LEEP 光学系统的光轴间距应比常人瞳孔距略小一些,以实现双眼图像的会聚效应。塑料制成的 Fresnel 镜片起到使双目图像进一步相互靠近,以及会聚它们的作用。

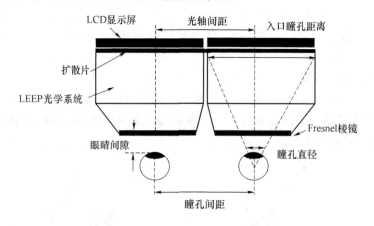

图 2-2-6　HMD 的 LEEP 光学系统

在 HMD 上同时还必须有头部位置跟踪设备,它固定在头盔上,能检测头部的运动,并将这个位置传送到计算机中,虚拟现实系统中的计算机能根据头部的运动进行实时显示,改变其视野中的三维场景。目前,大多数 HMD 采用基于超声波或电磁波传感技术的跟踪设备。

在增加现实型虚拟现实系统中,采用的是特殊的头盔显示器,它是看穿式头盔显示。在看穿式的头盔显示中,在每个眼睛的前方有一个与视线成 45°的半透明镜子。这个镜子一方面反射在头部侧方的 LCD(或 CRT)显示器上的虚拟图形,另一方面透射在头部前方的真实场景。于是,在看到计算机生成的虚拟图形的同时,也看到真实场景。对有些增强现实的显示,使用半透明显示表面,合成图像覆盖在由环境中物体得到的图像。另一些增强现实系统中,合成图像与由视频设备得到的图像相组合。

头盔式立体显示器是一种单用户沉浸的显示器,其主要用途是飞行模拟与电子游戏,不适合于多用户协同工作的方式。其存在的缺点是设备过重(15~20 kg)、分辨率较低、刷新频率慢、跟踪精度低、离屏幕过近容易使眼睛疲劳等。

3. 吊杆式显示器

由于头盔式显示系统存在以上的一些缺点,在1991年,Illinois大学的Defanti和Sandin提出了一种改进的沉浸式虚拟显示环境,即吊杆式显示器(Binocular Omni-Orientation Monitor,BOOM),这是一种可移动的显示系统,如图2-2-7所示。它的显示器由吊杆支撑,由两个互相垂直的机械臂支撑,外形像望远镜。它具有6自由度,这不仅让用户可以用两手握住显示器在半径约2 m的球面空间内自由移动,还能将显示器的重量加在巧妙的平衡架上使之始终保持平衡,不受平台的运动影响。在支撑臂上的每个节点处都有空间位置跟踪器,因此BOOM能提供高分辨率、高质量的影像而且对用户无重量方面的负担。

图2-2-7　BOOM显示器

与头盔显示器相比,BOOM采用了高分辨率的CRT显示器,因而其分辨率高于HMD,且图像柔和。BOOM的位置及方向跟踪是通过计算机械臂节点角度的变化来实现的,因而其系统延迟小,且不受磁场和超声波背景噪音的影响。虽然它的沉浸感稍差些,但使用这种设备可以自由地进出虚拟环境,用户只要把头从观测点移开,就能完成虚拟世界与现实世界的转换,因而具有方便灵活的应用特点。

BOOM系统的主要缺点是,由于机械臂影响用户的运动,在工作空间中心支撑架造成了"死区",因此BOOM的工作区要去除中心大约$0.5 m^2$的空间范围,而且它还是一种单用户的虚拟环境且不能解决屏幕离眼睛过近对用户所造成的不适感。

4. 洞穴式立体显示装置

洞穴式立体显示装置(Computer Automatic Virtual Environment,CAVE)系统是一套基于高端计算机的多面式的房间式立体投影系统解决方案。主要包括专业虚拟现实工作站、多通道立体投影系统、虚拟现实多通道立体投影软件系统、房间式立体成像系统4部分组成,CAVE是把高分辨率的立体投影技术和三维计算机图形技术、音响技术、传感器技术等综合在一起,产生一个供多人使用的完全沉浸的虚拟环境。这种小房子的形状通常是一个立方体,像洞穴一样,因而称为洞穴式立体显示装置。在CAVE环境中通常可容纳4~5人,常见的CAVE有4面CAVE、5面CAVE、6面CAVE,其中5面CAVE的立体显示装置的显示屏幕由立方体的5个面组成,立方体的另一个面用于作为人员的出入通道和通气口;而4面的CAVE是4个投影面组成,由左、中、右3面及地板构成,其结构如图2-2-8所示。

第一个多面显示的CAVE环境是1991年伊利诺伊(Illinois)大学开发的,其相关论文在图形学会议SIGGRAPH 92上发表。由多台计算机产生的图像,被镜面反射到投影屏幕,视点在环境中的移动,受一个主要用户的控制。该用户身上有位置跟踪设备(如磁跟踪器),测量他注视的地方。该用户还用操纵杆控制视点的移动。为了观看立体显示,所有用户都要佩戴立体眼镜。其缺点在于除了主要用户外,每个人都好像乘车一样,容易出现仿真眩晕。

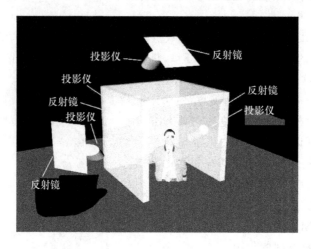

图 2-2-8 CAVE 结构示意图

C2 是由爱荷华(Iowa)州立大学制造的一个 CAVE 系统,通过与爱荷华工程部的合作,他们试图改进 CAVE 的不足。主要改进是移动地板投影由用户后方到用户前方。这就把用户在地板上的阴影移到了用户后方,不至影响显示。在墙角处,用架子把两边的墙面夹在一起,防止有阴影投在屏幕上。

CABIN(Computer Aided Booth for Image Navigation)是东京大学制造的 5 面显示的系统。它有强化玻璃的地板,还有 3 面墙和天花板的显示,得到工业界支持。

NAVE(NAVE Automatic Virtual Environment)是由 Georgia Tech Virtual Environments Group 制造的,适于用在大学的实验室。它用视觉和其他物理感觉增强全局的沉浸感。两个人坐在一个椅子上,采用力反馈手柄控制运动。声音系统很好,还可以通过地板发出震动,同时用旋转和闪烁的光线加强气氛。

C6 是由爱荷华(Iowa)州立大学制造,是三维全沉浸的合成环境。它的房间中,四面墙,地面和天花板都是投影屏幕,显示背投立体图像。一面墙可动,允许用户进出房间。

Virtual Environment Enclosure 的改进包括:减小空间要求,增加投影面,增加立体声音,增加物理反馈,以及降低价格。

浙江大学于 1999 年 6 月建成我国第一个 4 面 CAVE 系统,系统如图 2-2-9 所示,在这种环境中,多个用户戴上主动式或被动式眼镜,他们视线所涉及的范围均为背投式显示屏上显示的计算机生成的立体图像,沉浸感较强。

通常在 CAVE 系统中还配有三维立体声系统,使用户能达到身临其境的感觉。用户戴着有线或无线式立体眼镜,可以感觉处在一个虚拟世界之中,非常类似于立体的环幕电影,只不过这并非是电影。整个系统可以实时地与用户发生交互并做出响应。因为系统不仅能产生立体的全景图像,而且还有头部跟踪功能。它使系统能够准确测定头部位置,并知道你现在正在朝哪个方向观看。系统可以追随你的视线实时描绘出虚拟的场景,这样,用户就不必像在普通计算机上的 3D 图形应用软件中(如三维游戏)那样,去按键盘来转换视角了。用户可以非常自然的运动,假如你想看下面,那就朝下看好了;假如想看看周围的情景,那就直接环顾左右。这种通过转动头部来转换视角的能力,使 CAVE 的虚拟现实程度比那些仅仅拥有立体图像的系统更加优越,另外,CAVE 系统可供多人参与到高分辨率三维立体视听的高级虚拟仿真环境,允许多个用户沉浸于虚拟世界之中,因此是一个较为理想的虚拟现实显示系统。

图 2-2-9　浙江大学的 4 面 CAVE 系统

CAVE 系统可用于各种模拟与仿真、游戏等,但主要应用是科研方面的可视化应用。CAVE 为科学家带来了一项伟大而革新的思考方式,扩展了人类的思维。它可以向从事计算的科学家和工程师提供高质量的立体显示装置,色彩丰富、无闪烁、大屏幕的立体显示装置使科学家和工程师身临其境于所建成的虚拟环境之中,并可允许多人进行交互式工作。现在的虚拟现实技术及 CAVE 显示装置为科学计算可视化提供了高性能的模拟手段,进一步吸引科研人员采用虚拟现实技术来进行科学研究。举个典型的例子,一个科学家利用超级计算机生成了海量的数据,如果他想解释这些数据的意义,最好的方法就是在 CAVE 系统通过可视化的方式看到这些数据,并通过图形的方式去交互的浏览这些数据。

CAVE 的其他许多应用是建立虚拟原型以及辅助建筑设计。假如要设计一辆汽车,你可以在 CAVE 上建造一个虚拟模型并随意观看。你可以围绕着它,从各个角度审视它,甚至可以走进汽车的内部,坐到驾驶员的位置上去观察。建筑设计与此类似,假如你是个建筑设计师,与其建造一个小比例的建筑模型,不如利用 CAVE 在虚拟建筑内走一走,使你身临其境的感受到一些建筑物的内部结构,并与之发生互动,分析设计的合理性。

然而,CAVE 存在的问题是价格昂贵、需要较大的空间与更多的硬件,目前也没有产品化与标准化,对使用的计算机系统图形处理能力也有极高的要求,因而限制了它的普及。

5. 响应工作台显示装置(RWB)

1993 年,德国国家信息技术研究中心 GMD(2000 年后改为弗朗霍夫学会下的研究所)发明了响应工作台立体显示装置,如图 2-2-10 所示。这是一种非沉浸式、支持多用户协同工作的立体显示装置。在非沉浸式环境中,计算机作为一种智能服务器,通过多传感器交互通道向用户提供视觉、听觉、触觉等多模态信息。通常,将计算机以及与它相连接的多种传感器与反应装置称为响应环境,响应工作台立体显示装置就是这种响应环境的一个重要组成部分。

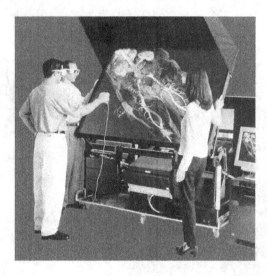

图 2-2-10　响应工作台

响应工作台立体显示装置是一个台式装置,桌面兼作显示屏,尺寸约为 1.8 m×1.2 m,RWB 由投影显示器、一个大的反射镜和一个既作桌面又作显示屏的特殊玻璃组成,响应台前部为显示屏,后部桌面下安装一台投影显示器,显示屏下面安装一个大的反射镜,后部的投影显示器将立体投影到反射镜面上,再由反射镜将图像反射到显示屏上。实际上,显示在屏上的既可以是虚拟对象,也可以是各种控制工具(控制菜单),系统可以调节立体投影的参数,使得虚拟对象成像在桌面之上,用户佩戴眼镜观察时具有较强的立体感。由于 RWB 具有较大的显示屏,因此允许多用户共同参与。

由于所显示的立体视图只能受控于一个观察者的视点位置和视线方向,而其他观察者可以通过各自的立体眼镜来观察虚拟对象,因而十分适合于辅助教学,即让教师、学生共同参与,由一位老师操纵虚拟对象进行示范教学,其他学生观察整个过程。如果有多台 RWB 则同时可对同一虚拟对象进行操纵,并进行通信,支持实现真正的分布式协同工作。

根据应用对象不同,RWB 可以连接不同的输入/输出装置,实现人与虚拟世界的自然交互,最常见的设备是使用数据手套,配合位置跟踪装置,可以实现碰撞检测,并可以用手与虚拟对象进行自然的交互。

1998 年 GMD 科学家又进一步改进了 RWB 的设计,研制成功了双面响应工作台显示装置,增加了一个垂直的显示屏,使桌面的立体图像的成像高度有较大提高,进一步改善了立体效果和显示质量。

6. 墙式立体显示装置

前面介绍的几个设备都只能供单个用户或几个用户使用,如何能使更多的用户共享立体图像效果?一个较好的的解决方法就是采用大屏幕投影显示设备。屏幕投影立体显示装置中可采用单投影显示器或双投影显示器,立体显示的形成也有主动式与被动式,投影方式也有正投与背投之分。在实际应用中,通常有以下3种方式较为常见。

第一种显示方式是单台投影机主动式立体投影系统,如图2-2-11所示。它一般采用快速荧光粉CRT投影器,分别对应左眼和右眼的两路视频信号,轮流交替在屏幕上显示。它们的频率为标准刷新率(通常为60帧/秒)的两倍。观看者必须佩戴具有液晶光阀的立体眼镜才能看到立体图像,否则看到的图像就是模糊重影效果。立体眼镜的液晶光阀的开关由同步信号来控制,同步信号可以通过红外信号传送,与显示的图像同步。于是,当显示左眼的图像时,立体眼镜的左眼光阀打开,右眼光阀关闭。立体眼镜就可以在无线或有线状态下工作。

图2-2-11 单投影机主动式立体显示系统

第二种显示方式是单台投影机被动式立体投影系统。投影机轮流在屏幕上显示,分别对应左眼和右眼的两路视频信号。它们的频率为标准刷新率的两倍。偏振屏幕分别对两眼的图像施加不同的偏振(这个偏振是由屏幕产生的)。观看者佩戴具有不同偏振的眼镜。

第三种显示方式是双台投影机被动式立体投影系统。在这个系统中,两台投影机可采用阴极射线管(CRT)投影显示器,也可采用液晶投影显示器(LCD),分别在屏幕上显示对应左眼和右眼的两路视频信号。它们的频率为标准刷新率。两台投影机镜头前,分别安装不同的偏振片,施加不同的偏振(有的投影机内部可以施加不同的偏振)。目前这类系统应用较多,主要是其价格相对便宜,成本较低,如图2-2-12所示。

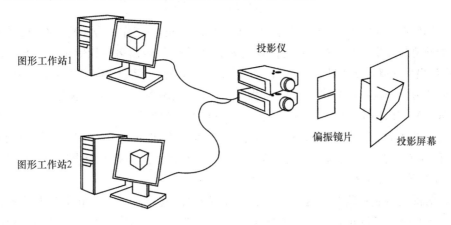

图2-2-12 双台投影机被动式立体显示系统示意图

在实际应用中,有时为节省成本,也可用一台图形工作站配一个立体转换器(立体处理器),也可实现相同的要求,如图 2-2-13 所示。

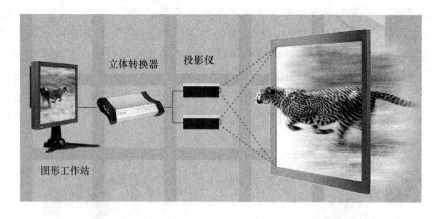

图 2-2-13　单台投影机被动式立体显示系统示意图

在这个系统中,使用了 EON_CYVIZ 3D 开发 xpo 系列"3D 立体处理器",使得在采用普通 LCD、DLP 投影机、通用 PC 工作站和标准的软件环境下,实现了高质量的 3D 立体再现。它以比传统手段更低的成本方式实现了高质量的 3D 立体再现。它采用信号源与投影机独立工作的形式,因此,适用于任何计算机的标准立体数字输出和任何品牌、任何型号的投影机。而且,对传统的主动式立体成像系统 CRT 系列,也同样适用,并可应用于显示屏尺寸多达 500″的吊顶式或投影矩阵组成的前投和背投系统中,外形如图 2-2-14 所示。

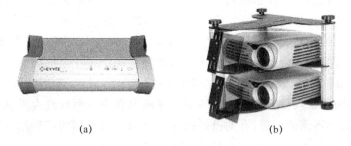

图 2-2-14　立体转换器与双投影仪及支架

一个大屏幕投影显示器一般最大投影面积为 6 m×5 m,但工作在最大投影面积时亮度会有所下降,影响立体效果。对于有些场合需要更大显示面积的,可以多台投影显示器组合起来,构成显示面积更大的墙式立体显示装置,此类大屏幕显示系统又可称为墙式全景立体显示装置。

同时采用多个投影屏幕产生大的视角(通常水平视场角 150°,垂直视场角 40°)、较高的亮度(2 000 ANSI 流明以上,有的甚至可达 10 000 ANSI 流明)和分辨率(1 280×1 024),可供几十人沉浸其中,用户头戴特殊的眼镜(液晶立体眼镜)即可感受到弥漫在周围的虚拟立体场景,仿佛置身于真实的客观世界,具有较强的沉浸感。但多通道投影显示也是技术难度大、组成复杂的显示方式之一。

墙式全景立体显示装置分为平面式和曲面式两种,其显示屏的面积等于几个投影系统的总和。将几个显示屏组合在一起必须解决以下关键技术:非线性几何校正、边缘融合、热点补偿、伽玛校正、色平衡。

如图 2-2-15 所示为曲面式投影的示意图。在多个显示屏拼接时会在拼接处有一个像素宽的空缺或有一个像素宽的重叠,人眼就能感到一条黑色或发亮的狭缝。通常的做法是在拼接处保留一段重叠区。现在有很多的投影器可以使重叠区达到亮度的软融合,更容易实现无缝或接近无缝拼接,有的系统中采用专用的硬件来进行处理,如采用边缘融合机。除此外还存在有非线形几何校正、边缘融合、热点补偿、伽玛校正、色平衡等问题。

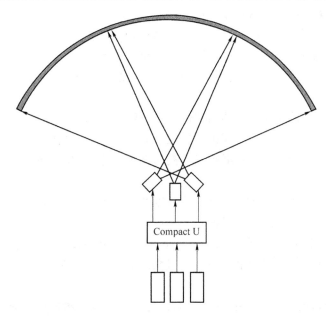

图 2-2-15　曲面墙式投影示意图

在国内正在普遍采用的是基于 CompactU 数字几何变形边缘融合处理器等 3D 立体处理器的解决方案,CompactU 是具有数字非线性几何校正、数字多边缘融合、数字热点补偿、数字色平衡、数字伽玛校正等功能的计算机,它很容易地安装在图像生成设备与投影器之间。多个投影器通过 CompactU,可以很容易地得到一个无缝、连续亮度、色度均匀的图像组。通过友好人机界面的控制软件,可对投影效果进行调整和校准,支持各种图形工作站及投影器。在这种实现方式中,采用专门的一台计算机实现非线性几何校正、多边缘融合等功能,既不增加图形计算机的负担,又不受投影机的限制,具有较大的灵活性。

2.2.2　听觉感知设备

听觉信息是人类仅次于视觉信息的第二传感通道,它是多通道感知虚拟环境中的一个重要组成部分。它一方面接收用户与虚拟环境的语音输入,另一方面也生成虚拟世界中的立体三维声音。声音处理可以使用内部与外部的声音发生设备,其系统主要由立体声音发生器与播放设备组成。一般采用声卡来为实时多声源环境提供三维虚拟声音信号传送功能,这些信号在经过预处理后,用户通过普通耳机就可以确定声音的空间位置。

虚拟环境的听觉显示系统应该能给两耳提供声波,同时还应具有以下特点:

(1) 应有高度的逼真性;

(2) 能以预订方式改变波形,作为听者各种属性和输出的函数(包括头部位置变化);

(3) 应该消除所有不是虚拟现实系统产生的声源(如真实环境背景声音),当然在增强现实系统中,允许有现实世界的声音,因为它的意图是组合合成声音与真实声音。

为了满足这些要求,听觉显示系统应该包括发声设备。在现在虚拟现实系统中主要是耳机与喇叭这两种发声设备。为了仿真不同类型的声源,要求能合成各类特定声源的声音信号。

一般来说,用耳机最容易达到虚拟现实的要求。当使用喇叭时,其位置远离头部,每个耳朵听到每个喇叭的声音,但控制起来就比较困难。虽然商业化的高逼真电影往往声称喇叭有很好的形成声像的能力,但用户限制在房中单一的收听位置,只得到固定方位声像(不补偿头部转动),而且房间的声学特性不容易处理。此外,由于耳朵完全打开,不可能排除环境中附加的声音。

虽然与耳机有关的接触感可能限制听觉临场感的效果,但是由于用户有时需要在虚拟和真实环境之间来回转换,这种与耳机的接触可能是更方便。当然,有时可以利用喇叭能发出很大的低频爆破声的特点,采用喇叭用于振动身体部分(如肚子等)。

1. 耳机

不同的耳机有不同的电声特性、尺寸重量以及安装在耳上的方式。一类耳机是护耳式耳机,它是相对体积较大、较重,并用护耳垫罩在耳朵上;另一类耳机是插入式耳机(或称耳塞),声音通过它送到耳中某一点。插入耳机体积很小,并封闭在可压缩的插塞中。耳机的发声部分也可以远离耳朵,其输出的声音经过塑料管连接(一般2 mm内径),它的终端在类似的插塞中。

耳机有较高的声音带宽(60 Hz~15 kHz),有适当的线性和输出级别(高达约110 dB声压级别)。

除了在娱乐应用上的工作外,在虚拟现实领域涉及听觉显示的多数研究开发集中在由耳机提供声音。但采用耳机也有一些缺点,如它要求把设备安在用户头上,从而增加了负担。另外耳机提供的发声功率很小,只刺激听者耳膜。即使耳机能产生足够的能量震聋用户,但通过耳机的刺激不足以给用户提供声音能量,影响耳朵以外的身体部位。虽然对虚拟现实领域的多数应用,听觉系统对正常听觉通道的刺激(外耳、耳膜、中耳、耳蜗等)是精确的,但是如果希望在环境中提供真实的高能声音事件的仿真(如爆破或高速飞机低空飞过),则其他身体部位的声音仿真也是重要的(如振动用户肚子)。

2. 喇叭

喇叭与耳机相比具有声音大,可使多人感受等特点,同时象耳机一样,在动态范围、频率响应和失真等特征上适用于所有虚拟现实应用。它们的价格也是合适的(虽然比耳机更贵),特别是要求在很大的音量上产生很高强度声音(如在大剧场中的强声音乐)时。

在虚拟现实系统中,喇叭系统的主要问题是达到要求的声音空间定位(包括声源的感知定位和声音的空间感知特性)。喇叭系统空间定位中的主要问题是难以控制两个耳膜收到的信号,以及两个信号之差。在调节给定系统,对给定的听者头部位置提供适当的感知时,如果用户头部离开这个点,这种感知就很快衰减。至今还没有喇叭系统包含头部跟踪信息,并用这些信息随着用户头部位置变化适当调节喇叭的输入。

这个问题在用耳机时不存在。在耳机中,给定的耳膜收到的信号仅取决于该耳的耳机发出的信号。与耳机情况不同,在用喇叭时,给定耳膜收到的信号受到房间中所有喇叭发出的所有信号的影响,也取决于声音在房间中由喇叭到耳膜传送中经受的变换。

在虚拟现实领域中,使用非耳机显示的一个最有名的系统是伊里诺斯大学开发的CAVE系统。这个CAVE系统使用4个同样的喇叭,安在天花板的4角上,而且其幅度变化(衰减)可以仿真方向和距离效果。

2.2.3 触觉(力觉)反馈设备

在虚拟世界中,人不可避免地会与虚拟世界中的物体进行接触,去感知世界,并进行各种交互。在虚拟现实系统中,接触可以按照提供给用户的信息分成两类,触觉反馈和力反馈。人们一方面是利用触觉和力觉信息去感知虚拟世界中物体的位置和方位。另一方面是利用触觉和力觉操纵和移动物体来完成某种任务。在虚拟环境中缺乏触觉识别就失去了给用户的主要信息源。触觉与力觉系统允许用户接触、感觉、操作、创造以及改变虚拟环境中的三维虚拟物体。人类的接触功能在与虚拟环境交互中起重要的作用。触觉不仅可以感觉和操作,而且是人类许多活动的必要组成部分。因此,没有触觉和力反馈,就不可能与环境进行复杂和精确的交互。

在触觉和力觉这两种感觉中,触觉的内容相对较丰富,触觉感知给用户提供的信息有物体表面几何形状、表面纹理、滑动等。力反馈给用户提供的信息有总的接触力、表面柔顺、物体重量等。但目前的技术水平只能做到触觉反馈装置能提供最基本的"触到了"的感觉,无法提供材质、纹理、温度等感觉。

在虚拟现实系统中,对触觉反馈和力觉反馈有下列一些要求。

(1)实时性要求

触觉反馈和力反馈需要实时计算的接触力、表面形状、平滑性和滑动等,这样才有真实感。

(2)较好的安全性

由于虚拟的反馈力量是在用户的手或其他部位上加真实的力。因此要求有足够的力度让用户感觉到,但这种力不应该大到伤害用户。同时,一旦计算机出现故障,也不会出现伤害用户的情况。

(3)轻便和舒适的特点

在这类设备中,如果执行机械太大且太重,则用户很容易疲劳,所以设备应该有便于安装与携带的优点。

1. 触觉反馈装置

触觉反馈在物体辨识与操作中起重要作用。同时它也检测物体的接触,所以在任何力反馈系统中都是需要的。人体具有20种不同类型的神经末梢,给大脑发送信息。多数感知器是热、冷、疼、压、接触等感知器。触觉反馈装置就应该给这些感知器提供:高频振动、形状或压力分布、温度分布等信息。

就目前技术来说,触觉反馈装置主要局限于手指触觉反馈装置。按触觉反馈的原理,手指触觉反馈装置可分为5类:基于视觉、电刺激式、神经肌肉刺激式、充气式和振动式。

所谓基于视觉的触觉反馈就是用眼睛来判别两个物体之间是否接触,这是目前虚拟现实系统中普遍采用的办法。通过碰撞检测计算,在虚拟世界中显示两个物体相互接触的情景。

所谓电刺激式是指通过向皮肤反馈宽度和频率可变的电脉冲来刺激皮肤,达到触觉反馈的目的。另一种神经肌肉刺激式是通过生成相应的刺激信号,去直接刺激用户相应感觉器官的外壁,因此这两种装置有一定危险性,都很不安全。较安全的方法是充气压力式和振动触感式的反馈器。

(1) 充气压力式触觉反馈装置

在充气式触觉反馈装置中,手套中配置一些微小的气泡,这些气泡可以按需要采用压缩泵来充气和排气。充气时微型压缩泵迅速加压使气泡膨胀而压迫刺激皮肤达到触觉反馈的目的。图 2-2-16 是一种充气式触觉反馈装置(Teletact II 手套)的原理图。Teletact 手套由两层组成,两层手套中间排列着 29 个小气泡和 1 个大气泡。这个大气泡安置在手掌部位,使手掌部位亦能产生接触感。每一气泡都各有一个进气和出气的管道,所有气泡的进/出气管部汇总在一起,与控制器中的微型压缩泵相连接。在手的敏感部件如食指的指尖部位配置了 4 个气泡,中指的指尖有 3 个气泡,大拇指的指尖有 2 个气泡。在这 3 个手指部位配置多个气泡的目的是为了仿真手指在虚拟物体表面上滑动的触感,只要逐个驱动指尖上的气泡就会给人一种接触感。

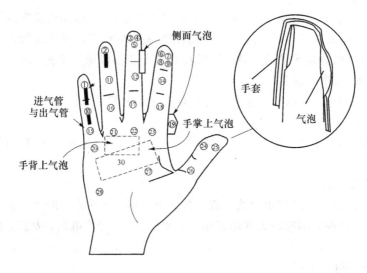

图 2-2-16 充气式触觉反馈装置

(2) 振动触感式触觉反馈装置

一种典型触觉反馈装置的系统是采用轻型的形状记忆合金作为传感器制成的装置。Johnson 取得专利制造出一个轻型"可编程接触仿真器",他使用轻型的形状记忆合金(SMM)驱动器来减少重量。这些微针排列成矩阵形状。

形状记忆合金是一种特殊的元件,当马氏体的棒弯曲后,再加热,成为奥氏体。冷却后,又恢复为马氏体,并恢复原始形状。每个接触元件都是一个细的拉长的悬臂梁,它的一端向上弯成 $90°$,另一端固定在底座上。一条很细的 SMM 线,如 Ti-Ni(钛-镍)合金,联到悬臂梁的弯曲端。在电流通过 SMM 线时,他就因焦耳效应发热。这个合金将收缩,向上弯曲悬臂梁角度 θ。在悬臂梁弯曲端上的塑料帽将通过矩阵的顶盖伸出,与指尖接触。反之,当电流切断时,SMM 线冷却,悬臂梁把针收回驱动器阵列内。

图 2-2-17 所示为使用 SMM 的可编程触觉仿真器。图 2-2-17(a) 为单个作用器的结构,图 2-2-17(b) 为驱动电路。每个 SMM 驱动器独立地由"脉宽调制器"控制,其工作循环为

50 %(控制电流"通"与"断"的时间大致相同)。脉宽调制器的频率约 20 Hz,以便防止 SMM 过热和破坏。加热驱动器的电流由各自的接口控制。它有"通/断"开关,加 5 V 于并联的 SMM 驱动器的一端。每个 SMM 线的另一端有自己的控制电路。闭锁器接收主 PC 输出的信号,加 5 V 于每个控制模块。当 SMM 驱动器接通时,LED 提供光学反馈。

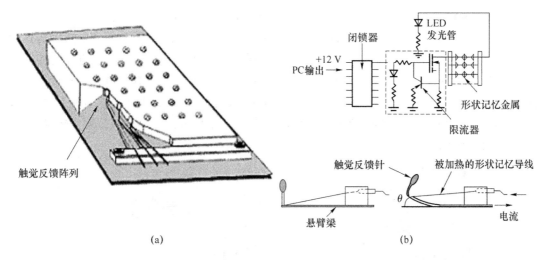

图 2-2-17 记忆合金触觉反馈装置

在软件的控制下,PC 输出循环地按空间和时间序列转换驱动器的通/断。时间通/断序列在指尖上造成振动感。空间通/断序列激励不同的微针,传达接触表面的形状。其中一个虚拟手指在与虚拟物体边缘接触时平移。相邻行(或列)顺序被激励,与虚拟手指运动同步。

触觉仿真器的基本原理是把记忆合金做成一定的形状与手指放在一起,当记忆合金丝通电、加热时,它产生收缩,从而向上拉动触头,使触头顶出表面,接触手指皮肤而产生触觉感知。当电流中断时,记忆金属丝冷却下来,触头恢复原状。与充气式触觉反馈装置相比,记忆合金反应较快,通常适合在不连续、快速的反馈场合。

2. 力觉反馈装置

所谓力反馈是运用先进的技术手段将虚拟物体的空间运动转变成周边物理设备的机械运动,使用户能够体验到真实的力度感和方向感,从而提供一个崭新的人机交互界面。力反馈技术最早被应用于尖端医学和军事领域,在实际应用中常见有以下几种设备。

(1) 力反馈鼠标

力反馈鼠标(FEELit Mouse)是给用户提供力反馈信息的鼠标设备。用户像使用普通鼠标一样,移动光标。它和普通鼠标的不同点是,当仿真碰撞时,它会给人手施加反馈力。例如,当用户移动光标进入一个图形障碍物时,这个鼠标就对人手产生反作用力,阻止这种虚拟的穿透。用户就感到这个障碍物像一个真的硬物体,产生与硬物体接触的幻觉。如果采用更先进的算法,FEELit Mouse 就不仅能仿真硬的表面,也能仿真弹簧、液体、纹理和振动。力觉的产生是通过电子机械机构,它施加力在鼠标的手柄上。

图 2-2-18 力反馈鼠标

力反馈鼠标是最简单的力反馈设备，如图2-2-18所示。但是它只有两个自由度，功能有限。这限制了它的应用。具有更强功能的力反馈设备是力反馈手柄和力反馈手臂。

（2）力反馈手柄

MIT早期对力反馈手柄进行了研究，制造了3自由度的设备。手柄本身的重量（电执行机构及机械结构）由桌子支持，因此可驱动较大型的执行机构。

Schmult和Jebens发明了"高性能力反馈手柄"，如图2-2-19所示。这个反馈手柄很紧凑，几乎像相应的开环产品一样。它有一个轴联到两个驱动轴。在每个链上的可调轴支撑允许转动和滑动（这是为了补偿两个马达轴不能精确成直角相交）。这些链连接到被精确支撑的电位计。两个马达有4极永磁转子，直接安装在电位计轴上。手柄即在伺服方式工作，也可用作位置输入工具（相对或绝对）。由于其高带宽，手柄可以产生许多力和接触感，如恒定力、脉冲、振动和刚度变化。

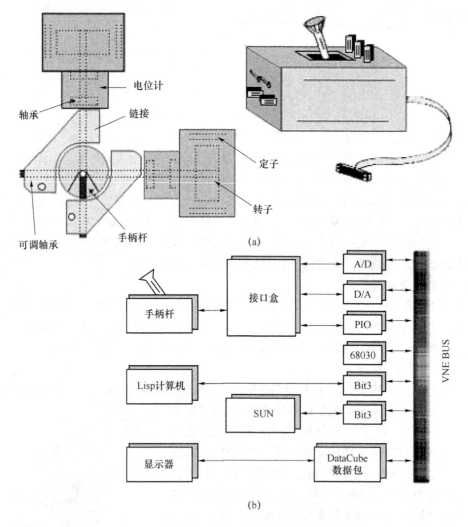

图2-2-19 力反馈手柄

(3) 力反馈手臂

为了仿真物体重量、惯性和与刚性墙的接触,用户需要在手腕上感受到相应的力反馈。早期对力反馈的研究使用原来为遥控机器人控制设计的大型操纵手臂。这些具有嵌入式位置的传感器和电反馈驱动器的机械结构用来控制回路经过主计算机闭合,计算机显示被仿真世界的模型,并计算虚拟交互力。然后驱动反馈驱动器给用户手腕施加真实力。

在日本 MITI 的研究者已研制出专为虚拟现实仿真设计的操纵手臂。手臂有 4 个自由度,设计紧凑,使用直接驱动的电驱动器。有 1 个 6 自由度的腕力传感器安在手柄。传感器测量加于操作者的反馈力和力矩。图形显示提供虚拟物体和由操纵手臂控制的虚拟手臂。并行处理系统用于实时控制。1 个 CPU 用于图形显示,3 个 CPU 作仿真和操纵手臂控制。操纵手臂的布局由 T800 处理器计算,这是根据由关节的码盘来的采样数据。计算的反馈力送到 D/A 变换器,然后送到直接驱动的马达控制器。这些分别负责每个关节马达的低层控制回路,控制采样时间约 1 ms,而图形刷新率为每秒 16 个画面。

手臂有重力和惯性补偿,于是在与虚拟环境无交互时在手柄上也不感到力的存在。

Master Arm 是有 4 个关节的铝制操作器,它用线性位置传感器跟踪柱面关节的运动。运动的气缸把反馈力矩加于关节上,要求的力受到压力传感器控制。如图 2-2-20 所示为 Master Arm 力反馈手臂。左边部分为手臂的结构,右边部分为系统布局。

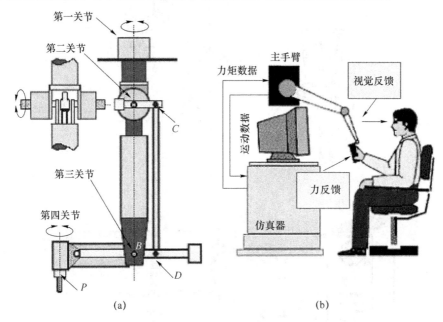

图 2-2-20 力反馈机械手臂产品

如图 2-2-21 所示为美国 Sensable 公司的 Phantom 产品,这是一种常见的桌面力反馈装置,是在国外各实验室中广泛应用的产品。它的力反馈是通过一个指套加上的,用户把他的手指或铅笔插入这个指套。3 个直流马达产生在 x、y、z 坐标上的 3 个力。Phantom 是与 GHOST SDK 合作的,后者是 C++ 的工具盒,它提供复杂计算的一些算法,并允许开发者处理简单的高层的对象和物理特性,如位置、质量、摩擦和硬度。Phantom 可以用作虚拟雕刻工具,刻制 3D 模型。FreeForm 软件应用了这个功能,用户会产生在雕刻台上工作的幻觉。

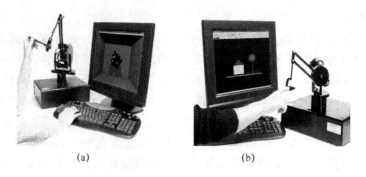

图 2-2-21 力反馈操纵装置

力反馈操纵手臂的一个缺点是复杂,而且价格高。另一个缺点是不够轻便,而且在特殊的用户姿态下难以操作。它可方便地安装在桌上,能提供 6 个自由度的触摸与力反馈。同时可作为一种位置输入工具,也可产生如直接作用力、脉冲、颤动等多种力量感知。

(4) 有力反馈的 Rutgers 轻便操纵器

Burdea 及其同事研制了改进型的传感手套的轻便操纵器,如图 2-2-22 所示。反馈结构

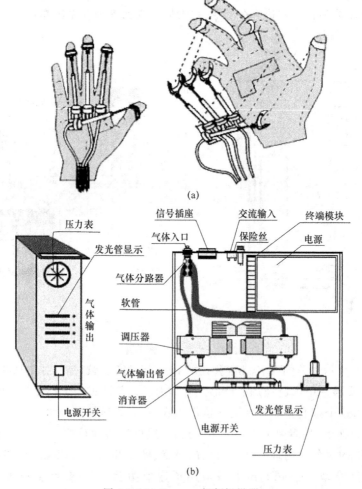

图 2-2-22 Rutgers 轻便操纵器

使用4个气动的微型气缸,它们安装在手套上的小型L形平台上。使用直接驱动的执行机构就不必使用电缆和滑轮。这简化了设计,并减少反馈结构重量到仅仅 45~60 g。每个气缸与球形关节同轴安装,这就允许经球形关节直接连到气管。每个执行机构都有圆锥形的工作区,这允许手指的弯曲和外展/内收。执行机构通过尼龙搭扣带子固定在支撑手套上,这允许对用户手的大小进行调节。

执行机构的比例控制放在接口盒子中。接口有干线压力指示器、24 V电源和到主计算机 D/A 板的连接插座。以后,增加了4个LED条显示,显示每个手指的力的级别。在每平方英寸 90 磅的输入气压下,每个执行机构产生 4 N 的力。带宽约 11~14 Hz,这取决于所用的气动控制器的类型。

为了用于仿真,Rutgers 轻便操纵器安装在 Data Glove 的手掌上,这就给原来开环的手套提供了反馈。控制回路使用 Data Glove 的位置数据,驱动虚拟手。当虚拟手抓取虚拟物体时,用户可能在手指上感到力。这些力取决于物体变形程度及其建模的弹性。

(5) LRP 手操纵器

LRP 手操纵器是一种比 Rutgers 轻便操纵器有更多自由度的轻便操纵器,被称为"LRP 手操纵器",如图 2-2-23 所示,它提供力反馈给手的 14 个部位。

对多数抓取动作,由于灵巧的机械链接设计,反馈力通常加于手指的局部。执行机构远离手,以使操纵器轻些。控制是经过微型电缆来实现。电缆的运动由安在每个马达轴的电位计测量,分辨率为 1°。这个数据用于估计手的姿势。通过转动在手背上的电缆,手掌区就成自由状态。这就允许戴反馈操纵器时抓取真实物体,增加了其功能。电缆和滑轮的一个问题是摩擦和间隙,这使控制很困难。过载限制为 100 N 的微型力传感器安装在手掌的背面,以便检测电缆的拉紧。这样,使反馈力的控制更精确。

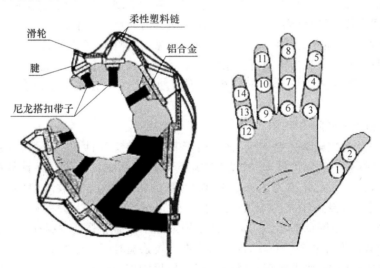

图 2-2-23 LRP 手操纵器

2.3 虚拟世界生成设备

在虚拟现实系统中，计算机是虚拟世界的主要生成设备，所以有人称之为"虚拟现实引擎"，它首先创建出虚拟世界的场景，同时还必须实时响应用户的各种方式的输入。计算机的性能在很大程度上决定了虚拟现实系统的性能优劣，由于虚拟世界本身的复杂性及实时性计算的要求，产生虚拟环境所需的计算量极为巨大，这对计算机的配置提出了极高的要求，最主要是要求计算机必须有高速的 CPU 和强有力的图形处理能力。

通常虚拟世界生成设备主要分为基于高性能个人计算机、基于高性能图形工作站、超级计算机 3 大类。基于高性能个人计算机虚拟现实系统，主要采用普通计算机配置图形加速卡，通常用于桌面式非沉浸型虚拟现实系统；基于高性能图形工作站虚拟现实系统一般配备有 SUN 或 SGI 公司可视化工作站；基于分布式结构的超级计算机。

虚拟世界生成设备的主要功能应该包括以下几个。

(1) 视觉通道信号生成与显示

在虚拟现实系统中生成显示所需三维立体、高真实感复杂场景，并能根据视点的变化进行实时绘制。

(2) 听觉通道信号生成与显示

该功能支持三维真实感声音生成与播放。所谓三维真实感声音是具有动态方位感、距离感和三维空间效应的声音。

(3) 触觉与力觉通道信号生成与显示

在虚拟现实系统中，人与虚拟世界之间自然交互的实现，就必须要求支持实时人机交互操作、三维空间定位、碰撞检测、语音识别以及人机实时对话的功能。

由于听觉通道的显示对计算机要求不是很高，触觉与味觉通道的显示等还处于研究阶段，应用还不是很多。现有的虚拟现实系统主要考虑视觉通道。所以，虚拟现实计算机系统主要考虑到视觉通道的要求。为了达到上述的功能，对虚拟现实生成设备也提出了一些要求。

(1) 帧频和延迟时间的要求

VR 要求高速的帧频和快速响应，这是由于其内在的交互性质。所谓帧频是指新场景更新旧场景的时间，当达到每秒 20 帧以上时就产生连续运动的幻觉。在计算机硬件中，帧频有几个含义，它们大致分类为图形的帧频、计算的帧频、数据存取的帧频。为了维持在 VR 中的临场感和沉浸感，图形帧频是关键的。通过试验表明，图形帧频应尽可能高，低于每秒 10 帧的帧频严重降低临场的幻觉。如果图形显示依靠计算和数据存取，则计算和数据存取帧频最低必须为每秒 8~10 帧，维持用户看到场景随时间变化的幻觉。

在虚拟现实系统中，要求实现实时性交互。如果响应时间(滞后时间、延迟时间)过长，则会严重降低用户的沉浸性，甚至会产生人体的不适，严重时还会产生头晕呕吐等现象。所谓延迟时间是从用户的动作开始(如用户转动头部)，经过三维空间跟踪器感知用户位置，把这个信号传送给计算机，计算机计算新的显示场景，把新的场景传送给视觉显示设备，直到视觉显示设备显示出新的场景为止。这些延迟在计算机系统中产生的原因很多，如计算时间、数据存取时间、绘制时间以及外部的输入/输出设备数据处理时间。类似帧频的情况，延迟的来源分成数据存取、计算、图形。虽然延迟与帧频有关,但它们不同。系统可能有高帧频,但有较大的延迟时间,显示的图像和提供的计算结果是几帧以前的。研究表明,多于几毫秒的延迟会影响用户性能,而多于 0.1 s 的延迟有严重影响。

(2) 计算能力和场景复杂性

虚拟现实技术中的图形显示等是一种时间受限的计算。这是因为显示的帧频必须符合人的因素要求,至少要大于每秒 8~10 帧。于是,在 0.1 s 内,必须完成一次场景的计算。如果一个显示的场景中有 10 000 个三角形(或多边形),这个数量就反映了场景复杂性。这样,在每秒进行的 10 次计算中,就应该计算 100 000 个三角形(或多边形)。这表示了计算能力。

若要求更加逼真的仿真效果,就要增加场景复杂性。显示的场景中有三角形(或多边形)越多,显示的效果就更逼真。这就要求更强的计算能力,每秒计算更多的三角形(或多边形)。反之,如果使用性能较差的计算机,则限定了计算能力,也就限定了场景复杂性。每个场景,只能用较少的三角形(或多边形),产生较粗糙的显示。这种考虑就是计算能力和场景复杂性的折衷,特别是在网络上进行传输时。

2.3.1 基于 PC 的 VR 系统

Grimsdale 指出,虚拟现实技术要让一般公众接受,将通过"发展现有技术",而不是"革命"。发展意味着升级现有的计算系统,产生虚拟现实所要求的新功能。当前最大的计算系统就是由遍布全世界的几千万台 PC 组成。利用 PC 平台的优点在于价格低,容易普及与发展。

对基于 PC 环境的虚拟现实系统来说,一方面计算机 CPU 和三维图形卡的处理速度在不断提高,系统的结构也在发展以突破各种瓶颈如总线带宽等;另一方面可以借鉴大型 UNIX 图形工作站的并行处理技术,通过多块 CPU 和多块三维图形卡,将三维处理任务分派到不同的 CPU 和图形卡,可以将系统的性能成倍的提高。

如图 2-3-1 是典型的基于 PC 的虚拟现实系统。在这个系统中,其核心部分是计算机的图形加速卡。

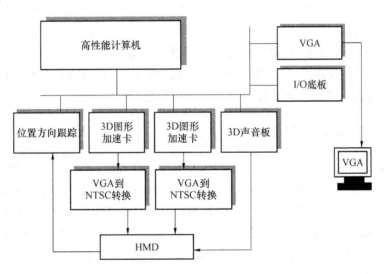

图 2-3-1 基于 PC 的虚拟现实系统

图形加速卡有很多种,常见的有以下几种。

(1) 艾尔莎 ATI FireGL™ V7100

它使用 8 片 HY 5.5ns,提供 128 bit 带宽,显存和芯片内核速率在 183 MHz,多边形处理能力是 800 万/秒,像素填充率是 366 万/秒。拥有 3dfx 独有的 3D API,拥有简洁的代码和较高的效率,针对 GLIDE 优化的游戏效果比一般针对 D3D 优化的游戏效果更出色,所以说是最好的 3D 游戏卡。

(2) 耕宇 TNT2 Ultra+

它使用 2×32 的 SEC-GC 显存。其核心频率和显存频率分别为 175 MHz 和 200 MHz。多边形处理能力是 800 万/秒,像素填充率是 350 万/秒。

(3) 帝盟 Stealth III S540 使用 MT 的 8 ns 显存。其核心频率和显存频率分别为 125 MHz 和 143 MHz。它使用 4×16 的 32 MB 显存,所以其显示带宽只有 64 bit。它的 S3TC 纹理压缩技术效果出众。

(4) ATI Rage Fury

全球最大的 OEM 显示卡生产商,但是其产品的速度无法与其他显示卡相比。它使用 SEC 的 5 ns SGRAM。其核心频率和显存频率只有 100 MHz 和 110 MHz。ATI Rage128 芯片的性能很均衡。画面质量和 D3D/OPENGL 性能都不错。特别出色的是其 DVD 解压能力。

(5) Matrox 多显示 MGA-G450

Matrox 公司拥有超过 25 年的行内经验,是一家发展成熟、领导商业技术方案的公司,稳占超过 70 % 的金融界多屏幕市场。Matrox G450 X2 和 X4 多屏幕系列(MMS),Matrox 450MMS 是第三代多屏系列卡。它配备了由 4 颗芯片组成,体积最小的图形加速器,是 MMS 系列的最新产品。

每芯片设独立 32 MB DDR 显存设计(G450 X4 MMS 总共 128 MB 显存),4 颗独立芯片设计,每颗 G450 芯片集成 360 MHz RAMDAC,模拟每输出最高分辨率为 2 048×1 536,刷新率为 85 Hz,数字每频道最高分辨率为 1 600×1 200(四头 DVI 方案),不需增加系统体积,就能拥有稳定的全功能、双输出或四输出,多重电视输出能力。

Matrox G450 MMS 芯片组和驱动程序已被康柏、惠普、IBM、戴尔、微软和世界上最大的金融和工商业机构等测试及认证。

2.3.2 基于图形工作站的 VR 系统

在当前计算机应用中,仅次于 PC 的最大的计算系统是工作站。与 PC 相比有更强的计算能力、更大的磁盘空间和更快的通信方式。于是,有一些公司在其工作站上开发了某些虚拟现实功能。Sun 和 SGI 采用的一种途径是用虚拟现实工具改进现有的工作站,像基于 PC 的系统那样。Division Ltd. 采用的另一个途径是设计虚拟现实专用的"总承包"系统,如 Provision 100。这是基于工作站的虚拟现实机器的两种发展途径。

1. Sun 公司的 Sun Blade 2500 工作站

Sun 公司的名称,实际为 Stanford University Network 三个英文单词首写字母之缩略,中文意思为斯坦福大学网络。Sun 起初由包括 Scott McNealy(现任 Sun 公司首席执行官)等 4 名在 Stanford 大学和加州大学 Berkeley 分校的研究生创建,1982 年 2 月正式注册,先以工作站的设计制作为业务重点。

Sun Blade™2500 是一种最新款式的 64 位双处理器高性价比工作站,配置 2 个新型 Ultra SPARC® IIIi 处理器,运行速度为 1.28 GHz,L2 缓存 1 MB。它不仅支持高达 8 GB DDR-266 ECC RAM 和 2 个 Ultra SCSI 驱动器,而且支持 6 个 64 位 PCI 插槽,其中包括 2 个专用 PCI 高带宽总线插槽,以支持 Sun™ XVR-1200 图形加速器等图形可视化解决方案,提供 17 英寸或 21 英寸纯平 CRT 显示器作为选配,并准备提供 18.1 英寸和 24.1 英寸的液晶显示器。它是 Sun 公司在技术工作站市场上实现的又一个重要性价比突破。

- 支持多达 2 个 1.28 GHz UltraSPARC IIIi 处理器
- 支持多达 8 GB 带有纠错功能的 DDR 存储器,提供了足够的 RAM 可扩展性
- 支持多达 2 个 Ultra SCSI 10 000 rpm 硬盘,支持大型内部存储和可扩展性
- 3 个 1394a(FireWire®)端口,可使用户访问当今工作站上的各种连接设备
- 6 个 64 位 PCI 插槽提供了出色的灵活性、系统扩展性以及对 Sun 等产品的支持
- 集成的板上 10/100/1 000BASE-T 以太网卡提供了目前最高带宽的桌面网络标准
- Sun XVR-1200、Sun XVR-500 和 Sun XVR-100 图形加速器为专业级三维图形提供了二维功能
- 支持 SunPCi III 协处理器卡
- 预装了 Solaris 8 HW 5/03 操作环境和 Sun StarOffice™6.0 办公套件

图 2-3-2 Sun 公司的 Sun Blade 2500 工作站

2. SGI 公司的 Silicon Graphics Tezro 可视化工作站

SGI(Silicon Graphics Incorporated)公司成立于 1982 年,是一个生产高性能计算机系统的跨国公司,总部设在美国加州旧金山硅谷。SGI 公司是美国 Fortune 杂志所列美国最大 500 家公司/生产企业之一,是世界上发展最快的计算机公司之一。

SGI 公司制造的图形系统具有某种更灵活更强的数字媒体能力,它在一个包中组合了先进的三维图形、数字多通道声频、以及录像。SGI 系统用作许多 VR 系统的核心,它完成仿真、可视化、通信等任务。关键问题是系统支持强大的计算,体视的是多通道视觉输出以及连接到传感器、控制设备和网络的快速输入/输出。纹理化多边形填充能力也是它的特点。

Tezro 强大的功能来自于先进的 SGI 3000 系列每秒 3.2 GB 内存高带宽架构的 MIPS® 处理器,在一台 Tezro 中最高可配置 4 个这样的处理器,最多 7 个 PCI-X 插槽,内置 DVD-ROM 和外置 DVD-RAM 选项,支持高分辨率,包括 HDTV、立体图像选项、双通道和双头显示选项,先进的纹理操作,硬件加速阴影绘制,96 位硬件加速累加缓冲器。这样 Tezro 就可以在台式机上提供业界最领先的可视化技术、数字媒体和 I/O 连接性。

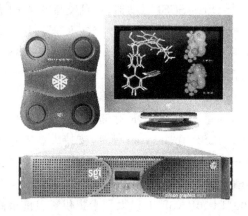

图 2-3-3　Silicon Graphics Tezro 可视化工作站

3. 黎明公司 SunGraph 虚拟现实系列虚拟现实工作站

SunGraph 系列专业虚拟现实工作站是北京黎明公司开发的国内首套应用于虚拟现实和视景仿真领域的专业虚拟现实工作站系统,根据应用领域和面向对象,虚拟现实系列虚拟现实工作站共有 3 款,即 SunGraph lightning、SunGraph Tonado、SunGraph Galaxy,该系列虚拟现实工作站系统基于开放稳定的 Microsoft NT 架构和 Intel 小型机架构的高性能计算机,其所采用的通用开放的基于 NT 架构的操作系统和硬件环境,不仅极大地提高了系统本身的易用性、兼容性和可升级性,突破了昂贵的传统 UNIX 工作站的价格和应用瓶颈,而且还以经济合理的价格实现配置的优越性和灵活性,实现了图形能力、稳定性、价格和高速计算性能的最佳平衡。

SunGraph 系列专业虚拟现实工作站具有强大的计算能力和卓越的虚拟现实 3D 图形处理速度、极高的性能价格比、开放易用、兼容性好和稳定性高、可升级性强,同时具有视景仿真和虚拟现实功能:随机配备各种虚拟现实设备的接口,并可配套性能优越的虚拟现实和视景仿真软件开发平台。可以多人同时进行虚拟现实效果观察、演示,支持高精度、高分辨率、高速逐行的 3D 立体图形显示输出。克服了一般的图形系统因隔行显示带来的分辨率低、闪烁、清晰度差等方面的缺点。采用基于高端 PC 平台的虚拟现实和视景仿真解决方案,兼容性好、开放性强;可扩展、升级,能真正实现计算机三维图形"真三维"桌面虚拟现实效果和高清晰度大幅面立体投影显示。

2.3.3　超级计算机

在虚拟现实系统中,有些如流体分析、风洞流体、复杂机械变形等现象,这些问题涉及复杂的物理建模与复杂的求解,因此数据量十分巨大,需要由超级计算机计算出场景数据结果,再通过网络发送到显示它们的图形"前端"工作站去进行显示。

图 2-3-4　上海超级计算中心的"神威"超级计算机

超级计算机又称巨型机,是计算机中功能最强、运算速度最快、存储容量最大和价格最贵的一类计算机。多用于国家高科技领域和国防尖端技术的研究,如核武器设计、核爆炸模拟、反导弹武器系统、空间技术、空气动力学、大范围气象预报、石油地质勘探等。具有代表性的产品有 1987 年由美国 Cray 公司研制的 Cray-3,其计算速度可达几十亿次/秒。1998 年 IBM 公司开发出被称为"蓝色太平洋"的超级计算机,每秒能进行 3.9 万亿次浮点运算。2002 年日本研制出超级计算机"地球模拟器",运算速度高达每秒 40 万亿次,目前在世界上,最快的超级计算机还有蓝色基因(BlueGene/L)(美国)、哥伦比亚(Columbia)(美国)等。

在国内,"银河"、"曙光"和"神威"系列超级计算机相继投入使用,我国在超级计算机硬件技术方面已达到国际先进水平。中国曙光计算机公司研制的超级计算机"曙光 4 000A"排名第十,这是中国超级计算机首次跻身世界十强,如图 2-3-4 所示。

超级计算机通常分为 6 种实际机器模型:单指令多数据流(SIMD)机、并行向量处理机(PVP)、对称多处理机(SMP)、大规模并行处理机(MPP)、工作站群(COW)以及分布共享存储器(DSM)多处理机。

在硬件结构方面,超级计算机的机身庞大。例如"ASCI 紫色"计算机重 197 吨,体积相当于 200 个电冰箱的大小;里面有 250 多公里长的光纤和铜制的电缆,具有超强的存储功能。微处理器也不止一个,单个的芯片的速度远远达不到超级计算机的运算速度,超级计算机速度是通过联合使用大量芯片而创造的。有些超级计算机干脆就是由一大批个人计算机组成的计算机群。如"白色"超级计算机使用了 8 000 多个处理器,协同动作。而 NEC 公司研制的"地球模拟器"采用了常见的平行架构,使用了 5 000 多个处理器。"蓝色基因"使用 13 万个 IBM 最先进的 Power 5 微处理器。"ASCI 紫色"计算机使用大约 12 000 个 IBM 新型芯片。上海超级计算中心研制的"曙光 4 000A",采用了美国芯片制造商 AMD 制造的 2 560 枚 Opteron 芯片,运算速度可达每秒 8.061 万亿次。

习　题

1. 虚拟现实系统中,主要的硬件设备有哪几类？有何作用？
2. 基于手的输入设备主要有哪些？简述其工作原理。

3. 立体显示设备有哪些设备？各有何特点？
4. 虚拟世界生成设备所起的作用是什么？与虚拟现实系统其他部分之间的关系？
5. 听觉显示设备有哪些？各有何特点？
6. 常见的虚拟现实系统的生成设备有哪些？
7. 虚拟现实生成设备在虚拟现实系统中的作用是什么？
8. 通过 Internet 查找目前在全球超级计算机的发展状况。

第 3 章　虚拟现实系统的相关技术

【学习目标】

1. 了解环境建模技术及实现方法
2. 了解实时三维绘制技术
3. 了解三维声音系统的处理技术
4. 了解自然交互与反馈技术

虚拟现实系统的目标是由计算机生成虚拟世界,用户可以与之进行视觉、听觉、触觉、嗅觉、味觉等全方位的交互,并且虚拟现实系统能进行实时响应。要实现这种目标,除了需要有一些专业的硬件设备外,还必须有较多的相关技术及软件加以保证,特别是在现在计算机的运行速度还达不到虚拟现实系统所需的要求的情况下,相关技术就显得更加重要。要生成一个三维场景,并且能使场景图像随视角不同实时地显示变化,只有设备是远远不够的,还必须相应有压缩算法等技术理论相支持。也就是说实现虚拟现实系统除了需要功能强大的、特殊的硬件设备支持以外,对相关的软件和技术也提出了很高的要求。

3.1　立体显示技术

人类从客观世界获得的信息 80% 以上来自视觉,视觉信息的获取是人类感知外部世界、获取信息的最主要的传感通道,这也就使得视觉通道成为多感知的虚拟现实系统中最重要的环节。在视觉显示技术中,实现立体显示技术是较为复杂与关键的,因此立体视觉显示技术也就成为虚拟现实的一种极重要的支撑技术。

计算机从 20 世纪 40 年代发明以来,早期采用的是单色 CRT 显示器,它表现的是一个黑白的二维世界,并且都是以文本与字符为主要显示对象。在后来的 20 世纪 60 年代,受到计算机硬件水平的限制,计算机的成像技术一直没有多大的发展,虽然 20 世纪 70 年代中大规模集成电路的发展,在一定程度上促进了计算机成像技术的发展,但一直没有质的变化。直到 20 世纪 80 年代,显示卡终于告别了单色时代,经过彩色图形适配器 CGA(16 种颜色),至 EGA(256 种颜色),再到 VGA(16 位颜色以上)、SVGA 的持续发展,其分辨率、色彩数以及刷新频率都有了很大的提高。但最高级的图像显示系统的处理速度也只有每秒 20~30 帧。到 20 世纪 90 年代之后,硬件技术的高速发展、Windows 等图形化系统的应用,使得计算机的图形处理能力随之大幅度提高。

与此同时,图形生成技术也在迅速发展,几何造型从以多边形和边框图构成三维物体发展为实体造型、曲面造型和自由形态造型;图形显示从线型图、实心图发展为真实感图(伪立体图),在此过程中产生了各种图形生成算法,如光线跟踪算法、纹理技术、辐射度算法等。真实感加以实时性,使数字化虚拟的立体显示成为可能。

在虚拟现实技术中,实现立体显示是最基本的技术之一。早在虚拟现实技术研究的初期,计算机图形学的先驱 Ivan Sutherland 就在其 Sword of Damocles 系统中,实现了三维立体显示,用人眼观察到了空中悬浮的框子,极为引人注意。现在流行的虚拟现实系统 WTK、DVISE 等都支持立体眼镜或头盔式显示器。

根据前面的相关知识可知,由于人眼一左一右,有大约 6~8 cm 的距离,因此左右眼各自处在不同的位置,所得的画面有一点细微的差异。正是这种视差,人的大脑能将两眼得到的细微差别的图像进行融合,从而在大脑中产生出有空间感的立体物体。在一般的二维图片中,保存了的三维信息,通过图像的灰度变化来反映,这种方法只能产生部分深度信息的恢复,而立体图是通过让左右双眼接收不同的图像,从而真正地恢复三维的信息。立体图的产生基本过程是对同一场景分别产生两个相应于左右双眼的不同图像,让它们之间具有一定的视差,从而保存了深度立体信息。在观察时借助立体眼镜等设备,使左右双眼只能看到与之相应的图像,视线相交于三维空间中的一点上,从而恢复出三维深度信息。

3.1.1 彩色眼镜法

要实现美国科学家 Ivan Sutherland 提出的《终极显示》(The Ultimate Display)中所设想的真实感,首先就必须实现立体的显示,给人以高度的视觉沉浸感,现在已有多种方法与手段来实现。

采用戴红绿滤色片眼镜看的立体电影就是其中一种,这种方法被称之为彩色眼镜法。其原理是在进行电影拍摄时,先模拟人的双眼位置从左右两个视角拍摄出两个影像,然后分别以滤光片(通常以红、绿滤光片为多)投影重叠印到同一画面上,制成一条电影胶片。在放映时观众需戴一个一片为红另一片为绿色的眼镜。利用红或绿色滤光片能吸收其他的光线,而只能让相同颜色的光线透过的特点,使不同的光波波长通过红色镜片的眼睛只能看到红色影像、通过绿色镜片的眼睛只能看到绿色影像,实现立体电影。在美国 20 世纪 50 年代的立体电影中应用较常见,如图 3-1-1 所示。

图 3-1-1 立体电影院

但是,由于滤光镜限制了色度,只能让观众欣赏到黑白效果的立体电影,而且观众两眼的色觉不平衡,很容易疲劳。

3.1.2 偏振光眼镜法

在彩色眼镜法后,又出现了偏振光眼镜法,目前应用较多。光波是一种横波,当它通过媒质时或被一些媒质反射、折射及吸收后,会产生偏振现象,成为定向传播的偏振光,偏振片就是使光通过后成为偏振光的一种薄膜,它是由能够直线排列的晶体物质(如电气石晶体、碘化硼酸喹宁晶体等)均匀加入聚氯乙烯或其他透明胶膜中,经过定向拉伸而成。拉伸后胶膜中的晶体物质排列整齐,形成如同光栅一样的极细窄缝,使只有振动方向与窄缝方向相同的光通过,成为偏振光。当光通过第一个偏振片时就形成偏振光,只有当第二个偏振光片与第一个偏振光片窄缝平行时才能通过,当第二个偏振光片与第一个偏振光片窄缝垂直时刚好不能通过,如图 3-1-2 所示。

这种方法是在立体电影放映时,采用两个电影机同时放映两个画面,重叠在一个屏幕上,并且在放映机镜头前分别装有两个相差互为 90°的偏振光镜片,投影在不会破坏偏振方向的金属幕上,成为重叠的双影,观看时观众戴上偏振轴互为 90°并与放映画面的偏振光相应的偏光眼镜,即可把双影分开,形成一个立体效果的图像。

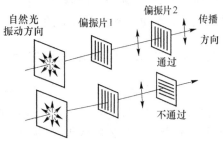

图 3-1-2 偏振光通过的基本原理图

3.1.3 串行式立体显示法

要显示立体图像主要有两种方法:一种是同时显示技术,即在屏幕上同时显示分别对应左右眼的两幅图像;另一种是分时显示技术,即以一定的频率交替显示两幅图像。

同时显示技术就是上面所说的采用的彩色眼镜法和偏振光眼镜法,如彩色眼镜法是对两幅图像用不同波长的光显示,用户的立体眼镜片分别配以不同波长的滤光片,使双眼只能看到相应的图像,这种技术在 20 世纪 50 年代曾广泛用于立体电影放映系统中,但是在现代计算机图形学和可视化领域中主要是采用光栅显示器,其显示方式与显示内容是无关的,很难根据图像内容决定显示的波长,因此这种技术对计算机图形学的立体图绘制并不适合。

头盔显示器是一种同时显示的并行式头盔式显示装置,左右两眼分别输入不同的图像源,HMD 对图像源的要求较高,所以一般条件下制造的 HMD 都相当笨重。比较理想的应用是对图像源的要求不像并行式那么高的串行式立体显示技术,但技术难度却比并行式大得多,制造成本较高。

目前应用中较多的是分时的串行立体显示技术,它是以一定频率交替显示两幅图像,用户通过以相同频率同步切换的有源或无源眼镜来进行观察,使用户双眼只能看到相应的图像,其真实感较强。

串行式立体显示设备主要分为机械式、光电式两种。最初的立体显示设备是机械式的,但这种通过机械设备来实现"开关效应"难度相当大,很不实用。随之光电式的串行式设备很快诞生了,它基于液晶的光电性质,用液晶设备来作为显示"快门",这种技术已成为了当前立体显示设备的主流。

一般液晶光阀眼镜由两个控制快门（液晶片）、一个同步信号光电转换器组成。其中，光电转换器负责将 CRT 依次显示左、右画面的同步信号传递给液晶眼镜，当它被转换为电信号后用以控制液晶快门的开关，从而实现了左右眼看到对应的图像，使人眼观察获得立体成像。

同时，液晶光阀眼镜的开关转换频率对图像的立体效果的形成起着关键性的作用。转换频率太低，则由于人眼所维持的图像已消失，不能得到三维图像的感受；而转换频率太高时，会出现干扰现象，即一只眼睛可以看到两幅图像，原图像较为清晰，干扰图像较模糊。这是因为液晶光阀眼镜的开关机构切换光阀的动作太慢。当显示器的图像切换时，此同步信号被光电转换器送到开关机构，开关机构又来控制光阀，从图像切换和光阀切换之间有一个较大的时间延迟，因而当右图像已经被切换为左图像时，右光阀仍没有来得及完全关闭，这样就造成了右眼也看到了左眼的图像，一般来说，转换频率控制在 40～60 帧/秒为宜。

3.1.4 裸眼立体显示实现技术

近年来，美国 DTI 公司、日本三洋电机公司、夏普公司、东芝公司等生产出一种可以不用戴立体眼镜，而直接采用裸眼就可观看的立体液晶显示器，首次让人类摆脱了 3D 眼镜的束缚，给人们带来了震撼的效果，也极大地激发了各大电子公司对 3D 液晶显示技术研发的热情，很多新的技术与产品不断出现，为了保证 3D 产品之间的兼容性，在 2003 年 3 月，由夏普、索尼、三洋、东芝、微软公司等 100 多家公司组成一个 3D 联盟，共同开发 3D 立体显示产品。

三维立体液晶显示技术巧妙结合了双眼的视觉差和图片三维的原理，会自动生成两幅图片，一幅给左眼看，另一幅给右眼看，使人的双眼产生视觉差异。由于左右双眼观看液晶的角度不同，因此不用戴上立体眼镜就可以看到立体的图像。当然这种液晶显示器也可工作在二维状态下。

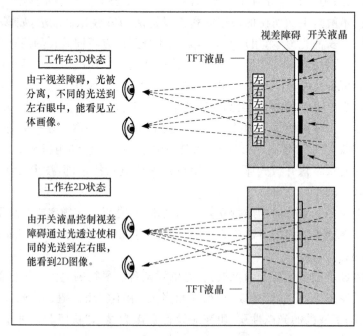

图 3-1-3　3D 液晶显示器原理示意图

美国 DTI 公司生产 2015XLS3D 液晶显示器,采用了一种被称为视差照明的开关液晶技术。其工作原理是,针对左眼与右眼的两幅影像,以每秒 60 张的速度产生,分别被传送到不同区域的像素区块,奇数区块代表左眼影像,偶数区块则代表右眼。而在标准 LCD 背光板与 LCD 屏幕本体之间加入的一个 TN(扭曲向列型)上,垂直区块则会根据需要显示哪一幅影像,相应照亮奇数或偶数的区块,人的左眼只能看到左眼影像,右眼只会看到右眼影像,从而在大脑中形成一个纵深的真实世界。

日本东京大学土肥·波多研究室成功地进行了一次"长视距立体成像技术"基础实验,在 B4 大小的显示器上,立体显示的 ATRE 字母,各字母看起来就好像分别位于显示器前 1 m 处(字母 A)、0 m 处(字母 T)、后 1 m 处(字母 R)和后 2 m 处(字母 E)的位置。据介绍,这种立体显示技术是一种再现散射光的方法。即光线照射到物体后,就会产生散射光。而人类则通过多视点确认散射光物体位置,并产生立体感。为了能顺利再现散射光,研究人员使用具有微型凸透镜的简单光学系统,再现物体发出的散射光。观察者即便在离显示器 5 m 远的距离处,不戴专用的液晶立体眼镜,多个人从不同的角度同时观察,物体看起来也好像触手可及。

飞利浦设计的 3D 液晶显示器,采用双凸透镜设计,使用户的左右眼可以选择性地看到 9 个视角的影像。由于透镜与画面有一定倾角,纵、横方向的分辨率各减小至 1/3 以下,在播放电影时,可根据从影像中提取的物体的重合情况及焦点信息,对各物体的景深进行判断。这样,便可实时形成具有 9 个视角的影像。同时,也可将现有三维游戏及电影等实时转换显示为立体影像。

LG 设计的 3D 液晶显示器,通过位于显示器上方的摄像头掌握收视者的状态,可根据收视者的头部动作来改变显示影像的位置。即使用户视线移动,也可继续显示立体影像。多人收看时,以位于中间的那个人的头部为准。

北京超多维科技有限公司是专业从事立体显示设备研发、生产与销售的高新技术企业,从 2004 年起,公司就致力于立体显示技术的研发,并且斥巨资打造 SuperD 现代成像技术研究中心。为合作伙伴提供裸眼立体显示设备、立体播放软件和立体视频内容在内的个性化立体显示解决方案。成功研究出 SuperD HDB 系列、SuperD HDL 系列立体显示器。它采用具有自主知识产权国际领先的透镜阵列技术研制生产,具有高清晰、高亮度、大视角等优异的特质。

当然,这些产品也存在着一定的缺点,典型的就是对观察者的视点有一定的要求,不能在任意视角去观察。这也期待着在以后的发展中得到解决。

3.2 环境建模技术

在虚拟现实系统中,营造的虚拟环境是它的核心内容,虚拟环境的建立首先要建模,然后在其基础上再进行实时绘制、立体显示,形成一个虚拟的世界。虚拟环境建模的目的在于获取实际三维环境的三维数据,并根据其应用的需要,利用获取的三维数据建立相应的虚拟环境模型。只有设计出反映研究对象的真实有效的模型,虚拟现实系统才有可信度。

虚拟现实系统中的虚拟环境,可能有下列几种情况。

第一种情况是模仿真实世界中的环境。例如，建筑物、武器系统或战场环境。这种真实环境可能是已经存在的，也可能是已经设计好但还没有建成的。为了逼真地模仿真实世界中的环境，要求逼真地建立几何模型和物理模型。环境的动态应符合物理规律。这一类虚拟现实系统的功能，实际是系统仿真。

第二种情况是人类主观构造的环境。例如，用于影视制作或电子游戏的三维动画。环境是虚构的，几何模型和物理模型就可以完全虚构。这时，系统的动画技术常用插值方法。

第三种情况是模仿真实世界中的人类不可见的环境。例如，分子的结构、空气中速度、温度、压力的分布等。这种真实环境，是客观存在的，但是人类的视觉和听觉不能感觉到。对于分子结构这类微观环境，进行放大尺度的模仿，使人能看到。对于速度这类不可见的物理量，可以用流线表示（流线方向表示速度方向，流线密度表示速度大小）。这一类虚拟现实系统的功能，实际是科学可视化。

建模技术所涉及的内容极为广泛，在计算机建筑、仿真等相关技术中有很多较为成熟的技术与理论。但有些技术对虚拟现实系统来说可能是不适合用的，其主要原因就是在虚拟现实系统中必须满足实时性的要求，此外，在这些建模技术中产生的一些信息可能是虚拟现实系统中所不需要的，或是对物体运动的操纵性支持的不够等。

虚拟现实系统中的环境建模技术与其他图形建模技术相比，主要表现有以下3个方面的特点：

（1）虚拟环境中可以有很多的物体，往往需要建造大量完全不同类型的物体模型；

（2）虚拟环境中有些物体有自己的行为，而一般其他图形建模系统中只构造静态的物体，或是物体简单的运动；

（3）虚拟环境中的物体必须有良好的操纵性能，当用户与物体进行交互时，物体必须以某种适当的方式来做出相应的反应。

在虚拟现实系统中，环境建模应该包括有基于视觉、听觉、触觉、力觉、味觉等多种感觉通道的建模。但基于目前的技术水平，常见的为三维视觉建模和三维听觉建模。而在当前应用中，环境建模一般主要是三维视觉建模，这方面的理论也较为成熟。三维视觉建模又可细分为几何建模、物理建模、运动建模等。几何建模是基于几何信息来描述物体模型的建模方法，它处理物体的几何形状的表示，研究图形数据结构的基本问题；物理建模涉及物体的物理属性；行为建模反映研究对象的物理本质及其内在的工作机理。几何建模主要是计算机图形学的研究成果，而物理建模与行为建模是多学科协同研究的产物。

3.2.1 几何建模技术

传统意义上的虚拟场景基本上都是基于几何的，就是用数学意义上的曲线、曲面等数学模型预先定义好虚拟场景的几何轮廓，再采取纹理映射、光照等数学模型加以渲染。在这种意义上，大多数虚拟现实系统的主要部分是构造一个虚拟环境并从不同的路径方向进行漫游。要达到这个目标，首先是构造几何模型，其次模拟虚拟照相机在6个自由度运动，并得到相应的输出画面。现有的几何造型技术可以将极复杂的环境构造出来，存在的问题是极为繁琐。而且在真实感程度、实时输出等方面有着难以跨越的鸿沟。

基于几何的建模技术主要研究对象是对物体几何信息的表示与处理，它涉及几何信息数据结构及相关构造的表示与操纵数据结构的算法建模方法。

几何模型一般可分为面模型与体模型两类。面模型用面片来表现对象的表面,其基本几何元素多为三角形;体模型用体素来描述对象的结构,其基本几何元素多为四面体。面模型相对简单一些,而且建模与绘制技术也相对较为成熟,处理方便,多用于刚体对象的几何建模。体模型拥有对象的内部信息,可以很好地表达模型在外力作用下的体特征(变形、分裂等),但计算的时间与空间复杂度也相应增加,一般用于软体对象的几何建模。

几何建模通常采用以下两种方法。

1. 人工的几何建模方法

(1) 利用相关程序语言来进行建模。如 OpenGL、Java3D、VRML 等。这类方法主要针对虚拟现实技术的特点而编写,编程容易,效率较高。

(2) 直接从某些商品图形库中选购所需的几何图形,这样可以避免直接用多边形成三角形拼构某个对象外形时繁琐的过程,也可节省大量的时间。

(3) 利用常用建模软件来进行建模。如 AutoCAD、3DS、SoftImage、Pro/E 等,用户可交互式地创建某个对象的几何图形。这类软件的一个问题是并非完全为虚拟现实技术所设计,由 AutoCAD 或其他工具软件所产生的文件取出三维几何并不困难,但问题是并非所有要求的数据都以虚拟现实要求的形式提供,实际使用时必须要通过相关程序或手工导入。

(4) 自制的工具软件。尽管有大量的工具供选择使用,但可能由于建模速度缓慢、周期较长、用户接口不便、不灵活等方面的原因,使得建模成为一项比较繁重的工作。多数实验室和商业动画公司宁愿使用自制建模工具,或在某些情况下用自制建模工具与市场销售建模工具相结合的方法来解决问题。

2. 自动的几何建模方法

自动建模的方法有很多,最典型的是采用三维扫描仪对实际物体进行三维建模。它能快速、方便地将真实世界的立体彩色物体信息转换为计算机能直接处理的数字信号,而不需进行复杂、费时的建模工作。有关三维扫描仪的原理、技术和典型产品可参看本书第 2 章的内容。

在虚拟现实应用中,有时可采用基于图片的建模技术。对建模对象实地拍摄两张以上的照片,根据透视学和摄影测量学原理,标志和定位对象上的关键控制点,建立三维网格模型。如可使用数码相机直接对建筑物等进行拍摄得到有关建筑物的照片后,采用图片建模软件进行建模,如 MetaCreations 公司的 Canoma 是比较早推出的软件,适用于由直线构成的建筑物;REALVIZ 公司的 ImageModeler 是第二代产品,可以制作复杂曲面物体;最近,Discreet 推出 Plasma 等软件。这些软件可根据所拍摄的一张或几张照片进行快速建模。

与大型 3D 扫描仪比较,这类软件有很大的优势:使用简单、节省人力、成本低、速度快,但实际建模效果一般,常用于大场景中建筑物的建模。

3.2.2 物理建模技术

在虚拟现实系统中,虚拟物体(包括用户的图像)必须像真的一样。至少固体物质不能彼此穿过,物体在被推、拉、抓取时应按预期方式运动。所以说几何建模的下一步发展是物理建模,也就是在建模时考虑对象的物理属性。虚拟现实系统的物理建模是基于物理方法的建模,往往采用微分方程来描述,使它构成动力学系统。这种动力学系统由系统分析和系统仿真来研究。系统仿真实际上就是动力学系统的物理仿真。典型的物理建模方法有分形技术和粒子系统等。

1. 分形技术

分形技术是指可以描述具有自相似特征的数据集。自相似的典型例子是树:若不考虑树叶的区别,当我们靠近树梢时,树的树梢看起来也像一棵大树。由相关的一组树梢构成一根树枝,从一定距离观察时也像一棵大树。当然,由树枝构成的树从适当的距离看时自然是棵树。虽然,这种分析并不十分精确,但比较接近。这种结构上的自相似称为统计意义上的自相似。

自相似结构可用于复杂的不规则外形物体的建模。该技术首先被用于河流和山体的地理特征建模。举一个简单的例子,可利用三角形来生成一个随机高度的地形模型:取三角形三边的中点并按顺序连接起来,将三角形分割成4个三角形。同时,在每个中点随机地赋予一个高度值,然后,递归上述过程,就可产生相当真实的山体。

分形技术的优点是用简单的操作就可以完成复杂的不规则物体建模,缺点是计算量太大,不利于实时性。因此,在虚拟现实中一般仅用于静态远景的建模。

2. 粒子系统

粒子系统是一种典型的物理建模系统,粒子系统是用简单的体素完成复杂的运动的建模。所谓体素是用来构造物体的原子单位,体素的选取决定了建模系统所能构造的对象范围。粒子系统由大量称为粒子的简单体素构成,每个粒子具有位置、速度、颜色和生命周期等属性,这些属性可根据动力学计算和随机过程得到。根据这个可以产生运动进化的画面,从而在虚拟现实中,粒子系统常用于描述火焰、水流、雨雪、旋风、喷泉等现象。为产生逼真的图形,它要求有反走样技术,并花费大量绘制时间。在虚拟现实中粒子系统用于动态的、运动的物体建模。

3.2.3 行为建模技术

几何建模与物理建模相结合,可以部分实现虚拟现实"看起来真实、动起来真实"的特征,而要构造一个能够逼真地模拟现实世界的虚拟环境,必须采用行为建模方法。

在虚拟现实应用系统中,很多情况下要求仿真自主智能体,它具有一定的智能性,所以又称为"Agent建模",它负责物体的运动和行为的描述。如果说几何建模是虚拟现实建模的基础,行为建模则真正体现出虚拟现实的特征:一个虚拟现实系统中的物体若没有任何行为和反应,则这个虚拟世界是静止的、没有生命力的,对于虚拟现实用户是没有任何意义的。

行为的建模技术主要研究的是物体运动的处理和对其行为的描述,体现了虚拟环境中建模的特征。也就是说行为建模就是在创建模型的同时,不仅赋予模型外形、质感等表现特征,同时也赋予模型物理属性和"与生俱来"的行为与反应能力,并且服从一定的客观规律。虚拟环境中的行为动画与传统的计算机动画还是有很大的不同,这主要表现在两个方面:

(1)在计算机动画中,动画制作人员可控制整个动画的场景,而在虚拟环境中,用户与虚拟环境可以以任何方式进行自由交互;

(2)在计算机动画中,动画制作人员可完全计划动画中物体的运动过程,而在虚拟环境中,设计人员只能规定在某些特定条件下物体如何运动。

在虚拟环境行为建模中,其建模方法主要有基于数值插值的运动学方法与基于物理的动力学仿真方法。

1. 运动学方法

运动学方法是指通过几何变换如物体的平移和旋转等来描述运动。在运动控制中,无须知道物体的物理属性。在关键帧动画中,运动是显示指定几何变换来实施的,首先设置几个关键帧用来区分关键的动作,其他动作根据各关键帧可通过内插等方法来完成。

关键帧动画概念来自传统的卡通片制作。在动画制作中,动画师设计卡通片中的关键画面,即关键帧。然后,由助理动画师设计中间帧。在三维计算机动画中,计算机利用插值方法设计中间帧。另一种动画设计方法是样条驱动动画,用户给定物体运动的轨迹样条。

由于运动学方法产生的运动是基于几何变换的,复杂场景的建模将显得比较困难。

2. 动力学仿真

动力学运用物理定律而非几何变换来描述物体的行为,在该方法中,运动是通过物体的质量和惯性、力和力矩以及其他的物理作用计算出来的。这种方法的优点是对物体运动的描述更精确,运动更加自然。

与运动学相比,动力学方法能生成更复杂更逼真的运动,而且需要指定的参数较少,但是计算量很大,而且难以控制。动力学方法的一个重要问题是对运动的控制。若没有有效的控制,用户就必须提供力和力矩这样的控制指令,这几乎是不可能的。常见的控制方法有预处理法与约束方程法。

采用运动学动画与动力学仿真都可以模拟物体的运动行为,但各有其优越性和局限性。运动学动画技术可以做得很真实和高效,但相对应用面不广,而动力学仿真技术利用真实规律精确描述物体的行为,比较注重物体间的相互作用,较适合物体间交互较多的环境建模。它具有广泛的应用领域。

3.2.4 听觉的建模技术

1. 声音的空间分布

对任何声音都要求提供正常空间分布,这要求考虑被传送声音的复杂频谱。声音的传输涉及空间滤波器的传输功能,这就是在声波由声源传到耳膜时发生的变换(在时间域内,在滤波器脉冲响应中的时间信号,实现同样的变换)。由于存在两只耳朵,每只耳朵加一个滤波器(由声源传到这个耳膜时发生的变换);由于虚拟环境中多数工作集中在无回声空间,加之声源与耳的距离对应的时间延迟,确定滤波器只需要根据听者的身体、头和耳有关的反射、折射和吸收。

于是,传输功能可看作与头有关的传递函数(HRTF)。当然,在考虑真实的反射环境时,传输功能受到环境声结构和人体声结构的影响。对不同声源位置的 HRTF 估计,是通过在听者耳道中的探针麦克风的直接测量。一旦得到 HRTF,则监测头部位置,对给定的声源定位,并针对头部位置提供适当的 HRTF,实现仿真。

2. 房间声学建模

更复杂的真实的声场模型是为建筑应用开发的,但它不能由当前的空间定位系统实时仿真。随着实时系统计算能力的增加,利用这些详细模型将适于仿真真实的环境。

建模声场的一般途径是产生第二声源的空间图。在回声空间中一个声源的声场建模为在无回声环境中一个初始声源和一组离散的第二声源(回声)。第二声源可以由 3 个主要特性描述:①距离(延迟);②相对第一声源的频谱修改(空气吸收、表面反射、声源方向、传播衰减);③入射方向(方位和高低)。

通常用两种方法找到第二声源:镜面图像法和射线跟踪法。镜面图像法确保找到所有几何正确的声音路径。射线跟踪法难以预测为发现所有反射所要求的射线数目。射线跟踪方法的优点是,即使只有很少的处理时间,也能产生合理的结果。

通过调节可用射线的数目,则很容易以给定的帧频工作。镜面图像方法由于算法是递归的,不容易改变比例。射线跟踪方法在更复杂的环境得到更好的结果,因为处理时间与表面数目的关系是线性的,不是指数的。虽然对给定的测试情况,镜面图像法更有效,但在某些情况射线跟踪法性能更好。

CRE(Crystal River Engineering)公司的三维音效技术较为成熟,用了十多年时间与美国太空总署(NASA)共同研究头部相关传递函数(HRTF),其 Convolvotron、Beachtron、Acostetron、Alphatron 等产品都提供三维声音的专家级支持。

3. 增强现实中听觉的显示

听觉通道的增强现实很少被人关注。其实如在视觉通道一样,在许多应用中必须需要有计算机合成的声音信号与采样的真实声音信号。采样的真实声音信号可以来自当地环境,也可以借助遥控操作系统来自远程环境。一般来自当地环境的信号可以由耳机周围的声音泄漏得到,或者由当地环境中的定位麦克风(可能在头盔上)得到,并把声音信号加在电路中合成而不是在声音空间中合成。但是,因为希望在加入以前处理这些环境信号,或者希望环境信号声源在远地的情况利用同样的系统,所以要用后一种途径。声音增强现实系统应能接收任何环境中麦克风感受的信号,以适应给定情况的方式变换这些信号,再把它们增加到虚拟现实系统提供的信号上。当前,声音增强现实系统最典型的应用是使沉浸在某种虚拟现实任务中的用户同时处理真实世界中的重要事件(如真实世界中的各种提示声音等)。

3.3 真实感实时绘制技术

要实现虚拟现实系统中的虚拟世界,仅有立体显示技术是远远不够的,虚拟现实中还有真实感与实时性的要求,也就是说虚拟世界的产生不仅需要真实的立体感,而且虚拟世界还必须实时生成,这就必须要采用真实感实时绘制技术。

3.3.1 真实感绘制技术

所谓真实感绘制是指在计算机中重现真实世界场景的过程。真实感绘制的主要任务是要模拟真实物体的物理属性,即物体的形状、光学性质、表面的纹理和粗糙程度,以及物体间的相对位置、遮挡关系等。

所谓实时绘制是指当用户视点发生变化时,他所看到的场景需要及时更新,这就要保证图形显示更新的速度必须跟上视点的改变速度,否则就会产生迟滞现象。一般来说要消除迟滞现象,计算机每秒钟必须生成 10~20 帧图像,当场景很简单时,例如仅有几百个多边形,要实现实时显示并不困难,但是,为了得到逼真的显示效果,场景中往往有上万个多边形,有时多达几百万个多边形。此外,系统往往还要对场景进行光照明处理、反混淆处理及纹理处理等,这就对实时显示提出了很高的要求。

与传统的真实感图形绘制有所不同,传统的真实感图形绘制的算法追求的是图形的高质量与真实感,而对每帧画面的绘制速度并没有严格的限制,而在虚拟现实系统中实时三维绘制要求图形实时生成,可用限时计算技术来实现,同时由于在虚拟环境中所涉及的场景常包含着数十万甚至上百万个多边形,虚拟现实系统对传统的绘制技术提出严峻的挑战。就目前计算机图形学水平而言,只要有足够的计算时间,就能生成准确的像照片一样的计算机图像。但虚拟现实系统要求的是实时图形生成,由于时间的限制,使我们不得不降低虚拟环境的几何复杂度和图像质量,或采用其他技术来提高虚拟环境的逼真程度。

为了提高显示的逼真度,加强真实性,常采用下列方法。

(1) 纹理映射

纹理映射是将纹理图像贴在简单物体的几何表面,以近似描述物体表面的纹理细节,加强真实性。贴上图像实际上是个映射过程。映射过程应按表面深度调节图像大小,得到正确透视。用户可在不同的位置和角度来观察这些物体,在不同的视点和视线方向上,物体表面的绘制过程实际上是纹理图像在取景变换后的简单物体几何上的重投影变形的过程。

纹理映射是一种简单、有效改善真实性的措施。它以有限的计算量,大大改善显示逼真性。实质上,它用二维的平面图像代替三维模型的局部。

(2) 环境映照

在纹理映射的基础上出现了环境映照的方法,它是采用纹理图像来表示物体表面的镜面反射和规则透射效果。具体来说,一个点的环境映照可通过取这个点为视点,将周围场景的投影变形到一个中间面上来得到的,中间面可取球面、立方体、圆柱体等。这样,当通过此点沿任何方面视线方向观察场景时,环境映照都可以提供场景的完全、准确的视图。

(3) 反走样

绘制中的一个问题是走样(Aliasing),它会造成显示图形的失真。

由于计算机图形的像素特性,所以显示的图形是点的矩阵。在光栅图形显示器上绘制非水平且非垂直的直线或多边形边界时,或多或少会呈现锯齿状或台阶状外观。这是因为直线、多边形、色彩边界是连续的,而光栅则是由离散的点组成,在光栅显示器上表现直线、多边形等,必须在离散位置上采样。由于采样不充分重建后造成信息失真,称为走样。

反走样算法试图防止这些假象。一个简单方法是以两倍分辨率绘制图形,再由像素值的平均值,计算正常分辨率的图形。另一个方法是计算每个邻接元素对一个像素点的影响,再把它们加权求和得到最终像素值。这可防止图形中的"突变",而保持"柔和"。

走样是由图像的像素性质造成的失真现象。反走样方法的实质是提高像素的密度。

在图形绘制中,光照和表面属性是最难模拟的。为了模拟光照,已有各种各样的光照模型。从简单到复杂排列分别是:简单光照模型、局部光照模型和整体光照模型。从绘制方法上看有模拟光的实际传播过程的光线跟踪法,也有模拟能量交换的辐射度方法。除了在计算机中实现逼真物理模型外,真实感绘制技术的另一个研究重点是加速算法,力求能在最短时间内绘制出最真实的场景。例如求交算法的加速、光线跟踪的加速等,如包围体树、自适应八叉树都是著名的加速算法。

3.3.2 基于几何图形的实时绘制技术

实时三维图形绘制技术是指利用计算机为用户提供一个能从任意视点及方向实时观察三维场景的手段,它要求当用户的视点改变时,图形显示速度也必须跟上视点的改变速度,否则就会产生迟滞现象。

传统的虚拟场景基本上都是基于几何的,就是用数学意义上的曲线、曲面等数学模型预先定义好虚拟场景的几何轮廓,再采取纹理映射、光照等数学模型加以渲染。在这种意义上,大多数虚拟现实系统的主要部分是构造一个虚拟环境并从不同的方向进行漫游。要达到这个目标,首先是构造几何模型;其次模拟虚拟摄像机在6个自由度运动,并得到相应的输出画面。

但是,由于产生三维立体图包含有较之二维图形更多的信息,而且虚拟场景越复杂,其数据量就越大。因此,当生成虚拟环境的视图时,必须采用高性能的计算机及设计好的数据的组织方式,从而达到实时性的要求,一般来说,至少保证图形的刷新频率不低于 15 Hz/s,最好是高于 30 Hz/s。

有些性能不好的虚拟现实系统会由于视觉更新等待时间过长,可能造成视觉上的交叉错位,即当用户的头部转动时,由于计算机系统及设备的延迟,使新视点场景不能得以及时更新,从而产生头已移动而场景没及时更新的情况;而当用户的头部已经停止转动后,系统此时却将刚才延迟的新场景显示出来,这不但大大地降低了用户的沉浸感,严重时还会产生前面提到的"运动病",使人产生头晕、乏力等现象。

为了保证三维图形能实现刷新频率不低于 30 帧/秒。除了在硬件方面采用高性能的计算机,提高计算机的运行速度以提高图形显示能力外,还有一个经实践证明非常有效的方法是降低场景的复杂度,即降低图形系统需处理的多边形的数目是关键。目前,有下面几种用来降低场景的复杂度,以提高三维场景的动态显示速度的常用方法:预测计算、脱机计算、场景分块、可见消隐、细节层次模型,其中细节层次模型应用较为普遍。

1. 预测计算

该方法根据各种运动的方向、速率和加速度等运动规律,如人手的移动,可在下一帧画面绘制之前用预测、外推法的方法推算出手的跟踪系统及其他设备的输入,从而减少由输入设备带来的延迟。

2. 脱机计算

由于 VR 系统是一个较为复杂的多任务模拟系统,在实际应用中有必要尽可能将一些可预先计算好的数据预先计算并存储在系统中,如全局光照模型、动态模型的计算等。这样可加快需要运行时的速度。

3. 3D 剪切

将一个复杂的场景划分成若干个子场景,各个子场景间几乎不可见或完全不可见。如把一个建筑物按楼层、房间划分成多个子部分。此时,观察者处在某个房间时就仅能看到房间内的场景及门口、窗户等与相邻的其他房间。这样,系统应针对可视空间剪切。虚拟环境在可视空间以外的部分被剪掉,这样就可能有效地减少在某一时刻所需要显示的多边形数目,以减少计算工作量,从而有效降低了场景的复杂度。

剪切的目的是,对不可见的物体和部分可见的物体上的不可见部分进行剪切,从而减少计算量。首先要剪切不可见的物体,其次是剪切部分可见的物体上的不可见部分。

剪切是去掉物体不可见部分,保留可见部分。常见的方法是采用物体边界盒子判定可见性,是为减少计算复杂性采用的近似处理。具体有以下几种算法。

(1) Cohen-Sutherland 剪切算法

使用 6-bit 码表示一个线段是否可见。有 3 种情况:全部可见,全部不可见,部分可见。若部分可见,则线段再划分成子段,分段检查可见性。直到各个子段都不是部分可见(全部可见或全部不可见)。

(2) Cyrus-Beck 剪切算法

它利用线段的参数定义。由参数确定,线是否与可视空间 6 个边界平面相交。

(3) 背面消除法

用于减少需要剪切的多边形的数目。多边形有正法线(有正面),视点到多边形有视线。由正法线和视线的交角确定,多边形是否可见(正对视点的平面可见,背对视点的平面不可见)。

但是,采用 3D 剪切方法对封闭的空间有效,而对开放的空间则很难使用这种方法。

4. 可见消隐

场景分块技术与用户所处的场景位置有关,可见消隐技术与用户的视点关系密切。使用这种方法,系统仅显示用户当前能"看见"的场景,当用户仅能看到整个场景中很小的部分时,由于系统仅显示相应场景,此时可大大减少所需显示的多边形的数目。一般采用的措施是消除隐藏面算法(消隐算法)从显示图形中去掉隐藏的(被遮挡的)线和面。常见的有以下几种方法。

(1) 画家算法

它把视场中的表面按深度排序。然后由远到近依次显示各表面。近的取代远的。它不能显示互相穿透的表面,也不能实现反走样。但是对两个有重叠的物体,A 的一部分在 B 前,B 的另一部分在 A 前,就不能采用此算法。

(2) 扫描线算法

它从图像顶部到底部依次显示各扫描线。对每条扫描线,用深度数据检查相交的各物体。它可实现透明效果,显示互相穿透的物体,以及反走样,可由各个处理机并行处理。

(3) Z-缓冲器算法(Z-buffer)

对一个像素,Z-缓冲器中总是保存最近的表面。如果新的表面深度比缓冲器保存的表面的深度更接近视点,则新的代替保存的,否则不代替。它可以用任何次序显示各表面。但不支持透明效果,反走样也受限制。有些工作站甚至已把 Z-缓冲器算法硬件化。

然而,当用户"看见"的场景较复杂时,这些方法就作用不大。

5. 细节层次模型

所谓细节层次模型(Level of Detail,LOD),是首先对同一个场景或场景中的物体,使用具有不同细节的描述方法得到的一组模型。在实时绘制时,对场景中不同的物体或物体的不同部分,采用不同的细节描述方法,对于虚拟环境中的一个物体,同时建立几个具有不同细节水平的几何模型。

如同时建立两个几何模型,当一个物体离视点比较远(也就是这个物体在视场中占有较小比例时),或者这个物体比较小,就要采用较简单的模型绘制,简单的模型具有较少的细节,包含较少的多边形(或三角形),以便减少计算量。反之,如果这个物体离视点比较近时(也就是这个物体在视场中占有较大比例时),或者物体比较大就必须采用较精细(复杂)的模型来绘制。复杂模型具有较多的细节,包含较多的多边形(或三角形)。为了显示细节,必须花费较多的计算量。同样,如果场景中有运动的物体,也可以采用类似的方法,对处于运动速度快或处于运动中的物体,采用较简单的模型,而对于静止的物体采用较精细的模型。根据不同情况下选用不同详细程度的模型,体现了显示质量和计算量的折衷。如图3-3-1所示为一个典型的LOD模型示例。

例如,当我们在近处观看一座建筑物时,可以看到细节,而在远处观看一座建筑物时,只能看到模糊的形象,不能看到细节。这种简单的规律,可以用于在保持真实性的条件下减少计算量。

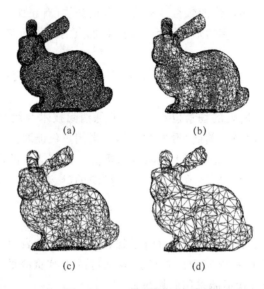

图3-3-1 LOD模型示意图

从理论上来说,LOD模型是一种全新的模型表示方法,改变了传统图形绘制中的"图像质量越精细越好"的观点,而是依据用户视点的主方向、视线在景物表面的停留时间、景物离视点的远近和景物在画面上投影区域的大小等因素来决定景物应选择的细节层次,以达到实时显示图形的目的。另外,通过对场景中每个图形对象的重要性进行分析,使得对最重要的图形对象进行较高质量的绘制,而不重要的图形对象则采用较低质量的绘制,在保证实时图形显示的前提下,最大程度的提高视觉效果。

与其他技术相比,细节选择是一种很有发展前途的方法,因为它不仅可以用于封闭空间模型,也可以用于开放空间模型,并且具有一定的普适性,目前已成为一个热门的研究方向,受到了全世界范围内相关研究人员的重视。但是,LOD模型缺点是所需储存量大,当使用LOD模型时,有时需要在不同的LOD模型之间进行切换,这样就需要多个LOD模型。同时,离散的LOD模型无法支持模型间的连续、平滑过渡,对场景模型的描述及其维护提出了较高的要求。

3.3.3 基于图像的实时绘制技术

基于几何模型的实时动态显示技术其优点主要是观察点和观察方向可以随意改变,不受限制。但是,同时也存在一些问题,如三维建模费时费力、工程量大;对计算机硬件有较高的要求;在漫游时在每个观察点及视角实时生成时数据量较大。因此,近年来很多学者正在研究直接用图像来实现复杂环境的实时动态显示。

实时的真实感绘制已经成为当前真实感绘制的研究热点,而当前真实感图形实时绘制的其中一个热点问题就是基于图像的绘制(Image Based Rendering,IBR)。IBR 完全摒弃了传统的先建模、后确定光源的绘制方法,它直接从一系列已知的图像中生成未知视角的图像。这种方法省去了建立场景的几何模型和光照模型的过程,也不用进行如光线跟踪等极费时的计算。该方法尤其适用于野外极其复杂场景的生成和漫游。

基于图像的绘制技术是基于一些预先生成的场景画面,对接近于视点或视线方向的画面进行变换、插值与变形,从而快速得到当前视点处的场景画面。

与基于几何的传统绘制技术相比,基于图像的实时绘制技术的优势在于:

(1) 计算量适中,采用 IBR 方法所需的计算量相对较小,对计算机的资源要求不高,因此可以在普通工作站和个人计算机上实现复杂场景的实时显示,适合个人计算机上的虚拟现实应用;

(2) 作为已知的源图像既可以是计算机生成的,也可以是用相机从真实环境中捕获,甚至是两者混合生成,因此可以反映更加丰富的明暗、颜色、纹理等信息;

(3) 图形绘制技术与所绘制的场景复杂性无关,交互显示的开销仅与所要生成画面的分辨率有关,因此 IBR 能用于表现非常复杂的场景。

目前,基于图像绘制的相关技术主要有以下两种。

1. 全景技术

全景技术是指在一个场景中选择一个观察点,用相机或摄像机每旋转一下角度拍摄得到一组照片,再在计算机上采用各种工具软件拼接成一个全景图像,它所形成的数据较小,对计算机要求低,适用于桌面型虚拟现实系统中,建模速度快,但一般一个场景只有一个观察点,因此交互性较差。

2. 图像的插值及视图变换技术

在上面所介绍的全景技术中,只能在指定的观察点进行漫游。现在,研究人员研究了根据在不同观察点所拍摄的图像,交互地给出或自动得到相邻两个图像之间对应点,采用插值或视图变换的方法,求出对应于其他点的图像,生成新的视图,根据这个原理可实现多点漫游。

3.4 三维虚拟声音的实现技术

在虚拟现实系统中,听觉信息是仅次于视觉信息的第二传感通道,听觉通道给人的听觉系统提供声音显示,也是创建虚拟世界的一个重要组成部分。为了提供身临其境的逼真感觉,听觉通道应该满足一些要求,使人感觉置身于立体的声场之中,能识别声音的类型和强度,能判定声源的位置。同时,在虚拟现实系统中加入与视觉并行的三维虚拟声音,一方面可以在很大程度上增强用户在虚拟世界中的沉浸感和交互性,另一方面也可以减弱大脑对于视觉的依赖性,降低沉浸感对视觉信息的要求,使用户能从既有视觉感受又有听觉感受的环境中获得更多的信息。

3.4.1 三维虚拟声音的概念与作用

虚拟现实系统中的三维虚拟声音与人们熟悉的立体声音完全不同。人们日常听到的立体声录音,虽然有左右声道之分,但就整体效果而言,能感觉到立体声音来自听者面前的某个平面;而虚拟现实系统中的三维虚拟声音,听者感觉到的声音却是来自围绕听者双耳的一个球形中的任何地方,即声音可能出现在头的上方、后方或者前方。如战场模拟训练系统中,当用户听到了对手射击的枪声时,他就能像在现实世界中一样准确而且迅速地判断出对手的位置,如果对手在我们身后,听到的枪声就应是从后面发出的。因而把在虚拟场景中能使用户准确地判断出声源的精确位置、符合人们在真实境界中听觉方式的声音系统称为三维虚拟声音。

声音在虚拟现实系统中的作用,主要有以下几点。

(1) 声音是用户和虚拟环境的另一种交互方法,人们可以通过语音与虚拟世界进行双向交流,如语音识别与语音合成等。

(2) 数据驱动的声音能传递对象的属性信息。

(3) 增强空间信息,尤其是当空间超出了视域范围。借助于三维虚拟声音可以衬托视觉效果,使人们对虚拟体验的真实感增强。即使闭上眼睛,也知道声音来自哪里。特别是在一般头盔显示器的分辨率和图像质量都较差的情况下,声音对视觉质量的增强作用就更为重要了。原因是听觉和其他感觉一起作用时,能在显示中起增效器的作用。视觉和听觉一起使用,尤其是当空间超出了视域范围的时候,能充分显示信息内容,从而使系统提供给用户更强烈的存在和真实性感觉。

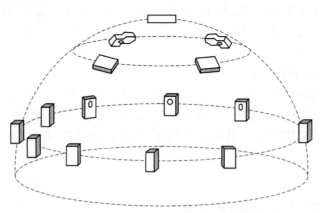

图 3-4-1　三维虚拟声音示意图

3.4.2 三维虚拟声音的特征

在三维虚拟声音系统中最核心的技术是三维虚拟声音定位技术,它的主要特征如下。

1. 全向三维定位特性(3D steering)

全向三维定位特性是指在三维虚拟空间中把实际声音信号定位到特定虚拟专用源的能力。它能使用户准确地判断出声源的精确位置,从而符合人们在真实境界中的听觉方式。如同在现实世界中,一般都是先听到声响,然后再用眼睛去看这个地方,三维声音系统不仅允许用户根据注视的方向,而且可根据所有可能的位置来监视和识别各信息源,可见三维声音系统能提供粗调的机制,用以引导较为细调的视觉能力的注意。在受干扰的可视显示中,用听觉引导肉眼对目标的搜索,要优于无辅助手段的肉眼搜索,即使是对处于视野中心的物体也是如此,这就是声学信号的全向特性。

2. 三维实时跟踪特性(3D Real-Time Localization)

三维实时跟踪特性是指在三维虚拟空间中实时跟踪虚拟声源位置变化或景象变化的能力。当用户头部转动时,这个虚拟的声源的位置也应随之变化,使用户感到真实声源的位置并未发生变化。而当虚拟发声物体移动位置时,其声源位置也应有所改变。因为只有声音效果与实时变化的视觉相一致,才可能产生视觉和听觉的叠加与同步效应。如果三维虚拟声音系统不具备这样的实时变化能力,看到的景象与听到的声音会相互矛盾,听觉就会削弱视觉的沉浸感。

3. 沉浸感与交互性

三维虚拟声音的沉浸感就是指加入三维虚拟声音后,能使用户产生身临其境的感觉,这可以更进一步使人沉浸在虚拟环境之中,有助于增强临场效果。而三维声音的交互特性则是指随用户的运动而产生的临场反应和实时响应的能力。

3.4.3 语音识别技术

语音,作为人类最自然的交流方式,与虚拟世界进行语音交互是实现虚拟现实系统中的一个高级目标。语音技术在虚拟现实技术中的关键技术是语音识别技术和语音合成技术,目前,在技术上还很不成熟,和语音识别相比,语音合成技术相对要成熟一些。

语音识别技术(Automatic Speech Recognition,ASR),是指将人说话的语音信号转换为可被计算机程序所识别的文字信息,从而识别说话人的语音指令以及文字内容的技术。

语音识别一般包括参数提取、参考模式建立、模式识别等过程。当用户通过一个话筒将声音输入到系统中,系统把它转换成数据文件后,语音识别软件便开始以用户输入的声音样本与事先储存好的声音样本进行对比工作,声音对比工作完成之后,系统就会输入一个它认为最"像"的声音样本序号,由此可以知道用户刚才念的声音是什么意义,进而执行此命令。说起来简单,但要真正建立识别率高的语音识别系统,是非常困难而专业的,目前世界各地的研究人员还在努力研究最好的方式。例如,如何建立"声音样本",如果要识别10个字,那就是先把这10个字的声音输入到系统中,存成10个参考样本,在识别时,只要把本次所念的声音(测试样本)与事先存好的10个参考样本进行对比,找出与测试样本最像的样本,即可把测试样本识别出来;但在实际应用中,每个使用者的语音长度、音调、频率都不一样;甚至同一个人,在不同的时间、状态下,尽管每次都念相同的声音,波形却也不尽相同,何况在语言词库中有大量的中文文字(或外文单词),还有如果在一个有杂音的环境中,那情况就更糟了。因此,科研人员研究出许多解决这个问题的方法,如傅里叶转换、倒频谱参数等,使目前的语音识别系统已达到一个可接受的程度,并且识别度愈来愈高。

3.4.4 语音合成技术

语音合成技术(Text to Speech,TTS),是指用人工的方法生成语音的技术,当计算机合成语音时,如何能做到听话人能理解其意图并感知其情感,一般对"语音"的要求是可懂、清晰、自然、具有表现力。

一般来讲,实现语音输出有两种方法,一是录音/重放,二是文-语转换。第一种方法,首先要把模拟语音信号转换成数字序列,编码后,暂存于存储设备中(录音),需要时,再经解码,重建声音信号(重放)。录音/重放可获得高音质声音,并能保留特定人的音色。但所需的存储容量随发音时间线性增长。

第二种方法是基于声音合成技术的一种声音产生技术。它可用于语音合成和音乐合成。它是语音合成技术的延伸,它能把计算机内的文本转换成连续自然的语声流。若采用这种方法输出语音,应预先建立语音参数数据库、发音规则库等。需要输出语音时,系统按需求先合成语音单元,再按语音学规则或语言学规则,连接成自然的语流。

在虚拟现实系统中,采用语音合成技术可提高沉浸效果,当试验者戴上一个低分辨率的头盔显示器后,主要是从显示中获取图像信息,而几乎不能从显示中获取文字信息。这时通过语音合成技术用声音读出必要的命令及文字信息,就可以弥补视觉信息的不足。

如果将语音合成与语音识别技术结合起来,就可以使试验者与计算机所创建的虚拟环境进行简单的语音交流了。当使用者的双手正忙于执行其他任务,这个语音交流的功能就显得极为重要了。因此,这种技术在虚拟现实环境中具有突出的应用价值,相信在不远的将来,ASR 和 TTS 技术将更加成熟,通过语言实现人机自然交互、人机无障碍地沟通。

3.5 自然交互与传感技术

从计算机诞生至今,计算机的发展速度是极为迅速的,而人与计算机之间交互技术的发展是较为缓慢的,人机交互接口经历了以下几个发展阶段。

20 世纪 40 年代到 70 年代,人机交互采用的是命令行方式(CLI),这是人机交互接口第一代,人机交互使用了文本编辑的方法,可以把各种输入/输出信息显示在屏幕上,并通过问答式对话、文本菜单或命令语言等方式进行人机交互。但在这种接口中,用户只能使用手敲击键盘这一种交互通道,通过键盘输入信息,输出也只能是简单的字符。因此,这一时期的人机交互接口的自然性和效率都很差。人们使用计算机,必须先经过很长时间的培训与学习。

到 20 世纪 80 年代初,出现了图形用户接口方式(GUI),GUI 的广泛流行将人机交互推向图形用户接口的新阶段。人们不再需要死记硬背大量的命令,可以通过窗口(Windows)、图标(Icon)、菜单(Menu)、指点装置(Point)直接对屏幕上的对象进行操作,即形成了所谓的 WIMP 的第二代人机接口。与命令行接口相比,图形用户接口采用视图、点(鼠标),使得人机交互的自然性和效率都有较大的提高,从而极大地方便了非专业用户的使用。

到 20 世纪 90 年代初,多媒体接口界面成为流行的交互方式,它在接口信息的表现方式上进行了改进,使用了多种媒体。同时接口输出也开始转为动态、二维图形/图像及其他多媒体信息的方式,从而有效地增加了计算机与用户沟通的渠道。

图形交互技术的飞速发展充分说明了对于应用来说,使处理的数据易于操作并直观是十分重要的问题。人们的生活空间是三维的,虽然GUI已提供了一些仿三维的按钮等元素,但接口仍难以进行三维操作。另一方面,人们习惯于日常生活中的人与人、人与环境之间的交互方式,其特点是形象、直观、自然,人通过多种感官来接收信息,如可见、可听、可说、可摸、可拿等,而且这种交互方式是人类所共有的,对于时间和地点的变化是相对不变的。但无论是命令行接口界面,还是图形用户接口,都不具有以上所述的进行自然、直接、三维操作的交互能力。因为在实质上它们都属于一种静态的、单通道的人机接口,而用户只能使用精确的、二维的信息在一维和二维空间中完成人机交互。

因此,更加自然和谐的交互方式逐渐为人们所重视,并成为今后人机交互接口的发展趋势。为适应目前和未来的计算机系统要求,人机交互接口应能支持时变媒体实现三维、非精确及隐含的人机交互,而虚拟现实技术正是实现这一目的的重要途径,它为建立起方便、自然、直观的人机交互方式创造了极好的条件。从不同的应用背景看,虚拟现实技术是把抽象、复杂的计算机数据空间表示为直观的、用户熟悉的事物,它的技术实质在于提供了一种高级的人与计算机交互的接口,使用户能与计算机产生的数据空间进行直观的、感性的、自然的交互。它是多媒体技术发展的高级应用。

虚拟现实技术中强调自然交互性,即人处在虚拟世界中,与虚拟世界进行交互,甚至意识不到计算机的存在,即在计算机系统提供的虚拟空间中,人可以使用眼睛、耳朵、皮肤、手势和语音等各种感觉方式直接与之发生交互,这就是虚拟环境下的自然交互技术。目前,与虚拟现实技术中的其他技术相比,这种自然交互技术相对不太成熟。

作为新一代的人机交互系统,虚拟现实技术与传统交互技术的区别可以从下列几方面说明。

(1) 自然交互

人们研究"虚拟现实"的目标是实现"计算机应该适应人,而不是人适应计算机",认为人机接口的改进应该基于相对不变的人类特性。在虚拟现实技术中,人机交互可以不再借助键盘、鼠标、菜单,而是使用头盔、手套甚至向"无障碍"的方向发展,从而使最终的计算机能对人体有感觉,能聆听人的声音,通过人的所有感官进行沟通。

(2) 多通道

多通道接口是在充分利用一个以上的感觉和运动通道的互补特性来捕捉用户的意向,从而增进人机交互中的可靠性与自然性。现在,计算机操作时,人的眼和手十分累,效率也不高。虚拟现实技术可以将听、说和手、眼等协同工作,实现高效人机通信,还可以由人或机器选择最佳反应通道,从而不会使某一通道负担过重。

(3) 高"带宽"

现在计算机输出的内容已经可以快速、连续地显示彩色图像,其信息量非常大。而人们的输入却还是使用键盘一个又一个地敲击,虚拟现实技术则可以利用语音、图像及姿势等的输入和理解,进行快速大批量地信息输入。

(4) 非精确交互技术

这是指能用一种技术来完全说明用户交互目的的交互方式,键盘和鼠标均需要用户的精确输入。但是,人们的动作或思想往往并不很精确,而希望计算机应该理解人的要求,甚至于纠正人的错误,因此虚拟现实系统中智能化的接口将是一个重要的发展方向。在这种交互方式中,人机交互的媒介是将真实事物用符号表示,是对现实的抽象替代,而虚拟现实技术则可以使这种媒介成为真实事物的复现、模拟甚至想象和虚构。它能使用户感到并非是在使用计算机,而是在直接与应用对象打交道。

在最近几年的研究中,为了提高人在虚拟环境中的自然交互程度,研究人员一方面在不断改进现有自然交互硬件,同时加强了对相关软件的研究;另一方面积极将其他相关领域的技术成果引入虚拟现实系统中,从而扩展全新的人机交互方式。在虚拟现实领域中较为常用的交互技术主要有手势识别、面部表情的识别以及眼动跟踪等。

3.5.1 手势识别

人与人之间交互形式很多,有动作及语言等多种。在语言方面,除了采用自然语言(口语、书面语言)外,人体语言(表情、体势、手势)也是人类交互的基本方式之一。与人类交互相比,人机交互就呆板得多,因而研究人体语言识别,即人体语言的感知及人体语言与自然语言的信息融合对于提高虚拟现实技术的交互性有重要的意义。手势是一种较为简单、方便的交互方式,也是人体语言的一个非常重要的组成部分,它是包含信息量最多的一种人体语言,它与语言及书面语等自然语言的表达能力相同,因而在人机交互方面,手势完全可以作为一种手段,而且具有很强的视觉效果,因为它生动、形象、直观。

手势识别系统的输入设备主要分为基于数据手套的识别和基于视觉(图像)的手语识别系统两种。基于数据手套的手势识别系统,就是利用数据手套和位置跟踪器来捕捉手势在空间运动的轨迹和时序信息,对较为复杂的手的动作进行检测,包括手的位置、方向和手指弯曲度等,并可根据这些信息对手势进行分类,因而较为实用。这种方法的优点是系统的识别率高,缺点是做手势的人要穿戴复杂的数据手套和位置跟踪器,相对限制了人手的自由运动,并且数据手套、位置跟踪器等输入设备价格比较昂贵。基于视觉的手势识别是从视觉通道获得信号,有的要求人手戴上特殊颜色的手套,有的要求戴多种颜色的手套来确定人手各部位,通常采用摄像机采集手势信息,由摄像机连续拍摄下手部的运动图像后,先采用轮廓的办法识别出手上的每一个手指,进而再用边界特征识别的方法区分出一个较小的、集中的各种手势。该方法的优点是输入设备比较便宜,使用时不干扰用户,但识别率比较低,实时性较差,特别是很难用于大词汇量的手势识别。

手势识别技术主要有:模板匹配、人工神经网络和统计分析技术。模板匹配技术是将传感器输入的数据与预定义的手势模板进行匹配,通过测量两者的相似度来识别出手势;人工神经网络技术是具有自组织和自学习能力,能有效的抗噪声和处理不完整的模式,是一种比较优良的模式识别技术;统计分析技术是通过基于概率的方法来统计样本特征向量确定分类的一种识别方法。

手势识别技术的研究不仅能使虚拟现实系统交互更自然,同时还能有助于改善和提高聋哑人的生活学习和工作条件,同时也可以应用于计算机辅助哑语教学、电视节目双语播放、虚拟人的研究、电影制作中的特技处理、动画的制作、医疗研究、游戏娱乐等诸多方面。

3.5.2 面部表情识别

在人与人的交互中,人脸是十分重要的,人可以通过脸部的表情表达自己的各种情绪,传递必要的信息。人脸识别是一个研究得非常热门的技术,具有广泛的应用前景。人脸图像的分割、主要特征(如眼睛、鼻子等)定位以及识别是这个技术的主要难点。国内外都有很多研究人员在从事这一方面的研究,提出了很多好的方法。如采用模板匹配的方法实现正面人脸的识别、采用尺度空间技术研究人脸的外形、获取人脸的特征点、采用神经网络的方法进行识别、采用对运动模型参数估计的方法来进行人脸图像的分割。但大多数方法都存在一些共同的问题。如要求人脸变化不能太大、特征点定位计算量大等。

在虚拟现实系统中,人的面部表情的交互在目前来说,还是一种不太成熟的技术。一般人脸检测问题可以描述为:给定一幅静止图像或一段动态图像序列,从未知的图像背景中分割、提取并确认可能存在的人脸,如果检测到人脸,提取人脸特征。虽然人类可以很轻松地从非常复杂的背景中检测出人脸,但对于计算机来说却相当困难。在某些可以控制拍摄条件的场合,将人脸限定在标尺内,此时人脸的检测与定位相对比较容易。在另一些情况下,人脸在图像中的位置预先是未知的,比如在复杂背景下拍摄的照片,这时人脸的检测与定位将受以下因素的影响:①人脸在图像中的位置、角度和不固定尺度以及光照的影响;②发型、眼镜、胡须以及人脸的表情变化等;③图像中的噪声。所有这些因素都给正确的人脸检测与定位带来了困难。

人脸检测的基本思想是建立人脸模型,比较所有可能的待检测区域与人脸模型的匹配程度,从而得到可能存在人脸的区域。通常可以将人脸检测方法分为两大类:基于特征的人脸检测方法和基于图像的人脸检测方法。第一类方法直接利用人脸信息,比如人脸肤色、人脸的几何结构等。这类方法大多用模式识别的经典理论,应用较多。第二类方法并不直接利用人脸信息,而是将人脸检测问题看做一般的模式识别问题,待检测图像被直接作为系统输入,中间不需特征提取和分析,而是直接利用训练算法将学习样本分为人脸类和非人脸类,检测人脸时只要比较这两类与可能的人脸区域,即可判断检测区域是否为人脸。

1. 基于特征的人脸检测

(1) 轮廓规则

人脸的轮廓可近似地看成一个椭圆,则人脸检测可以通过检测椭圆来完成。通常把人脸抽象为3段轮廓线:头顶轮廓线、左侧脸轮廓线、右侧脸轮廓线。对任意一幅图像,首先进行边缘检测,并对细化后的边缘提取曲线特征,然后计算各曲线组合成人脸的评估函数检测人脸。

(2) 器官分布规则

虽然人脸因人而异,但都遵循一些普遍适用的规则,即五官分布的几何规则。检测图像中是否有人脸即是检测图像中是否存在满足这些规则的图像块。这种方法一般首先对人脸的器官或器官的组合建立模板,如双眼模板、双眼与下巴模板;然后检测图像中几个器官可能分布的位置,对这些位置点分别组合,用器官分布的集合关系准则进行筛选,从而找到可能存在的人脸。

(3) 肤色、纹理规则

人脸肤色聚类在颜色空间中一个较小的区域,因此可以利用肤色模型有效地检测出图像中的人脸。与其他检测方法相比,利用颜色知识检测出的人脸区域可能不够准确,但如果在整个系统实现中作为人脸检测的粗定位环节,它具有直观、实现简单、快速等特点,可以为后面进一步进行精确定位创造良好的条件,以达到最优的系统性能。

(4) 对称性规则

人脸具有一定的轴对称性,各器官也具有一定的对称性。Zabmdsky 提出连续对称性检测方法,检测一个圆形区域的对称性,从而确定是否为人脸。

(5) 运动规则

若输入图像为动态图像序列,则可以利用人脸或人脸的器官相对于背景的运动来检测人脸,比如利用眨眼或说话的方法实现人脸与背景的分离。在运动目标的检测中,帧相减是最简单的检测运动人脸的方法。

2. 基于图像的人脸检测方法

(1) 神经网络方法

这种方法将人脸检测看作区分人脸样本与非人脸样本的两类模式分类问题,通过对人脸样本集和非人脸样本集进行学习以产生分类器。人工神经网络避免了复杂的特征提取工作,它能根据样本自我学习,具有一定的自适应性。

(2) 特征脸方法

在人脸检测中利用待检测区域到特征脸空间的距离大小判断是否为人脸,距离越小,表明越像人脸。特征脸方法的优点在于简单易行,但由于没有利用反例样本信息,对与人脸类似的物体辨别能力不足。

(3) 模板匹配方法

这种方法大多是直接计算待检测区域与标准人脸模板的匹配程度。最简单的是将人脸视为一个椭圆,通过检测椭圆来检测人脸。另一种方法是将人脸用一组独立的器官模板表示,如眼睛模板、嘴巴模板、鼻子模板以及眉毛模板、下巴模板等,通过检测这些器官模板来检测人脸。总地说来,基于模板的方法较好,但计算代价比较大。

3.5.3 眼动跟踪

在虚拟世界中生成视觉的感知主要依赖于对人头部的跟踪,即当用户的头部发生运动时,生成虚拟环境中的场景将会随之改变,从而实现实时的视觉显示。但在现实世界中,人们可能经常在不转动头部的情况下,仅仅通过移动视线来观察一定范围内的环境或物体。在这一点上,单纯依靠头部跟踪是不全面的。为了模拟人眼的这个性能,我们在 VR 系统中引入眼动跟踪技术。

眼动跟踪的基本工作原理是利用图像处理技术,使用能锁定眼睛的特殊摄像机。通过摄入从人的眼角膜和瞳孔反射的红外线连续地记录视线变化,从而达到记录、分析视线追踪过程的目的。

常见的视觉追踪方法有眼电图、虹膜-巩膜边缘、角膜反射、瞳孔-角膜反射、接触镜等几种。

视线跟踪技术可以弥补头部跟踪技术的不足之处,同时又可以简化传统交互过程中的步骤,使交互更为直接,因而,目前多被用于军事领域(如飞行员观察记录)、阅读以及帮助残疾人进行交互等领域。

虚拟现实技术的发展,其目标是要使人机交互从精确的、二维的交互向精确的、三维的自然交互。因此,尽管手势识别、眼动跟踪、面部识别等这些自然交互技术在现阶段还很不完善,但随着现在人工智能等技术的发展,基于自然交互的技术将会在虚拟现实系统中有较广泛的应用。

3.5.4 触觉(力觉)反馈传感技术

触觉通道给人体表面提供触觉和力觉。当人体在虚拟空间中运动时,如果接触到虚拟物体,虚拟显示系统应该给人提供这种触觉和力觉。

触觉通道涉及操作以及感觉,包括触觉反馈和力觉反馈。触觉(力觉)是运用先进的技术手段将虚拟物体的空间运动转变成特殊设备的机械运动,在感觉到物体的表面纹理的同时也使用户能够体验到真实的力度感和方向感,从而提供一个崭新的人机交互接口。也就是运用"作用力与反作用力"的原理来欺骗用户的触觉,达到传递力度和方向信息的目的。在虚拟现实系统,为了提高沉浸感,用户希望在看到一个物体时,能听到它发出的声音,并且还希望能够通过自己的亲自触摸来了解物体的质地、温度、重量等多种信息后,这样才觉得全面地了解了该物体,从而提高 VR 系统的真实感和沉浸感并有利于虚拟任务执行。如果没有触觉(力觉)反馈,操作者无法感受到被操作物体的反馈力,得不到真实的操作感,甚至可能出现在现实世界中非法的操作。

触觉感知包括触摸反馈和力量反馈所产生的感知信息。触摸感知是指人与物体对象接触所得到的全部感觉,包括有触摸感、压感、振动感、刺痛感等。触摸反馈一般指作用在人皮肤上的力,它反映了人触摸物体的感觉,侧重于人的微观感觉,如对物体的表面粗糙度、质地、纹理、形状等的感觉;而力量反馈是作用在人的肌肉、关节和筋腱上的力量,侧重于人的宏观、整体感受,尤其是人的手指、手腕和手臂对物体运动和力的感受。如果用手拿起一个物体时,通过触摸反馈可以感觉到物体是粗糙或坚硬等属性,而通过力量反馈,才能感觉到物体的重量。

由于人的触觉相当敏感,一般精度的装置根本无法满足要求,所以触觉与力反馈的研究相当困难。目前大多数虚拟现实系统主要集中并停留在力反馈和运动感知上面,其中,很多力觉系统被做成骨架的形式,从而既能检测方位,又能产生移动阻力和有效的抵抗阻力。而对于真正的触觉绘制,现阶段的研究成果还很不成熟;对于接触感,目前的系统已能够给身体提供很好的提示,但却不够真实;对于温度感,虽然可以利用一些微型电热泵在局部区域产生冷热感,但这类系统还很昂贵;而对于其他一些感觉,诸如味觉、嗅觉和体感等,至今仍然对它知之甚少,有关此类产品相对较少。

虽然目前已研制成了一些触摸/力量反馈产品,但它们大多还是粗糙的、实验性的,距离真正的实用尚有一定的距离。

3.6 实时碰撞检测技术

为了保证虚拟环境的真实性,用户不仅要能从视觉上如实看到虚拟环境中的虚拟物体以及它们的表现,而且要能身临其境地与它们进行各种交互,这就首先要求虚拟环境中的固体物体是不可穿透的,当用户接触到物体并进行拉、推、抓取时,能真实碰撞的发生并实时做出相应的反应。这就需要 VR 系统能够及时检测出这些碰撞,产生相应的碰撞反应,并及时更新场景输出,否则就会发生穿透现象,正是有了碰撞检测,才可以避免诸如人穿墙而过等不真实情况的发生,虚拟的世界才有真实感。

碰撞检测问题在计算机图形学等领域中有很长的研究历史,近年来,随着虚拟现实等技术的发展,已成为一个研究的热点。精确的碰撞检测对提高虚拟环境的真实性、增加虚拟环境的沉浸性有十分重要的作用,而虚拟现实系统中高度的复杂性与实时性又对碰撞检测提出了更高的要求。

在虚拟世界中通常包含有很多静止的环境对象与运动的活动物体,每一个虚拟物体的几何模型往往都是由成千上万个基本几何元素组成,虚拟环境的几何复杂度使碰撞检测的计算复杂度大大提高,同时由于虚拟现实系统中有较高实时性的要求,要求碰撞检测必须在很短的时间(如 30~50 ms)完成,因而碰撞检测成了虚拟现实系统与其他实时仿真系统的瓶颈,碰撞检测是虚拟现实系统研究的一个重要技术。

碰撞问题一般分为碰撞检测与碰撞响应两个部分,碰撞检测的任务是检测到有碰撞的发生及发生碰撞的位置,碰撞响应是在碰撞发生后,根据碰撞点和其他参数促使发生碰撞的对象做出正确的动作,以符合真实世界中的动态效果。由于碰撞响应涉及到力学反馈、运动物理学等领域的知识,本书主要简单介绍碰撞检测问题。

3.6.1 碰撞检测的要求

在虚拟现实系统中,为了保证虚拟世界的真实性,碰撞检测须有较高实时性和精确性。所谓实时性,基于视觉显示的要求,碰撞检测的速度一般至少要达到 24 Hz,而基于触觉要求,碰撞检测的速度至少要达到 300 Hz 才能维持触觉交互系统的稳定性,只有达到 1 000 Hz 才能获得平滑的效果。

而精确性的要求则取决于虚拟现实系统在实际应用中的要求,比如对于小区漫游系统,只要近似模拟碰撞情况,此时,若两个物体之间的距离比较近,而不管实际有没有发生碰撞,都可以将其当作是发生了碰撞,并粗略计算其发生的碰撞位置。而对于如虚拟手术仿真、虚拟装配等系统的应用时,就必须精确地检测碰撞是否发生,并实时地计算出碰撞发生的位置,并产生相应的反应。

3.6.2 碰撞检测的实现方法

最原始、最简单的碰撞检测方法是一种蛮力的计算方法,即对两个几何模型中的所有几何元素进行两两相交测试,尽管这种方法可以得到正确的结果,但当模型的复杂度增大时,它的计算量过大,这种相交测试将变得十分的缓慢,显得无法忍受。这与虚拟现实系统等的要求相差甚远。对两物体间的精确碰撞检测的加速实现,现有的碰撞检测算法主要可划分为两大类:层次包围盒法和空间分解法。这两种方法的目的都是为了尽可能地减少需要相交测试的对象对或是基本几何元素对的数目。

层次包围盒法是碰撞检测算法中广泛使用的一种方法,它是解决碰撞检测问题固有时间复杂性的一种有效的方法,它的基本思想是利用体积略大而几何特性简单的包围盒来近似地描述复杂的几何对象,并通过构造树状层次结构来逼近对象的几何模型,从而在对包围盒树进行遍历的过程中,通过包围盒的快速相交测试来及早地排除明显不可能相交的基本几何元素对,快速剔除不发生碰撞的元素,减少大量不必要的相交测试,而只对包围和重叠的部分元素进行进一步的相交测试,从而加快了碰撞检测的速度,提高碰撞检测效率。比较典型的包围盒类型有沿坐标轴的包围盒 AABB、包围球、方向包围盒、固定方向凸包等。层次包围盒方法应用得较为广泛,适用复杂环境中的碰撞检测。

空间分解法是将整个虚拟空间划分成相等体积的小的单元格,只对占据同一单元格或相邻单元格的几何对象进行相交测试。比较典型的方法有 K-D 树、八叉树和 BSP 树、四面体网、规则网等。空间分解法通常适用于稀疏的环境中分布比较均匀的几何对象间的碰撞检测。

虚拟现实技术是多种技术的综合,以上简单介绍了几种相关的关键技术,其实相关的技术还有很多,如系统集成技术,由于虚拟现实系统中包括有大量的感知信息和模型,因此系统集成技术起着重要的作用,集成技术包括有信息的同步技术、模型的标定技术、数据转换技术、识别与合成技术等。更多的相关技术请参考其他资料。

习　　题

1. 虚拟现实系统中有哪些主要技术?
2. 虚拟环境建模技术中主要有几种方法?各有何特点?
3. 在虚拟现实系统中,与显示技术相关的有哪些技术?
4. 简述采用三维虚拟声音系统的意义。
5. 简述语音识别技术的现状与发展。
6. 在实际应用中,手势识别应用有何具体的应用?
7. 脸部识别通常采用哪些技术?

第 4 章　虚拟现实技术的相关软件

【学习目标】

1. 了解虚拟现实技术建模工具软件
2. 了解虚拟现实技术开发工具软件

4.1　建模工具软件

在计算机应用领域中,常见的三维动画制作软件很多,它们可以用来对物体等进行三维建模,目前使用最广泛的有 3DS MAX、XSI 与 Maya 等相关软件,它们通常也可以用来在虚拟现实技术中对虚拟环境进行建模。

但虚拟现实环境的建模与常见的三维动画建模技术还是有一定区别的,主要体现在由三维动画工具软件所建立的三维动画模型不太适合于虚拟现实实时系统。但由于虚拟现实建模软件相对较为专业、价格昂贵、种类太少等,在实际应用中,特别是 Web3D 应用中,都支持采用三维动画软件来建模。

在虚拟现实应用系统中,现阶段技术应用中,主要是有关视觉的建模。关于三维视觉建模的工具软件有很多,除了较为通用的建模软件,如 3DS MAX、AutoCAD、XSI、Maya、Pro/E 等,还有专门为虚拟现实、视景仿真、声音仿真等的专用建模工具,如 Creator、Creator-Pro、CreatorTerrainStudio、SiteBuilder3D、PolyTrans、DVE-Nowa 等。

3DStudio MAX,简称 3DS MAX,其前身为运行在 DOS 操作系统下的 3DS,由著名的 AutoDesk(欧特克)公司麾下的 Discreet 多媒体分部推出的一种功能强大的三维设计软件包,是当前世界上销量最大的一种三维建模、虚拟现实建模的应用软件。

Maya 是一个非常优秀的三维动画制作软件,尤其专长于角色动画制作,并以建模功能强大著称,由 Alias/Wavefront 公司推出。Maya 的操作界面及流程与 3DS MAX 比较类似。因此 3DS MAX 用户很容易从 3DS MAX 过渡到 Maya。实际上从 3DS MAX 开始,3DS MAX 与 Maya 的差距在逐渐缩小。缺点是入门比较困难,用户群相对少,相关中文资料也不太丰富。Maya 要求的机器配置比 3DS MAX 稍高,并要求操作系统为 NT,不能在 Windows 98 下运行。

2005 年 10 月 4 日,生产 3D Studio Max 的 AutoDesk 软件公司正式宣布,以 1.82 亿美

元收购生产 Maya 的 Alias。此项收购扩展了 AutoDesk 在电影、虚拟现实和视频、互动游戏、媒体、Web、消费性产品、工业设计、汽车、建筑以及可视化等市场上的专业技术和产品。

XSI 原名 SOFTIMAGE/3D，在三维影视广告方面独当一面，以渲染质量超群而著称。但是由于 XSI 处于 3DS MAX 与 Maya 的夹缝中生存，再加上如果 3DS MAX 使用外挂渲染器 MENTAL RAY，制作效果也很好，因此 XSI 的前途受到了空前的挑战。而且 XSI 只能在 Windows NT 下工作，对显示设备的要求也很高。

2008 年 10 月，AutoDesk 公司与 Avid 公司签署协议，AutoDesk 以 3 500 万美元收购 SoftImage。AutoDesk 官方放出的"三大图形软件整合 Logo 图"上，昔日的三大图形软件看起来都成了灰色的记忆，Logo 上飘着烟雾似乎象征着这些软件的战火硝烟正在成为过去。

4.1.1　3DS MAX

3DS MAX 是 AutoDesk 公司的软件产品，它易学易用，操作简便，入门快，功能强大。目前在国内外拥有最大的用户群。自 1996 年推出 3DS MAX 1.0 版本以来，3DS MAX 一直发展迅速，在随后的 2.5 和 3.0 版本中 3DS MAX 的功能被慢慢完善起来，将当时主流的技术包含了进去，比如增加了被称为工业标准的 NURBS 建模方式；在 3DS MAX 4.0 版本中将以前单独出售的 Character Studio 并入；5.0 版本中加入了功能强大的 Reactor 动力学模拟系统、全局光和光能传递渲染系统；而在 6.0 版本中将电影级渲染器 Mental Ray 整合了进来；目前已经发展到了 7.0、8.0 等版本。所有的这些都使 3DS MAX 具有了更强的生命力。3DS MAX 还有一个姊妹软件 3DS VIZ，功能与 3DS MAX 类似，它专门把用于建筑效果的插件整合进来。

在应用范围方面，拥有强大功能的 3DS MAX 被广泛地应用于电视及娱乐业中，如片头动画和视频游戏的制作、在影视特效方面的应用。而在国内发展的相对比较成熟的建筑效果图和建筑动画制作中，3DS MAX 的使用率更是占据了绝对的优势。根据不同行业的应用特点对 3DS MAX 的掌握程度也有不同的要求，建筑方面的应用相对来说局限性要大一些，它只要求单帧的渲染效果和环境效果，只涉及比较简单的动画；片头动画和视频游戏应用中动画占的比例很大，特别是视频游戏对角色动画的要求要高一些；影视特效方面的应用则把 3DS MAX 的功能发挥到了极致，而这也是人们所要达到的目标。在虚拟现实方面，主要要求是对场景物体进行建模，并可以通过相关的插件输出其他文件格式的模型，一般只需要一些简单的动画功能。

3DS MAX 常用于虚拟现实技术的建模，尤其是 Web3D 的应用。与其他的同类软件相比，它具有以下的优点。

(1) 入门容易，学习简单

3DS MAX 软件较为常见，其制作流程十分简洁高效，易学易用，操作简便，非常人性化的工作界面，可随意定制，各种工具也方便易用。

(2) 性价比高

3DS MAX 有非常好的性能价格比，它所提供的强大功能远远超过了它自身低廉的价格，一般的制作公司就可以承受，这样就使项目的制作成本大大降低，而且它对硬件系统的要求相对来说也很低，一般普通的配置就可以满足需要。

(3) 提供了功能强大的建模功能

它具有各种方便、快捷、高效的建模方式与工具。提供了多边形建模、放样、表面建模工具,NURBS 等方便有效的建模手段,使建模工作轻松有趣。

(4) 用户人数众多,交流方便

由于 3DS MAX 在国内外使用的用户数众多,所以其相关的教程也很多,特别是在互联网上,关于 3DS MAX 的论坛很多。正是由于它有广泛的用户群,在虚拟现实建模时,相关 3DS MAX 的插件非常多,使用 3DS MAX 来进行虚拟现实建模的也很多,如在 5.0 以上的版本中提供 VRML 97 文件格式的导出,通过相关插件可导出 Cult3D 的 *.c3d 文件及 Virtools 的 *.nmo 文件格式等,大大提高了文件的共享性,拓宽了 3DS MAX 的应用范围。

3DS MAX 是一个功能强大的图形处理软件,为了让它能快速、高效运行,达到较好的效果,必须为它提供尽可能好的运行环境。

(1) 运行环境

硬件配置:推荐 Pentium-III 或更高的 CPU,至少 256 MB 或更多的内存,高速硬盘,显卡须采用三维图形加速卡,显示器建议采用 17 英寸以上的大屏幕。

操作系统:采用稳定的高版本的操作系统。选择 Windows 2000/XP 或更高版本的操作系统。

(2) 软件的安装(以 3DS MAX 8.0 官方英文版为例)

① 将 3DS MAX 的安装光盘放入光驱,运行光盘中的安装程序,弹出 3dsmax8setup 对话框。

② 在对话框中选择 country 为"china",声明同意许可协议,填写用户信息,选择安装目录,即可完成安装程序,重新启动计算机。

③ 运行 3DS MAX 8.0,填写授权码。

④ 选择图形加速卡驱动(已装图形加速卡),或选择软件加速(未装图形加速卡)。

如图 4-1-1 所示为 3DS MAX 8.0 的工作界面。

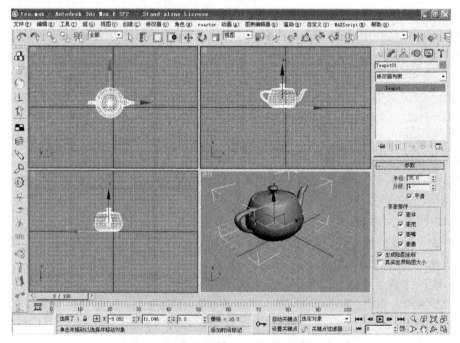

图 4-1-1　3DS MAX 8.0 的工作界面

4.1.2 Maya

Maya 是目前世界上最为优秀的三维动画制作软件之一，主要是为了影视应用而研发的。除了影视方面的应用外，Maya 在虚拟现实技术、三维动画制作、影视广告设计、多媒体制作甚至游戏制作领域都有很出色的表现。

Maya 原是 AliasWavefront 公司在 1998 年推出的三维制作软件。虽然，相对于其他三维制作软件来说，Maya 发展时间并不长，但 Maya 凭借其强大的功能、友好的用户界面和丰富的视觉效果，一经推出就引起了动画界和影视界的广泛关注，成为顶级的三维动画制作软件。

在短短的几年中，Maya 由最初的 1.0 版本发展到现在的 Maya 2008，使用 Maya 2008 3D 建模、动画、特效和渲染软件，制作引人入胜的数字图像、逼真的动画和非凡的视觉特效。无论是电影或视频制作人员、游戏开发人员、制图艺术家、数字出版专业人员还是 3D 爱好者，Maya 2008 都能帮助实现创想。

其主要新功能如下。

(1) 更快地完成复杂的建模任务

Maya 2008 为对多边形模型进行高级操作和分量级编辑提供了新的和改进的工具。

(2) 制作效果更佳的游戏

Maya 2008 能让您更高效地制作和显示用于 Nintendo® Wii、Microsoft® Xbox 360&S482 和 Sony® PlayStation® 3 游戏控制台的高级内容。

(3) 简化 3D 工作流程

Maya 2008 通过简化和加速耗费时间的任务，使用户的生产力实现最大化。该软件的多个方面已进行了优化，为您提供改进的性能：总体视窗绘制和选择、mental ray for Maya 处理、Maya Fluid Effects，等等。角色动画师在他们的蒙皮和角色搭建工作流程中将会享受到更高水平的灵活性。此外，使用 Maya 进行工作还提供了娱乐业 3D 软件包中最广泛的硬件技术和操作系统选择。

(4) 新的和改进的建模工具与工作流程

Maya 2008 引入了许多的新功能，显著提高了建模工作流程的效率。例如，Maya Smooth Mesh 工作流程就得到了重大改进：其性能出众，特别是在多处理器工作站上，用户现在可以在编辑网格骨架的同时预览平滑的网格。其他深受用户欢迎的工作流程改进包括沿曲线放置物体、替换场景内的物体以及把引用场景内容转换为物体的功能。

此外，新的 Slide Edge 功能以及 Booleans、Bevel、Bridge、Reduce 和其他工具的重大改进能让用户更高效地进行建模。Maya 2008 还提供了两种新的选择管理功能：X-Ray 选择突出和"pick walk"边循环功能。

(5) 更快、更精确的视窗/硬件渲染

现在，由于 Maya 硬件渲染引擎支持分层纹理、多组 UV、负片灯光和物体空间法线贴图，因而使得交互式预览向真实效果又接近了几步。当在交互式视窗中使用高质量渲染器时，不仅可以提高预览保真度，还允许使用 Maya 硬件渲染器把更广泛的特效渲染到最终输出。此外，加速的绘图和选择性能与用户界面元素的更高效更新一起，可以促进层级编辑，加速工作流程。

(6) 支持 DirectX HLSL 材质

Maya 2008 能让用户高效地制作和显示用于新一代游戏控制台的尖端效果。特别是，对DirectX HLSL材质的本地支持(以及现有的CgFX支持)能让用户在视窗中处理素材,并能像在目标控制台上一样观看它们。

(7) 非破坏性皮肤编辑

动画师/动画技术总监通常发现有必要在他们搭建的角色上反复工作。Maya 2008现在简化了迭代蒙皮工作流程,使用户能够修改绑定角色的骨骼,而不必在之后重新绑定,因此可以保护骨骼绑定后完成的任何工作。这个过程是通过在绑定骨骼上插入、移动、删除、连接和断开关节的新工具以及对多种绑定姿势的支持实现的。

(8) API改进

游戏开发人员现在可以使用新的硬件材质API,更轻松地为Maya编写高性能的硬件着色插件。这个API包含对OpenGL®和DirectX材质的本地支持、内置材质参数支持,并能直接访问Maya内部渲染缓存。另外,新的约束API能让插件开发人员从基本Maya约束节点和命令结构编写他们自己的动画约束节点和命令。这使得更容易编写自定义约束,并让它们以与内置约束相似的方式与Maya其他部分进行交互。

(9) Mental Ray 3.6内核

Maya 2008使用最新的Mental Ray 3.6内核,此版本可在多边形网格转换和渲染时显著提高性能,并提高IPR(交互式写实渲染)启动性能。此外,以前仅在Maya硬件渲染器中支持的粒子类型现在可以在Mental Ray中进行渲染,因而消除了组合多个渲染器输出的需要。

(10) 扩展的平台支持

Maya新增了对Windows Vista操作系统的支持,使用户能够利用这种最新技术的更高性能。Maya支持的平台和操作系统超过了娱乐业任何其他的3D图形和动画软件包。

Maya 2008基本上继承了以前版本的界面风格,图4-1-2是Maya 2008的主界面,Maya支持一种称为Maya Embedded Language(MEL)的语言版本。它可以创建自定义的效果,书写宏,自定义的用户界面。主界面是由菜单栏、状态栏、工具栏、常用工具栏、视图区、通道箱、命令栏、时间和范围滑块和帮助栏几部分组成。

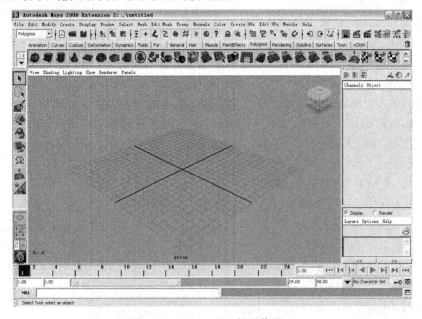

图4-1-2　Maya 2008的工作界面

4.1.3 Multigen Creator 系列

Multigen Creator 系列软件是 MultiGen-Paradigm 公司（www.multigen.com）开发的一个用于可视化系统数据库进行创建与编辑的软件工具集。

Multigen Creator 系列产品是一个高性价比、高度自动化、功能强大、交互的三维建模工具,具有强大的多边形建模、矢量建模、大面积地形精确生成功能,以及多种专业选项及插件,能高效、最优化地生成实时三维(RT3D)数据库,并与后续的实时仿真软件紧密结合,专门创建用于视景仿真的实时三维模型。它是世界上领先的实时三维数据库生成系统,可以用来对战场仿真、娱乐、城市仿真和计算可视化等领域的视景数据库进行产生、编辑和查看。这种先进的技术由包括自动化的大型地形和三维人文景观产生器、道路产生器等强有力的集成选项来支撑。同时,它是一个完整的交互式实时三维建模系统,广泛的选项增强了其特性和功能。

Creator 建模平台是所有实时三维建模软件中的佼佼者,这个集成的和可扩展的工具集提供了比其他建模工具更多的交互式实时三维建模能力,它拥有针对实时应用优化的 OpenFlight 数据格式,这个数据格式已成为仿真领域事实上的业界标准,它在专业市场的占有率高达 80% 以上。不仅可用于大型的视景仿真、模拟训练、城市仿真、工程应用、科学可视化等,也可用于娱乐游戏环境的创建,是虚拟现实/仿真业界的首选产品。

其基本模块为 Creator(Base Creator) 或 Creator Pro(Base Creator 的扩展集)。

1. Creator

Creator 提供交互式多边形建模及纹理应用工具,构造高逼真度、高度优化的实时三维(Realtime 3D)模型,并提供格式转换功能,能将常用 CAD 或动画三维模型转换成 OpenFlight 数据格式。它包括以下功能:

- 多窗口、多视角、所见即所得的操作界面;
- 多边形模型创建及编辑;
- 模型变形工具及模型随机分布工具;
- 数据库层次结构(面、体、组等)创建、属性查询及编辑;
- Mesh 节点(紧密多边形结构)创建;
- 多种数据库组织、优化选项;
- 用多个调色板(Palettes)对色彩、纹理及多种贴图方式、材质、灯光、红外效果、三维声音进行定制及有效管理;
- 最高 8 层纹理的多层混合贴图;
- 对纹理属性、显示效果的精确控制;
- 细节层次(LOD)创建及渐变(Morphing)效果;
- 关节自由度(DOFs)设定;
- 两分面(BSPs)创建工具;
- 固定顺序、Z 缓冲、两分面(BSPs)3 种场景绘制顺序;
- Box/Sphere/Cylinder/Convex Hull/Histogram 5 种形式的碰撞盒;
- 4 类仪表盘自动创建;
- 大面积分布光点的定义与自动生成(模拟机场、城市、乡村的灯光);
- 二维、三维文字创建;

- 公告板(Billboard)创建；
- Flipbook 动画、Switch 开关效果创建；
- 实例(Instances)创建及外部引用(External References)；
- 视场(Viewing Volume)及截取面(Clipping Planes)的设定；
- 背景图、天空颜色渐变、雾效果；
- 可直接输入 AutoCAD(.dxf)、3DStudio(.3ds)文件(针对实时应用进行简化和数据库重组)，输出 AutoCAD、VRML 文件；

2. Creator Pro

Creator Pro 是功能强大、交互的建模工具，在它所提供的"所见即所得"建模环境中，可以建立所期望的、被优化的三维场景。Creator Pro 将多边形建模、矢量建模和地表产生等特征集于一体，具有无与伦比的效率和创造性。

Creator Pro 不但可以创建航天器、地面车辆、建筑物等模型，而且还可以创建诸如飞机场、港口等特殊的地域。它不仅包括了 Creator 的所有功能，还增加了许多新功能。

(1) 多边形和纹理建模功能

使用 Creator Pro 直观的可交互的多边形建模和纹理应用工具，可构造高逼真度的三维模型，并可对它进行实时化而无须更多的人工干预。

(2) 矢量化建模和编辑功能

利用矢量数据高效地建立感兴趣的地域。读入或生成矢量数据并对它进行编辑，Creator Pro 自动地创建全纹理和彩色的模型并把它加到地形表面。通过利用 Creator Pro 中的矢量数据可以减少多次创建相似场景的工作量，使用 Creator Pro 的矢量工具可以将早期生成的 OpenFlight 模型放置到场景的任何位置。

(3) 地表特征生成功能

Creator Pro 拥有一套完整的工具集，可快速生成地形并且精确地使用来自 USGS 和 NIMA 等有效数据源的标准数据或根据图像产生的数据。自动化的细节等级能够为任何应用创建多种分辨率的地形。

3. Terrain Bundle

为了加强高精确度地形的自动生成功能，在 Creator Pro 的基础上开发出了 Terrain Bundle。它是一种快速创建大面积地形数据库的工具，它可以使地形精度接近真实世界，并带有高逼真度的三维文化特征和纹理特征。利用一系列投影算法及大地模型，建立并转换地形，同时保持与原形一致的方位。通过自动的整体纹理映射，它能生成可与照片媲美的地形，包括道路、河流、市区等特征。它的路径发现算法，比线性特征生成算法更优越，可以自动在实时三维场景中建立数千个逼真的桥梁和路口。

4. Road Tools

Road Tools 是高级道路建模工具，它利用精确的高级算法生成路面特征，以满足驾驶仿真的需要。它主要应用于车辆的设计、特殊的驾驶员培训、事故模拟重现等领域。它必须基于 Creator 或 Creator Pro。

4.2 开发工具软件

虚拟现实是多种技术的综合，它运用的主要技术包括：实时三维计算机图形技术，广角

(宽视野)的立体显示技术,观察者的手及手势、人体姿势的实时跟踪技术,立体声技术,触觉、力觉显示反馈技术,语音输入输出技术等。所以说,虚拟现实是极其复杂的,必须具有灵活性、可移植性与实时交互的特性,这对于软件开发环境提出了非常高的要求。从基本的代码行(如用 C/C++ 与 OpenGL)开始开发一个全新的虚拟现实应用系统,工作量是非常大的,而且软件可靠性也大受质疑,因此有必要提供某种框架或平台使得新的应用可以在已有的虚拟现实开发工具的基础上进行。本节通过介绍国外几个比较有代表性的开发系统平台,试图使读者对于开发系统的整体构造和关键问题有一定的了解与认识。

4.2.1 虚拟世界工具箱 WTK

WTK(World Tool Kit)是美国 Sense8 公司开发的虚拟现实系统中一种简洁的、跨平台软件开发环境,也是目前世界上最先进的虚拟现实和视觉模拟开发软件之一。可用于科学和商业领域建立高性能的、实时的、综合 3D 工程。它是具有很强功能的终端用户工具,可用来建立和管理一个项目并使之商业化。一个高水平的应用程序界面(API)应该能让用户按需要快捷的建模、开发及重新构造应用程序。

WTK 也支持基于网络的分布式模拟环境以及工业上大量的界面设备,如头盔显示器、跟踪器和导航控制器。

一个典型的基于 WTK 的系统由以下元素组成:主计算机、WTK 库、C 编译器、3D 建模程序包、图像捕获硬件与软件、位图编辑软件、硬件加速卡、内存管理系统等,如图 4-2-1 所示。

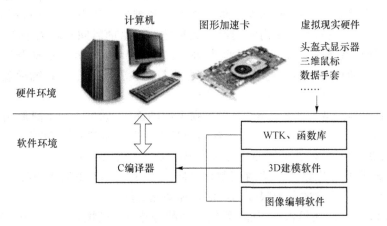

图 4-2-1 WTK 系统结构

WTK 的特点如下。

(1) 为性能而设计

WTK 的算法设计使画面高品质得到根本的保障。这种高效的视觉数字显示提高了运行、控制和适应能力,它的特点是高效传输数据及细节分辨。

(2) 为开发而强化

WTK 提供了强大的功能,它可以开发出最复杂的应用程序,还能提高一个组织的生产效率。一个用 C 代码编写的对象定位库提供给用户 1 000 多个高级语言的函数,可用来构造、交互和控制实时模拟系统。一个函数调用相当于执行 1 000 行代码,这将奇迹般地缩短产品开发时间。WTK 被规划为包括 The Universe 在内的 20 多个类,它们分别管理模拟系统、几何对象、视点、传感器、路径、光源和其他项目。附加函数用于器件实例化、显示设置、碰撞检测、从文件装入几何对象、动态几何构造、定义对象动作和控制绘制。

（3）开放性和系统优化

WTK使OpenVRTM的理论成为现实，它提供了一个工具可简洁地跨过不同的平台，包括SGI、Evans和Sutherland、Sun、HP、DEC和Intel。优化的功能使它可以对付每一个平台界面，它直接通过连续的系统图片库使最快速的传输图片成为可能。另外，WTK支持多种输入/输出设备，并且允许用户修改C代码，如设备驱动器、文件阅读器和绘图例行程序；也允许它和多种信息源进行交互。

（4）高级函数调用

WTK包含的函数可用来实例化和访问通用的设备，如Polhemus FASTRAK公司和Ascension Bird公司的跟踪设备。

4.2.2 Vega 系列

1. Vega 经典实时视景仿真软件

Vega是MultiGen-Paradigm公司最主要的工业软件环境，是应用于实时视景仿真、声音仿真、虚拟现实及其他可视化领域的世界领先的软件环境。Vega将先进的模拟功能和易用工具相结合，对于复杂的应用，能够提供快速、方便地建立、编辑和驱动工具。Vega能显著地提高工作效率，同时大幅度减少源代码开发时间。

Vega无论对于程序员还是非程序员都是理想的实用工具，因为Vega为他们提供了一个稳定、兼容且简单易用的界面，从而使他们在开发和维护工作中能够保持高效。Vega可以使他们集中精力解决特别领域内的问题而无须花费大量的时间和精力去编程。Vega提供一种基于多处理器硬件结构的开发和运行环境，它为每一个有效的处理器逻辑分配系统任务；同时也允许使用者根据需要对某个处理器进行设置并允许定制系统配置以满足极高性能需求。

Vega和其他同类型软件相比较，除了其强大的功能外，它的LynX图形用户界面也是独一无二的。在Vega的LynX图形用户界面中只需利用鼠标单击就可配置或驱动图形，在一般的城市仿真应用中，几乎不用编任何源代码就可以实现三维场景漫游。

同时，Vega还包括完整的C语言应用程序接口API，在NT下以VC 6.0为开发环境，以满足软件开发人员要求的最大限度的灵活性和功能定制。

MltiGen-Paradigm还提供和Vega紧密结合的特殊应用模块，这些模块使Vega很容易满足特殊模拟要求，例如航海、红外线、雷达、高级照明系统、动画人物、大面积地形数据库管理、CAD数据输入、DIS，等等。

Vega的标准功能配置为LynX应用开发界面（如图4-2-2所示）、C语言应用编程接口、应用库及完整文档、Vega编程手册、LynX用户手册。

LynX应用开发界面是一种X/Motif基础的单击式图形环境，它可以快速、容易、显著地改变应用性能、视频通道、多CPU分配、视点、观察者、特殊效果、一天中不同的时间、系统配置、模型、数据库及其他，而不用编写源代码。

LynX可以扩展成新的、用户定义的面板和功能，快速地满足用户的特殊要求。能在极短时间内开发出完整的实时应用及其动态预览功能，可以立即看到操作的变化结果。LynX界面包括了应用开发所需的全部功能。

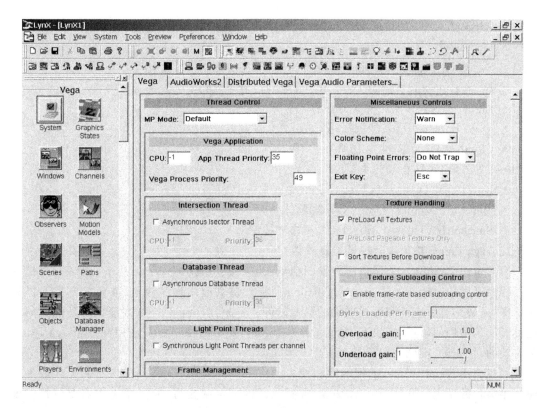

图 4-2-2　LynX 应用开发界面

Vega 包括完整的 C 语言应用程序接口，为软件人员提供最大限度的软件控制和灵活性。Vega 支持多种数据调入，允许多种不同数据格式综合显示，它还提供高效的 CAD 数据转换。

Vega 又分 MPVega 和 SPVega 两种配置。

Vega-MPVega 的 Multi-Process 为多处理硬件配置提供重要的开发和实时环境，通过有效地利用多处理环境，MPVega 在多个处理器上逻辑地分配视觉系统作业，以达到最佳性能。

Vega 也允许用户将图像和处理作业指定到工作站的特定处理器上，定制系统配置来达到全部需要的性能指标。

Vega-SPVega 的 Single-Process 是 MultiGen-Paradigm 特别推出的在一个 CPU 系统的单进程环境下运行的高性能价格比产品，它与所有的附加模块相兼容。

Vega 的基本模块与附加模块较多，主要有：

- AudioWork 2（三维声音模拟工具）
- Vega Class Recorder（录像机模块）
- Distributed Vega
- Special Effects（特殊效果仿真）
- Sensor Vision（传感器图像仿真）
- Sensor Works（传感器图像实际效果仿真）
- Radar Works（基于物理机制的雷达图像仿真）
- DIS-HLA（分布交互式仿真）

- Large Area Database Management(大地形数据库的管理)
- Marine(海洋仿真)
- Symbology(仪表和控制面板仿真)
- Navigation and Signal Lighting(导航和信号系统仿真)
- Light Lobes(移动照明光源仿真)
- Vega Immersive(增加沉浸感)
- Cloudscape(云彩、尘土仿真)
- DI-GUY(人体运动仿真)
- Non-linear Distortion Correction(非线性失真校正)
- SimSmith Vehicle Objects(车辆物体仿真)
- SimSmith Vehicle Controls(车辆物体控制)

2. Vega Prime 精华实时视景仿真软件

Multigen-Paradigm 公司最新开发的精华实时视景仿真软件 Vega Prime 代表视景仿真应用程序开发的一个新的进步,Vega Prime 使视景仿真应用程序快速、准确的开发变得易如反掌,是最具有适应性和可扩展性的商业软件。Vega Prime 在提供高级仿真功能的同时还具有简单易用的优点,能快速、准确地开发出合乎要求的视景仿真应用程序,Vega Prime 是有效的、快速的、准确的视景仿真应用开发工具。

通过使用 Vega Prime,能把时间和精力集中于解决应用领域内的问题,而无须过多考虑三维编程的实现。此外,Vega Prime 具有灵活的可定制能力,能根据应用需要调整三维程序。

Vega Prime 还包括许多有利于减少开发时间的特性,使其成为现今最高级的商业实时三维应用开发环境。这些特性包括:自动异步数据库调用、碰撞检测与处理、对延时更新的控制和代码的自动生成。

此外,Vega Prime 还具有可扩展可定制的文件加载机制、对平面或球体的地球坐标系统的支持、对应用中每个对象进行优化定位与更新的能力、星象模型、各种运动模式、环境效果、模板、多角度观察对象的能力、上下文相关帮助和设备输入输出支持等。

Vega Prime 基本模块包括 LynX Prime 图形用户界面配置工具和 Vega Prime 的基础 VSG(Vega Scene Graph)高级跨平台场景渲染 API。此外,Vega Prime 还提供了多个针对不同应用领域的可选模块,使其能满足特殊的行业仿真需要,还提供了开发自己模块的功能。

Vega Prime 可选模块基本上覆盖了 Vega 的可选模块,Vega Prime 1.0 版本发布的可选模块有 VegaPrime FX、Vega Prime LADBM、Vega Prime IR Scene 和 Vega Prime IR Sensor。

(1) LynX Prime 图形环境

LynX Prime 是一种可扩展的跨平台的单一的 GUI 工具,提供了一个简单、直接明了的开发界面,可根据仿真需要快速开发出合乎要求的视景仿真应用程序。LynX Prime 基本上继承了 LyIE 的功能,同时又增加了一些新功能。它具有向导功能,能对 Vega Prime 的应用程序进行快速创建、修改和配置,从而大大提高了生产效率;它基于工业标准的 XML 数据交换格式,能与其他应用领域进行最大程度的数据交换,它可以把 ACF(Application Configuration FiIe)自动转换为 C++代码。

(2) VSG(Vega Scene Graph)应用程序接口

VSG 是高级的跨平台的场景渲染 API,是 Vega Prime 的基础,Vega Prime 包括了 VSG 提供的所有功能,并在易用性和生产效率上作了相应的改进。在为视景仿真和可视化应用提供的各种低成本商业开发软件中,VSG 具有最强大的功能,它为仿真、训练和可视化等高级三维应用开发人员提供了最佳的可扩展的基础。VSG 具有最大限度的高效性、优化性和可定制性,无论有何需求都能在 VSG 基础之上快速、高效地开发出满足需要的视景仿真应用程序,VSG 是开发三维应用程序的最佳基础。

(3) Vega Prime FX 特殊效果仿真

Vega Prime FX 提供了实时三维视景仿真应用需要的特殊效果。可以通过 LynX Prime 或高级的 API 对特殊效果进行修改和添加,而且可根据场景渲染的需要预先定义或调整特殊效果。

用户能通过 Vega Prime FX 轻松创建和定制粒子特殊效果,定义如速度、重力加速度、大小和生命周期等参数;Vega Prime 的纹理动画可基于预期的帧频率或与真实帧频率相关的精确时间;特殊效果可淡出或淡入,同时粒子的形状、大小和颜色随时间推移而变化;支持碰撞检测,可通过几何体外框的相交来触发粒子效果,还可指定粒子与某些几何体(如墙壁)外框相碰撞后弹回;特殊效果既可以照亮场景中周围的几何体,又可受一天中时间推移和场景光线的影响。

(4) Vega Prime LADBM 大地形数据库管理

Vega Prime LADBM 用于开发针对复杂大地形数据库的应用程序,通过使用动态查阅管理和 AOI(兴趣区域)来优化大地形数据库的组织结构和装载过程,保证视景仿真应用程序高效运行。

(5) Vega Prime IR Scene 传感器图像仿真

Vega Prime IR Scene 在数学上是对传感器图像的精确仿真,它定量计算和显示包括自然背景、文化特征和动态物体在内的真实环境的红外传感器图像,它与 Vega Prime 使用同一虚拟环境,并产生与真实世界相关的红外景观。

(6) Vega Prime IR Sensor 传感器图像实际效果

Vega Prime IR Sensor 产生具有传感器真实效果的红外场景,通过使用它可以控制图形显示参数或使用真实的传感器参数,从而使场景获得实际的传感器效果。Vega PrimeIR Sensor 能根据真实的传感器参数产生正确的效果,并且可以根据需要对效果进行组合。它能控制多种传感器参数,提供最全面的传感器效果。

4.3 Web3D 技术

1995 年,比尔·盖茨在《未来之路》一书中谈到,Internet 将改变我们工作、学习的方式。确实,近年来,Internet 的高速发展改变了我们的生活,特别是 IT 业的各个领域,同时也引发一些新技术的出现。虚拟现实技术作为一项新技术。Web3D 就是虚拟现实技术在互联网上的一种应用,是虚拟现实技术的一个重要发展方向。

Web3D 称为网络三维,是一种带有交互性能实时渲染的网络上的三维,它的本质就是在网络上如何表现互动 3D 图形,这当然不是一个新话题,在图形工作站以至于 PC 上早已日臻成熟,并已应用到各个领域。然而互联网的出现,却使3D图形技术发生了或正在发生着微妙而深刻的变化。这其中就包括在虚拟现实技术上的应用。虽然确切来说它只是虚拟现实技术领域的一个小的部分,然而由于人们所处的网络时代,网络已深入人们的生活,基于网络的Web3D技术也因此显得非常实用,因而应用十分广泛。

Web3D协会(前身是VRML协会)最先使用Wed3D术语,这一术语的出现反映了这种变化的全貌,但没有人能严格定义Web3D,通常理解为:互联网上的3D图形技术。互联网代表了未来的新技术,很明显,3D图形和动画将在Internet上占有重要的地位。

4.3.1 Web3D的发展过程

网络三维技术的出现最早可追溯到VRML,即虚拟现实建模语言。关于虚拟现实技术,虽然很早以前就有人提出了这一想法,但是由于各方面的制约,如缺乏技术支持,没有合适的传播载体等,所以虚拟现实技术直到20世纪末才开始受世人关注。而1991年Internet技术的出现与应用,又为虚拟现实技术提供了极好的条件,使其发展的速度更为迅速。

1992年,美国SGI公司(Silicon Graphics Inc,硅图公司)推出了新一代三维计算机图形接口——Open Inventor,这给了虚拟现实技术一个良好的机会。1993年2月,美国Mark Pesce和Tony Parsi在旧金山相识,他们开始致力于计算机空间方面的工作,受HTML浏览器的启发,他们共同设计了Web的3D接口。这是三维浏览器的原型,可用来浏览Internet的三维画面。1994年5月,在日内瓦举行的第一届Internet会议上,Mark Pesce和Tony Parisi受大会邀请在会议上介绍了他们开发的可在Internet上运行的虚拟现实界面,引起由Tim Berners与Dave Raggett组织的一个BOF(Birds of Feather)联谊会的强烈响应,他们决定开始设计一种场景描述语言,可以连接Web网络。同时,Tim Berners与Dave Raggett也开发出一套3D浏览器,称为Labyrinth,发表于这次研讨会上。由惠普公司欧洲研究实验室的Rava Raggett最早提出虚拟现实标记语言VRML(Virtual Reality Markup Language),为此,很快召开了一个关于虚拟现实技术的会议,并获得大力支持。在这次会议上,大家一致决定要制定一种能连接万维网的三维场景描述语言,尽管也叫"VRML",但其名称已成为"Virtual Reality Model Language"的缩写,这个意义更反映出它的目的。

在这次会议后,以Mark Pesce和Tony Parisi为主的相关人员成立了一个mailing-list组,讨论相关标准的制定。经过讨论,决定以已有的标准为基础,制定新的VRML的规格。根据讨论的结果,基于节省时间及制定上方便的考虑,决定采用SGI公司的Open Inventor ASCII(这是SGI推出的一种工具软件,便于程序员快速、简洁地使用各种类型的交互式3D图形程序,这种工具软件的编制是基于场景结构和对象描述概念和手段,这个语言的基础是文件格式),选择它的重要原因是它的文件格式完全支持有关三维场景的描述,另外还支持亮度、纹理和现实效果等多种图像处理特性。因此,SGI的Open Inventor文件格式的一个子集及其网络特性的扩展构成了VRML的基础。同时,SGI公司同意无偿提供这种新的文件格式的剖析程序向公众开放并放弃对其的所有权。

当时制定VRML规范的参与者中有一位叫Gavm Bell的,他是SGI公司开发Inventor的工程师。他看到了把Inventor作为VRML规范基础的巨大潜力(Inventor现在已演变成了一种开放格式——Open Inventor),在一次Inventor小组的午餐会上,他把关于VRML以及正急需一种万维网上描述三维场景的语言的情况告诉了公司经理Rill Carey,说明急需建立一种可在Web上描述、处理3D场景的语言。之后,Gavm Bell就提出了SGI公司的方案,这是一个 Open Inventor 3D 的模型文件格式的子集,再附加一些处理网络的相应功能的措施。在会议上还有几项提交的方案,经过最后的投票结果,SGI 的方案获得成功。1994 年 3 月在日内瓦召开的第一届 WWW 大会上,首次正式提出了 VRML 这个名字。1994 年 10 月在芝加哥召开的第二届 WWW 大会上公布了 VRML 1.0 的规范草案。其主要的功能是完成静态的 3D 场景,实现与 HTML 的链接。

与此同时,SGI 公司的另一位工程师也是 Open Inventor 的缔造者之一的 Paul Smuss,开始为 VRML 开发一个通用的语法分析器,也就是后来的"Qvlib",它能把 VRML 文件从可读的文本格式转换成一种浏览器能理解的格式。Qvlib 于 1995 年 1 月发布,并被移植到各种平台上。之后,各种各样的浏览器如同雨后春笋般涌现出来。在第一批完全的(能解释 VRML 规范的所有语法)的浏览器中,主要有 SGI 公司的 Web Space 浏览器。而 Temolate Graphics Software 公司很快把 Web Space 从 SGI 平台移植到了其他几种平台(在 Microsoft 公司的 Visual C++ 4.0 以上版本的光盘中带有 Web Space 的 Windows 平台版本),所有这些版本的 Web Space 浏览器都是免费的。

1995 年秋季,SGI 公司又推出了配套的 VRML 创作工具,可在场景中交互地摆放物体,并改进场景的功能,利用它可以交互地构造场景,生成 VRML 文件。此时,VRML 结构组(VRML Architecture Group,VGA)相聚在一起,讨论制定 VRML 下一个规范的事宜。

当初因为 VRML 1.0 的建立相当仓促,仅完成 3D 场景的建立,并针对 Internet 的特点,加上超级链接与文字功能。它所提供的只是标准物体,并不能实现互动,特别是当物体碰撞时,不会进行碰撞检测,而是穿过物体,无法对物体进行操作,如移动物体等。它表现的是一个静态的世界。因此,VRML 小组在此基础上制定了 VRML 1.1,VRML 1.1 比 VRML 1.0 有了一定的提高。如在场景中增加了声音,支持最原始的动画文件,但这些新功能并没有对 VRML 进行足够的、令人满意的改进,人们并没有从中看到新的过人之处。于是,就要求 VRML 语言进行一次彻底的改造。

在 1996 年春,VRML 委员会讨论了几种对 VRML 2.0 规范的建议,包括 SGI 公司的"Moving Worlds"方案、Sun 公司的"Holl Web"方案、Microsoft 公司的"Active VRML"方案、Apple 公司的"Out of This World"方案,等等。委员会的许多成员参与了一些方案的修改工作,其中尤其是对"Moving Worlds"方案的修改。在 2 月份的投票中,"Moving Worlds"得票率超过 70%。1996 年 5 月,VAG 决定采纳这种方案作为 VRML 2.0 规范。1996 年 8 月在新奥尔良(New Orleans)召开的 3D 图形技术会议 SIGGRAPH 96 上公布通过了 VRML 2.0 第一版的规范。它在 VRML 1.0 的基础上进行了很大的补充和完善。

1997 年 12 月,VRML 作为国际标准正式发布,1998 年 1 月正式获得国际标准化组织 ISO 批准,简称 VRML 97。VRML 97 只是在 VRML 2.0 基础上进行了少量的修正。

VRML 规范支持纹理映射、全景背景、雾、视频、音频、对象运动和碰撞检测等一切用于建立虚拟世界所应该具有的东西。尽管如此,但后来 VRML 并没有得到预期的推广运用,远远没有达到期望值。究其原因主要有以下几点:

① Internet 对 3D 图形的需求并不急切,2D 图像仍在 HTML 文件中占主导地位;

② 网络带宽仍然是 Internet 上的 3D 图形的主要瓶颈;

③ 网站的访问者必须先下载插件,然后再安装这个插件,才能观看一个十分粗糙的 3D 图形;

④ VRML 97 发布后，VRML 协会没有及时推出 VRML 97 的下一代标准。

1998 年，VRML 组织把自己改名为 Web3D 组织，同时制订了一个新的标准——Extensible3D(X3D)，到了 2000 年春天，Web3D 组织完成了 VRML 到 X3D 的转换。X3D 整合正在发展的 XML、Java、流媒体技术等先进技术，包括了更强大、更高效的 3D 计算能力、渲染质量和传输速度。

但在随后的几年内，Internet 又有了高速的发展，Internet 对图形、图像、视频技术的发展也产生新的需求，特别是电子商务应用领域。Internet 上的竞争十分激烈，因为有需求有利润，也会推进 Web 新技术的出现。但制作 Internet 3D 图形的软件并没有完全遵循 VRML 97 标准，许多公司推出了它们自己的制作工具，使用专用的文件格式和浏览器插件。据不完全统计，类似的技术有近百种之多。这些软件各有特色，在渲染速度、图像质量、造型技术、交互性以及数据的压缩与优化上有都胜过 VRML 之处。它们主要都是瞄准电子商务，为网上的电子商品或电子商场提供 3D 展示。如 Cult3D、Viewpoint、GL4Java、Flatland、Fluid3D、Janet3D、Java3D、Pulse3D、Shout3D、Sumea、Superscape、Vecta3D、blaxunn3D、OpenWorlds、Flash3D、Virtools、Unity3D、WebMax、VRP、SilverLight、O3D 等。当然所有的公司都希望自己的解决方案能成为"事实上的国际标准"。

Wed3D 图形的制作工具及实用程序很多，它们的功能一般都包括：

① 创建或编辑三维场景模型；

② 优化或压缩场景模型文件的大小，使其适合在网上传输；

③ 增加 Wed3D 图形交互性；

④ 增加或改进 Wed3D 图形的图像质量；

⑤ 文件加密。

4.3.2 Web3D 技术的特点

1. Java 在互联网上的应用

1991 年，Sun 公司为了开拓消费品电子市场成立了一个语言开发小组——Green 小组，该小组的任务是设计一种可在各种系统中移植的、与平台无关的计算语言，为混合型的机器生成中间码（即虚拟机，也就是 JVM 的由来）。这种中间码理论上可以在任何机器中运行，只要其中安装了适当的解释器，这样就达到了跨平台的目的，解决了项目中最重要的问题。17 个月后，整个系统完成，这个系统更注重机顶盒式的操作系统，不过在当时市场不成熟的情况下，他们的项目没有获得成功，但 Java 语言却得到了 Sun 公司总裁 Mc Nealy 的赏识。

到了 1994 年，WWW 世界如火如荼地发展起来，Green 小组成员意识到 WWW 需要一个中性的浏览器，它不依赖于任何硬件平台和软件平台，应是一种实时性较高、可靠安全、有交互功能的浏览器。于是他们决定用 Java 开发一个新的 Web 浏览器。1995 年，HotJava 诞生，随即在 IT 界引起巨大的轰动，Java 的地位也随之确立。

1996 年 Sun 发布了 Jdk 1.0。此时 Java 在 Internet 上已是炙手可热，Java 成为软件开发的一种革命性的技术。但此时的 Java 仅能提供一些运行于 Web 浏览器的小应用程序 Applet，离企业级应用平台还差得很远。

1998 年，Sun 公司发布了 Java 2 平台。在 Java 的发展史上，Java 2 是一个里程碑式的产品。Java 2 不但性能有很大提高，还提供了一个安全、灵活的新模式，以及一套完整的应用软件开发接口,同年,Sun 在 Javaone 大会上发布了 Ejb 1.0 规范,为建立分布式商务对象系统提供了坚实的结构体系基础。从此 Java 开始走向企业级应用平台。Sun 公司计划将 Java 发展成为 3 个系统:针对嵌入式设备的 J2ME、针对个人 PC 的 J2SE、企业级服务器端平台的 J2EE。

Internet 的发展促进了 Java 的发展,Java 在互联网上几乎随处可见,而它在 3D 图形上更显示出强大的威力。使用 Java 的重要理由之一是它的平台无关性。当时两种常用的浏览器 Netscape 和 IE 都支持 JVM(Java 1.0.2)。因此用 Java 制作的 3D 图形几乎都可以在互联网的浏览器上显示。

由于战略发展需要,微软在 Windows 2000 SP4 版本以后的操作系统中不再预装 JVM。当你打开 Java 全景网页时,不能显示 Java 小程序全景图片,没有任何信息告知原因,也没有指示何处下载插件。在微软的网站已经不再提供微软版本的 JVM(5 MB)下载,只提供去 Sun 公司的下载地址,在 Sun 公司网站上可供下载的有 Windows XP 的 JVM(11 MB)和 Windows 2000 的 JVM(14 MB)软件。而在此之前,Windows 98 和 Windows 2000(早期)在安装时,预装 JVM。

不再预装 JVM 影响的不仅仅是全景技术的应用,由于 Web3D 以插件方式嵌入浏览器中播放,因此 3D 内容播放前的插件安装过程给最终用户带来了很大不便,这很大程度上造成了如今 Web3D 技术纷繁而市场总体占有率却十分低下的局面。

2. 新一代互联网 3D 图形的标准——X3D

VRML 协会(VRML Consortium)在 1997 年将它的名字改为 Wed3D 协会(Web3D Consortium),并制订了 VRML 97 新的国际标准。此后 Wed3D 这一专用缩写开始在互联网上出现。然而,1997 年以后的几年,该协会并没有什么大的动作,直到 2001 年 8 月,Wed3D 协会发布新一代国际标准——X3D(Extensible 3D,可扩展 3D)。

X3D 是 Wed3D 协会制定的 VRML 97 的下一代标准。X3D 是在许多重要软件厂商的支持下提出的,如 3Dlabs、ATI Technologies、Blaxxun、Nexternet、OpenWorlds、Parallel-Graphics、Sony Electronics、US Army STRICOM 和 SGDL Systems 等。X3D 与 MPEG-4 和 XML 保持兼容。X3D 将集成到 MPEG-4 的 3D 内容之中,使用 XML 语法。它与 VRML 97 向后兼容,即 X3D 能实现标准 VRML 97 的全部功能。X3D 的主要任务是把 VRML 的功能封装到一个轻型的、可扩展的核心之中。由于 X3D 是可扩展的,任何开发者可以根据自己需求,扩展其功能。

X3D 标准的发布,为 Internet 上 3D 图形的发展提供了广阔的前景,无论是小型具有 3D 功能的 Web 客户端应用,还是高性能的广播级应用,X3D 都应该是大家共同遵守的标准,从而结束当前 Internet3D 图形的这种混乱局面。在统一的 X3D 基本框架下保证不同软件厂家开发的软件具有互操作性。

在 SIGGRAPH 2002 会议上,Wed3D Consortium 发布了 X3D 最终工作草案。Wed3D Consortium 希望 Wed3D 软件公司使用 X3D 规范开发相应的产品,评估其规范的可行性,并且 Wed3D Consortium 积极将该规范递交给国际标准化组织(ISO)。

在美国洛杉矶的世界计算机图形大会 SIGRAPH 2004 会议上,通过的 X3D 国际规格标准已经正式发布并可以下载,Web3D 协会宣布:X3D 规范已经被国际标准化组织 ISO 审批通过,作为国际标准 ISO/IEC 19775,并在 2004 年 10 月正式发布。X3D 规范目前仍在继续开发和修订,它是跨网络和应用软件的实时 3D 图形通信的技术基础。X3D 定义了在网络上运行的 3D 图形内容和应用软件的运行环境和应用机制,它支持几种文件格式的编码和程序设计语言,它本身所具有的 3D 数据广泛的互操作性,为实时操作,为通信和显示 3D 场景提供了极大的灵活性。X3D 集成了最新的图形硬件技术,它的可扩展性将使它能在未来 Web3D 图形技术中提供最优秀的性能。它具有以下特点:

① 开放性,无授权费用;
② 已经正式同 MPEG-4 Multimedia 标准整合在一起;
③ XML 的支持,使得 3D 数据更容易在网络上实现;
④ 同下一代图形格式 SVG(Scalable Vector Graphics)兼容;
⑤ 3D 物体可以通过 SAI/EAI 甚至游览器的 DOM 接口来操作。

3. 互联网 3D 图形的关键技术

在 Web3D 浏览中,一般都要下载相应的插件,这些插件的作用就是进行实时渲染,其意义是:浏览者客户端中解析从服务器端传来的场景模型文件,并实时地、逐帧显示 3D 图形。实时渲染引擎一般做成 Web 浏览器插件形式,要求浏览者在观看前已经安装了该插件。

显然,实时渲染引擎是实施互联网上 3D 图形的关键技术,它的文件大小、图形渲染质量、渲染速度以及它能提供的交互性都直接反映其解决方案的优劣。

目前每一种 Web3D 的解决方案都要下载各自不同的浏览插件,一般较大的有 4~5 MB,而最小的基于 Java 技术的只有几十 KB。当然,渲染引擎越大,渲染的图像质量就越好,功能就越强大。目前图形质量较好的渲染引擎应该属于 Cult3D 和 Viewpoint,它们都使用专用的文件格式。在渲染速度方面,支持 OpenGL 或微软的 Direct3D 是提高渲染速度和图形质量的关键,在这一点上互联网 3D 图形与本地 3D 图形显示是一样的。

交互性是 Web3D 的最大特色,只有实时渲染才能提供这种交互性,3D 图形的预渲染不能提供这种至关重要的交互性。交互性是指 3D 图形的观看者控制和操纵虚拟场景及其中 3D 对象的能力,如可以随时改变在虚拟场景中漫游的方向和速度,可以操作虚拟场景中的对象等。

4. Web3D 技术应用广泛

Web3D 技术诞生的背景,是互联网的高速壮大促进了电子商务的发展,需要在网络环境下向访问者更全面地展示产品。但是,Web3D 技术的应用不仅仅在互联网络上,在本机演示项目、光盘多媒体作品中都能够看到采用的各种 Web3D 技术。这是因为,从市场接受的角度来说,更多的客户希望不仅仅在网站上,在本机、光盘上都应该能看到自己的商品;另一方面是因为互联网商业展示,主要是以展示独立的产品物体为主,而目前国内的这种应用并不多;从技术的角度来讲,说明了在房地产、市政建设、工业设计等方面,也需要这种普及性的实时三维技术。

4.3.3 其他基于 Web 的 3D 技术

1. Virtools

Virtools 是法国的一家交互三维开发解决方案公司,它所开发的三维引擎已经成为微软 Xbox 的认可系统,方便易用,应用领域广(游戏机、互联网、工业合作等)。它利用完全可视化的接口与高度逻辑化的编辑方式,轻易地将互动与人工智能加入一般的 3D 模型,使光盘产品与网页由 2D 多媒体提升为实时互动的三维虚拟现实。

图 4-3-1 是 Virtools Dev 4.0 启动画面。Virtools Dev 的模型输入简便而且接近完美。可接受 3DS Max、LightWave、SoftImage 等 3D 动画软件所制作的模型、贴图和动画格式；支持 JPG、TFF、TGA 和 AVI 等 2D 图片和影片格式的输入；支持 WAV、MP3 等声音档案格式的输入。Virtools 在其 Dev 接口上加入了许多新功能，改善了工作流程，让用户可以专注于创作出完美的交互三维画面。

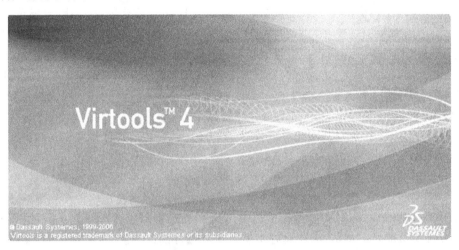

图 4-3-1　Virtools Dev 4.0 启动画面

Virtools Dev 具有灵活、易操作的特点，它提供了超过 400 个以上的行为块：角色控制模块可操控虚拟世界对象的前进、后退、等待与跳跃等动作；提供 3D 实时的分子运动、动态光源与多重材质等视觉特效模块；摄像机运动与分镜的编辑模块；在其行为引擎（Behavioural Engine）及各管理系统上添加了新功能，Virtools SDK 及 Virtools Web Player 允许用户随意操控，享受全新的体验。这些行为块可以重复使用，极大地加速了生产过程，降低了生产成本，并使投资回报更大。开发人员还可以使"行为数据库"或在 C++ 中借助于 SDK 进行创作。

Virtools Dev 采用流程图式的编辑接口，让设计程序更有效率、也更为有迹可寻。编辑程序完成后形成一个完整的流程图，方便未来阅读、修改、使用与经验传承，解决公司数据保存与人员流动的问题，可实时地检测设计成果；可在编辑接口上任意加注说明；容许使用中文进行命名和文字说明。

Virtools Dev 制作成果可以通过多种方式播放执行。可用 Virtools 专属程序播放执行，也可直接在网页中浏览（支持 IE/Netscape 4＋与 Windows、Macos 平台）；或者与任何支持 ActiveX 的产品整合；甚至透过 SDK 编译成标准执行档案。

2. VR-Platform

VR-Platform 是由中视典数字科技独立开发的具有完全自主知识产权的一款三维虚拟现实平台软件，可广泛地应用于城市规划、室内设计、工业仿真、古迹复原、桥梁道路设计、军事模拟等行业。该软件适用性强、操作简单、功能强大、高度可视化、所见即所得，它的出现将给正在发展的 VR 产业注入新的活力。

VR-Platform 有 VR-Platform 编辑器和许多 VR-Platform 高级软件模块组成。VR-Platform编辑器是 VR-Platform 三维互动仿真平台的核心组件，用户通过它来编辑和生成三维互动场景。用户可根据所要制作的场景规模,选择一个合适的 VRP 编辑器产品。它有共享版、学生版、初级版、中级版、高级版、企业版等。可选的高级软件模块,是 VRP 功能的延伸,能提高您所制作的虚拟现实场景的沉浸感,给最终客户带来全方位的感观体验。通常有游戏外设模块、ActiveX 插件模块、立体投影模块、三通道模块、SDK 软件开发包等。其软件产品如图 4-3-2 所示。

图 4-3-2　VR-Platform 软件包

VR-Platform 具有以下特点:人性化,易操作,所见即所得;高真实感实时画质;高效渲染引擎和良好的硬件兼容性;完全知识产权,支持二次开发;良好的交互性;高效、高精度碰撞检测算法;丰富的特效;功能强大的实时材质编辑器;与 3DS MAX 的无缝集成;强大的界面编辑、独立运行功能;快速的贴图查看和资源管理;骨骼动画、位移动画、变形动画;数据库关联;多行业应用专业模块;支持全景模块;支持网络模块;支持虚拟现实相关硬件设备;可嵌入 IE 和多媒体软件。

3. Java3D

Java3D 是 Java 语言在三维图形领域的扩展,是一组应用编程接口(API)。利用 Java3D 提供的 API,可以编写出基于网页的三维动画、各种计算机辅助教学软件和三维游戏,等等。利用 Java3D 编写的程序,只需要编程人员调用这些 API 进行编程,而客户端只需要使用标准的 Java 虚拟机就可以浏览,因此具有不需要安装插件的优点。

Java3D 从高层次为开发者提供对三维实体的创建、操纵和着色,使开发工作变得极为简单。同时,Java3D 的底层 API 是依赖于现有的三维图形系统的,如 Direct3D、OpenGL、QuickDraw3D 和 XGL 等,

Java3D 的数据结构采用的是 SceneGraph(场景图),这一灵活的树状结构与显示列表多少有些相似之处,但运用起来更耐用(More Robust)。Java3D 的场景图是 DAG(Directed Acyclic Graph),即具有方向性的不对称图形。Java3D 的这种体系结构既可以使其开发的程序"到处运行",又使其能充分利用系统的三维特性。就因为 Java3D 拥有如此强大的三维能力,使得它在网络世界,特别是在游戏中能大展风采。

Java3D API 是 Sun 定义的用于实现 3D 显示的接口。3D 技术是底层的显示技术,Java3D 提供了基于 Java 的上层接口。Java3D 把 OpenGL 和 DirectX 这些底层技术包装在 Java 接口中。这种全新的设计使 3D 技术变得不再繁琐并且可以加入到 J2SE、J2ME 的整套架构,这些特性保证了 Java3D 技术强大的扩展性。

Java3D 的编程和 Java 一样,是面向对象的编程,Java3D 是建立在 Java2(Java1.2)基础之上,Java 语言的简单性使 Java3D 的推广有了可能。它实现了以下三维显示能够用到的功能:

- 生成简单或复杂的形体(也可以调用现有的三维形体);
- 使形体具有颜色、透明效果、贴图;
- 在三维环境中生成灯光、移动灯光;
- 具有行为的处理判断能力(键盘、鼠标、定时等);
- 生成雾、背景、声音;
- 使形体变形、移动、生成三维动画;
- 编写非常复杂的应用程序,用于各种领域,如虚拟现实等。

作为一个高级的三维图形编程 API，Java3D 给人们带来了极大的方便，它的作用可以说几乎包含了 VRML 2.0 所提供的所有功能。尽管不再预装 Java 运行环境而限制了 Java 在 Windows 平台的应用，但由于 Java 不仅适用于现在的各种个人计算机，还可用于多种平台，这使得它搭载 JVM 的 Set Top Boxes PDAs Workstations 等多种环境中，成为了三维应用的施对主力。

4. Viewpoint/Atmosphere

Viewpoint Experience Technology（简称 VET）的前身是由 Metacreation 和 Intel 开发的 Metastream 技术。提到 Metacreation，相信不少人曾对这家有传奇色彩的公司感兴趣过，其出品的软件虽算不上什么大手笔，却功能极具特色，像有名的 Bryce、Poser、KPT 滤镜等。

在 2000 年夏，Metastream 购买了 Viewpoint 公司并继承了 Viewpoint 的名字。Viewpoint DataLab 是一家专业提供各种三维数字模型出售的厂商，Metastream 收购 Viewpoint 的目的是利用 Viewpoint 的三维模型库和客户群来推广发展 Metastream 技术。

在 Mts 2.0（Metastream）时代，Metastream 的技术优势就已经表现出来。它生成的文件格式非常小，三维多边形网格结构具有 Scaleable（可伸缩）和 Steaming（流传输）特性，使得它非常适合于在网络上传输。在三维数据下载的过程中看到一个由低精度的粗糙模型逐步转化为完整的高精度模型的过程。

VET（也即 Mts 3.0）继承 Metastream 以上特点，并实现了许多新的功能和突破。

VET 在结构上分为两个部分：一个是储存三维数据和贴图数据的 Mts 文件，另一个是对场景参数和交互进行描述的基于 XML 的 mtx 文件。

VET 具有一个纯软件的高质量实时渲染引擎，渲染效果接近真实而不需要任何的硬件加速设备。

VET 可以和用户发生交互操作，通过鼠标或浏览器事件引发一段动画或是一个状态的改变，从而动态地实现一个交互过程。

VET 除了展示三维对象外还犹如一个能包含多种技术的容器，它可以把全景图作为场景的背景，也可以把 Flash 作为贴图来使用。

VET 的主要应用领域是以物品展示为主的产品宣传与电子商务领域。目前风靡一时的 QQ 3D 秀是使用 Viewpoint 公司的交互 3D 技术实现的。

Adobe Atmosphere 是专业的虚拟现实解决方案，由 Adobe 公司基于 Viewpoint 技术开发。

在 Atmosphere 中浏览的感觉类似于玩 DOOM 类三维视频游戏。所不同的是 Atmosphere 场景可以通过 Internet 连接多个用户，连接到同一场景的用户可以彼此实时地看到代表对方的对象位置和运动情况，并且可以向所有用户发送聊天短信。Atmosphere 环境提供了对自然重力和碰撞的模拟，使浏览的感受极具真实性。

Atmosphere 场景的开发相对来说比较容易。Adobe 提供了制作工具 Atmosphere Builder，可在 Adobe 的站点下载。

不过 Atmosphere 的前景还有待观望，从场景的质量来看还比较粗糙；从短信息聊天功能上看，只支持一对多的方式；从扩展性上看，Atmosphere 目前只能在浏览器和它自己的播放器内运行，还不支持嵌入其他的环境中；从服务器端支持看，Adobe 还未提供用来处理多用户交互信息传送的服务器端程序，目前建立的 Atmosphere 场景只能连接到 Adobe 的服务器上使用。

5. Unity3D

Unity3D 是一款创新的多平台 Web3D 游戏引擎,Unity3D 采用了和大型、专业的游戏开发引擎相同的架构方式和开发方式实现 Web3D,对于 Web3D 行业来说应该是一款重量级的产品。

有人评价说,Unity3D 的出现和大量应用将把 Web3D 拉到游戏的快车道上来,让 Web3D 也"三高"起来,游戏行业的"高投入,高风险,高利润"众人皆知,但是 Unity3D 的出现解决了第一高"高投入"的大问题。

Unity3D 包含集成的编辑器、跨平台发布、地形编辑、着色器、脚本、网络、物理、版本控制等特性。

图 4-3-3 演示的是 Unity3D 经典案例,一片热带的岛屿,主要展示了地形、水、光影效果。也许很多人看过后都联想起《孤岛惊魂》的引擎 CryEngine,Unity3D 吸引了众多游戏开发者和 VR 开发者的目光。

图 4-3-3　Unity3D

Unity3D 使用了 PhysX 的物理引擎,暂时还未支持流体和布料的效果。在植被方面使用了 Unitree,并内置了大量的 Shader 供开发者使用,这些 Shader 即可满足开发者的常用效果。Unity3D 支持 JaveScript、C♯,可见其在脚本方面功能比较强大。如果开发非网页的独立版还可使用插件。

6. Shockwave

Macromedia 的 Shockwave 技术,为网络带来了互动的多媒体世界。Shockwave 在全球拥有众多的用户群。2000 年 8 月 SIGGRAPH 大会上,Intel 公司和 Macromedia 公司宣布开发工作致力于将 Intel 的 Internet3D 图形软件技术与 Shockwave 播放器结合起来。这项合作将导致产生下一代的适应于网络带宽的交互式游戏、娱乐和在线购物。不像那些不足称道的尝试,Intel 的 3D 图形技术并不试图将整个图像都塞到你的计算机里,而是仅发送能告诉你的系统如何绘制 3D 图形的指令。

Intel 的 3D 技术具有以下特点：对骨髓变形系统的支持；支持次细分表面，可以根据客户端机器性能自动增减模型精度；支持平滑表面、照片质量的纹理、卡通渲染模式，一些特殊效果如烟、火、水。

Director 为 Shockwave3D 加入了几百条 ling() 控制函数，结合 Director 本身功能，无疑在交互能力上，Shockwave3D 具有强大的优势。

鉴于 Intel 和 Macromedia 在业界的地位，Shockwave3D 自然得到了众多软、硬件厂商的支持。Aiias Wavefront、Discreet、Sohmage Avid、Curious Labs 在他们的产品中加入了输出 W3D 格式的能力。Havok 为 Shockwave3D 加入了实时的模拟真实物理环境和刚体特征，ATi、NViDlA 也发布了在其显示芯片中提供对 Shockwave3D 硬件加速的支持。

从画面生成质量上看，Shockwave3D 还无法和 Viewpoint、Cult3D 抗衡，因此对于需要高质量画面生成的产品展示领域，它不具备该优势。但是 Shockwave3D 文件容量较小，图形展示快捷，并不占用很多计算机的资源，它能根据计算机资源自动地调整 3D 内容的品质，所以不管是电话拨号或宽带上网连接，并不十分影响图像的清晰度，只是影响可见的细节水平。

7. EON Studio

EON Studio 是一种可以让使用者快速、简单地将生产研发与行销整合的 3D 模拟互动工具。以 3D 动态的方式与 CAD 结合后，进行生产模拟、组装分解功能操作模拟、弥补 CAD 档案在 Internet 上的档案过大而无法即时传输且无法即时操控所模拟的产品功能，此外更可与多媒体 Micromedia Director、Shockwave 等结合成电子型名录或网站帮助行销，更可运用这套工具进行教育训练。

EON Studio 具有以下特点。

3D 档案输入容易，支持十多种 3DS MAX、Solidedge、Pro/E、ArchiCAD、VRML2 和 LihgWave 等 3D 模型结构软件，提供应用范围广泛的物体及贴图，操作非常简单。所有的 bitmaps(textures) 输入后，都会被转换成适当的贴图格式(*.jpg、*.png、*.ppm)，制作出来的文件很小，非常适合在网络中使用。

超过 100 个预先设定好的功能节点，无须编写程序，只要用鼠标拖动的方式，既可让原本死板的物体活起来，真正可以帮助设计师虚拟出真实物体。图形化操作界面使得用户在不需要程序设计师的情况下就可以自行增加丰富的互动效果。

片段画面重复功能，不需录像带那样一次看完才能回放，十分灵活、实用。对 J-script、VBscript 脚本语言的支持大大简化了互动及其他高级功能的开发。

能做出特殊效果，如雨滴、振动、明暗、反射、环境映像以及光线等，都能即时调整色彩差别，提高虚拟现实的真实效果。

标准原型资料库——模拟树状结构中具有属性、动作的物件、贴图式独立物件储存的地方。运用标准原形能够使子树状结构的再利用更加容易，因为封装后的子树状结构包含功能节点及流程，可以重复使用的不单只有复杂的物件，甚至于 EON Studio 流程定义视窗中的行为亦可不断的重复使用，流程容易追踪，使得流程的新增定义较从前更有效率。

固体节点可以模拟物体的运动方式，自然反应外力，特别是物体会被外界影响时，这个功能就显得更重要，如遇到重力、压力、跳跃力的电击接收器，等等。有了这个特点，物件之间的互动就如同在现实世界的反应一样，可以碰撞、滑动、转动或者静止，逼真且复杂的图形模拟可以简单地逐步建造出来。

有了虚拟展示中心的功能,使用者可以用虚拟现实的方式展示产品,具有呈现明暗度、反射和阴影的功能,例如环境光源的贴图。

EON Studio 也可用来实施课程训练,不管是教育、实习评估皆可使用,图形模拟可以为学员提供高质的场景及互动性,例如组装/拆卸的功能节点、文字或声音的课程讲解以及评估。

8. Rocket3D Studio

这是一款国产的 VR,是由 6 度 VR 团队开发的面向场景浏览的虚拟现实技术。Rocket3D Studio 是一个简单、方便的开发工具。Rocket3D Studio 由以下几个部分组成:场景编辑器对场景进行编辑、配置;编译器把场景的各种信息转变为 Rocket3D 渲染引擎可以识别的字节码;调试工具对场景进行预览、调试;3DS MAX 输出插件将 3DS MAX 的数据导出为场景编辑器可以识别的文件;调试版 Rocket3D 渲染引擎可以输出一些额外信息,帮助制作场景;实用工具在场景制作中是可能用得到的工具;特效插件(比如喷泉、雪花、雨水、云彩等)。

Rocket3D Engine 的主要特点:

① 真正的全景、6 个自由度的渲染平台(东南西北上下);
② 透明和半透明纹理,可以实现水体的表面和窗户的透视;
③ 通过镜面和 Alpha 可以展示出具有反射效果的表面;
④ 光能渲染系统可以真实地模拟光照效果;
⑤ 气候仿真系统可以模拟雨、雪、云、雾;
⑥ 光晕仿真系统可以展现美丽的光环效果;
⑦ 重力和碰撞检测系统,使人感觉身临其境;
⑧ 各种特殊效果锦上添花,火、光、喷射、爆炸、波纹;
⑨ 物体光滑化,减少多边形建模的棱角;
⑩ 提供如照相机、摄像机等辅助工具提高用户的兴趣;
⑪ 支持软件渲染,1M 的 PCI 显卡也可以胜任;
⑫ 压缩传输、断点续传、二线插值、Mipmap\Portal\BSP、脚本控制、消息事件触发。

据统计,目前 Web3D 技术已有几十种之多,每种技术各有优、缺点。在实际应用中,要根据项目的要求灵活选择,表 4-3-1 是常见几种技术的特点,仅供应用时参考。

表 4-3-1 常见 Web3D 技术的特点比较

	全景技术	VRML	Atmosphere	Shockwave3D	Cult3D	Viewpoint
学习难度	最容易	容易	较容易	难	较容易	难
开发难度	较低	最低	低	高	低	高
开发速度	最快	最快	快	慢	快	快
维护难度	低	最低	较低	高	高	高
视觉效果	照片级	较好	好	好	照片级	照片级
交互能力	最差	最好	一般	最好	好	好
脚本语言	Java	Java、Javascript	Javascript	Lingo	Java、Javascript	Java、Javascript
数据库支持	-	SAI 接口实现	外部程序		外部程序	
最佳应用	商品展示、小区展览	场景漫游	在线场景浏览	网络三维游戏	教学、产品展示	教学、产品展示

4.3.4　Web3D 技术应用与发展

Web3D 技术是针对互联网上的最新和最具应用前景的技术,今后几年必将在互联网上占有重要地位。当然,互联网的需求是它发展的动力。随着互联网的的普及与应用,接入网络带宽的增加,Wed3D 在互联网上的应用将有较大的发展。

1. Web3D 技术应用中的问题

(1) Web3D 技术太多,面临更多的选择

虽然 Web3D 技术才发展不久,但是国际上各种各样的 Web3D 技术百花齐放,有几十种之多。有的技术功能单一、简单易用;有的技术侧重全面解决方案,功能齐全;有的技术采用了游戏开发的引擎,有诱人的光影和质感,各有千秋。

如何选择 Web3D 技术是一个比较麻烦的问题,一般掌握以下几个原则。

① 根据所做的项目来选择,有些 Web3D 技术比较适合做物体展示,如 Cult3D、Viewpoint 等,有些适合做大的场景,如 VRML、Atmosphere、Shockwave、Virtools 等。

② 要求通用性要强,使用的用户多则交流的机会就多。

③ 厂商的推广和技术支持是否得力,这也是一个重要的方面,Web3D 技术发展是非常快的,软件必须经常地升级,并具有相关的技术保证。

(2) 相关学习资料太少,学习有一定的难度

现在,绝大多数的技术来自国外,很多软件还没有相应的中文版本,这给学习带来了很多困难;同时,缺乏足够的学习资料与软件,使得学习起来十分费劲。

(3) 正版授权的问题比一般应用软件更突出

由于 Web3D 的应用主要面向网络,相当多的 Web3D 软件采用了和一般零售应用软件不同的正版授权方式。即可以免费下载制作软件,可以用于非商业的使用(有水印字样),但是要用于商业应用,则必须要购买正版授权。由于采用网络发布,软件厂家在网络上检查商业作品是否授权,比一般的软件容易得多,而且其软件商都备有每个正版授权购买者的档案,如果授权序列号被流失、或采用破解版本,则该购买者和网站责任人要负担其责任。同时,这些软件的注册费用相对较高,所以在一定程度上限制了它的发展。

(4) 缺乏统一的行业标准和市场规范

目前,Web3D 技术行业没有统一的行业标准和市场规范,这也是因为尚处于起步阶段的原因。现在,很多公司能做下项目却不知道如何来定价,往往造成很大的价格差别。也不知道这些 Web3D 究竟如何和传统行业结合,如何在传统行业中找到合适的位置。

市场的价格无序也会影响到 Web3D 的发展,现在大家都认识到一个统一的行业标准和市场规范对于国内的 Web3D 应用的重要性,也在积极倡导这个行业标准的建立,但这需要很长一段时间才能完成。虽然在 2004 年通过了 X3D 这样的 Web3D 国际标准,但很明显,并非所有的厂家都一定在严格执行。软件业巨头微软、互联网巨头 Google、维护 OpenGL 标准 Khronos 组织都在积极地开发 Web3D 技术与产品。

2. Web3D 技术的应用方向

从目前的一些应用情况与 Web3D 组织列出的资料,主要有 4 类应用方向:商业、教育、娱乐和虚拟社区。

(1) 企业产品宣传与电子商务

采用虚拟现实技术以三维的表现形式，能够全方位的展现一个物体，具有二维平面图像不可比拟的优势。企业将他们的产品发布成网上三维的形式，能够展现出产品外形的方方面面，加上互动操作，演示产品的功能和使用操作，充分利用互联网高速迅捷的传播优势来推广公司的产品。对于网上电子商务，可以在网络上开设虚拟商场，将销售产品展示做成在线三维的形式，顾客通过网络在虚拟商场中漫游，对产品进行观察和操作，以便对产品有更加全面的认识了解，这样，决定购买的用户必将大幅增加，为销售者带来更多的利润。

(2) 教育业

现今的教学方式，不再是单纯的依靠书本、教师授课的形式。计算机辅助教学(CAI)的引入，弥补了传统教学上的许多不足。在表现一些空间立体化的知识，如原子、分子的结构、分子的结合过程、机械的运动时，三维的展现形式必然使学习过程形象化，学生更容易理解、接受和掌握。

许多实际经验告诉我们，使用具有交互功能的3D课件，学生可以在实际的动手操作中得到更深的体会。对计算机远程教育系统而言，引入Web3D内容必将达到很好的在线教育效果。

(3) 娱乐游戏业

娱乐游戏业永远是一个不衰的市场。现今，互联网上已不是单一静止的世界，动态HTML、flash动画、流式音视频，使整个互联网呈现生机盎然的画面。动感的页面较之静态页面能吸引更多的浏览者。三维的引入，必将造成新一轮的视觉冲击，使网页的访问量提升。娱乐站点可以在页面上建立三维虚拟主持这样的角色来吸引浏览者。在互联网上进行多用户联机游戏，如赛车或空中射击游戏，同时娱乐休闲网站对Web3D技术有更多的需求，如城市校园或风景点的虚拟旅游、虚拟博物馆、展览会等。

游戏公司除了在光盘上发布3D游戏外，现在可以在网络环境中运行在线三维游戏。利用互联网络的优势，用户的覆盖面得到迅速扩张。

(4) 虚拟现实展示与虚拟社区

使用Web3D实现网络上的虚拟现实展示，只需构建一个三维场景，人以第一视角在其中漫游。场景和控制者之间能产生交互，加之高质量的生成画面使人产生身临其境的感觉。对于虚拟展厅、建筑房地产虚拟漫游展示等，提供了解决方案。

如果是建立一个多用户而且可以互相传递信息的环境，也就形成了所谓的虚拟社区。虚拟社区是建立一个通过网络连接的、多用户参与的、可由用户自主扩展的大型虚拟场景，在虚拟场景中的每个访问者都可以指定一个"替身"，通过"替身"在场景中可以漫游。在虚拟社区中，它们可以用语音、文字和视频进行通信。虚拟社区可以是一个城市、校园、建筑物，甚至还可以是一些想象的空间，如星球、孤岛等。它真正实现了虚拟现实，在互联网上仿真虚拟社会的各种活动，使分布在世界各地的人可以借助互联网开展各种文化科技、娱乐活动。虚拟社区是今后Web3D技术在互联网上的一种主要应用形式。

同时，Web3D在科技与工程的可视化、远程教育、建筑漫游、室内外装修等方面的应用也十分广泛。

总之,Web3D 技术虽然面临网络带宽等问题,但相信随着网络的高速发展,Web3D 技术将会有十分广阔的发展前景。

习　题

1. 在虚拟现实系统中,建模的意义是什么?
2. 常见的建模软件有哪些? 各有何特点?
3. 3DS MAX 建模软件相比于同类软件有何优点?
4. 简述 Creator 系列软件的特点。
5. 简述 Vega 系列产品的特点。
6. Web3D 的种类有哪些?
7. Web3D 的应用领域有哪些?

第 5 章　全景技术

【学习目标】

1. 了解全景技术的基本概念
2. 了解全景技术的分类及特点
3. 了解各种全景素材的拍摄方法
4. 掌握柱形、球形、对象全景的制作技术
5. 了解常见全景技术工具软件

近年来,随着计算机技术的高速发展、Internet 的应用、电子商务的日益普及,在线房地产展示、虚拟旅游等的不断发展,在全球范围内迅速发展并逐步流行一种视觉新技术——全景技术。

全景技术是一种基于图像绘制技术生成真实感图形的虚拟现实技术,具体来说,它是一种基于图像处理的 Panorama(全景摄影)技术,它是把相机环绕四周进行 360°拍摄的一组照片拼接成一个全景图像,用一个专用的播放软件在单机或 Internet 上展示,如图 5-1 所示。一般来说,全景技术主要是通过图片或者照片的拼合,实现对场景环视和对物体的三维拖动显示。用户可以通过鼠标或键盘进行上下、左右移动,任意选择自己的视角,并进行任意放大和缩小,具有 3D 效果,如亲临现场般环视、俯瞰和仰视,具有强烈的动感和影像透视效果,好像在一个窗口前浏览一个真实的场景。

在过去,价格昂贵的全景摄影机虽然也可以拍摄出 360°的高质量全景照片,但因为其生成的文件太大,很难在 Internet 上浏览。现在,高速发展的虚拟现实技术使得高质量的全景照片有了全新的内涵和广泛的应用。全景技术在国外发展已经相当成熟,特别是在欧洲、美国、澳大利亚等国家,诞生了大量的全景软件,其图像精度、应用领域、设备水平已经达到了较高的水平。在国内全景技术的发展还处于从导入到成长阶段,目前已经有了一定程度的应用,主要应用于房地产、旅游业、汽车业、数字城市、电子商务等方面。

图 5-1　全景技术展示示意图

5.1 全景技术概述

5.1.1 全景技术的特点

全景技术是基于 Internet 的一项应用技术，较为实用，它是在 Internet 上展示三维物体或场景的好工具。它具有下述几个优点。

（1）无须复杂建模，通过实景采集获得的完全真实的场景。全景图片不是利用计算机生成的模拟图像，而是通过对物体进行实地拍摄，对现实场景的处理和再现，因而展现的是完全真实的场景。相比于建模得到的虚拟现实效果，它更加真实可信，更能使人产生身临其境的感觉。从而很好地满足了对场景真实程度要求较高的应用（如数字城市展示、工程验收、犯罪现场信息采集等）。

（2）快捷高效的制作流程。全景的制作流程简单、快捷，免去了繁琐且又费时的建模过程，通过对现实场景的采集、处理和渲染，快速生成所需的场景。与传统虚拟现实技术相比，效率提高了十几倍甚至几十倍，制作周期短，制作费用低。

（3）有一定的交互性，可以用鼠标或键盘控制环视的方向，进行上下、左右、远近浏览。

（4）一般不需另外下载插件，可以发布为 Flash 文件格式直接在浏览器中观看，有些文件格式的全景照片需要下载一个很小的插件后，通过浏览器在 Internet 上观看。

5.1.2 全景技术的分类

随着 Internet 的应用及普及，虚拟全景技术也发展十分迅速，目前全景技术的种类已经从简单的柱形全景，发展到球形全景、立方体全景、对象全景、球形视频等。

1. 柱形全景

柱形全景是最为简单的全景虚拟。所谓柱形全景，可以理解为以节点为中心的具有一定高度的圆柱形的平面，平面外部的景物投影在这个平面上。用户可以在全景图像中在 360°的范围内任意切换视线，也可以在一个视线上改变视角，来取得接近或远离的效果。也就是用户可以用鼠标或键盘操作环水平 360°（或某一个大角度）观看四周的景色，并放大与缩小（推拉镜头），但是如果用鼠标上下拖动时，上下的视野将受到限制，向上看不到天顶，往下也看不到地面。

这种照片一般采用标准镜头的数码或光学相机拍摄照片，其纵向视角小于 180°，显然这种照片的真实感不理想。但其制作十分方便，对设备要求低，早期应用较多，目前市场上较为少见。

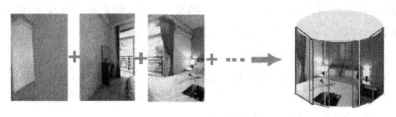

图 5-1-1　柱形全景示意图

2. 球形全景

球形全景是指其视角为水平360°、垂直180°，即全视角。在观察球形全景时，观察者好像位于球的中心，通过鼠标、键盘的操作，可以观察到任何一个角度，让人融入到虚拟环境之中。球形全景照片的制作比较专业，首先必须用专业鱼眼镜头拍摄2～6张照片，然后再用专用的软件把它们拼接起来，做成球面展开的全景图像，最后把全景照片作品嵌入网页中。球形全景产生的效果较好，所以有专家认为球形全景才是真正意义上的全景。球形全景在技术上实现较为困难。由于球型全景效果较完美，被作为全景技术发展的标准，已经有很多成熟的软硬件设备和技术。

图 5-1-2　球形全景示意图

3. 立方体全景

这是另外一种实现全景视角的拼合技术，和球形全景一样，视角也为水平360°、垂直180°。与球形全景不同的是，立方体全景保存为一个立方体的6个面。它打破了原有单一球型全景的拼合技术，能拼合出更高精度和更高储存效率的全景。立方体全景照片的制作比较复杂，首先拍摄照片时，要把上下、前后、左右全部拍下来，也可以使用普通数码相机拍摄，只不过普通相机要拍摄很多张照片（最后拼合成6张照片），然后再用专门的软件把它们拼接起来，做成立方体展开的全景图像，最后把全景照片嵌入展示网页中。

图 5-1-3　立方体全景示意图

4. 对象全景

球形全景是从空间内的节点来看周围360°的景物所生成的视图，而对象全景则刚好相反，它是从分布在以一件物体（即对象）为中心的立体360°的球面上的众多视点来看一件物体，从而生成这个对象的全方位的图像信息。对象全景也叫Object VR，也就是360°三维物体展示技术。它提供了一种在Internet上逼真展示三维物体的新方法。它与其他全景技术的方法不同：拍摄时瞄准对象（如果拍摄的是玩具，那玩具就是对象），转动对象，每转动一个角度，拍摄一张，顺序完成，如图5-1-4所示。用户用鼠标来控制物体旋转以及对象的放大与缩小，也可以把它们嵌入网页中，发布到网站上。

对象全景技术的应用主要瞄准 Internet 上的电子商务（E-Commerce）业务，用以在 Internet 上进行商品三维展示,例如手机、工艺品、电子产品、古代与现代艺术品的展示等。

5. 球形视频

球形视频是全景摄影现在的发展方向,生成的是动态全景视频,观众甚至可以在一些网站上看到进行中的带音响效果的全景球类比赛,观众的视角可以随意转动。在美国已有公司推出了一种全动态、全视角、带音响的全景虚拟,效果很不错。

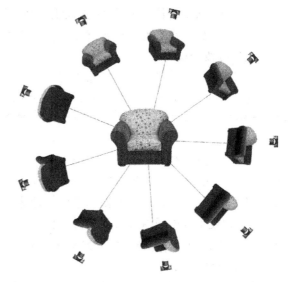

图 5-1-4　对象全景示意图

全景技术的应用领域有电子商务、房地产行业、旅游业、展览业、宾馆酒店业、三维网站建设等。全景技术与 GIS(地理信息系统)技术的结合可以让平面的 GIS 系统具有三维效果。将此技术应用于数字城市的建设,将大大增强数字城市系统的真实性。

全景技术是一种应用面非常广泛的实用技术,然而它毕竟不是真正的 3D 图形技术,它的交互性十分有限。因此从严格意义上来说,全景技术并不是真正意义的虚拟现实技术。

5.1.3　常见的全景技术

目前,全球从事全景技术的公司有很多,开发此类软件的国外著名软件公司有 pixround、IPIX、3dvista、Ulead、Iseemedia……常见的全景软件有 3DVista Studio、Ulead Cool 360、Corel Photo-Paint、MGI Photo Vista、Image Assembler、IMove S. P. S.、VR PanoWorx、VR Toolbox、ptgui、IPIX、Panorama Maker、Photoshop Elements、PhotoVista Panorama、PixMaker Lite、PixMaker、QTVR A. Studio、REALVIZ Stitcher、Powerstitch、PanEdit、Hotmedia……

国内常见的全景软件有杰图造景师软件、大连康基数码的 ReLive、浙江大学的 Easy Panorama、北京全景互动科技有限公司的观景专家与环视专家等。

这其中比较有代表性的全景技术软件介绍如下。

1. QuickTime VR

QTVR 是 QuickTime Virtual Reality 的简称,它是美国苹果公司开发的新一代虚拟现实技术,属于桌面型虚拟现实中的一种。它是一种基于静态图像处理的、在计算机平台上能够实现的初级虚拟现实技术。尽管如此,但它有其自身的特色与优势。它的出现使得专业实验室中的成本昂贵的虚拟现实技术的应用与普及有了广阔的前景。

QTVR 技术有 3 个基本特征:从三维造型的原理上看,它是一种基于图像的三维建模与动态显示技术;从功能特点上看,它有视线切换、推拉镜头、超媒体链接3个基本功能;从性能上看,它不需要昂贵的硬件设备就可以产生相当程度的 VR 体验。

（1）使用方便,兼容性好

浏览 QTVR 场景的用户无须配戴欣赏一般虚拟现实技术所要求的昂贵的特殊头盔、特殊眼镜和数据手套等,对场景的操纵仅通过普通鼠标、键盘就可实现。QTVR 可运行于普通微机,无须运行于高速工作站。在目前流行的操作系统平台上运行,并且可跨平台运行。同时,它还可以在 Internet 上发布。

（2）多视角观看,真实感强

QTVR 运用真实世界拍摄的全景图像来构建虚拟的现实空间,真实世界的全景图通常采用数码相机来拍摄,操作十分方便。它比由计算机生成的图像真实感强,它可以提供很高的清晰度,从而使生成的图像具有更丰富、更鲜明的细节。同时,它提供了观察场景的多个视角使用户可以在场景中从各个角度观察一个真实物体,从而提供了最大限度的 VR 体验。

（3）制作简单,数据量小

QTVR 的制作很简单,前期拍摄的设备也很简单,一般只需要数码相机就可以。制作流程主要是拍摄、数字化、场景制作,制作周期短。前期拍摄的不利因素的影响,如阴天光线的影响,都可以通过后期数字化加工处理。一般制作一个大型的场景,也只需几个月。QTVR 采用了苹果公司独有的专利压缩技术,相对于其他虚拟现实技术,QTVR 影片数据量极小。这意味着同样大小的磁盘空间存储更多的图片,同时也意味着用户对场景的操作更加快速。

2. IPIX 全景

IPIX 全景图片技术是美国联维科技公司(IPIX)在中国推广包括其全景合成软件 IPIX World 和尼康镜头等设备在内的"整体解决方案",2000 年 5 月进入中国市场,它的宗旨是要让人人能够自己拍摄和制作全景照片。

它是利用基于 IPIX 专利技术的鱼眼镜头拍摄两张 180°的球形图片,再通过 IPIX World 软件把两幅图像拼合起来,制作成一个 IPIX 360°全景图片的实用技术。IPIX World 是一款"傻瓜型"全景合成软件,用户无须了解其核心原理,也无须对图像进行前、后期处理,一分钟内搞定。IPIX 利用上述原理生成一种逼真的可运行于 Internet 上的三维立体图片,观众可以通过鼠标上下、左右的移动任意选择自己的视角,或者任意放大和缩小视角,也可以对环境进行环视、俯瞰和仰视,从而产生较高的沉浸度。

IPIX 全景图技术使用的数码相机可用 Nikon 公司专为 IPIX 设计的数码相机 Nikon CoolPix 系列。此外,拍摄 IPIX 全景图片还有一些辅助硬件,例如三脚架和旋转平台等。

IPIX 有自己开发和设计的专有处理软件 IPIX World,同时也可以提供自行开发的多媒体处理软件。它的特点是可以在 IPIX 图片里进行热点链接。例如,加入背景音乐、链接到应用程序、加入声音文件、加入文本文件、链接到互联网、链接图片等。

但是该产品基本上属于普及型软件,加之用户需要支付用于购买图像发布许可的"KEY"和去除 IPIX 标志和链接版权费,应用受到了一定的限制。

3. PixMaker 全景

PixAround.com 为拍摄全景图片提供了完整而简易的解决方案。在无需昂贵专业器材或额外浏览器插件软件的情况下,即可在 Internet 和 PDA(个人数码助理)上浏览互动的网上虚拟环境。

PixMaker 对相机型号没有特别要求,制作者只需用相机拍下照片,就可用 PixMaker 的专门软件 PixAround Webpage 制作并上传到 Internet 上。PixMaker 全景 360°图片的最大优点是操作的简易性。制作者只须将一组相片通过拍摄、拼接、发布 3 个步骤,即可制作出 360°环绕的画面,让网上浏览者随心所欲地利用鼠标观看空间、对象的每一个角落。另外,其发布形式也多样化,根据用户的需要可以制作成 Web、PDA、EXE、JPG 等格式。

4. Panorama Factory 全景图片

The Panorama Factory 是专门制作具有 360°环场效果的影像式虚拟工具,当然也可以使用它来制作出超广角的照片,而且只要轻轻松松几个步骤就可以完成,再也不需要使用 Photoshop 等影像编辑软件来进行调整。使用 The Panorama Factory 可以很容易地将拍摄的多张相同位置不同转动角度的照片拼接成一个完整的全景图。

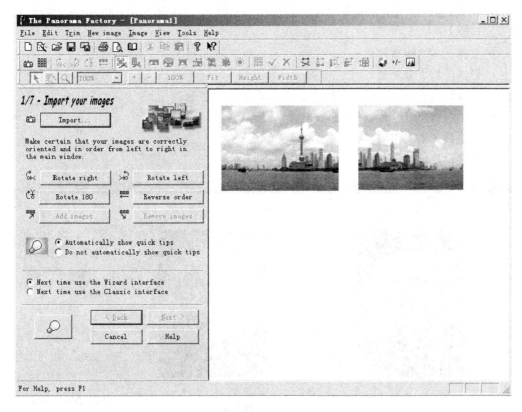

图 5-1-5　The Panorama Factory 全景操作界面

它可以简单地通过 7 个步骤完成其操作。

Step1:使用拼合向导制作全景画;

Step2:选择图片拼合方案;

Step3:描述数码相机的类型取景系统类型;

Step4:控制所输入图片的图像质量,保证图片效果;

Step5:选择全景图类型;

Step6:对拼合图片进行锚点;

Step7：当锚点效果达到满意程度时，可以进入到预览图片与输出全景照片。

经过了几分钟的运算以后，就可以得到最终的效果，这时会出现最后一个向导页。在图5-1-5所示对话框中，选择是要将拼接完的全景照片保存为 *.jpg 文件，还是将整个拼接工程保存，或先在浏览器中预览。当然也可以直接选择打印选项，把照片打印出来。

5. Jietusoft 全景

Jietusoft（杰图软件）是国内全景技术的典型代表技术之一，是国内较成熟的全景软件，也是国内能提供.exe全屏全景和全景播放器的提供商。该公司全景融合了神经网络算法、智能寻边等技术，使全景生成过程极快完成。

Jietusoft 全景软件套装由造景师、造型师、漫游大师等组件组成。

（1）造景师

造景师是一款行业领先的三维全景拼合软件，如图 5-1-6 所示，它可以拼合鼓形(Drum)模式、全帧(Fullframe)模式、整圆(Circular)模式、立方体(Cube Face)模式的图片素材。它具有以下功能：

- 支持 FLASH 播放器；
- 提供分块下载功能；
- 支持导入 Raw 格式的图片，生成更高质量的全景图；
- 提供右键拼合功能，简便又省时；
- 提供耀斑解决方案；
- 支持批处理，可以同时拼合多幅鱼眼图。

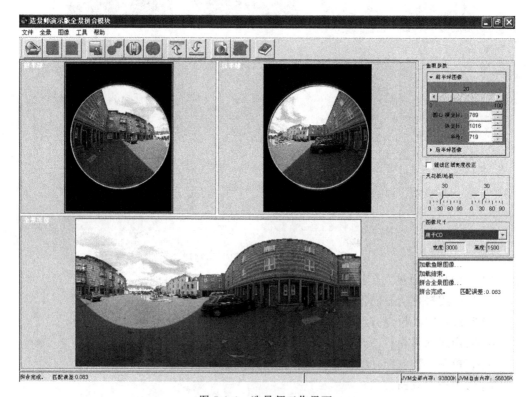

图 5-1-6　造景师工作界面

（2）造型师

造型师是一款制作Flash三维物体的软件。它提供了一种在Internet上逼真展示三维物体的崭新方法。其通过对一个现实物体进行360°环绕拍摄得到的图像进行自动处理，生成360°物体展示模型，使观看者可以通过网络交互地观看物体。

（3）漫游大师

漫游大师是一款行业领先的虚拟漫游制作软件，可以发布Flash格式的虚拟漫游。其可以广泛应用于房产楼盘、旅游景点、宾馆酒店、校园等场景的虚拟漫游效果的网上展示，让观看者足不出户即可获得身临其境的感受。它具有以下功能：

- 发布Flash格式的虚拟漫游；
- 全屏展示场景和地图；
- 支持导入多地图；
- 支持多种音频格式；
- 支持视频漫游（支持VCD、SVCD、DVD等格式）；
- 增强热点功能（热点可以链接到另一个场景、URL、弹出图像、另一个虚拟漫游等）；
- 免费的漫游界面；
- 新版本支持发布Flash虚拟漫游。

杰图公司正在研发能根据视频和全景图像快速方便建立真实场景（含物体）的仿真模型的软件。

6. 观景专家与环视专家

观景专家与环视专家是北京全景互动科技公司的全景解决方案。其中观景专家是3D场景球形全景制作软件，它采用智能化无缝拼合，可发布场景为360°×360°完整球形全景，任意角度旋转，无视觉死角，能自由放大和缩小焦距，可实现近距离观看，在场景内加入URL或Email链接，交互性强，方便场景间的自由切换，全方位展现互动效果好。使用跨平台Java语言，不需安装和配置任何插件即可浏览，可加入wav、midi、mp3等多种音乐格式，丰富的多媒体内容可在全景读取画面自由加入相关Logo，推广自身品牌，也可将3DS MAX中制作的虚拟效果图导出发布为360°×360°全景文件，实现虚拟的全景展示。

"环视专家"是制作VRO（对象全景模型）的工具软件，所制作出的全景模型以实物为核心，外部环视，可将物品局部放大，提供360°栩栩如生的展示。不需要安装任何软件和浏览器插件，使用IE或Netscape 3.0以上浏览器可直接观看。制作出的成品一般大小在100 KB以内，浏览速度快。

7. PTGUI

PTGUI的名字由Panorama Tools的缩写PT和GUI（图形化界面）组合而成。它是一款为Windows和苹果操作系统设计的全景拼合软件，目前使用很广泛。最初是著名多功能全景制作工具Panorama Tools的一个图形化用户界面，现在成为了一款功能强大的图片拼合软件，它的强大优势表现在以下几个方面：

- 可以拼合多行图片；
- 可以创建360°的立方体全景、全景展开平面图、360°×180°的球形全景；

- 若拍摄时相机位置不水平，PTGUI可以先对倾斜的图片进行旋转，再进行拼合；
- 不限制输出结果的尺寸，支持创建千兆的全景图片；
- 最终输出结果可以是分层图片；
- PTGUI大部分时候可以自动拼合全景图，但也提供了许多手工控制的工具，可以对单独的原始图片进行处理，对于许多复杂的场景的拼合，PTGUI自动拼合无法完成，就必须用到这些功能；
- 支持16位最佳图片质量的运行。

5.1.4　常见全景的文件格式

全景软件可以发布Java、QTVR、Flash等常见文件格式。在Java与QTVR中，又可以细分为：普通Java、高精度Java；QTVR、Zoom分割动态传输式QTVR格式。这几种文件格式的图标如图5-1-7所示，其具体特点如下。

1. Java格式

装有Java运行环境(JRE)的操作系统无须额外下载插件就可运行。Windows 98(含)至Windows 2000 SP4之间的Windows版本默认安装有JRE，因此Java格式曾经具有很大的优势。在Java的技术开发上可分为普通Java与高精度Java，两者之间区别如下。

（1）普通Java格式

这种格式开发时间较早，因为早期开发规范的限制，这种格式不支持高精度大数据的全景图片，因此在画质上相对较差，适合在网页中做低精度、小窗口的展示。

（2）高精度Java格式

这种格式是Java最新开发与优化的结果，以支持高精度全屏幕的播放，在画质展现上得到了极大的提高。这种格式全面支持全景的Java播放控制代码，因此可实现多场景漫游、热点链接、雷达导航等功能。而且可以对原全景图片实现完美加密，对保护图片版权具有重要的意义。

2. QTVR格式

QTVR格式需要浏览者在计算机中安装QuickTime播放插件观看QTVR格式。它支持高精度、全屏幕的全景播放，图像质量好，运行流畅，占用计算机资源小，是高质量360°全景的首选发布格式。通常窗口尺寸下文件数据量小，速度快，整合性强。

QTVR根据用途不同可制作为QTVR格式与Zoom分割动态传输式QTVR格式。Zoom分割动态传输式QTVR格式需要与其他软件相结合才可以发布成功。这种格式支持海量数据全景的展示（可以支持数G的单张全景文件），可以对图片局部进行相当高倍率的现场展示，适应对城市规划的高精度投影播放或者多通道虚拟现场展示。

3. Flash格式

Flash播放插件是全球个人计算机中安装数量最多的插件，因此具有无须另外下载插件就可播放的巨大优势，便于浏览者极为方便地浏览，这也是目前全景技术应用中的一个较好的文件格式。

随着全景技术的发展，Flash播放方式的全景逐渐成为主流，原来Java格式和QuickTime

格式的展示方式由于需要安装播放插件,已经逐渐被 Flash 播放方式所替代。

(a) Java文件   (b) QuickTime文件   (c) Flash文件

图 5-1-7　3种文件的标志

5.2　全景作品制作前期拍摄

5.2.1　硬件设备

1. 硬件配置方案

制作全景作品,首先必须有相应的照片素材,而且全景作品的效果在很大程度上取决于前期素材的效果,前期素材的质量与所用的硬件设备有极大的关系,要得到制作全景图的素材,一般采用以下两种硬件配置方法。

(1) 三脚架＋云台＋光学相机＋鱼眼镜头＋扫描仪

这种方法较适合传统的摄影爱好者,先采用普通照相胶卷进行拍摄,冲洗成照片后,再利用扫描仪来扫描照片或底片,而后导入到计算机中处理。在拍摄中尽量使用反转片,可避免采用彩色负片在冲洗时会自动根据底片的密度调节照片的亮度,造成同一场景的几张照片亮度不一,导致后期合成困难的情况。采用这种方法相对成本较高,后期素材处理工作量较大,制作周期较长。

(2) 三脚架＋云台＋数码相机＋鱼眼镜头

这是最常见且实用的一种方法,采用外加鱼眼镜头的数码相机和相应的云台来进行拍摄,拍摄后可直接导入到计算机中,制作十分方便。更重要的是采用这种方法其成本低,一次可拍摄大量的素材供后期选择制作;另一方面其制作速度较快,对照片的删改及效果预览都十分方便,一般推荐采用这种方法。

除此之外,还可以采用三维模型的全景导出的方法。这种方法主要用于在某些不能拍摄或难于拍摄的场合,或是对于一些在现实世界中还不存在的物体或场景,可采用这种方法。如房地产开发中还没建成的小区、虚拟公园的旅游、虚拟产品展示等,只有通过三维建模软件进行制作,制作完成后再通过相应插件将其导出为全景图片。

2. 常用设备

在全景制作中,普遍采用的是第(2)种方案,即采用三脚架＋云台＋数码相机＋鱼眼镜头,但在实际操作中,对于这些设备有一个相互配合的问题,并非所有的数据相机都适合于全景拍摄,在全景拍摄中,所使用的云台与传统摄影采用的云台也不是相同的。

常见硬件配置设备见表 5-2-1。

表 5-2-1　常用全景拍摄硬件设备

相机		镜头	云台	备注
普通数码相机	Nikon Coolpix 990 Nikon Coolpix 995 Nikon Coolpix 4300 Nikon Coolpix 5000	鱼眼附加镜 Nikkor FC-E8	Kaidan 全景头	接 FC-E8 鱼眼镜头 4300 需 UR-E4 转接环，5000 需 UR-E6 转接环
	Nikon Coolpix 4500		JTS 4500 全景头	上海杰图公司为 4500 专制
	Nikon Coolpix 5400 Nikon Coolpix 5700	鱼眼附加镜 Nikkor FC-E9	Kaidan 全景头	接 FC-E9 镜头，5700 需 UR-E12 转接环
数码单反机	Nikon SLR DC、D80、D100、D200、D1、Kodak 14n、Canon ESO D1S	Sigma 8mm f4 EX Circular Fisheye	Manfrotto 302 QuickTime VR 得力	

(1) 数码相机(Digital Camera)

在全景作品制作时，数码相机和传统的光学相机都可以使用。采用传统的胶片光学相机，使用胶片输出形式，其精度高，质量清晰度高，但胶片要进行冲洗，再用扫描仪来扫描处理到计算机，使用比较麻烦，时效性差，同时成本较高；而采用数码相机来拍摄景物则较为理想，理论上来说，所有的数码相机都可以用来制作全景作品，如果要制作球形全景作品，就必须要采用能配接鱼眼镜头的数码相机。

为了得到较好的全景效果，应该选择数码相机的成像像素在 400 万以上的，这样得到的图像质量较好。在球形全景作品的制作中，必须采用可以外接鱼眼镜头的数码相机，常见的有 Nikon(尼康)Coolpix 系列等，以尼康 Coolpix 4500 及 Coolpix 5400 等较为常用；也可以采用可换鱼眼镜头的数码单反相机，一般见见的单反机均可。

① Nikon Coolpix 4500

拥有 400 万像素的 CoolPix 4500 是尼康公司针对 320 万像素的 CoolPix 995 的后续机型，Coolpix 4500 的外观小巧，集合了各种高级影像的控制选择和自动功能，其仍然采用旋转式镜头设计，最大旋转角为 300°。CoolPix 4500 具有 4 倍光学变焦，快门速度为 8～1/2 300 秒，机身材料采用镁合金，显得质感十足。该相机还设计有方便的旋转拨盘，可以分别同 Mode 键和 Func 键组合使用，以选择不同的拍摄模式或者进行各种手动调节。

它继承了 CoolPix 系列相机的大部分功能，设计了 5 种模式的内置闪光灯。通过使用各种手动控制选项，摄影师可以更好地实现其所有的创意。不仅如此，CoolPix 4500 还配备有人像、聚会、室内、夜景人像、沙滩、雪景、风景、日落、夜色风景、运动、晨昏等 16 种"多场景程序模式"，在拍摄时，相机可以根据摄影场景来自动调整曝光等设置。与 Panorama Maker 软件同时使用时，内置的全景模式可让相机在相同的曝光和白平衡设置下，拍摄多张连续的照片，然后拼接合成，而多重曝光模式还可将两张照片叠合成一张照片。

CoolPix 4500 还提供了录音功能，用户可以将 20 秒的声音说明添加到拍摄的照片上，而且还可拍摄 35 秒的有声录像。略显不足的是，CoolPix 4500 处理图片的速度较慢，尤其是在所拍照片分辨率较高的时候。其外形如图 5-2-1 所示，其主要技术参数如表 5-2-2 所示，可配接尼康 FC-E8 鱼眼镜头,更详细资料可参考其产品相关网站。

图 5-2-1　尼康 Coolpix 4500 数码相机

表 5-2-2　**Nikon Coolpix 4500 主要技术参数**

产品类型	消费型相机
感光器件及尺寸	CCD,1/1.8 英寸
最大及有效像素数(万个)	413,400
图像分辨率(像素)	2 272×1 704/1 600×1 200/1 280×960/1 024×768/640×468
光学与数码变焦倍数	4,4
显示屏类型与尺寸(英寸)	1.5 英寸 11 万像素 TFT 彩色显示屏
镜头性能	38～155 mm,$f=7.85$～32 mm
对焦范围	广角:30 cm～无限远;望远:50 cm～无限远
光圈范围	F 2.6～F 5.1
快门类型	电子快门和机械快门,B 快门
快门速度	1～1/2 000 秒(自动、场景);8～1/2 000 秒(快门优先和光圈优先),B 快门(最长 5 分钟),8～1/2 000 秒(自动曝光)
等效感光度	自动/ISO 100/200/400/800
曝光模式	(1) 程序自动　(2) 快门先决　(3) 光圈先决　(4) 手动
数据接口类型	USB 1.1
存储介质	Compact Flash Type I/II;Microdrive
图像格式	静态图像:JPEG(Exif 2.2),TIFF-RGB,支持 DCF,DPOF;动态图像:QUICK TIME
电池类型及电源使用时间	EN-EL1 可充电锂电池,100 分钟

② Nikon D80

Nikon D80 在外观方面继承了尼康一贯的设计风格,借鉴了 D200 以及 D70S 和 D50 的成功经验,在机身做工以及材质方面和尼康 D70S 都较为相似,手感比较扎实厚重,体积以及存储系统则参考了尼康 D50 的设计。

尼康 D80 最高可以拍摄高达 1 020 万像素的图像,在操作菜单以及功能方面尽显尼康传统风格。提供了大范围的 ISO 感光度选择、精确的白平衡调整、测光以及 AF 系统,附加的多重曝光以及滤镜功能更是完善了其拍摄能力。

回放菜单中增加了 Pictmotion 幻灯显示功能,比起前代产品进步比较明显。由于使用了先进的高性能处理芯片以及对焦测光系统,所以这款相机在速度方面的表现非常出色,即使是在配备素质一般的套头时反应速度也非常快捷。在白平衡以及色彩方面的表现都非常出色。配套的套头在实拍评测中表现也可圈可点,性能令人满意。多种拍摄场景以及全手动曝光功能更是让用户对曝光的控制随心所欲。其外形如图 5-2-2 所示,其主要技术参数如表 5-2-3 所示。

(a)　　　　　　　　　(b)

图 5-2-2　尼康 D80 数码相机

表 5-2-3　Nikon D80 主要技术参数

产品类型	单反相机
感光器件与尺寸	CCD,23.6×15.8 mm
最大及有效像素数(万)	1 020,1 020
最高图像分辨率(像素)	3 872×2 592
光学与数字变焦倍数	视镜头而定,无
显示屏类型与显示屏尺寸	2.5 英寸,230 000 点,低温多晶硅 TFT LCD 连屈光度调整,配备 170°视角
相当于 35 mm 镜头尺寸	镜头实际焦距长相当于用于 35 mm 胶片相机时镜头标称的 1.5 倍
镜头性能	F 卡口、尼康镜头、AF 尼可尔和 DX 尼可尔镜头
对焦范围与光圈范围	视镜头而定
快门类型	电子调控垂直移动焦点平面快门
快门速度	30~1/4 000 秒
等效感光度	ISO 100~1 600 自动调整
曝光模式	编程自动、光圈优先、快门优先、手动曝光
数据接口类型	USB 2.0
白平衡调节	自动(TTL 白平衡连 420 万像素 RGB 感应器),6 挡手动模式连微调,色温设定(Kelvin),或预设白平衡,包围式白平衡
测光方式	3D 彩色矩阵测光,偏重中央测光,重点测光
存储介质	SD 卡、SD-HC
图像格式	文件格式:压缩的 NEF(RAW),压缩的 12-bit;JPEG;适用于 JPEG 基准;文件系统:Exif2.21,适用于 DCF2.0 及 DPOF
电池类型	EN-EL 3e 锂离子电池
电池使用时间	使用完全充电的 EN-EL 3e 电池可拍摄 2 700 张

（2）鱼眼镜头（Fisheyes Lens）

普通的 35 mm 相机镜头所能拍摄的范围约为水平 40°，垂直 27°，如果采用普通数码相机拍摄的图像制作 360°×180° 的全景图像的话，需要拍摄多张，将导致拼缝太多而过渡不自然，因而需要水平和垂直角度都大于 180° 的超广角镜头。

鱼眼镜头就是一种短焦距超广角摄影镜头，一般焦距在 6～16 mm。一幅 360°×180° 的全景可以由 2 幅或 3 幅全景拼合而成。为使镜头达到最大的视角，这种镜头的前镜片呈抛物状向镜头前部凸出，与鱼的眼睛颇为相似，故称"鱼眼镜头"。由于鱼眼镜头是由许多光学镜片组成的，装配精密，一般价格较贵。

鱼眼镜头与传统镜头相比，具有以下特点。

① 视角范围大，视角一般可达到 180° 以上。

② 焦距很短，因此会产生特殊变形效果，透视汇聚感强烈。焦距越短，视角越大，由于光学原理所产生的变形也就越强烈。为了达到超大视角，允许这种变形（桶形畸变）的合理存在，形成除了画面中心景物保持不变，其他部分的景物都发生了相应变化的图片。

③ 景深长，在 1 m 距离以外，景深可达无限远，有利于表现照片的大景深效果。其效果如图 5-2-3 所示。

(a)　　　　　　　　　　　　(b)

图 5-2-3　传统的标准镜头与鱼眼镜头拍摄效果对比

常见的鱼眼附加镜有 Nikon 公司的 Nikon FC-E8、FC-E9，日本吉田工业公司的 RAYNOX 系列，常见的专业鱼眼镜头有 SIGMA 的 8 mm F4-EX，其他著名的品牌有 COASTAL（滨海光学），PENTAX（日本旭光学工业），如图 5-2-4 所示为几款比较有代表性的鱼眼镜头。

(a) Nikkor FC-E9　　　(b) SIGMA 8 mm F4-EX　　　(c) Nikkor 6 mm F2.8

图 5-2-4　常见鱼眼镜头

① Nikkor FC-E8 鱼眼附加镜

Nikkor FC-E8 鱼眼附加镜是外接在尼康 Coolpix 4500 等几种与配套的相机镜头上的，其外形如图 5-2-5 所示，其拍摄成像为圆形鱼眼图，如图 5-2-6 所示，通常可采用 2～3 张即可完成拼合。其主要技术参数如表 5-2-4 所示。

图 5-2-5　鱼眼附加镜头 FC-E8

图 5-2-6　圆形鱼眼图

表 5-2-4　尼康 FC-E8 主要性能

镜头类型	鱼眼镜头
镜头结构	4 组 5 片
滤镜口径	72 mm
放大倍率	0.21
视角范围	183°
其他性能	由于镜筒前端没有螺纹，无法使用各种滤色镜
外形尺寸	74（筒径）×50（长）mm
产品重量	约 205 g
推荐附件	镜头接圈 UR-E6、UR-E4、UR-E2、R-E1

② SIGMA 8 mm/F4 EX 鱼眼镜头

SIGMA（适马）8 mm/F4 EX 是一只 180°视角的超级鱼眼镜头，它是安装在单反相机上的镜头，镜头后端特设滤镜槽，方便使用插入式胶质滤镜。其外形如图 5-2-7 所示，其拍摄成像为鼓形鱼眼图，如图 5-2-8 所示，可配接 Nikon DX Format（如 D50、D80、D100 等）系列的相机和 Canon Aps 尺寸的数码单反机。通常可采用 4 张或 4+1 张（顶部向上 1 张）即可完成拼合。其主要技术参数如表 5-2-5 所示。

图 5-2-7　鱼眼镜头 SIGMA 8 mm/F4 EX

图 5-2-8　鼓形鱼眼图

表 5-2-5　SIGMA 8 mm F4 鱼眼镜头主要性能

产品名称	SIGMA 8 mm F4 鱼眼镜头
最大光圈	F4
最小光圈	32
光学结构	6 组 10 片
最近对焦距离	20 cm
焦距范围	8 mm
最大放大倍率	1∶13.9
视角	180°
遮光罩	后插式胶质滤色片
卡口	适合 AF 接环：Canon、Sigma、Minolta、Nikon、Pentax
最近对焦距离	20 cm
尺寸	73.5×61.8 mm
重量	400 g

③ AF DX 10.5 mm f/2.8 G ED Nikkor 鱼眼镜头

由尼康公司生产的 AF DX Fisheye Nikkor ED 10.5 mm F2.8 G 鱼眼镜头（Fisheye 10.5）具有极其广阔的视角，因此不能像普通镜头那样在其前面安装滤色镜。但尼康在镜头后端提供了一种明胶滤色镜夹，可在不造成周边暗角的情况下使用滤色镜。该款镜头拥有卓越的近距离对焦表现。其外形如图 5-2-9 所示，其拍摄成像为全帧鱼眼图，如图 5-2-10 所示，匹配尼康所有型号的相机以及其他品牌带有 F 口的相机（例如富士等），通常可采用 4 张或 6＋2 张（天和地 2 张）即可完成拼合。其主要技术参数如表 5-2-6 所示。

图 5-2-9　AF DX 10.5 mm f/2.8 G ED Nikkor 鱼眼镜头

图 5-2-10　全帧鱼眼图

表 5-2-6　AF DX 10.5 mm f/2.8 G ED Nikkor 鱼眼镜头主要性能

产品名称	AF DX 10.5 mm f/2.8 G ED 鱼眼镜头
运用 Nikon DX 格式的摄像角度	180°
对焦范围(m)	0.14 m 至无限远
光学结构	7 组 10 片
光圈	f/2.8 至 f/22
最大放大倍率	1/5
直径×长度(从镜头卡口伸出的延伸段)	63×62.5 mm
滤光镜尺寸	后装置型
尺寸	73.5×61.8 mm
重量	305 g

（3）全景头（Pano Head）

全景头也叫全景云台，是专门用于全景摄影的特殊云台，其作用是保持相机的节点不变。

所谓"节点"是指照相机的光学中心，穿过此点的光线不会发生折射。在拍摄鱼眼照片时，相机必须绕着节点转动，才能保证全景拼合的成功。如果在转动拍摄时，不采用云台而直接使用数码相机和鱼眼镜头拍摄鱼眼图像将会产生偏移。

球型和立方体全景都是设想以人的视点为中心的一个空间范围内的图像信息，观看全景的时候，场景围绕一个固定点旋转，如果没有全景头，相机在三角架上旋转的时候，视点必然变化，我们所说的"虚拟现实"就变得不真实了，全景头的目的正是为了让相机在拍摄场景图像旋转的过程中，视点保持不变。

全景头有专用型与通用型两类。所谓专用全景头，也就是专门为某种型号的相机而设计，如 Kandai 的 Kiwi990，就是专门为 Nikon Coolpix 990 设计的；上海杰图软件的 JTS 4500 专门为 Nikon Coolpix 4500 设计的。另一类是通用全景头，比如 Manfrotto（曼富图）302 QTVR 全景头，是一种 3 向可调节的全景头，可以根据不同相机进行具体调节。

目前在市场上，主要的全景头品牌有 Kaidan 的 Kiwi 系列，Kaidan 的 Quickpan 系列，意大利 Manfrotto 的 QTVR 系列，还有美国的 Jasper Engineering 等，国内的全景头有上海杰图的 JTS 4500 等。主要匹配的相机有 Nikon Coolpix 995、990、4500、5000 等。如图 5-2-11 所示为常用的全景头。除此之外，还有很多爱好者自制的全景云台。

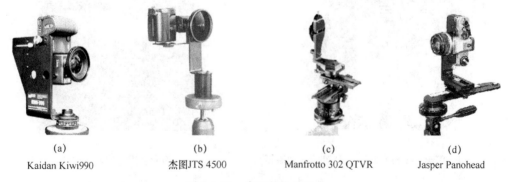

(a)　　　　　　　　(b)　　　　　　　　(c)　　　　　　　　(d)
Kaidan Kiwi990　　杰图JTS 4500　　Manfrotto 302 QTVR　　Jasper Panohead

图 5-2-11　常见的全景平台

（4）三脚架

三脚架的作用对于全景拍摄来说是十分重要和必须的,尤其是在光线不足和拍夜景的情况下,三脚架的作用就更加明显。它需要保证在拍摄多张全景照片时,稳定照相机,保证相机的节点在旋转过程中保持不变。三脚架的选择也有很多,在全景拍摄中不需要专用的三脚架,可采用通用型的三脚架。但为了得到质量较好的照片,用户总希望三脚架能为一些拍摄情况提供稳定的拍摄状态,如果使用本身重量较轻的三脚架,或在开启三脚架时出现不平衡或未上钮的情况,或在使用时过分拉高了中间的轴心杆等,都会使拍摄效果得不到保证。

在全景拍摄时,可选择一些重量较重的三脚架,这样的效果更好点,但太重又使得移动不方便。

在全景拍摄时,有时考虑到鱼眼镜头的视角过大,会把三脚架拍摄到画面中,这时有些用户采用独脚架,可避免这个问题的存在。所谓独脚架是用一根腿来替代标准三脚架的三根腿。三脚架通常作为照片摄影的支架,而独脚架更易于携带、易于来回移动、比三脚架更轻、更少约束和更加快捷,非常适合户外数码摄影。但是技术操作上比三脚架难掌握,还有对于真正的低亮度曝光,三脚架仍然是唯一的选择。

（5）旋转平台

要制作对象全景作品,须获得对象物体的一系列多个角度图片,在拍摄时为了得到较好的效果,通常使用普通数码相机或数码摄像机进行拍摄,可采用旋转平台辅助拍摄,以保证旋转时围绕着物体的中心,如图 5-2-12 所示。它通常由步进电机来驱动底盘的转动,拍摄时使物体的中心轴线放在底盘的圆心。

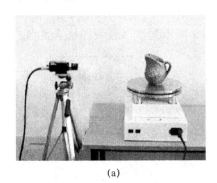
(a)

(b)

图 5-2-12　旋转平台

5.2.2　全景照片拍摄方法

在全景作品制作过程中,拍摄全景照片是其制作的第一步,也是较关键的步骤。全景作品的效果在很大程度上取决于前期的工作质量,主要是指拍摄的素材效果,所以拍摄全景照片的素材十分重要,前期的拍摄效果好,在后期制作中就十分方便。反之,如果在前期中出现的问题,在后期处理中将变得十分麻烦,所以一定要重视照片的拍摄过程。

1. 柱形全景素材的拍摄

柱形全景素材通常可采用普通数码相机＋三脚架即可以完成。一般标准镜头所能拍摄的范围是水平40°,垂直27°。要拍摄360°全景,需拍摄一组照片,且相邻两张照片为了拼合的需要须重叠15%,因此需拍摄一组10~15张照片,要求精度高时,则需要拍摄更多的张数。

柱形全景照片可采用各种普通数码相机来进行拍摄,它所拍摄的照片不变形,用三脚架来辅助拍摄。

具体拍摄步骤如下。

(1)将数码相机固定在三脚架上,拧紧螺丝。

(2)将数码相机的变焦等调至标准状态(不变焦),选择好景物后,按下快门进行拍摄。注意选择第1张的取景点,不要光线太亮也不要光线太暗的那个角度。记下此时的光圈与快门数值,并将数码相机调整到手动状态。

(3)拍摄完成第一张时,保持三脚架位置不动。将相机旋转一个角度(不必要每次旋转的角度相同),注意保证相邻的2张照片要重叠15%以上,并且保持不改变焦点,改变光圈等曝光参数,有条件的(很多相机支持曝光参数锁定)可进行锁定,以保证在这一点的一组照片曝光参数相同。按下快门,完成第2张照片的拍摄。

(4)依照此方法拍摄第3、4等几张照片,直到旋转一圈360°,拍摄完成。

(5)由此得到在这个位置点上的一组照片,上传到计算机中再进行后期制作。

2. 球形全景素材的拍摄

球形全景素材的拍摄须采用数码相机+全景云台+三脚架才能完成。这里采用尼康D80数码相机+得力Ⅱ型全景云台+SIGMA 8 mm/F4 EX 鱼眼镜头+普通三脚架的解决方案来实现。采用此方案拍摄得到的是水平方向达120°,垂直方向达180°的鼓形鱼眼图,需要有4张+1张(天)或4张+2张(天和地)来拼合。通常采用4+1的方法较为常见,也就是水平拍摄4张,再拍摄1张天空,如图5-2-13所示为鼓形鱼眼图拼合方案。

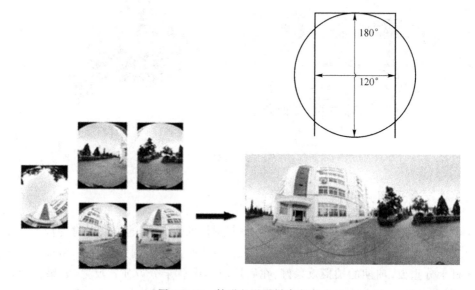

图 5-2-13 鼓形鱼眼图拼合方案

具体拍摄步骤如下。

(1)安装好相关设备,将全景云台安装在三脚架上,再安装好D80相机,调节其相机到水平位置,并试着旋转,使其尽量都保持在水平位置,如图5-2-14所示。

(2) 调节节点。节点就是相机中光线汇聚并折射的那一点。拍摄全景的时候要让相机围绕这个点旋转以便消除由于视点移位造成的拼合误差。节点和成像面是不一样的,后者往往是在35 mm相机的后部。而对于大多数35 mm相机和镜头来说,节点位于镜头内部中心的某个位置。

① 左右调节。在将相机固定在支架上之后,站到云台前透过镜头观察。调节相机支架让镜头的中心处在云台的中轴线上。为了尽可能精确,应该在±2 mm范围里进行调节。

② 前后调节。这一步可以在室外轻松地完成。找到一条垂直边沿或线,比如门道或一幢楼的边沿等。把相机和三脚架放在离边沿15~60 cm远处,或者尽量靠近,但从取景器看

图5-2-14 设备安装示意图

边沿仍然清晰。从相机取景器往外看,找到距离较远的另一条垂直边沿或线,例如另一幢楼或电线杆。使近处的物体(如墙面)和远处的物体(如电线杆)看起来排列在一条直线上,旋转云台使它们位于取景器的左侧。然后再旋转云台使它们转到取景器的右侧。除非你无意中进行了正确的定位,否则你应该注意到从左向右旋转云台时,这两个物体的相对位置发生了改变。按要求向前或向后滑动相机以消除这个相对移动。

③ 记录结果。在确定了以上两步调节的位置后,一定要记录下这些设置。一般全景云台上的指示器刻度大大方便了结果的记录。这些数字代表了该相机和镜头组合的节点。如果你更换相机或镜头,以上步骤可能需要重新执行。

在D80相机和SIGMA 8 mm/F4 EX鱼眼镜头配接时,其节点大致为镜头的金属环中心。

(3) 调节白平衡。人的视觉会对周围普通光线下的色彩变化进行补偿,数码相机能模仿人类对色温进行自动补偿。这种色彩校正系统就是白平衡。白平衡如果设置得不正确,将使得图像色温会偏冷(蓝色)和偏暖(红色)。一般用户可直接采用数码相机自动白平衡,高级用户也可对白平衡进行细调。

(4) 调节拍摄参数。

拍摄第一张时,一般可将感兴趣的景物放在中心,也注意选择光线不要是整个场景中太高或太暗的部分,记下此时的光圈与快门值,并将相机调整到手动参数状态。调整鱼眼镜头焦点到无穷远。

全景摄影需要大景深,景深越大,拍摄出来的图像清晰的范围也越大,因此要把光圈调小。在光圈优先模式中调节光圈后,快门速度将自动生成(一般快门速度不要低于1/125 s,否则易产生抖动导致照片模糊)。

当光圈和快门速度调节后,如果场景中的光线偏亮,可以通过选择一个负的曝光补偿值来对图像进行整体修正。如果偏暗,可以适当增加一点正的曝光补偿值。需要注意的是,当拍摄一个场景的两幅或者三幅鱼眼图像时,不要改变此曝光补偿值,否则会导致结果图像的拼缝明显。

(5) 按下快门,完成第1张照片的拍摄。

(6) 拍摄第2~4张。在得力Ⅱ型全景云台中有相应刻度,将一个圆柱周长分为36等

分,要拍摄水平4张,每拍摄一次要准确转动9个等分,保持与第一张拍摄的光圈与快门参数,拍摄第2张。继续准确转动9个等分,保持与第一张拍摄的光圈与快门参数,拍摄第3张。再准确转动9个等分,拍摄第4张。

(7) 拍摄第5张。第5张是拍摄天空,调节需将得力Ⅱ型全景云台的水平条,向下旋转90度,使相机竖直向上,保持与第1张拍摄相同的光圈与快门参数,拍摄第5张。注意拍摄者要低下身子,不要将头置于拍摄范围之中。

(8) 准备拍摄下一点。将全景云台还原。移动拍摄设备到另一场景。重新调节设备水平,先用相机测光,再调到手动曝光参数,进行下一个点的拍摄。

3. 对象全景素材的拍摄

对象全景素材通常可采用普通数码相机＋三脚架即可以完成。需拍摄一组照片,且相邻两张照片为了拼合的需要须重叠15%,因此需拍摄一组10~15张照片,要求精度高时,需要拍摄更多的张数。

对象全景照片可采用各种普通数码相机来进行拍摄,它所拍摄的照片不变形,用三脚架和旋转平台来辅助拍摄。

具体拍摄步骤如下。

(1) 将对象物体放在旋转平台上,确保旋转平台表面水平且物体的中心与转台的中心点一致。如果没有旋转平台或被拍摄物体不适合放在平台上,也可采用被摄物体不动,而相机移动的方法。

(2) 将相机固定在三角架上,调节使相机中心的高度与被摄物体中心点位置同高。

(3) 在物体后面设置背景,以便在后期图像处理中很方便地将物体隔离出来。可以使用白色背景。

(4) 在开始拍摄时,每拍摄一张照片后,将旋转平台旋转一个角度(360/张数),重复多次,拍摄一组照片,关于照片的数量,可根据全景作品的用途来确定。如果用于网络上展示可12张左右,而制作CD、触摸屏或本地展示一般至少要18张以上,甚至有的要36张。

5.3 全景作品的后期制作

5.3.1 柱形全景作品制作

在全景技术中,早期柱形全景最为常见,因此此类的制作软件十分多,Ulead公司出品的Cool 360是一个适合初学者使用的全景照片拼接软件,无论使用哪款数码相机拍摄的全景照片都可以通过它进行拼接,是目前流传最广的柱型全景制作软件。它秉承了Ulead公司的一贯特点:易用、便宜、普及,但功能相对较弱。从技术上来说,界面设计明丽,拼合算法简单,功能简单,支持普通相机制作全景。其软件可在www.ulead.com等相关网站上下载其试用版本,或购买Ulead公司出品的《我形我素》软件,内含有Cool 360软件。下载后进行安装后才能使用。

实例5-1 柱形全景作品的制作
操作步骤
(1) 启动Cool 360软件,正常运行后,显示图5-3-1所示的操作界面,界面分为5个部分:第 1 部分是软件公司主页链接按钮,单击它可连接到 www.ulead.com 公司主页;第 2 部分是操作步骤介绍,它进行制作全景作品时由开始、调整及完成共 3 个步骤组成;第 3 部分是界面右上角,有帮助与退出两个操作按钮;第 4 部分是右边的具体操作按钮,主要有新建项目、打开项目、保存项目以及选取文件和获取文件等功能;第 5 部分是窗口右下角,是运行全景作品的浏览器和相关设置,浏览器是一个全景照片浏览软件,设置按钮是对操作环境进行配置。

图 5-3-1　Cool 360 的主界面

(2) 单击新建项目按钮,创建一个新的任务项目,在"项目类型"中,选择创建 360°全景图(默认值)或创建大幅面长拼接图,两种方式可根据自己拍摄的意图进行选择。360°全景图为建立一个无首尾、可环视的场景和完整的圆形图像,需要特殊的查看器(包含于程序中)才能观看。而创建大幅面长拼接图是指将这组照片拼接在一起成为一张很长的图片。它并没有绕成圆形。

在"项目名称"中输入项目名称,然后选择保存路径,默认路径为 C:\Program Files\Ulead Systems\Ulead COOL 360\Project,如果有必要,还可以在描述中输入一些说明文字,完成后单击下一步按钮。

(3) 接下来的工作是照片加入与调整,此时可加入一组图片素材,选择已经复制到硬盘上的照片,也可以直接从扫描仪、摄像机、数码摄像头之类的设备获取,要求在实际拍摄的时候相邻两幅照片要有 15% 以上的重叠部分,选择相关的目录,在出现的对话框中选择多幅用于制作的图像,单击添加或用全部增加加入某一目录下的全部图像,也可以用"获取"按钮从扫描仪、数码相机等外设中加入图像。

(4) 加入照片后,对照片进行初步的筛选和调整,如果觉得某张照片显得多余或者重复,可以按下删除按钮进行删除;除此之外用户还可以对照片进行旋转、逆向排序等操作,对选择出来的照片进行编辑和排序。

（5）接下来要做的是有关相机镜头的设置，可以从上百种镜头中选择自己照相机的镜头类型，使软件可以最真实的模拟出实际的效果。一般只要选择"普通镜头"就可以了。当然，如果用的是其他型号的相机镜头，可是又没有存在于这个列表当中，那么只要单击软件最开始的设置按钮，就可以从网络上下载到最新的镜头参数。在此界面右上角还有一个缝合参数选择项，分别为是否关闭透视变形和边界混合功能，如图5-3-2所示。

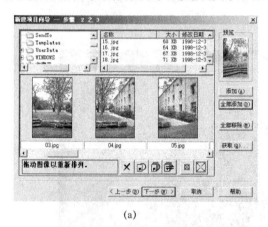 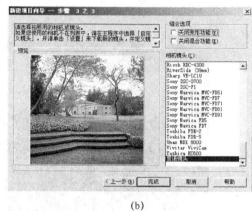

(a) (b)

图 5-3-2 Cool 360 的操作步骤

（6）完成以上操作后，就进入最后的调整阶段。因为软件已经完成了大部分的工作，进行图片的调整可以说是非常简单的。在调整这个环节上，用户可以调节图片窗口下的滑动杆上的小球对其中的每一幅图片进行旋转和透视变形，这样就能够弥补在前期拍摄过程中由于角度不相符而造成在作品中的视觉误差了；或者由于在拍摄过程中的光线问题，虽然进行了曝光锁定，但是还是可能存在一些照片的亮度和色彩与其他照片不匹配的问题，可以用软件提供的色调、饱和度、亮度、对比度调节滑杆进行修正，如图5-3-3所示。

图 5-3-3 对图片进行调整

(7) 单击完成按钮,此时进行最后的全景照片生成的步骤,出现如图 5-3-4 所示的画面,软件就进行最后的拼接合成。可以单击"查看器"按钮,来观看最后完成的效果。

(8) 选择输出方式,在 Cool 360 软件中,作品的输出可以选择多种输出方式,可以保存为 BMP、JPG、PNG、TIF 和 QuickTime 的 MOV 格式,如图 5-3-5 所示。如果保存为 MOV 格式可以制作出简单的虚拟显示电影,在影片中可以用鼠标移动观看三维场景,可以嵌入 Director 等软件中。也可以将全景文件和相配套的观看程序直接打包成 Email 发送。或是将全景文件嵌入网页,(需要插件支持)或制作成屏幕保护程序。

图 5-3-4　Cool 360 的作品浏览

图 5-3-5　Cool 360 的作品输出界面

5.3.2　球形全景作品制作

球形全景的制作软件常见的有上海杰图软件技术有限公司出品的造景师、北京全景互动科技有限公司出品的观景专家、美国公司的 PTGUI 等。本实例以 PTGUI 和 Pano2 QTVR 等软件来完成制作。

实例 5-2　球形全景作品的制作

操作步骤

(1) 打开 PTGUI 软件,进入到工作界面,如图 5-3-6 所示,单击 Load images(导入图片)…按钮,导入全景素材照片。

(2) 单击导入图片按钮后,进入以下界面,如图 5-3-7 所示,找到所需的素材文件所在目录,一次性选取这 5 个文件,不需要注意先后顺序。

(3) 导入图片后,可以看到素材的缩略图,下面的 Camera/Lens parameters(相机和镜头的参数)中的 Automatic 会自动选中。还可以对 Source Images(源图片)进行修改、裁减(Crop),如图 5-3-8 所示。

单击 Source Images 选项卡,可以得到如图 5-3-9 所示的界面。单击 Crop 选项卡,可以得到如图 5-3-10 所示的界面。

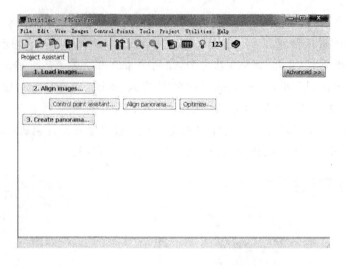

图 5-3-6　PTGUI 界面

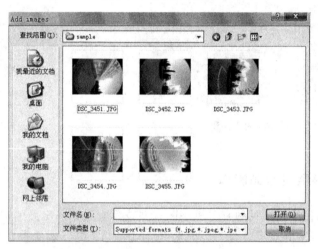

图 5-3-7　导入图片

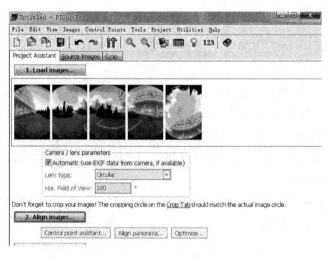

图 5-3-8　导入图片后

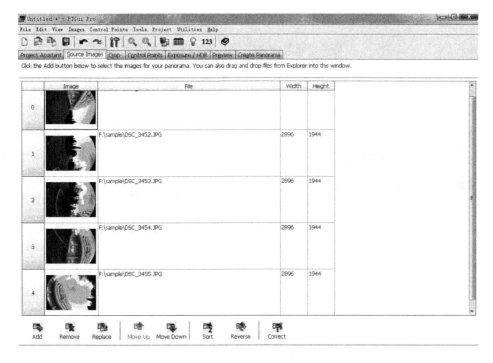

图 5-3-9　Source Images 选项卡

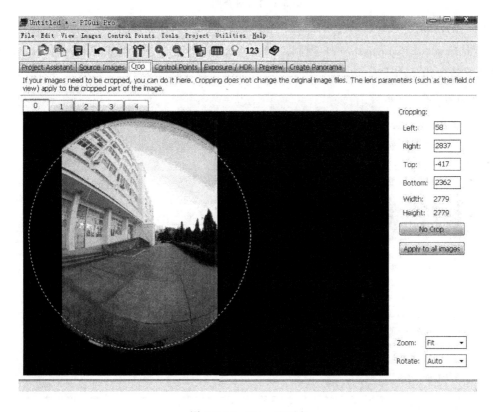

图 5-3-10　Crop 选项卡

（4）拼合图片。单击 Align images(排列图片)...按钮将图片进行拼合,如图 5-3-11 所示。

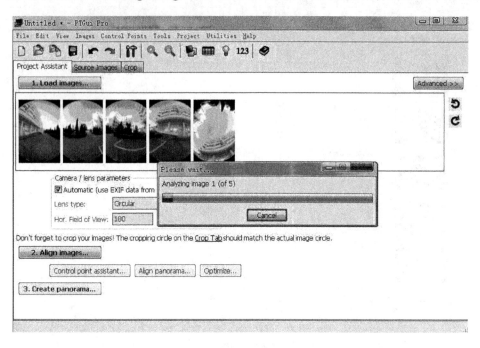

图 5-3-11　拼合图片

（5）图片拼合完成之后,软件的选项卡比原来多了好多项,由原来的 3 项变成了现在的 7 项。

单击 Control point assistant(控制点助手)...后,出现控制点信息,如图 5-3-12 所示。也可以直接单击选项卡 Control Points(控制点),就会看到如图 5-3-13 所示的界面。

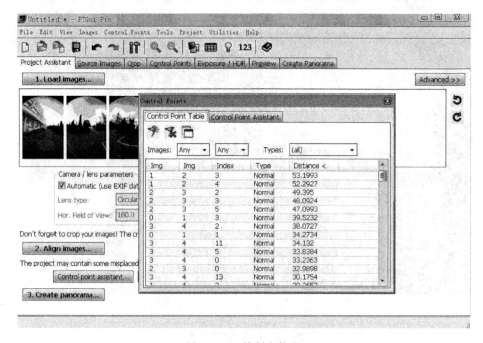

图 5-3-12　控制点信息

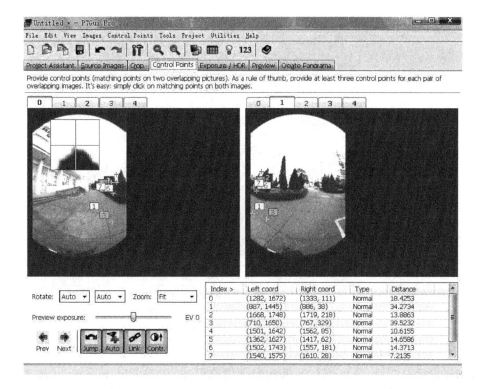

图 5-3-13　控制点调整

(6) 单击 Align panorama(排列全景图)…按钮,如图 5-3-14 所示,出现 Panorama Editor(全景图编辑器),如图 5-3-15 所示,可以通过滚动条对全景图进行调整,也可以用鼠标直接在全景图上进行拖拽进行调整。调整完成后可以将此窗口关闭。

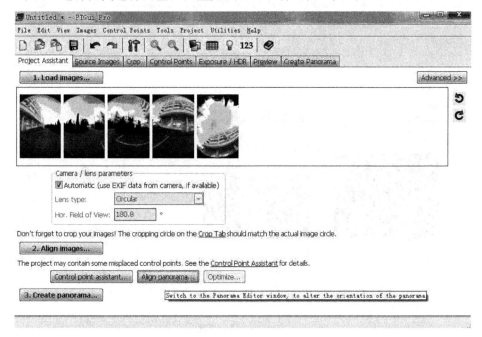

图 5-3-14　单击 Align panorama…按钮

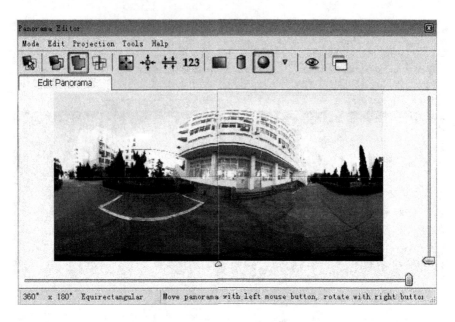

图 5-3-15　全景图编辑器窗口

单击 Create panorama(创建全景图)…按钮,可以直接跳转到最后一步骤,当然如果对源图片的曝光度不满意,还可以对其曝光进行优化调整,单击 Optimize now(现在开始优化)!按钮,将开始对图片进行分析并优化其曝光度,如图 5-3-16 所示。

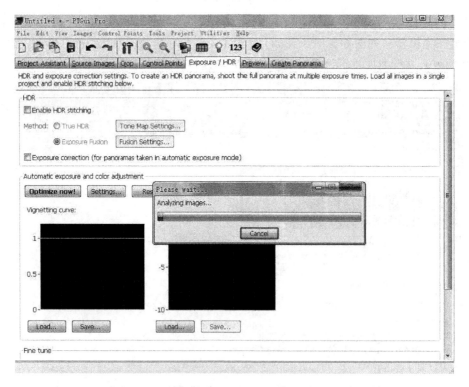

图 5-3-16　优化调整

（7）创建全景作品，对输出作品的大小、格式进行设置，输出全景平面展开图为JPEG、TIF、PSD、PSB格式，输出全景照片为MOV格式，如图5-3-17(a)所示。输出作品可以分层输出，有3个可选项，混合全景、单独图层输出或者以上两种都要，如图5-3-17(b)所示。

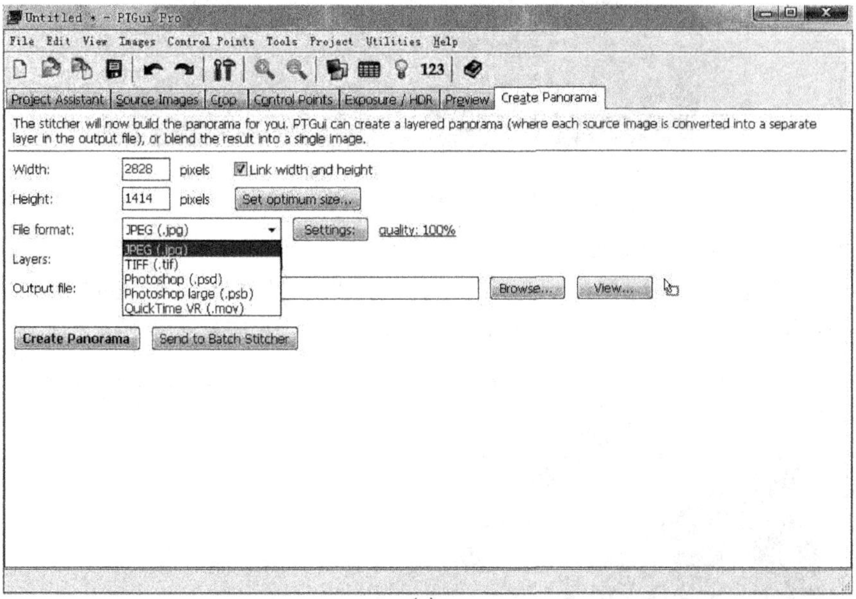

(a)

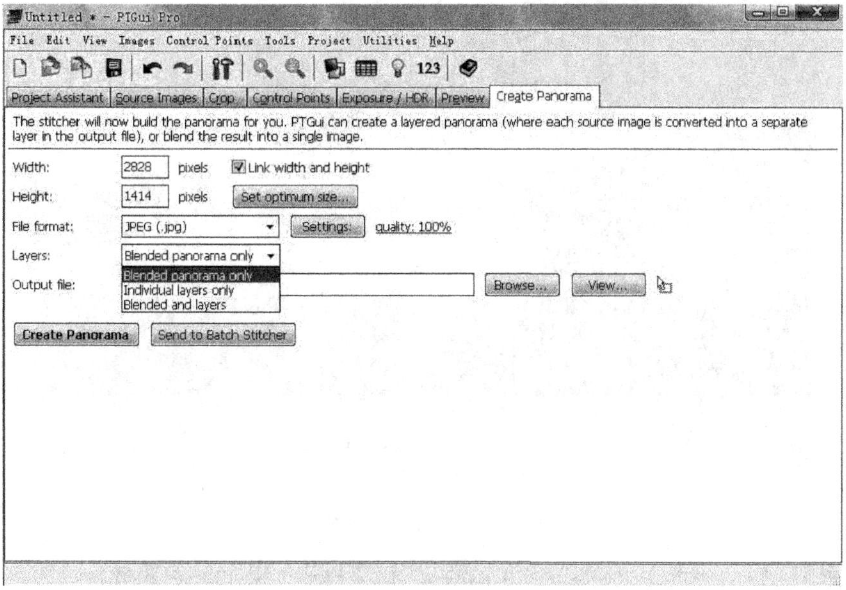

(b)

图 5-3-17　输出设置

对输出文件的存储路径设置好后，单击Create Panorama按钮，进行生成。如果选择的是JPG格式，得到的就是全景展开图，如图5-3-18所示。

图 5-3-18　全景平面展开图

（8）创建 MOV 格式的球形全景。

如果选择的是 MOV 格式，得到 MOV 格式的球形全景。可以用 QuickTime 播放器来进行播放（注意须安装 QuickTime 的相关插件），如图 5-3-19 所示。

图 5-3-19　球形全景图的播放

如果要制作 Flash 格式的球形全景，必须先在 PTGUI 中将全景素材合成为全景平面展开图，如图 5-3-18 所示，然后再用另外一个软件 Pano2QTVR 将其制作成全景照片。Pano2QTVR可以在其官方网站（http：//gardengnomesoftware.com/pano2qtvr_download.php）下载试用版。

Pano2QTVR 是一个将全景图片转换成 QuickTime VR（QTVR）或者 Macromedia Flash 8(swf)或 Flash 9 格式的软件。Pano2QTVR 允许用户创建带有交互热点、自动旋转

功能以及背景声的柱型及立方体型全景图。附加的 Flash 组件包能将全景导出为 Macromedia Flash 8 或 Flash 9 格式。

接下来介绍一下如何将全景平面展开图做成全景照片。

（9）制作 Flash 格式的球形全景。

打开 Pano2QTVR,得到如图 5-3-20 所示的界面,单击建立一个新工程,选择工程存放的路径。

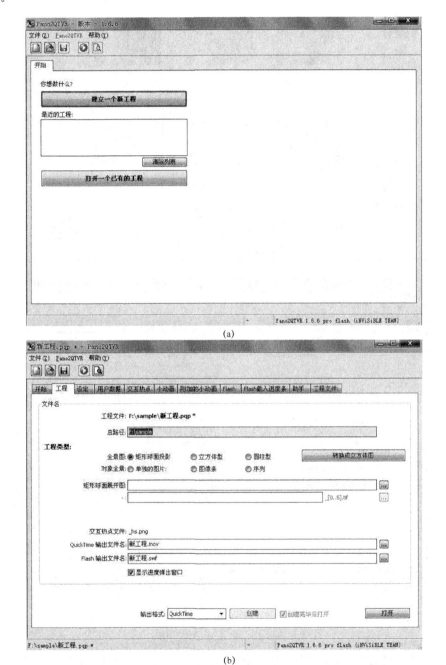

图 5-3-20　Pano2QTVR 工作界面

由于是使用已经做好的全景展开图,在矩形球面展开图的右边单击这个按钮 ,找到文件打开,如图 5-3-21 所示。可以输出 2 种格式的全景图片：MOV 和 SWF,这里以 SWF 为例,在输出格式中选择 Flash。

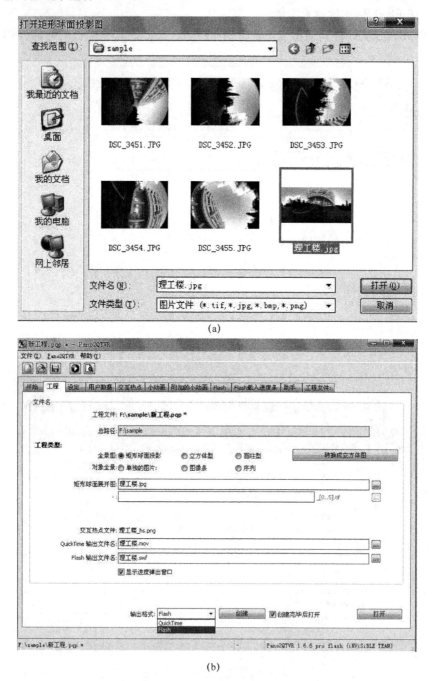

图 5-3-21　加入全景展开图

(10) 单击创建按钮立即进行生成,并跳转到命令控制台选项卡,如图 5-3-22 所示为正在生成全景照片。

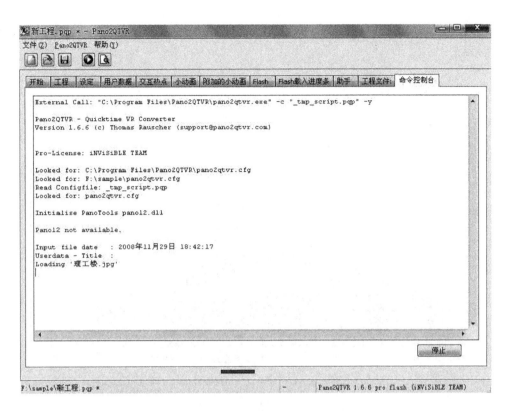

图 5-3-22　生成全景作品

单击打开按钮可以进行观看。可以通过左右拖拽鼠标达到左右 360°环视的目的,上下拖拽鼠标可以达到上下 180°环视,还可以通过滑动鼠标滚轮放大和缩小,如图 5-3-23 为预览效果。

图 5-3-23　预览效果

(11) 同时,还可以对全景图片进行热区的链接。单击交互热点选项卡,将"开启"勾选,根据提示选择"是",在需要建立热区的地方用矩形或者其他图形进行标记。选择链接文件的路径。链接的文件可以是 MOV 文件或者 URL，本例中以链接 MOV 文件为例，如图 5-3-24 所示。

(a)

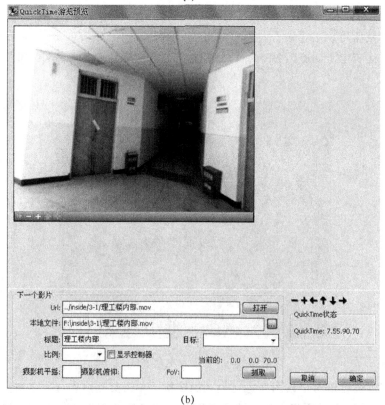

(b)

图 5-3-24　热区的链接过程

在浏览全景照片的时候会发现,拍摄的时候将三角架拍摄进去了,效果并不理想,那么要将三脚架去掉,如何操作？在第 9 步的时候,导入全景平面展开图后,单击转换成立方体图按钮,如图 5-3-25 所示,之后进入如图 5-3-26 所示界面,会将之前的全景平面展开图生成 6 张图。

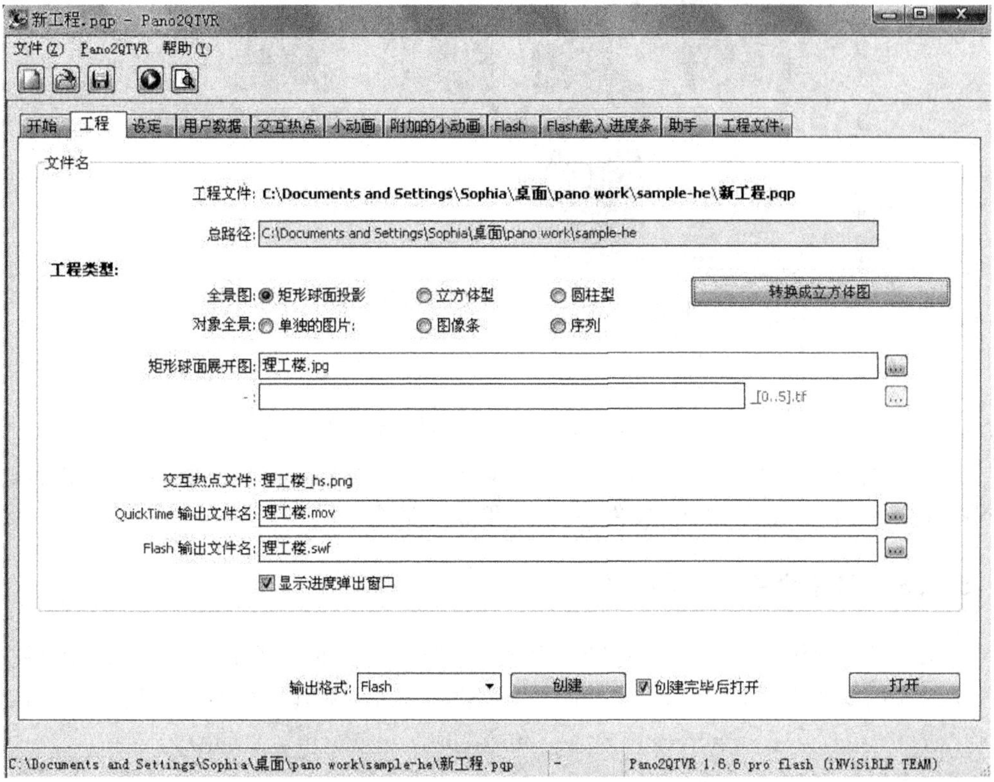

图 5-3-25 转换成立方体图

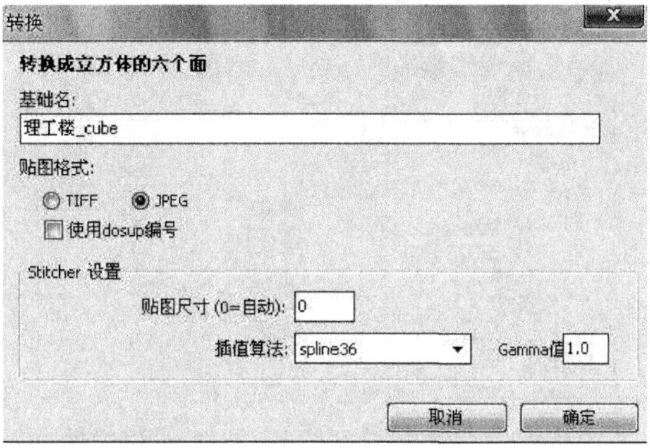

图 5-3-26 转换成立方体的六个面

得到的 6 张立方体图如图 5-3-27 所示,这时候大家可以看到含有三脚架的那张图被单独分开了,在 Photoshop 中把三脚架处理掉,再放入这个位置,或者将这张图用其他的标志

— 183 —

图代替也可以,但是注意不要改变文件名。

图 5-3-27 替换含有三角架的那张照片

(12)将得到的6张图片再拼合成一张全景图片。下面的步骤和前面的一样,再将这张全景图片生成 Flash 或是 MOV 文件格式,这里就不赘述了。

5.3.3 对象全景作品的制作

对象全景的制作工具软件常见的有:上海杰图软件公司的造型师、北京全景互动科技有限公司的环视专家等。本例中,采用 Oject2VR 软件来进行制作,该软件可以在官方网上下载试用版(http://gardengnomesoftware.com/object2vr_download.php)。

实例 5-3 对象全景作品的制作
操作步骤
(1)打开 Object2VR,可以看到如图 5-2-28 所示工作界面。

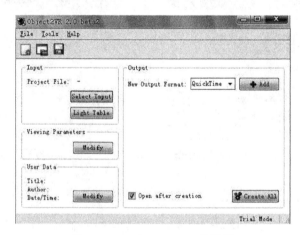

图 5-3-28 Object2VR 工作界面

(2) 单击 Light Table(导入图片的表格)按钮,对导入照片的表格进行设置,假如我们拍摄的照片是 36 张一组,那么在 Columns(列)后面输入 36,在 Rows(行)后面输入 1,单击后面的 Update(更新)按钮,看到下方出现了 36 个斜纹格,这就是存放导入照片的地方,如图 5-3-29 所示。

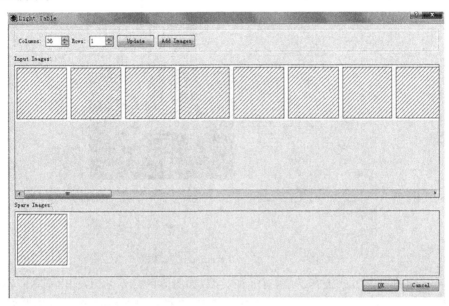

图 5-3-29 存放导入照片界面

接着单击 Add Images(添加照片)按钮,导入照片,如图 5-3-30 所示。如果素材图片的数量超过了所设置的 Column 的数量,剩余的图片将在下方的 Spare Images(剩余图片)显示。比如在 Columns 中输入的是 35,但是实际图片数量有 36,则最后一张图片会在 Spare Images 中显示。

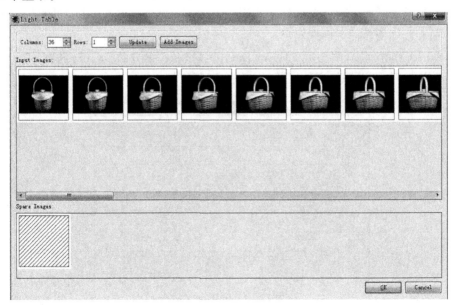

图 5-3-30 添加照片界面

（3）单击主界面上（图5-3-28）Viewing Parameters（查看参数）的Modify（修改）按钮，会出现如图5-3-31所示的界面。在右边的预览窗口中设置默认的显示状态，即一开始就显示的状态，可以通过鼠标的左右拖拽来进行选择。Default Current下面的Column和Row会显示目前状态（Current）用的是哪一张图片，本例中选的是第24张图片作为默认状态。

图5-3-31　View Parameters对话框

对Control即控制方式进行调整，有3种类型，如图5-3-32所示，Grabber/Scroller一般

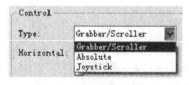

图5-3-32　控制方式调整

为默认状态，也是我们常用的状态，在浏览对象全景时，可以通过鼠标和键盘上下箭头两种方式来控制物体。Absolute则只能通过鼠标来控制浏览；Joystick指通过游戏杆来控制浏览。

可以选择Horizontal（水平）拖拽鼠标或者Vertical（竖直）拖拽鼠标来控制物体的左右旋转，也可以同时选择水平和竖直拖拽鼠标控制物体的旋转。如果勾选了reverse（相反），那么鼠标拖拽的方向和物体旋转的方向则相反。

（4）单击工作界面上（图5-3-28）User Data（用户数据）下方的Modify按钮，会出现如图5-3-33所示的界面，可以添加文件标题、作者信息、版权等。

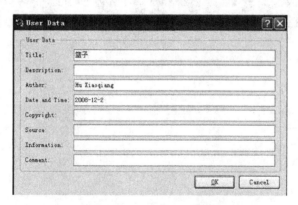

图5-3-33　User Data对话框

（5）在界面上选择 Output（输出）格式，有 QuickTime 或者 Flash 可选，选择 Flash 格式则得到如图 5-3-34 所示界面，可以对图片质量、窗口大小等进行设置。还可以添加控制条（Controller）。

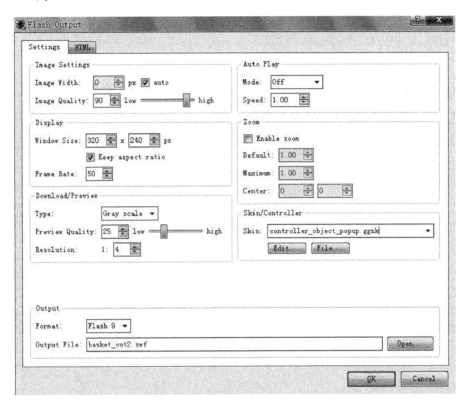

图 5-3-34　输出界面

如图 5-3-35 所示为输出结果。

图 5-3-35　输出结果

习　题

1. 什么是相机的"节点"？
2. 柱型全景与球形全景在观看时有何不同？
3. 全景拍摄的硬件配置方案有哪些？
4. 全景技术在现阶段其应用领域有哪些？举例说明。
5. 结合本章的知识点，谈谈全景技术的发展前景。
6. 如何在拍摄球形全景时确定节点？

第 6 章　Cult3D 技术

【学习目标】

1. 了解 Cult3D 的基本概述
2. 了解 Cult3D 的特点及应用领域
3. 掌握 Cult3D 的制作技术
4. 掌握 Cult3D 在其他软件中的应用

Cult3D 是瑞典 Cycore 公司开发的一种网络三维互动展示技术,是应用于主流操作系统和应用程序的交互三维渲染软件,使用 Cult3D 技术,用户可以在线浏览、观察可交互的三维产品模型,通过鼠标单击、拖曳等操作,用户可以实现物体的旋转、缩放与平移,从任意角度观察 Cult3D 模型,单击 Cult3D 对象中设置的交互区域可开启或者关闭模型的部件或模拟通电工作状态,实现音乐的播放、语音解说等。

Cult3D 技术并不是在语言上有所创新,而是利用现有的技术,采用跨平台的 3D 引擎,其目的是在网页上建立互动的 3D 物件。利用 Cult3D 技术可以制作出 3D 立体的产品,利用 Cult3D 可以以视觉的方式呈现不同的事件和功能的互动性,交互能力强,并采用流媒体的形式,文件较小,效果较好。可以实现旋转、放大、缩小等,体现真实的物体属性。特别是对于窄带网的应用,Cult3D 是展示产品的优秀解决方案之一,Cult3D 的文件量非常小,却有近乎完美的三维质感表现。只需在浏览器中安装一个插件,即可观看。同时 Cult3D 文件可以应用于网页、Director、Office 文档、Acrobat 文档以及支持 ActiveX 开发语言的程序中。

6.1　Cult3D 概述

6.1.1　Cult3D 的特点与组成

在应用领域,Cult3D 技术依靠其可信度和实用性,拥有了广泛的用户群体。据统计,现在已经有包括 Acer、CNN、NEC、丰田等三百多家全球闻名的公司在他们的网站上使用了 Cult3D 技术。

1. Cult3D 的特点

（1）模型质量高,交互性能好

不管是二维还是三维,逼真的图像质量都是非常重要的。Cult3D 是一种强有力的 3D

渲染技术软件,它采用先进的压缩技术,并支持多重阴影效果、贴图和双线性滤镜,这样制作出来的物体模型不仅具有极度逼真的画质,使浏览者可以得到近乎完美照片级真实的视觉效果,而且 Cult3D 可以实现复杂的动画,这就为物体添加交互性创造了众多的机会。

(2) 文件体积小

一般的 3D 动画文件的容量都是庞大的,少则几十兆,多则数百兆。现在 Internet 的网络带宽还很窄,这就使得大容量的数据不可能在很短的时间内进行传输,限制了一些 Web3D 技术的应用。然而利用 Cult3D 技术生成的文件却非常小,一般只有几十 KB 到几百 KB,一般网络用户无须较长时间等待就能够很容易地领略到它的神奇效果。

(3) 跨平台性能好

用 Cult3D 技术生成的文件可以无缝地嵌入到 HTML 页面中。其实,除了在线发布(发布到 HTML 页面中)以外,同时文件还可以离线发布(发布到光盘等媒体)。用 Cult3D 创建的作品可以在各种操作系统的浏览器中流畅地使用,由于主流的 Internet 接入方式将从单纯的 PC 扩展到新的应用平台,例如台式游戏机、机顶盒、个人数字助理和移动电话,Cult3D 也将会出现在这些应用平台上。

(4) 对计算机软件及硬件要求低

Cult3D 是一个混合的三维引擎,用于在网页上建立互动的三维模型。该技术是一个纯软件环境的引擎,一般来说只要是奔腾Ⅱ以上的计算机,甚至不需要任何的 3D 加速显示卡就可以体验完美的三维网络技术。

Cult3D 软件可应用于各种不同的操作系统,如 Windows 95/98/NT/2000/XP、Mac OS,并且可与 IE 浏览器、Netscape 浏览器、MS Office、Adobe Acrobat、Authorware 等多种应用程序结合。

2. Cult3D 的授权

Cult3D 的授权采用了在国外广泛应用的软件授权的销售方式,用户需取得相应的授权才可以使用 Cult3D 技术。用户交纳相应的授权费用,就可以使用与发布 Cult3D 作品。对于一些教育领域等非商业用户,可向 Cult3D 公司申请免费授权。

Cult3D 软件可从其公司网站 www.cult3d.com 下载并安装,如果没有获得授权,会在所发布的作品中含有"www.cult3d.com"的水印字样,其功能与获得授权的相同。

3. Cult3D 的组成

Cult3D 软件包括 3 个组成部分。

(1) 输出插件(Export Pulgin)

这个输出插件是针对 3DS MAX、Maya 等三维软件的,可以通过这个插件将 3D 模型输出成 Cult3D Designer 所识别的 *.c3d 格式。

(2) 设计器(Designer)

这是 Cult3D 的主要部分,是 Cult3D 的设计制作工具,可以将模型(*.c3d 格式)加上背景,增加旋转、缩放、移动、声音等交互性的效果。

(3) 浏览器插件(Viewer Pulgin)

这是一个针对其他应用程序的显示插件,必须安装以后才可以在 IE、Netscape、Acrobat、Office 等软件中看到 Cult3D 的效果。

6.1.2 Cult3D 的工作流程

1. 开发过程

Cult3D 的开发过程也比较简单,只需要几步就可以制作出 Cult3D 作品。

(1) 导出模型

由于 Cult3D 本身没有创建三维模型的能力,所以必须要采用其他的 3D 制作软件来进行建模,建模完成后,再导出 Cult3D 所需要的 *.c3d 文件格式。

(2) 加入交互事件

将 *.c3d 文件导入到 Cult3D 设计后,加入互动效果,如声音和事件。Cult3D Designer 已经将很多基本的命令模块化,即使不懂编程语言也可以很方便地制作想要的效果。用户如果精通 Java 的话还可以自己编写脚本,实现高级交互,最后可以将文件保存成 *.c3p 的格式,这是 Cult3D 的工程文件,可用于以后再进行修改。

(3) 输出 Internet 文件

在 Cult3D Designer 的 File 菜单下面选择 Save Internet File 项,然后就是选择压缩方式。此时可以对模型的每一个物件的贴图和材质以及声音进行压缩,输出到网络中,也可以输出到 Office、Acrobat 等应用程序中。

经过以上几个步骤就可完成一个 Cult3D 的作品,如图 6-1-1 所示为 Cult3D 的工作流程。

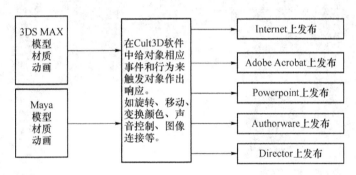

图 6-1-1 Cult3D 制作的流程

2. Cult3D 模型的导出

Cult3D 软件本身没有建模能力,建模必须通过第三方软件来完成。常见用于 Cult3D 的三维建模软件中,有 3DS MAX、Maya 和 ImageModeler 等软件。在这些软件中建立好的三维模型或动画,最后输出 *.c3d 文件格式供 Cult3D 来使用。Cult3D 软件包中提供了 3DS MAX 和 Maya 的插件使之能输出该文件格式,在选择插件时还要注意对应于各种三维建模软件的版本。

在实际工作中,由于三维建模软件 3DS MAX 拥有较广泛的用户群,同时 3DS MAX 对硬件要求较低,因此在一般情况下应用较多。这里以 3DStudio MAX 为例来讲解 *.c3d 文件格式的输出。另外也可以采用 REALVIZ 公司的 ImageModeler 软件来进行建模。

(1) 3DS MAX 输出插件的安装

要在 3DS MAX 中输出 *.c3d 文件格式,必须安装相应的插件,用户可以到 Cult3D 的官方网站 www.cult3d.com 下载其相关插件。目前该插件分别支持 4.X、5.X、6.X、7.X、8.X 等版本的 3DS MAX。下载后运行此插件,该安装程序自动找到 3DS MAX 在当前计算机上的安装目录,生成相应的文件。

(2)文件的导出

在 3DS MAX 中,当建立好模型,就可以输出为 *.c3d 文件。

实例 6-1 用 3DS MAX 导出 Cult3D 模型

本例中,主要是学习采用 3DS MAX 软件导出 Cult3D 所需的 *.c3d 文件。要在 3DS MAX 中输出 *.c3d 文件格式,必须安装相应的插件。本例中以 3DS MAX 8 的中文版本为例。

操作步骤

(1)在 www.cult3d.com 或相关网站下载的文件 Cult3D_3smaxR6_4.0.4.59.exe 可在本书的配套光盘中找到,读者也可从本书配套光盘 Cult3D 文件夹中找到这个文件,此插件支持 3DS MAX 6.X、7.X、8.X 等版本。

(2)运行这个文件,按提示安装此插件,如图 6-1-2 所示。在安装此插件时,软件会自动查找当前计算机中 3DS MAX 软件的安装目录,如不能自动查找到,可手动给出 3DS MAX 的安装路径。

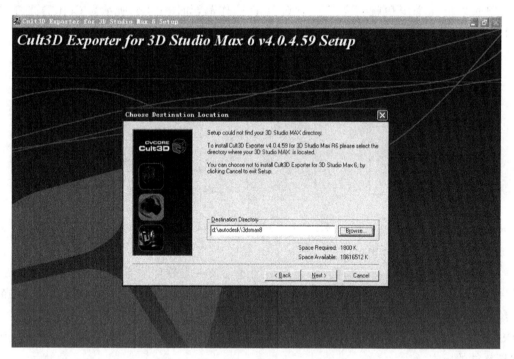

图 6-1-2 3DS MAX 中安装输出插件

(3)运行 3DS MAX,建立其相关物体模型,在此例中建立一个简单的物体——长方体。

(4)在 3DS MAX 中,从文件(File)菜单下选择"导出(Export)...",弹出相应的对话框。如果没有安装 Cult3D 的输出插件或安装不正确,在文件类型选项中,将不会出现 *.c3d 文件类型。

(5) 在保存类型的下拉菜单中选择 ＊.c3d 文件类型,如图 6-1-3 所示。

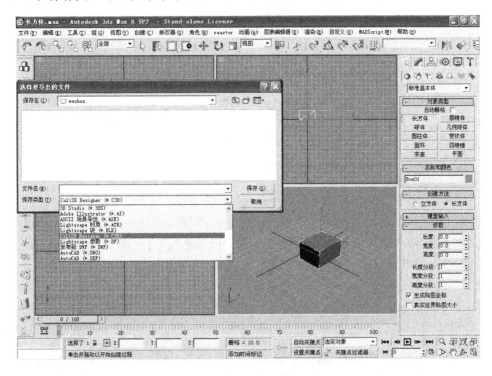

图 6-1-3　3DS MAX 中安装导出物体模型

(6) 输入要保存的文件路径与文件名,单击保存后将出现 Cult3D Exporter 输出设置界面,如图 6-1-4 所示。共有 5 个属性选项,如下所述。

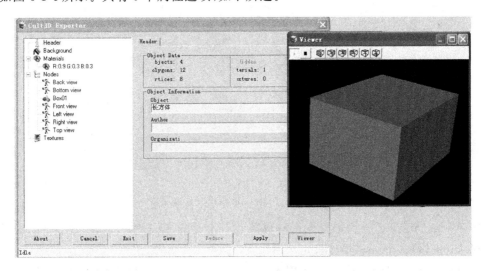

图 6-1-4　Cult3D Exporter 输出设置界面

① Header(文件头)。在 Object Data 中是输出对象的一些参数,这些是不可修改的,在 Object Information 中,可以修改 Object(物体)、Author(作者)、Organization(单位)3 个选项。

② Background(背景)。选择此窗口中左边处的 Background 选项,如图 6-1-5 所示,单击其选项可设置背景色,也可设置背景图片的质量等参数。

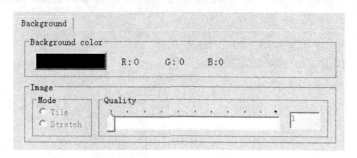

图 6-1-5　Background 输出设置选项

③ Materials(材质)。用来控制不同的着色方式,可选用的着色方式有 Constant Shading,没有任何光源,此时无法显示立体感;Gourand Shading,有光源处理,对象表面进行了平滑处理,且根据点数计算了光强模式;Flat Shading,有光源设置,对象表面没有平滑处理,效果较为平面化;Phone Shading,有光源设置,对象表面做了较好的平滑处理,根据像素来计算强光模式。Gourand Shading 模式为默认的着色模式,适合于大多数情况下,如图 6-1-6 所示。Cult3D 当前的版本不支持自定义灯光的输出,默认的灯光是照亮摄像机的正前方。

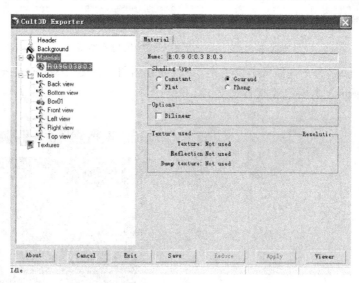

图 6-1-6　Materials 输出设置选项

④ Nodes(节点)。显示场景中的物体类型。它通常有 3 种模式,分别为 General(一般)、Mesh(网格)、Camera(摄像机)。

⑤ Textures(纹理)。这项主要用来控制贴图面积大小和贴图的压缩比,有 Texture map options 和 Image compression,对于没有贴图的物体,则没有此选项。

(7) 选择 save(保存)按钮:可将文件保存为 Cult3D 的 box.c3d 文件,而且也将有关输出的设置保存在 3DS MAX 软件中;选择 Reduce(减少):当对场景所有多边形设置了减面设置后,此按钮将变为可用。单击后执行减面操作;选择 Apply(运用):调整了参数设定后,只有单击此按钮,刚才的设置才能被执行;Viewer(预览):打开(关闭)预览窗口,选择打开时,会弹出一个"Viewer"的窗口,在此窗口中,可用鼠标对模型进行旋转、缩放、移动等操作。选择 about(关于):显示当前 Cult3D Exporter for 3DS MAX 的版本。

6.1.3 Cult3D 窗口简介

安装完成 Cult3D 5.3 后,启动运行后显示如图 6-1-7 所示界面窗口,共有 7 个主要子窗口。

图 6-1-7 Cult3D Designer 5.3 主界面

1. Scene Graph 窗口

Scene Graph(场景图形)窗口(如图 6-1-8 所示)用于添加、删除、重命名、选择以及在场景中选择并重新排列元素,场景图中各部分基于其资源类型,共分为以下 11 类。

Header(标题):这是一个文件标志,一般可用于指定创作者和项目名称。这个标题标志同时也显示了当前场景中所用的资源。

Root node(节点):列出了场景中所有的几何物体,包括网格元素、摄像机和粒子系统等。

Named selections(命名选择):它可与许多单独物体作用的动作一起使用。

Materials(材质):列出了场景中定义的材

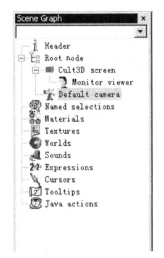

图 6-1-8 Scene Graph(场景图形)窗口

质,利用它可以编辑材质属性。

　　Textures(贴图):包括在场景中一系列可用贴图的设置,并且能够添加新的纹理贴图。

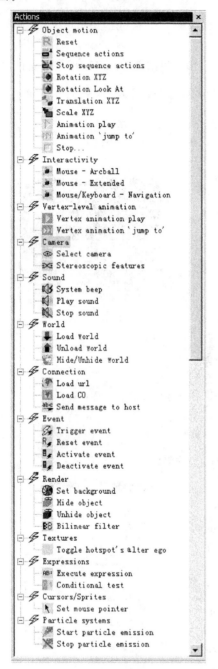

图 6-1-9　Actions(动作)窗口

　　Worlds(场景):是一个发布 *.co 格式的 Cult3D 物体。

　　Sounds(声音):显示出场景中所有可用的声音素材。Cult3D 设计中支持 *.wav 和 *.mid 文件格式,使用它来载入、选择和预览场景中的声音文件。

　　Expressions(表达式):包括场景中所有可用的表达式,表达式用于通过数值或等式来改变一个物体的属性。

　　Cursors(光标):用于载入和选择光标类型,在其他光标编辑工具中创建自己的光标,然后在此引入。

　　Tooltips(提示):当鼠标在物体上时激活显示的文字。"提示"可用于标记物体或为用户提供额外的提示。

　　Java actions(Java 动作):用于在设计工具中增加选择 Java 功能,Java 可用于扩展Cult3D 的交互等功能。

　　在场景图的上方是一个空的下拉菜单,这里列出了所有根节点下的元素,利用这点可以简化定位场景图中的元素位置。单击靠近窗口的箭头,可以看见场景中所有按字母顺序排列的元素。通过按下字母键,可以自动优先选中最先匹配的项目,通过按向上和向下键可以滚动这些按字母顺序排列的元素。

　　2. Actions 窗口

　　Actions(行为)窗口(如图 6-1-9 所示)的作用是通过增加行为来控制场景物体。通过连接动作与激活该动作的事件以及动作的作用对象(例如物体或声音)来对场景对象实现交互。动作类型位于 Action 窗口中,分为以下 13 类。

　　(1) Object motion(物体运动):用于对物体和摄像机进行变换操作。

　　　Reset(重设):重置一个物体的移动和旋转到初始位置。

　　　Sequence actions(连续动作):设置对象连续动作。

— 196 —

Stop sequence actions(停止连续动作):设置对象停止连续动作。

Rotation XYZ(旋转):在一定时间旋转物体到特定角度,也可设置成持续旋转。

Rotation LookAt(相对旋转):控制一个物体的旋转方向,使之沿一个方向轴时刻指向一个物体,当目标物体改变位置时,此物体也随之改变方向。

Translation XYZ(平移 XYZ 轴):在一定时间内移动物体到特定位置,也可设置成持续移动。

Scale XYZ(缩放 XYZ 轴):设置对象物体在 XYZ 轴上的缩小与放大。

Animation Play(播放动画):播放在三维建模软件中已建立的动画(旋转和移动)。

Animation 'jump to'(动画跳转到某个位置):跳转到在三维建模软件中已建立动画的特定时间位置。当设定的持续时间大于 0 时,建立从当前时间状态到特定时间的过渡动画。

Stop...(停止):停止正在播放的动画过程(由 Action 引发或物体本身的动画)。

(2) Interactivity(交互与互动)。

Mouse-Arcbal(旋转与缩放对象):在窗口中拖动鼠标时旋转或移动物体。可以设置鼠标特定键的功能,旋转轴或移动方向。默认是左键旋转物体,右键拉远、拉近物体,两键同时按下时则可以移动物体。当作用对象是摄像机时能实现控制视图的导航。

Mouse-Extended(鼠标扩展):可以 360°转动物体(或摄像机),也可平移和远近拉伸。

Mouse/Keyboard-Navigation(鼠标/键盘-航行):使用鼠标/键盘在场景漫游。

(3) Vertex-level animation(节点层次动画):控制网格物体的节点类型动画。

Vertex animation play:播放物体在三维建模软件中建立的节点运动动画。

Vertex animation 'jumpto':播放到特定时间点位置的节点动画。当持续时间为 0 s 时,是跳跃到该时间状态,当持续时间大于 0 s 时,是建立到该时间点状态的变形动画。

(4) Camera(摄像机)。

Select camera:选择(切换)当前摄像机的视点。

Stereoscopic features:把摄像机显示模式变为 Stereoscopic(立体感)模式。

(5) Sound(声音、执行声音的相关操作)。

System beep:播放系统的警报声。

Play sound:播放一个已激活的声音文件,目前 Cult3D 支持的声音类型有 *.midi 或 *.wav。

Stop sound:停止指定声音的播放。

(6) World 场景:执行场景的相关操作。

Load world:载入一个 Cult3D 场景。

Unload world:卸载一个 Cult3D 场景。

Hide/Unhide world:隐藏/显示一个 Cult3D 场景。

(7) Connection(连接):执行外部网络操作。

Load URL:打开一个 URL 地址,可以选择目标窗口。

Load CO:从一个 URL 地址载入 Cult3D 的 *.co 文件。

Send message to host:给主程序传递字符串消息,如网页中的 javascript 函数。

(8) Event(事件)：和事件相关的操作。

Trigger event：用行为激活一个事件。主要用于激活自定义事件。只有当事件处于初始状态才能引发。

Reset event：重置一个事件到初始状态。

Activate event：事件在当前状态可以是可用的或不可用的，不可用状态时则不能接收相应事件。用此行为将不可用事件激活为可用事件。

Deactivate event：把可用事件变为不可用（解除事件），不能激活此事件相联的动作行为。

(9) Render(渲染)：对场景的显示控制。

Set background：设置场景背景的颜色和纹理图案。

Hide object：将行为所连接的物体隐藏。

Unhide object：如果当前对象物体是隐藏状态，就显示行为所连接的物体。

Bilinear filter：切换（打开/关闭）纹理的 Bilinear 过滤效果。

(10) Textures(纹理)。

Toggle hotspot's alter ego：在物体表面的纹理上可以设置一个特定的区域作为热区，热区内的纹理可以替换为另一图像，该行为替换此热区的纹理。

(11) Expressions(表达式)。

Execute expression：执行表达式运算或检测属性中的参数值。

Conditional test：进行条件测试，对是否满足条件作相应的分支处理。

(12) Cursors/Sprites(鼠标)。

Set mouse pointer：改变鼠标形状。

(13) Particle systems(粒子系统)。

Start particle emission：打开粒子系统的释放。

Stop particle emission：停止粒子系统的释放。

3. Event Map(事件映射)窗口

此窗口用于对 Cult3D 对象的各种事件进行操作，在这个窗口中可以完成大多数的设计工作。如用鼠标或键盘来操作或控制对象的行为方式。几乎所有的设计操作都在此窗口进行，操作很简便，只需用鼠标把物体拖拽到相应的行为和事件上建立相互之间的连接，如图 6-1-10 所示，在 Event Map 窗口的左侧列表中列出了 Cult3D 能接收的事件类型。

World start(启动世界)：在 Cult3D 场景加载初始化后激活，当场景引入时首先执行它，当一切想要自动调用的事件都应该和它建立连接。

World stop(世界停止)：在卸载 Cult3D 场景时激活这个事件的执行。

World step(世界渐进)：场景每更新一次，此事件就执行一次，该事件主要用于需要时刻监测某状态变化并激活操作的情况。

Timer(计时)：该事件在一定时间后激活。双击该图标设置要延迟的时间量。

Left mouse click on object(鼠标左键单击对象)：鼠标左键单击一个物体时发生。该事件必须和一个几何体对象关联(拖动一个几何体到该图标上建立一连线)。

👆 Middle mouse click on object(鼠标中键单击对象):鼠标中键(可以设为同时按下左、右键)单击一个物体时发生。

👆 Right mouse click on object(鼠标右键单击对象):鼠标右键单击物体时激活该事件。

🖐 Object motion completion(对象运动完成):当一个物体运动过程结束时激活该事件。

🔊 Sound completion(声音完成):播放的声音结束时发生。

⌨ Keyboard's key press(当键盘按下后):当按下特定的键时发生。双击该图标设置按下哪个键或哪几个键激活该事件。

⌨ Keyboard's key release(当键盘按下并释放后):当释放特定的键时发生。双击该图标设置释放哪个键或哪几个键激活该事件。

▽ Manual(自定义事件):自定义事件,用于特定情况下由其他事件或浏览器外部事件激发。

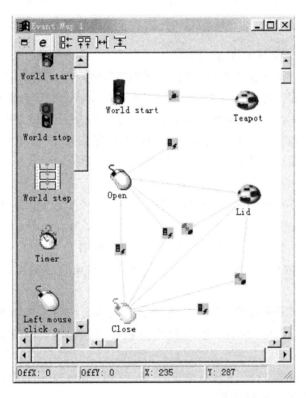

图 6-1-10　Evenets Map(事件映射)窗口

4. Stage Windows(演示窗口)

此窗口主要用于预览和检测 Cult3D 场景在施加各种行为后的正确性及其结果。当在 Event Map(事件映射)窗口为对象制作完所有或部分程序后,就可在演示窗口进行预览。还可以选择 Camera 下拉列表中不同的视图,从各个角度观看其结果。此窗口的默认视图显示是 Default Camera(默认摄像机)显示,当增加了 Cult3D 设计文件后,在其 Camera 下拉列表中就会出现 Front、Left、Top 等视图。这一窗口也可作为一种可选的选择方式或结合手控工具来定位物体,如图 6-1-11 所示。

图 6-1-11　Stage Windows(预览)窗口

在预览窗口中有 9 种不同功能的图标:

　Reset all objects(重设所有对象放大、缩小与旋转):重设放大、缩小与旋转对象的数值为初始状态。当搞乱对象的原来模样时,可以单击此按钮来恢复到原来的样子。

　Reset objects(重设放大缩小与旋转):重设某个对象到缩放、旋转的初始状态。

　Reset all objects to prime location(重置所有物体到初始位置):与"Reset all objects"类似,但它将清除所有应用于物体的移动操作。物体被重置到从模型文件包中输出时的位置。

　Reset objects to prime location(重置物体到初始位置):与上一按钮类似,但仅应用于选中物体。

　Fix all objects(固定所有对象):此按钮会固定所有预览窗口中的对象,也就是说如果移动一个或多个对象位置,当单击此按钮时,就可以将所有预览窗口中的对象位置固定下来。

　Fix objects(固定选取的对象):此按钮会固定所有预览窗口中的对象,即如果移动一个或多个对象位置,当单击此按钮时,就可以将所有预览窗口中的这个对象位置固定下来。

　Pick objects(选取对象):单击此按钮允许在预览窗口中选取对象,可以在 Scene Graph 的窗口中找到所选取的对象。

　Use arcball(对象旋转、缩放、移动状态):单击此按钮,可选择对象并拖动对象进行放大、缩小和移动等操作。如果没单击此按钮,则只能用鼠标选取对象,而不能旋转与缩放。

　Preview Run/Stop(预览开始/停止):开始预览时,单击此按钮,再次单击时,结束预览。

5. Object position and orientation(对象位置和方向)窗口

此窗口用于控制对象的移动、旋转和缩放操作,如图 6-1-12 所示。当选择了物体后,就可以用鼠标在中间的滑动框中左右拖动来改变物体的位置、旋转和缩放,并能在 Preview(预览)窗口中进行实时地观看变化。

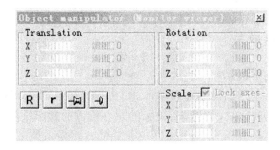

图 6-1-12　Object properties(对象属性)窗口

6. Events(事件)窗口

此窗口主要反映 Event Map(事件映射)窗口中的各个事件,这是获取和编辑事件和事件数据而不使用事件图的一种可选方法,可以直接在此窗口中对事件进行编辑、删除和创建新事件。当在 Event Map 窗口中为物体添加了事件后,就会自动在此窗口中表现出来,若想改变其中事件,只需在此窗口中按 Edit 按钮即可。若想改变事件的时间顺序,单击 Time Line 按钮即可进行改变了,如图 6-1-13 所示。

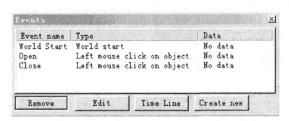

图 6-1-13　Evenets(事件)窗口

7. Object properties(对象属性)窗口

此窗口用于显示当前场景中对象的各种属性,如对象名、移动旋转的坐标位置、类型等,通过结合表达式工具属性来管理场景中对象的信息,如图 6-1-14 所示。

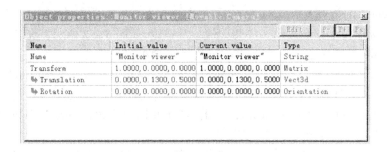

图 6-1-14　Object properties(对象属性)窗口

6.2 Cult3D 制作实例

6.2.1 基本三维展示

实例 6-2 物体的三维展示

在这个实例中,主要介绍如何制作对物体进行三维展示,单击鼠标的左键对物体旋转,单击鼠标的右键对物体进行放大与缩小,鼠标的左右键同时按下时则移动这个物体,并学习有关背景的设置。

操作步骤

(1) 运行 Cult3D Designer,如果软件未授权,则在启动后出现使用许可协议对话框,如图 6-2-1(a)图所示,将右边的滚动条拖至最下边,单击"I Agree"可进入主界面。如果使用的 Cult3D Designer 5.3 版本,此时会弹出一个设计向导,如不需要,可单击"Exit Wizard"取消,如图 6-2-1(b)图所示。

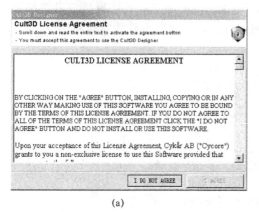
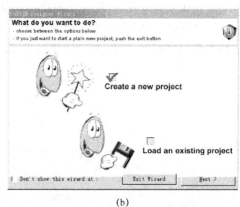

(a)　　　　　　　　　　　　　　(b)

图 6-2-1　使用许可协议与设计向导

(2) 添加 openbox.c3d 素材文件。执行菜单 File→Add Cult3D Designer file,选择文件 openbox.c3d(此文件为 Cult3D Designer 5.3 自带文件,默认路径为 C:\program files\cycore\cult3d designer\objects 文件夹),导入这个模型文件,此时在 Scene Graph 窗口和 Stage Windows 窗口中分别显示文件相关信息及物体,如图 6-2-2 所示。在 Scene Graph 窗口中模型 Handle 表示盒盖上的小把手,Lid 表示包含小把手的盒盖。

(3) 将 Event Map 窗口中的 Left mouse click on object 拖入 Event Map 窗口右边大窗口中,在 Actions 窗口,双击 Interactivity 展开其菜单,如图 6-2-3 所示,将 Mouse-Acrcball 拖到 Event Map 窗口中"ObjectLClick_1"上,当在此图标上出现一个黑色图框时,放下图标,此时可看到两个图标间有根线连在一起。

(4) 将 Scence Graph 窗口中 Box 物体拖动到 Event Map1 窗口中的 Arcball 图标上,等待出现黑色图框后放下,此时可看到两个图标间有根线连在一起,在 Event Map1 窗口中,再次拖动 Box 物体到"ObjectLClick_1"上,如图 6-2-4 所示。由此就实现了基本的三维演示。

图 6-2-2 场景窗口

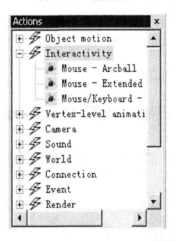

图 6-2-3 在 Actions 窗口中展开 Interactivity

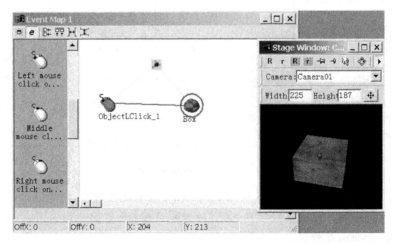

图 6-2-4 全部效果图

（5）执行主菜单"Preview"选项下的"Run"，或在 Stage Windows 窗口中单击▶播放按钮，可看到效果，单击鼠标左键旋转物体，单击鼠标右键放大与缩小物体，而鼠标的左、右键同时按下时则移动物体。

图 6-2-5 Mouse-Arcball 图标设置效果

（6）试着改变 Arcball 的参数设置。在 Event Map 1 窗口中 上，右击选择 Details 选项，弹出相应对话框，具体参数如图 6-2-5 所示，一般情况下，都采用默认的设置。在 Mouse button function（鼠标按键功能）中，默认的操作：左键是在 X—Y 轴的旋转，右键是在 Z 轴的放大与缩小，中键（左、右两个键同时按下）是将物体在 X—Y 轴上的移动。

（7）设置场景的背景，将 Event Map1 窗口中的 "World start"拖入这个窗口中的右侧空白处，选择 Actions 窗口中的"Render"下的 （Set background），将其拖入到 Event Map1 窗口中的 （World start）图标上，当出现一个黑框后放下，如图 6-2-6 所示。

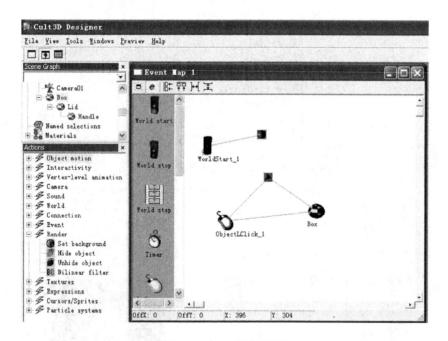

图 6-2-6 加入背景操作图

在 Event Map1 窗口中，双击 (Set background)，出现图 6-2-7 所示对话框，选择需要的背景图案。可按 Test 按钮来观察其效果，设置好背景后，需重新在 Stage Windows 窗口中按播放键后，才会出现效果。

（8）保存文件。在主菜单中选取 File 中的 Save Project，将文件保存为 6-2.c3p 格式，作为 Cult3D 的工程文件存档，以备将来进行修改。

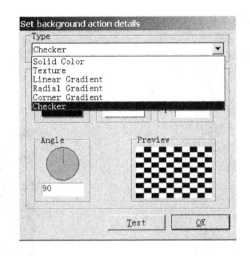

图 6-2-7　背景的设置

（9）输出到 Internet 网上应用。在主菜单中选取 File 中的 Save Internet file，生成为实例 6-2.co 文件。如果使用的软件未经授权，则会出现一个许可使用协议对话框，将右边的滚动条拖至最下边，单击 I Agree 可进入 Save settings 界面，单击 Save 生成实例 6-2.co 文件。当然在发布的作品中有"www.cult3d.com"的文字水印。

实例 6-3　给物体部件加文字提示与音乐

在本例中主要制作一个展示计算机各个部件名称的作品，其中单击作品中的"鼠标"播放音乐，单击作品中的"键盘"，则停止播放。

操作步骤

（1）启动程序。运行 Cult3D Designer 5.3，添加 Computer.c3d 素材文件（此文件可以在本书配套光盘中找到）。执行菜单中的 File→Add Cult3D Designer file，导入这个文件。此时在 Stage Windows 窗口和 Scene Graph 窗口中显示该物体及文件相关信息。

（2）设置物体三维展示效果。在 Event Map1 窗口中单击■（World start）将其拖入到右侧的工作区，在 Actions 窗口中，单击"Interactivity"选项下的■（Mouse-Arcball），将其拖入到 Event Map1 窗口中的■（World start）上面，当再现黑框后放下，将 Scene Graph 窗口中的"Computer"模型拖入到 Event Map1 窗口右侧中■（Mouse-Arcball）上，出现黑框后放下。其效果如图 6-2-8 所示。此时，在 Stage Windows 窗口，可用鼠标来进行拖动物体、放大与缩小、移动物体等操作。

（3）设置文字提示功能。所谓文字提示功能是指把鼠标移到相应部件，旁边会弹出文字提示信息。选取 Scene Graph 窗口中的 Tooltips，单击鼠标右键，选择 New，再选择弹出菜单中的 Tooltip 新建一个 Tooltips1，双击后弹出对话框，在此对话框中，将这个窗口中的 Name 与 Text 项目中文字都改为"液晶显示器"（注意在 Text 项目中文字前面空 4 格）。单击 Associated objects 项目中的 Add/Remove 按钮，弹出相应对话框，选取液晶显示器增加到右侧的区域中，如图 6-2-9 所示。

在 Tooltip 对话框中设置提示文字以及背景颜色、字体、位置、透明度、效果等，此例中提示的文字颜色设为红色，如图 6-2-10 所示。

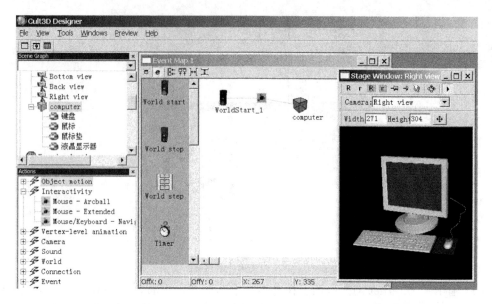

图 6-2-8 加入素材后的效果

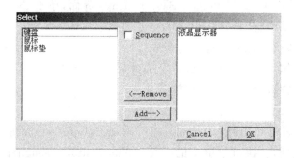

图 6-2-9 Tooltips 中 select 对话框

图 6-2-10 文字提示设置窗口

采用同样的方法,分别设置键盘、鼠标的文字提示,有关文字提示的大小、字体、前景色、背景色、透明度等可自己定义,设置完成后,在 Stage Windows(演示)窗口,用鼠标分别指向各个部件时,可看见在其右侧出现了相关的中文提示。保存此文件为 6-3.c3p 文件格式,如图 6-2-11 所示。

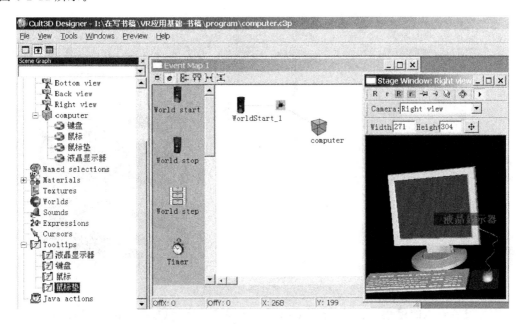

图 6-2-11　设置文字提示效果图

(4) 设置音乐播放。在 Cult3D 软件中支持 *.midi、*.wav 等声音文件格式。要播放音乐,必须要先在 Scene Graph 窗口中,添加声音文件。鼠标右键单击 Sounds 文件夹,选择 New→sound,出现如图 6-2-12 所示对话框,修改文件路径,选取对应的声音文件。

在 Event Map1 窗口的左边,将 (Left mouse click on object)拖入右侧的工作区中空白处,将其改名为 Play。在 Scene Graph 窗口中,单击"鼠标"物体,将其拖入 Event Map 窗口右侧工作区刚才所加的 (Play)上。

图 6-2-12　选择声音文件对话框

在 Actions 窗口中,单击 Sound 下的 Play Sound,将其拖入 Event Map1 窗口右侧工作区的 (Play)上,在 Sound 图标上单击鼠标右键,在弹出菜单中选取 Parameters 项,在 Select 对话框中选中所需的声音文件即可,如图 6-2-13 所示。

此时在演示窗口用鼠标单击"鼠标"这个部件时就可播放音乐。

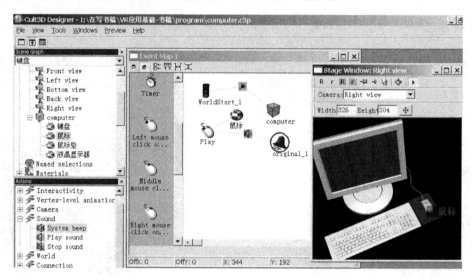

图 6-2-13　制作播放音乐效果

(5) 设置音乐的停止。在 Event Map1 窗口中左边,将 (Left mouse click on object) 拖入右侧的工作区中空白处,将其改名为"Stop"。在 Scene Graph 窗口右侧工作区中,单击"键盘"这个物体,将其拖入 Event Map 窗口右侧工作区 (Stop)上。

在 Actions 窗口中,单击 Sound 下的 (Stop Sound),将其拖入 Event Map1 窗口右侧工作区 (Stop)上。在 Event Map 窗口中,将 (Original_1)拖到 (Stop Sound)上,如图 6-2-14 所示。在 Stage Windows 窗口中,用鼠标单击作品中的"鼠标"可播放声音,单击作品中的"键盘",则声音停止。

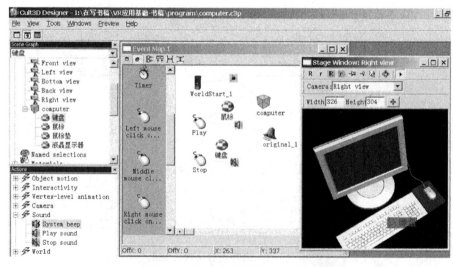

图 6-2-14　效果图

(6) 保存为实例 6-3.c3p 文件。

实例 6-4　键盘的操作模拟

在本例,制作一个模拟键盘打字的效果,当在所用计算机上按下与释放一个按键时,作品中的键盘对应按键也产生按下与释放的动作。如"Enter"、"Space"等按键,并且每次按下键时都有提示声。

操作步骤

(1) 启动程序。运行 Cult3D Designer 5.3,加入添加 Keyboard.c3d 素材文件(此文件可以在本书配套光盘中找到)。执行菜单中 File→Add Cult3D Designer file,导入这个文件。此时在 Stage Windows 窗口和 Scene Graph 窗口中显示该物体及文件相关信息。

(2) 设置物体三维展示效果。在 Cult3D 设计中,一般都需要加物体三维展示的效果。在 Event Map1 窗口的左边单击 (World start)将其拖入到右侧的工作区,在 Actions 窗口中,单击"Interactivity"选项下的 (Mouse-Arcball),将其拖入到 Event Map1 窗口中的 (World start)上面,当再现黑框后放下,将 Scence Graph 窗口中的"KEYBOARD"模型拖入到 Event Map1 窗口右侧工作区中 (Mouse-Arcball)上,出现黑框后放下。其效果如图 6-2-15 所示。

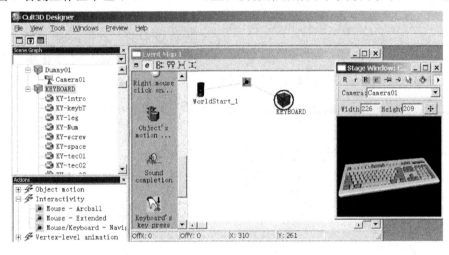

图 6-2-15　当前窗口截图

(3) 制作键盘按下键的效果。在 Event Map1 窗口中,单击窗口左边的 (Keyboard's key press),将其拖入到此窗口中的右侧工作区,将其改名为"Enter-1",再双击它打开相应的对话框,在左边框中选择"Enter"加入到右侧框中,如图 6-2-16 所示。

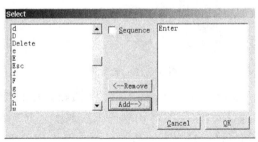

图 6-2-16　加入控制键"Enter"

在 Actions 窗口中,双击 Object motion,选中展开的▓(Translations XYZ)选项,将其拖入到 Event Map1 窗口右侧的工作区中的▓(Enter-1)上面,出现黑框后放下。双击▓(Translations XYZ),弹出对话框,并设置相应的数据,如图 5-2-17 所示。

将 Scene Graph 窗口中的"KY-intro"模型拖入到 Event Map1 窗口右侧工作区中▓(Translations XYZ)上,出现黑框后放下。其效果如图 5-2-18 所示。

此时可在 Stage Windows 窗口中点播放按钮后,按下所用的计算机的键盘的 Enter 键,可以看到作品中这个窗口的键盘上的 Enter 键被按下。

(4) 制作键盘释放键的效果。在 Event Map1 窗口中,单击窗口左边的▓(Keyboard's key release),将其拖入到此窗口中的右侧工作区中,将其改名为"Enter-2",再双击它打开相应的对话框,在左边框中选择 Enter,物体加入到右侧框中。

图 6-2-17 设置图标的参数

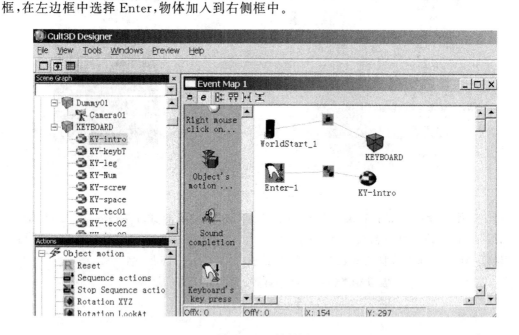

图 6-2-18 效果图

在 Actions 窗口中,单击 Object motion,选中▓(Translations XYZ)选项,并将其拖入到 Event Map1 窗口中的▓(Enter-2)上面,出现黑框后放下。双击▓(Translations XYZ),弹出对话框,并设置其 Z 轴位移参数为"-3.5",与图 6-2-17 中 Z 轴位移参数相反。

在 Event Map1 窗口中,将物体"KY-intro"拖到与▓(Enter-2)相连的▓(Translations XYZ)上,出现黑框后即可。

(5) 增加提示声效果。在 Actions 窗口中,单击 Sound 选项中的 (System beep)选中,将其拖入到 Event Map1 窗口中的 (Enter-1)上面,出现黑框后放下,如图 6-2-19 所示。

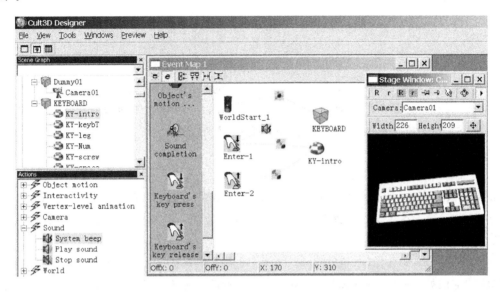

图 6-2-19　当前窗口截图

(6) 制作其他按键的模拟,同样的方法来制作"Space"(空格键)的相关操作,同样的方法是指重复第 3~5 步,在此操作中注意:相关图标的名称分别是"Space-1"和"Space-2",相关的物体也为"KY-space"。其相关参数不变。其效果如图 6-2-20 所示。

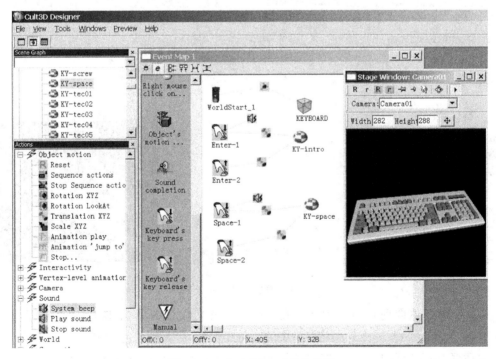

图 6-2-20　加入"Space"的效果图

在此基础上,大家可采用同样的方法创建更多的按键模拟,进而完成整个键盘上各个按键的模拟。

(7) 保存为实例 6-4.c3p 文件。

6.2.2 高级交互设置

实例 6-5 物体的移动与停止

在本例中主要制作一架飞机飞行、停止和复位的操作。采用键盘上的"F"或"f"按键来进行向前飞行(采用"F"或"f"两个按键来进行控制的方法是为了兼容键盘上的按键大小写)。用"S"或"s"按键来进行停止飞行,用"R"或"r"按键复位。

操作步骤

(1) 启动 Cult3D Designer 5.3 软件并导入素材文件。运行 Cult3D Designer,添加 plane.c3d 素材文件(此文件可在本书配套光盘中找到)。执行菜单中 File→Add Cult3D Designer file,导入这个文件。此时在 Stage Windows 窗口和 Scene Graph 窗口中显示该物体及文件相关信息。

(2) 增加三维展示操作。在 Event Map1 窗口中单击 (World start)将其拖入到右侧工作区的空白处,在 Actions 窗口中,单击 Interactivity 选项下的 (Mouse-Arcball),将其拖入到 Event Map1 窗口右侧工作区中的 (World start)上面,当再现黑框后放下,将 Scene Graph 窗口中的"C5_CARGO"模型拖到 Event Map1 窗口右侧中 (Mouse-Arcball)上,出现黑框后放下。其效果如图 6-2-21 所示。

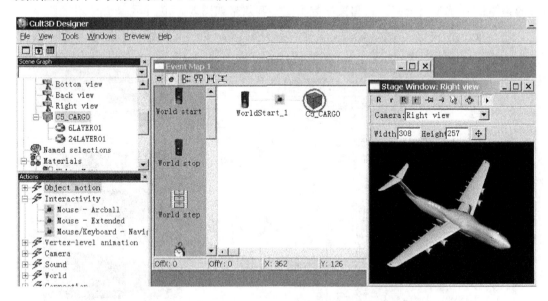

图 6-2-21 增加三维展示效果图

(3) 制作物体向前运行的效果。在 Event Map1 窗口中,单击窗口左边的 (Keyboard's key press),将其拖入到此窗口中的右侧工作区,将其改名为"fly",再双击它打开相应的对话框,在左边框中选择"F"和"f"字母分别加入到右侧框中,如图 6-2-22 所示。

此时,可在 Stage Windows 窗口中,预览效果,按"F"或"f"键,飞机可向前飞行。

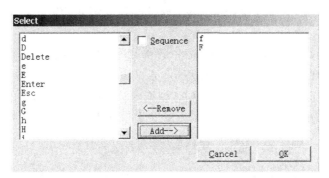

图 6-2-22　加入"F"和"f"按键控制

在 Actions 窗口中,单击"Object motion"选项中的 ■(Sequence action)选中,将其拖入到 Event Map1 窗口中的 (fly)上面,出现黑框后放下。

在 Actions 窗口中,单击"Object motion"选项中的 (Translations XYZ)选中,将其拖入到 Event Map1 窗口中的 ■(Sequence action)上面,出现黑框后放下。双击 (Translations XYZ),弹出对话框,并设置相应的数据,如图 6-2-23 所示。再将"C5_CARGO"模型拖到 (Translations XYZ)上面,出现黑框后放下,即可完成飞机飞行的效果。

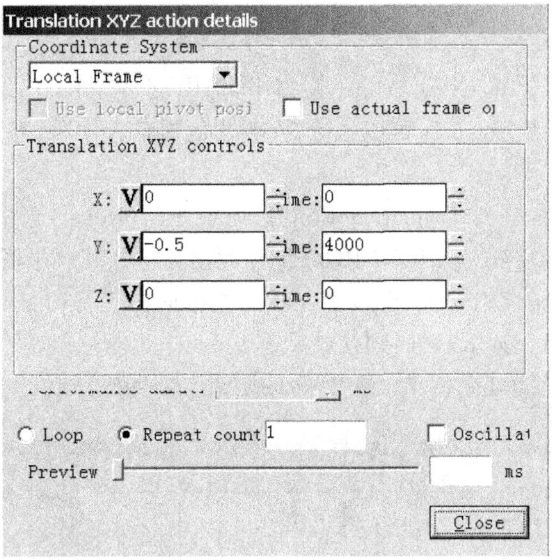

图 6-2-23　参数设置

(4)制作停止效果。在 Event Map1 窗口中选中 (keyboard's key press),拖动它到右侧工作区空白处,将其改名为 Stop,再双击它,在弹出的对话框中,在左边框中选择"S"和"s"加入到这个对话框中的右侧。

此时,可在 Stage Windows 窗口中预览效果,按"F"或"f"键,飞机可向前飞行,按"S"或"s"键,飞机可停止飞行。

在 Actions 窗口中,单击"Object motion"选项中的 ■(Stop sequence action)选中,将其

拖入到 Event Map1 窗口中的 (Stop)上面，出现黑框后放下。

在 Event Map1 窗口中，将 (Sequence action)拖入到 (Stop sequence action)上面，出现黑框后放下。

在 Actions 窗口中，单击"Object motion"选项中的 (Stop ...)选中，将其拖入到 Event Map1 窗口中的 (Stop)上面，出现黑框后放下。

在 Event Map1 窗口中，将物体 C5_CARGO 拖到 (Stop...)"上，双击 (Stop...)，出现对应的对话框，将左边框中的"fly. translation XYZ"加入到右侧框中，如图 6-2-24 所示。

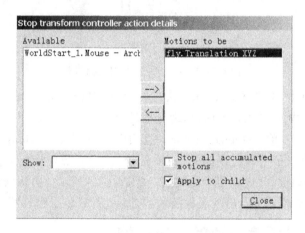

图 6-2-24　加入停止的操作图

（5）制作复位操作。在 Event Map1 窗口中，选中 (Keyboard's key press)拖到窗口右侧空白处，将其改名为"Reset"，再双击它，在弹出的对话框中，选择"R"和"r"，加入到对话框的右侧。

在 Actions 窗口中，单击"Object motion"选项中的 (Reset)选中，拖入到 Event Map1 窗口中的 (Reset)上，将物体 C5_CARGO 拖到此图标上。其效果图如图 6-2-25 所示。按键盘上的"F"键，在 Stage Window 窗口中可看到飞机向前飞行，再次按"F"键后，飞机加速向前飞行，按"S"键停止，按"R"键回到初始状态。

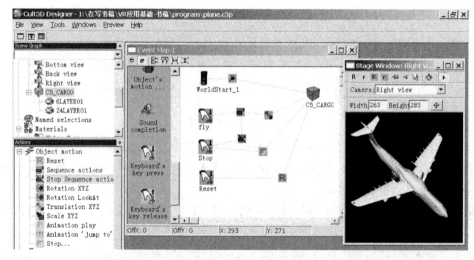

图 6-2-25　图标效果图

(6) 保存文件。将此文件命名为"实例 6-5.c3p"后存盘,本实例制作完成。

实例 6-6 物体的往复运动

在本例中,将制作一个茶壶盖打开与关闭的运动展示,单击茶壶盖时,会自动打开,再次单击时,会合上茶壶盖。

操作步骤

(1) 启动 Cult3D Designer,添加 teapot.c3d 素材文件(此文件为 Cult3D Designer 5.3 安装后自带的文件)。

(2) 在 Event Map1 窗口中,将 Left mouse click on object 图标拖入右侧的工作区中。在 Actions 窗口中,单击 Object motion 下 Translation XYZ 图标,将此图标拖入 Event Map 窗口右侧,放到 ObjectLClick_1 图标上,将 Scene Graph 窗口中 teapot 下的 Lid 物体拖入 Event Map 窗口右侧的 Translation 图标上后,再次将 Scene Graph 窗口中 Teapot 下的 Lid 物体拖入 Event Map1 窗口右侧的 ObjectLClick_1 图标上,如图 6-2-26 所示。

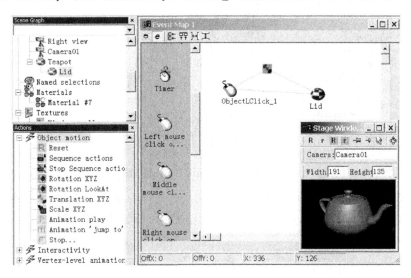

图 6-2-26 加入 Translation 等图标后的示意图

(3) 双击 Event Map1 窗口中的 Translation XYZ 图标,对其参数进行设置,将 Translation XYZ action details 对话框中的 Translation XYZ controls 项 Z 选项改为 0.3,Time 为 1 000,如图 6-2-27 所示。

(4) 在 Stage Window 窗口中,单击播放按钮,此时单击茶壶盖出现移动效果,但是每次单击一次茶壶盖就向前移动一次,而不是往复运行,而要求的是只需在单击茶壶盖时,茶壶盖打开,再次单击茶壶盖时,茶壶盖合上的效果,这时还需对其鼠标控制图标进行释放。

(5) 对图标的释放,就要使用 Deactivate

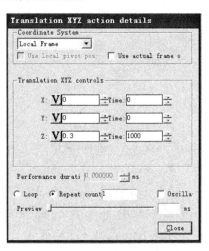

图 6-2-27 设置 XYZ 轴的移动参数

event事件,将Action窗口中Event下的Deactivate event图标拖到Event Map1窗口中的ObjectLClick_1图标上,如图6-2-28所示。

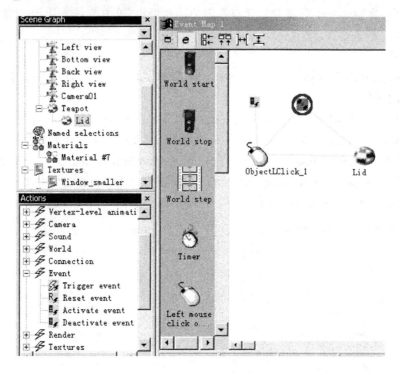

图6-2-28　对图标释放时各窗口图

(6)单击Deactivate event图标,鼠标右击Deactivate event,在弹出菜单中选Parameters,出现对话框,在该对话框左侧选取ObjectLClick_1,添加到其右侧,如图6-2-29所示。

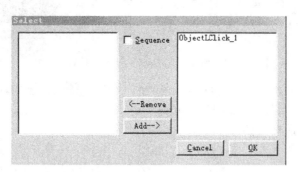

图6-2-29　Parameters对话框

(7)在Stage Window窗口,单击▶,再单击茶壶盖,茶壶盖向上移动,再次单击茶壶盖则不能移动。

(8)接下来要做的是,再次单击茶壶盖时,茶壶盖自动向下移,回到原来的位置。在Event Map1窗口中,将Left mouse click on object图标拖到其右侧工作区中,在Actions窗口中,将Translation XYZ图标拖到Event Map窗口中ObjectLClick_2图标上,并将物体Lid分别拖到Translation XYZ图标和ObjectLClick_2图标上,出现黑框后放手即可,如图

6-2-30 所示。

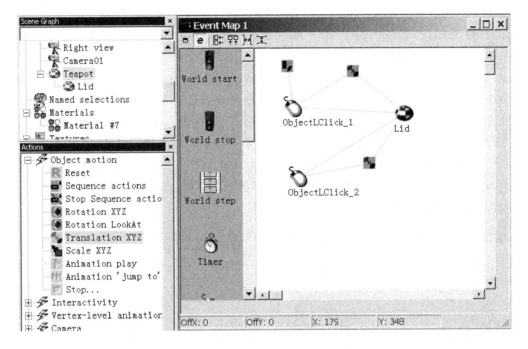

图 6-2-30 制作向下动作

(9) 双击 Translation XYZ 图标,设置参数如图 6-2-31 所示,其中 Z 轴的参数一定要同刚才向上移动参数(一个为正值向上,一个为负值向下),如上图 6-2-27 所示的 Z 轴参数相反,否则物体在往复运动时就不能回到原来的位置上。

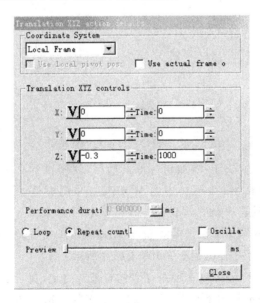

图 6-2-31 设置 XYZ 轴的移动参数

(10) 在 Event Map1 窗口中,将 Actions 窗口中 Event 下的 Deactivate event 图标拖到 ObjectLClick_2 图标上,并设置 Deactivate event 图标的参数,在 select 对话框中,选取

ObjectLClick_2加入其右侧。

（11）为了实现物体的往复运动，还必须将释放的图标再次激活，在 Actions 窗口中，将 Event 下的 Activate event 拖入到 Event Map1 窗口中 ObjectLClick_1 图标上，再将 ObjectLClick_2 图标拖到 Activate event 图标上。

（12）在 Actions 窗口中，将 Event 下 Activate event 拖入到 Event Map1 窗口中 ObjectLClick_2 图标上，再将 ObjectLClick_1 图标拖到 Activate event 图标上。

（13）在 Event Map1 窗口中，在 ObjectLClick_2 图标上右击鼠标，在弹出菜单中选择 Initial Activation 命令，把其前面的选择去除（此操作的作用是在刚开始运行时使 ObjectLClick_2 图标失效，让 ObjectLClick_1 图标有效即先打开茶壶盖），其图标如图 6-2-32 所示。在 Stage Windows 窗口查看其效果，当用鼠标单击茶壶盖时，茶壶盖向上打开，再次单击茶壶盖时，茶壶盖向下还原。

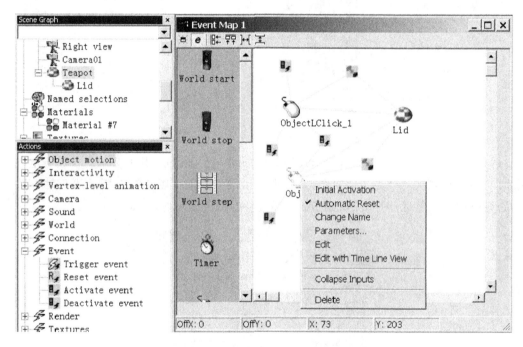

图 6-2-32　设置物体往复运动图标

（14）给这个物体（整个茶壶）增加鼠标控制操作，使用鼠标可对物体（整个茶壶）放大、缩小及移动，首先将 Event Map1 窗口中的 World start 图标拖入到其右边窗口处，其作用是在刚载入场景时就启动这个操作，将 Action 窗口中 Interactivity 下的 Arcball 拖入到 Event Map1 中的 World start 图标上，再将 Scene Graph 窗口中的 Teapot 物体（整个茶壶）拖入到 Event Map1 中的 Arcball 图标上，如图 6-2-33 所示。

（15）通过以上操作，已经可以实现茶壶盖的打开与合上，为了更加真实的模拟，下面增加几个效果，如打开时并不只向上打开，而是放在茶壶的旁边。要达到这些效果，可以在运动时再增加一个旋转的运动。将 Actions 窗口中 Object motion 下的 Rotation XYZ 拖到 Event Map1 窗口的 ObjectLClick_1 图标上，并将物体 Lid 拖到 Rotation XYZ 图标上，单击

Rotation XYZ 图标,选取鼠标的右键,设置其参数,如图 6-2-34 所示。

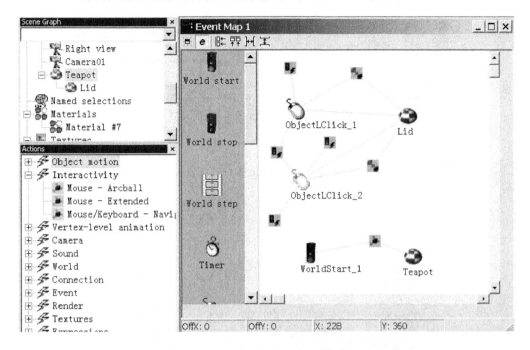

图 6-2-33　实现物体往复运动的图标

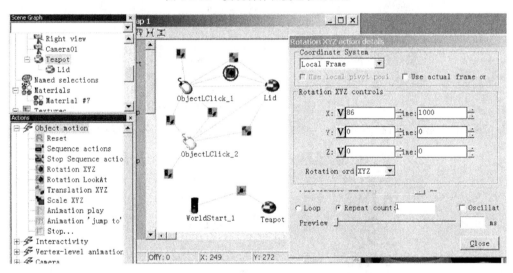

图 6-2-34　加入旋转图标与参数设置

(16) 为了避免单击 ObjectLClick_1 图标时,平移与旋转运动同时作用,必须设置其运动时间线,如图 6-2-35 所示,鼠标右击 ObjectLClick_1 图标,在出现的菜单中选取"Edit with time view",拖动最下面一行的 Ratation XYZ 的滑块到 Translation XYZ 之后,其意义为等待向上运动结束后再进行旋转运动。

(17) 到此就完成了打开的动作设置,同样的方向可设置合上茶壶盖的动作,将 ObjectLClick_2 图标相连的 Ratation XYZ 参数设置为 X 轴为"－86",此值与图 6-2-34 所示 X 轴值相反,但其动作顺序是先旋转运动,再平移运动。其时间线设置如图 6-2-36 所示。

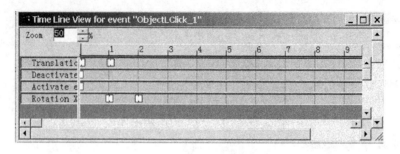

图 6-2-35　各图标的时间线设置

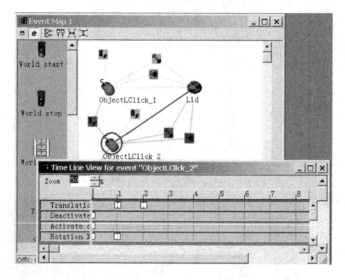

图 6-2-36　ObjectLClick_2 图标的时间线设置

（18）由此完成了所有的制作,以实例 6-6.c3p 的文件名存盘,其全部图标如图 6-2-37 所示。

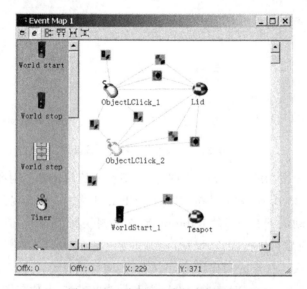

图 6-2-37　实例 6-6 中的全部图标

实例 6-7 综合作品,制作 CD 机的操作模拟

在本例中,主要制作一个 CD 音乐机产品展示。先设置放大、缩小、背景和自动旋转,再进一步增加声音及其控制等。

操作步骤

(1) 启动 Cult3D Designer 5.3 程序,添加 Minidisc.c3d 素材文件(此文件为 Cult3D Designer 5.3 安装后自带的文件)。此时在 Stage Windows 窗口和 Scene Graph 窗口中显示该物体及文件相关信息。

(2) 设置三维展示。在 Event Map1 窗口中单击 (World start)将其拖入到右侧的空白处,在 Actions 窗口中,单击"Interactivity"选项下的 (Mouse-Arcball),将其拖入到 Event Map1 窗口中的 (World start)上面,当再现黑框后放下,将 Scene Graph 窗口中的"Minidisc"模型拖入到 Event Map1 窗口右侧中 (Mouse-Arcball)上,出现黑框后放下。

(3) 设置物体展示时自动慢慢地旋转,将"Object motion"选项下的 (Rotation XYZ),拖入到 Event Map1 窗口中的 (World start)上面,并设置参数,旋转的快慢可由 Z 轴的 Time 调整。(注意选择 Performance duration 执行持续时间)选项为"Loop",如图 6-2-38 所示。将 Scene Graph 窗口中的"Minidisc"模型拖入到 (Rotation XYZ)上。

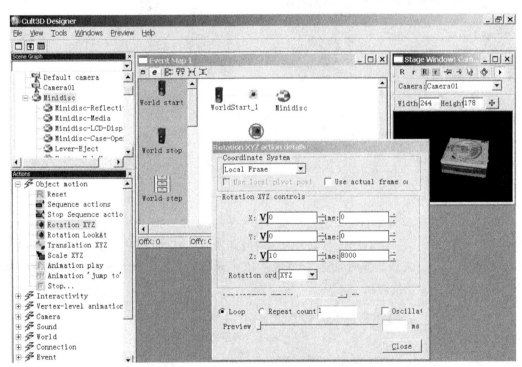

图 6-2-38 设置旋转

(4) 设置播放键的动作。设置播放键的操作主要意义是要实现对播放键的向下运动与向下运动还原到原来的位置,其参数可自己调试设定。在 Event Map1 左侧窗口中,将 (Left mouse click on object)拖入右侧的工作区,并改名为"Play"。因为播放键要按下去后能上来的动作效果,所以要把 Actions 窗口中的 Object motion 下的 (Translation XYZ)

拖两个到 (Play)上。双击打开参数设置，Z 分别设 0.008 和 －0.008，Time 都设 400。再把 Scene Graph 里"Minidisc"下的"Button-PlayPause"物体分别拖到 (Play)和两个 (Translation XYZ)上。

（5）设置声音播放。先在 Scene Graph 窗口中右击 Sound 出现一个下拉式菜单，选择 New→Sound，然后在 Open sound file(s)对话框中，选择 original_2.mid，再在 Actions 窗口中 Sound 下的 (Play Sound)拖到 (Play)上，在 Sounds 上单击右键，选择 parameters…，选中 original_2.mid 声音文件，这就完成了播放声音，如图 6-2-39 所示。

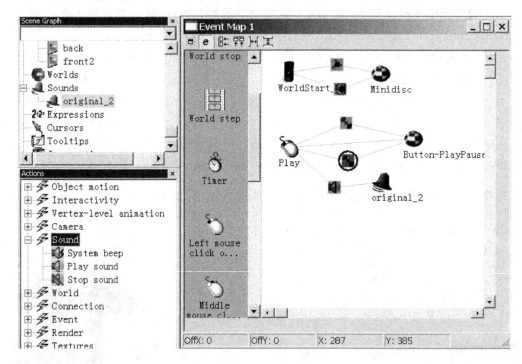

图 6-2-39　制作播放声音效果

在 Event Map1 窗口中右键单击 (Play)选中 Edit with time line view 选项，改变两次平移顺序，使正值的第一个时间块与负值最后的时间块对齐，它的意思是按下 CD 音乐机上 Play 按键时，先陷下去后又弹回原样，如图 6-2-40 所示。注意在拖动白色块时不要改变其间隔距离（即物体运动的时间）。

图 6-2-40　Play 按键上的时间线

(6) 设置停止按键动作。在 Event Map1 左侧窗口中,将 (Left mouse click on object)拖入右侧的工作区,并改名为"Stop",跟 (Play)一样,分别拖两个 Actions 窗口中 Object motion 下的 (Translation XYZ),在 Scene Graph 窗口中 Minidisc 下的"Button-Stop"物体拖入到在 Scene Graph 窗口中相应的 3 个图标上,设置也和 (Play)相同。

(7) 设置停止音乐。在 Actions 窗口中,将 Sound 下的 (Stop sound)拖到 Event Map 1 窗口中 (Stop)上,把在 Scene Graph 建立的声音 (original-2)也拖入到 (Stop sound)上。

把 Actions 里 Event 下的 (Activate event)分别拖入到 (Play)和 (Stop)上,再把 (Stop)拖到和 (Play)相联的 (Activate event)上,然后把 (Play)也拖到和 (Stop)相联的 (Activate event)上。用鼠标右键单击 (Stop),在出现的菜单中把 Initial Activation 前面的钩去掉,使 (Stop)不能初始激发,如图 6-2-41 所示。

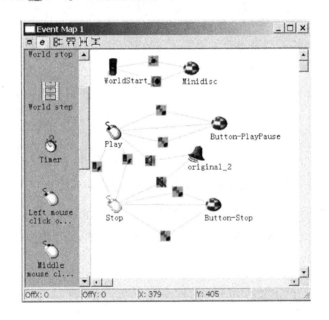

图 6-2-41　停止播放声音效果

(8) 设置碟片的出仓。在 CD 音乐机碟片出仓时用鼠标左键按一下出仓键,出仓键逆时针向下转;仓门顺时针向上翻,然后碟片缓缓出来向前平移。进仓时次序为:按下出仓键,出仓键顺时针转,碟片缓缓往回缩,到达相应位置后,然后仓门再逆时针复位盖好。

在 Event Map1 窗口中,把 (Left mouse click on object)放入右侧窗口中,改名为"出盒",把两个旋转图标〔在 Actions 窗口中 Object Motion 下的 (Rotation XYZ)〕和一个平移图标〔在 Actions 窗口中 Object Motion 下的 (Translation XYZ)〕拖到 (出盒)上,再把 Scene Graph 窗口中物体模型 Minidisc 下的 Lever-Eject(出仓键)拖到 (出盒)和其中一个 (Rotation XYZ)上,把 Scene Graph 窗口中的 Minidisc-Case-Opening(仓门)拖到另一个 (Rotation XYZ)上,把 Scene Graph 窗口中的 Minidis-Media(碟片)拖到 (Translation XYZ)上。

🖱(出盒)相关的3个图标的参数设置如图6-2-42所示。

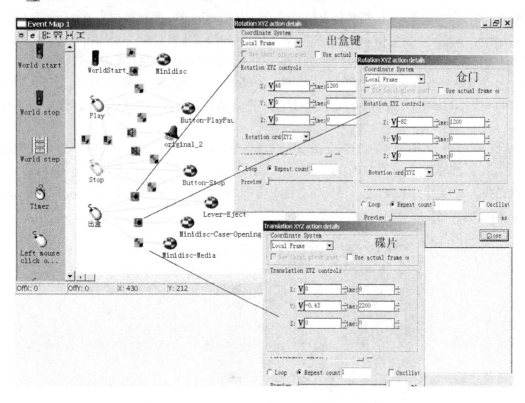

图6-2-42 开仓的各种参数设置

鼠标右击🖱(出盒),弹出右键菜单,选择菜单中的"Edit with time line view",调整最下一行(碟片)运动块向右移,即将其运动的时间设为上面两个动作完成以后再运动,如图6-2-43所示。

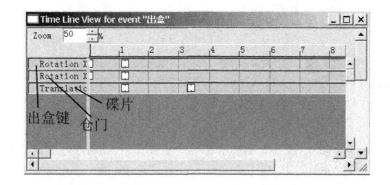

图6-2-43 时间线操作

(9)设置碟片出仓后音乐停止。当CD机仓门打开后,音乐要停止,将Actions窗口中Sound下的🔊(Stop sound)拖到🖱(出盒)上,然后再把Event Map1所建的声音🔊(original_2)拖入到🔊(Stop sound)上。

(10)设置碟片的出仓。同样,关仓也要两个旋转一个平移,设置一个"🖱(关闭)按键图标,方法同 (出盒)相同,注意各对应的图标与 (出盒)的 XYZ 轴参数相反、时间相同,可参考图 6-2-44 所示。

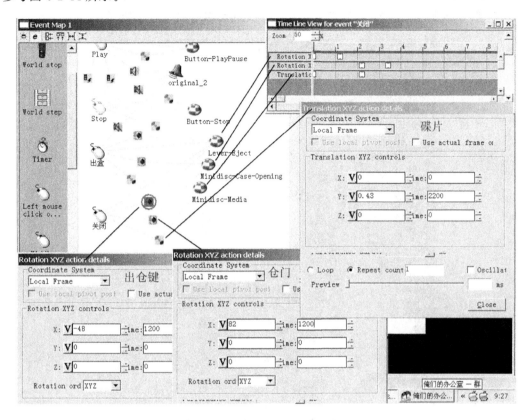

图 6-2-44 关闭按键图标的参数

像前面 (Play)和 (Stop)一样,也要在 (出盒)和 (关闭)上加两个 (Activate event)(在 Actions 窗口中 Event 选项下),这时分别要把 (出盒)和 (关闭)也拖到这两个 (Activate event)上,同时,把 (关闭)的初始激发 Initial activation 也去掉。

接下来把 Actions 窗口中 Event 下的 (Deactivate event)加到 (出盒)和 (关闭)上,用鼠标右击加在 (出盒)上的 (Deactivate event),在 Parameters 对话框里把"Play"、"Stop"和"出盒"加到右侧的方框里,用鼠标右击 (关闭)上的 (Deactivate event),在 Parameters 对话框里把"关闭"加到右侧的方框里。

(11)实现关闭后再播放音乐。要实现出盒、进盒后能继续点按播放键能播放音乐,还要再次激活 Play 按键图标。将 Event Map 窗口中的 (Play)拖到 (关闭)相连的 (Activate event)上,注意是激活关闭的那个图标,全部完成后如图 6-2-45 所示。

(12)加入 3 个文字提示条。在 Scene Graph 里 Tooltips 上右击,新建 3 个提示条,分别在 Add/Remove 中把 Button-PlayPause、Button-Stop、Lever-Eject 加到 3 个 Tooltip 中,分别在 Text 框里输入"播放键"、"停止键"和"出盒键"中文提示字样,需要字体和背景颜色的话可在 Text 和 Background 里的调色板里设置,透明度在 Opacity 里设置。

(13)保存文件。点播放键就可预览效果,听到有音乐出现,点出盒键此时音乐停止,弹出 CD 碟片,保存为实例 6-7.c3p 格式。

上面的几个例子可以充分体现 Cult3D 的易学性及效果,但如果要获得更加复杂的交互,必须要 Java 脚本语言相支持,有关类的高级应用请参看其他相关资料。

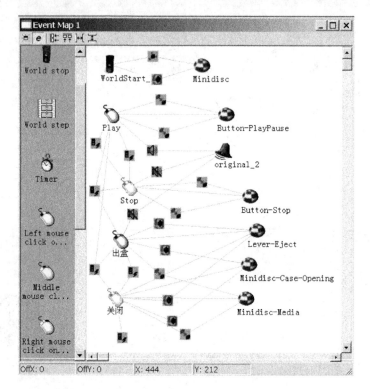

图 6-2-45　完成后 Event Map1 窗口的总图

6.3　Cult3D 应用展示

Cult3D 应用较广,在多个领域中都有较好的表现,当然其最大的优点是做产品展示,它可以应用到多种软件中,最常见的是网络应用。在 Internet 上展示产品,同时也可用于微软 Office 软件中及 Adobe 中的 Acrobat 和 Reader 软件中,还可在多媒体制作软件 Authorware 和 Director 制作的光盘中离线发布。

6.3.1　在网络中的应用

制作的 Cult3D 作品,其文件容量极小,因此在网络上的应用非常多,下面来介绍如何将 Cult3D 的作品用于网页的制作。

具体操作步骤如下。

(1) 启动 Cult Designer 5.3 软件,添加工程文件。执行菜单 File→Load project 命令,选择 teapot-open.c3p 文件,导入这个文件的源程序。

(2) 执行菜单 File→Save internet file 命令(没注册的用户则自动弹出许可使用协议),

在这个对话框中,选择要保存的路径,输入文件名为 teapot-open.co,单击"保存"后,出现 Save settings 对话框,如图 6-3-1 所示。

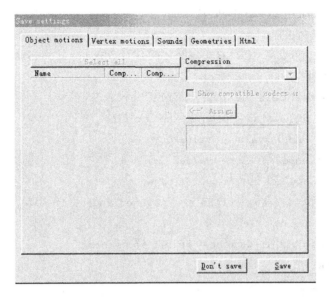

图 6-3-1　Save settings 对话框

(3) 在此对话框中,可设置的项目有:Object motions(物体运动)、Vertex motions(节点运动)、Sound(声音)、Geometries(几何体)、Html(页面)等。如对设置参数不太熟悉,可直接选择"Use 'Smart Save'"选项,简化设置,如图 6-3-2 所示。

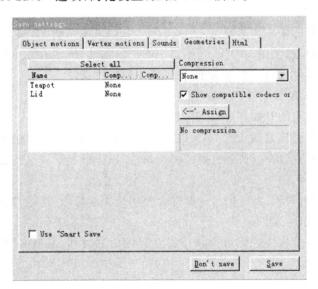

图 6-3-2　Use "Smart Save"

(4) 选择 save 后,在保存为 teapot-open.c3p 文件的同时,在相应的目录下会自动生成一个 teapot-open.co 的文件。

(5) 下面将 teapot-open.co 的文件应用到网页中,制作网页可采用很多工具软件,如 Dreamweaver,Frontpage 等,在网页中插入"*.co"文件,与其他格式文件(如*.gif、*.wav

等)相同,只是在网页中前面部分加入一段特殊的代码,再把 Cult3D 的文件嵌入到页面中,就可以让浏览器在页面上显示 Cult3D 物体(对象),程序代码如下。

因为考虑到 Internet Explorer 和 Netscape 两种浏览器有一些差别,Cult3D 浏览器的插件参数必须被设置两次。

```
<object classid="clsid:31B7EB4E-8B4B-11D1-A789-00A0CC6651A8"
codebase="http://www.cult3d.com/download/cult.cab"
width="width in pixels" height="height in pixels">
<param name="SRC" value="path to the .co file">
<param name="name1" value="value1">
<param name="name2" value="value2">
<embed type="application/x-cult3d-object"
pluginspage="http://www.cult3d.com/newuser/index.html"
src="path to the .co file"
width="width in pixels" height="height in pixels"
name1="value1"
name2="value2">
</embed>
</object>
```

其中斜粗体部分就是 Cult3D 插件参数的名称及它们的值,其值不区分大小写,程序代码中常见的参数介绍如下。

① DISABLEHW

该参数控制渲染的硬件加速效果,默认值为"0",如果使用的 3D 显卡被支持,硬件渲染将被使用;当硬件渲染被使用的时候,在场景中的任何移动,显示的每一帧都将抗锯齿;如果设置为"1",所有的硬件渲染都会被禁止,仅仅使用软件渲染。

② ANTIALIASING

该参数在软件渲染的时候有效,其设置值如下。

0——自动模式,可以通过设定"ANTIALIASINGDELAY"时间值来指定发生的时间间隔;但场景中有物体移动时,抗锯齿属性将被禁止,以保证场景演示速度。

1——禁止抗锯齿。

2——强制抗锯齿,场景演示的每一帧都会使用抗锯齿特效,这将增加处理器的工作量。

③ ANTIALIASINGDELAY

该参数表示当自动软件抗锯齿开始作用之前的延迟时间,其值必须是整数,默认值为 1 000 ms,大约是 1 s。

④ FRAMESKIP

在较慢的计算机上运行的时候,该参数允许场景演示跳过一些帧,以保证动画效果;默认值是"1"表示允许跳过一些帧,设置为"0"表示禁止帧跳过。

⑤ VIEWFINISHED

当场景被下载的时候,Cult3D 显示窗口中物体的显示方式,可以看 FINISHEVENT。默认值是"0",当下载的时候显示场景物体;如果设置为非零值,则当下载时只显示 Cult3D

显示窗口的背景色,直到场景被下载完毕,请参看 BGCOLOR。

⑥ BGCOLOR

该参数设置场景被显示前,Cult3D 显示窗口的背景色,它使用十六进制值表示颜色,如"FFFFFF"为白色,如果设置的值非法或者没有设置值,该参数默认值是 000000。

⑦ PBCOLOR

该参数设置下载进度条的颜色,用十六进制值表示,默认值是 FFFFFF,如果 ViewFinished 被设置,进度条将不可见。

FF0000=红色进度条;00FF00=绿色进度条;0000FF=蓝色进度条。

⑧ DISABLEPB

该参数设置进度条的显示,默认值是"0",显示进度条;设置为非零值时,进度条不可见。如果 ViewFinished 被设置,进度条将不可见。

如果要实现 Cult3D 插件的本地自动安装,把 http://www.cult3d.com/download/cult.cab 下载到 *.co 或者网页文件所在的目录,并修改上面代码中的 codebase="http://www.cult3d.com/download/cult.cab"为 codebase="cult.cab"即可。这种方法适合于在光盘中使用,这样当在没有安装 Cult3D 插件的计算机中浏览该光盘时,Cult3D 插件可以从本地自动安装。

(6) 保存网页,在浏览器中观看效果(浏览器中必须安装 Cult3D 的相关插件),如图 6-3-3 所示。

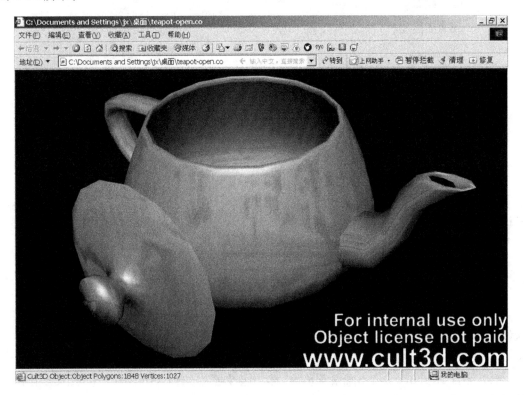

图 6-3-3 输出到网页中效果

6.3.2 在 PowerPoint 中插入 Cult3D 作品

PowerPoint 软件是微软公司 Office 系列软件一个用于演示的工具，在学术报告、多媒体教学中应用十分广泛。下面介绍如何在 PowerPoint 演讲稿中加入 Cult3D 对象，其实际上是通过 ActiveX 对象的方式把 Cult3D 的对象插入 PowerPoint 演讲稿中。

（1）启动 PowerPoint 文件，选择主菜单中的视图→工具栏→控件工具箱，此时会出现控件对话框，如图 6-3-4 所示。在控件对话框中，选择最右下角的其他控件图标，单击后出现一个下拉式列表，选择其中的"Cult3D ActiveX Player"选项。

图 6-3-4　控件工具箱对话框

（2）在 PowerPoint 文稿中，此时鼠标光标变为了十字形状，可以在想要插入 Cult3D 对象的区域单击，此时会出现一块黑线斜条纹的矩形块。

（3）在黑线斜条纹矩形块中右击鼠标，在打开的属性中设置其选项，在此窗口中选择"自定义"字段，选中它并单击右边列按钮，如图 6-3-5 所示。

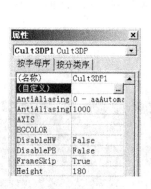 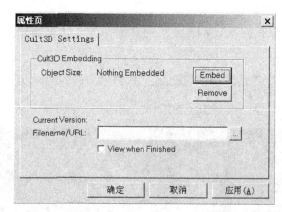

图 6-3-5　自定义窗口

（4）在弹出对话框中选取"Embed"，此时会出现 Embed Cult3D Object 对话框，输入需要插入 Cult3D 对象的文件路径及文件＊.co 即可。但在文件编辑时是看不到效果的，只有在 PPT 放映时才会出现效果。

6.3.3 在 Authorware 中插入 Cult3D 作品

在多媒体光盘制作中，常常采用到 Macromedia 公司的 Authorware 及 Director 多媒体软件，如果能把 Cult3D 的交互三维作品嵌入到程序中，其作品的效果就会大大提升，下面以 Authorware 为例来进行介绍，有关 Director 软件中的应用可作相应参考。

（1）运行 Authorware，出现主菜单后，选中菜单栏中的插入→控件→ActiveX 在出现的对话框中选择 Cult3D ActiceX Player，如图 6-3-6 所示。

（2）在弹出的属性对话框中，单击自定义 Custom，再按下 Embed 按钮，选择用户要嵌入的 Cult3D 文件——＊.co,如图 6-3-7 所示。

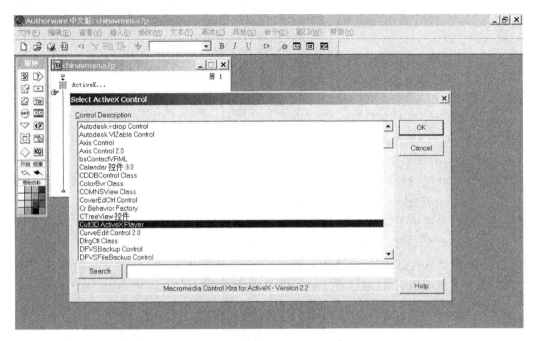

图 6-3-6　Cult3D ActiveX Control 选项

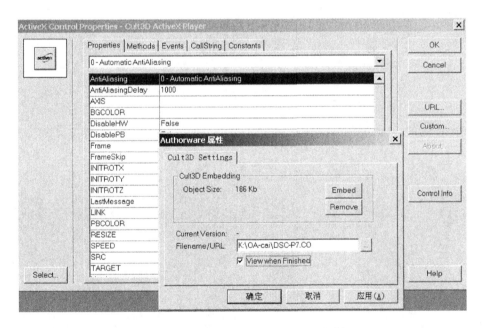

图 6-3-7　选择活动控件窗口及属性对话框

（3）此时在 Authorware 的流程线上增加了一个"ActiveX…"的图标,在 Authorware 运行时可任意调节其显示的大小,可实现 Cult3D 的调用。

（4）当有时 ＊.co 文件较大时,不能正常应用上述方法,此时可先在流程图上放个 Active(Cult3D)图标,在这个图标里不要设置任何属性。在这个图标的后面放个计算图标,在计算图标中写上 CallSprite(@"Active 图标名",♯LoadCult3D,FileLocation~"CO 文件所在的路径名称") 这一句,然后把 co 文件复制到"*.co 文件所在的路径名称"即可。

习　　题

1. Cult3D 技术的特点有哪些?
2. Cult3D 技术的应用领域有哪些?
3. 简述 Cult3D 软件的组成部分。
4. 简述 Cult3D 技术的开发过程。
5. 简述 Cult3D 技术与 Maya 的关系。
6. 在相关网站中下载 Cult3D 作品。
7. 简述如何在 PPT 演示报告中插入 Cult3D 文件。
8. 在多媒体课件制作时,简述采用 Authorware 制作中插入 Cult3D 文件的过程。
9. 结合本章的知识点,谈谈 Cult3D 技术的发展前景。
10. 在网上查找出 10 个有关 Cult3D 应用的网站,并进行大致的介绍。

第 7 章　VRML 虚拟现实建模语言

【学习目标】

1. 掌握 VRML 建模方法与动画原理
2. 熟悉 VRML 常用造型节点，并能根据应用需要进行原型扩展
3. 通过学习 VRML 了解虚拟世界场景建模与交互效果实现的基本方法

　　VRML(Virtual Reality Modeling Language)是一种虚拟现实建模语言，它的基本目标是建立 Internet 上的交互式三维多媒体，它以 Internet 作为应用平台，作为构筑虚拟现实应用的基本构架。它的出现及其发展改变了网络的二维平面世界，实现了真正的三维立体网络世界、动态交互与智能感知，是计算机网络、多媒体技术与人工智能等技术的完美结合，已成为把握未来网络、多媒体及人工智能的关键技术。

　　虚拟现实建模语言 VRML 是 21 世纪计算机网络、多媒体及人工智能为一体的最为优秀的开发工具和手段。很多人预测今后几年内，三维世界(3D World)模型将取代目前流行的二维桌面模型，成为基本的用户界面模式。它同时可扩展到更广阔的领域中，VRML 所代表的 Web3D 技术还可以应用于工业、农业、商业、教学、娱乐和科研等方面，应用前景非常广阔。关于 Web3D 的描述请参看本书 4.3 节内容。

7.1　VRML 语言概述

　　VRML 始于 20 世纪 90 年代，在第一届互联网国际会议上，有关专家发表的在 Web 上运行三维立体世界的研究引起了广泛的讨论。1994 年 10 月，在第二次互联网会议上公布了 VRML 1.0 规范草案。1996 年初，VRML 委员会审阅并讨论了多个 VRML 版本。1996 年 3 月，VRML 设计小组将 SGI、SONY 等公司的方案改进成为 VRML 2.0 版本，在 1996 年 8 月正式公布。

　　在此之后，VRML 得到了迅速的发展。VRML 的国际标准草案是以 VRML 2.0 为基础制订的，于 1997 年 4 月提交到国际标准化组织 ISO JYCI/SC24 委员会审议，定名为 VRML 97。

　　在世界计算机图形大会 SIGGRAPH 2004 会议上，通过 X3D 国际规格标准正式发布并可以下载。X3D 标准是 XML 标准与 3D 标准的有机整合。X3D 继承了 VRML 97 的工作并正式加入了先前规格中使用了多年的非正式的功能区域。X3D 要更有弹性，既能满足基本要求也能够扩展。X3D 主要的改变包括把规格完全改写到 3 个独立的规格以分别规定抽象概念、文件格式编码、编程语言存取。其他的改变包括更精确的光照和事件模型，为保

持一致性(Conformance)而对域(Field)名的改变等。

新一代的 X3D 作为 Web3D 的基本标准,以 XML 基础,将更符合网络时代的各种需求,它涉及的内容十分广泛,但相应的应用工具与技术还不够成熟。本书将通过对 VRML 的介绍,讲述 Web3D 的基本概念。在本章最后会对 X3D 作一个初步介绍,包括基本语法、开发模式与工具、VRML 97 与 X3D 的相互转换等。

7.1.1 VRML 的特点

VRML 融合了二维、三维图像技术、动画技术和多媒体技术,借助于网络的迅速发展,构建了一个交互的虚拟空间。VRML 技术和其他计算机技术的结合,在 Web 环境中创建虚拟城市、虚拟校园、虚拟图书馆以及虚拟商店已经不再是一种幻想。如建筑规划中,虽然制作逼真的建筑效果图给用户以很好的感官认识,但是如果再使用 VRML 加上虚拟场景的仿真,可以使用户有如身临其境的感觉,这无疑更具有吸引力。

VRML 具有以下特点。

(1) 与其他 Web 技术语言相比,其语法简单、易懂,编辑操作方便,学习相对容易。

(2) VRML 具有创建三维造型与场景,并可以实现很好的交互的效果。而且可以嵌入 Java、JavaScript 等程序实现人机交互,从而极大地扩充其表现能力,形成更为逼真的虚拟环境。

(3) 具有强大的网络功能,文件容量小,适宜网络传输,并可方便地创建立体网页与网站。

(4) 具有多媒体功能,在其程序中可方便地加入声音、图像、动画等多媒体效果。

(5) 具有人工智能功能,在 VRML 中具有感知功能,可以利用各种传感器节点来实现用户与虚拟场景之间的智能交互。

(6) 在当前各种浏览器中还不能直接运行,必须安装 VRML 相关插件才能看到其效果。

7.1.2 VRML 的运行环境

VRML 对硬件与软件的环境要求都较低,一般计算机都可以运行,但配置较高时,运行速度较快。一般推荐配置如下。

(1) 硬件环境:建议采用 Pentium 4 以上的计算机,主频 2 G 以上、内存 128 M 以上、显存 64 M 以上、硬盘 10 G 以上。

(2) 软件环境:操作系统可采用 Windows 2000/XP/2003 等,但要求安装 VRML 相关浏览插件。

(3) 网络环境:浏览 VRML 场景时可以采用拨号、宽带、无线等网络接入方式,网络浏览器可采用 Windows 操作系统自带的 IE 浏览器或 Netscape 浏览器。

7.2 VRML 场景的编辑与浏览

7.2.1 VRML 的编辑器

VRML 程序是一种 ASCII 码的描述程序,可以使用计算机中任何一种具有文本编辑器的编辑器〔如 Windows 中自带的记事本(NotePad)、写字板(WordPad)等〕来编辑 VRML 源程序代码。但要求程序存盘时文件的扩展名必须是.wrl(world 的缩写)或.wrz,否则 IE

浏览器将无法识别。

在实际工作中,由于建造复杂场景时,VRML 的建模语法繁琐、结构嵌套复杂,而且命令中的关键字都很长,用普通的文本编辑软件编辑,不易输入和纠错。针对 VRML 的编程需求,为了提高编辑效率,常采用功能强大并且使用简便的开发设计软件——VrmlPad。

VrmlPad 是由 Parallel Graphics 公司开发的基于文本式的、支持即时预览的 VRML 专用开发工具,另外还有如 Cosmo World、Internet3D Space Builder 等可视化场景创作工具。同时,主流的三维建模软件如 3DS MAX、Maya、Blender 等通过插件的方式都支持场景的 VRML 格式输出。

VrmlPad 最新版本是 2.1,官方正式版为英文版。VrmlPad 2.1 具有 VRML 代码下载、编辑、预览、调试功能,是当今 VRML 源代码编辑的最强工具之一,如图 7-2-1 所示。

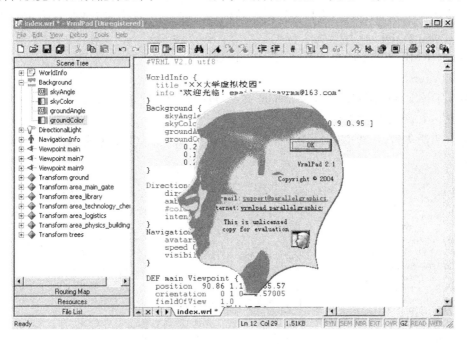

图 7-2-1　VrmlPad 编辑器的主界面

VrmlPad 编辑器的主界面由标题项、菜单项、快捷工具栏、功能窗口和编辑窗口等组成。标题项位于主界面的最上面一行,显示正在编辑的文件名。菜单项位于标题项下面,包括有文件、编辑、视图、调试、工具和帮助菜单。快捷工具栏位于菜单项下方,主要包括文件的新建、打开、存盘、剪切、锁定结构树、结构同步、编辑材质等。

功能窗口位于主界面的左侧,包括了 File List(文件列表)、Resources(资源)、Routing Map(路由图)、Scene Tree(场景树)等,文件列表显示所有文件目录;资源显示当前文件调用的外部文件;路由图显示当前场景的路由;场景树则显示 VRML 源文件的节点树。

编辑窗口位于主界面右侧的空白处,用于编辑 VRML 的源代码的输入。当在代码的输入过程中,如果出现关键字的第一个字母,它自动会出现相关的关键字可供选择(语法提示功能)。同时,在输入时具有自动检错功能,当出现编写错误与语法错误时,系统会自动进行检查,将出现错误的地方用红色的下划线进行标注。

VrmlPad 编辑器的主要功能介绍如下。

(1) 文件管理功能

可以方便地对 VRML 文件进行编辑,提供多项文件管理功能。用户不但可以进行文件的新建、保存、打开、预览,还可以通过 Publish(发布向导)功能直接把作品发布到网络。

(2) 文件编辑功能

除具有一般文字处理软件所具有的功能外,还可以对 VRML 关键字进行列表提示和选择,减小输入量和输入错误,对不同类型的字段用不同的颜色进行标记以便于区别,可以自动检测 VRML 的语法、语义和结构性错误。

(3) 预览功能

其界面窗口如图 7-2-2 所示,主要项目如下。

① Scene Tree(场景树)

可以显示场景的结构树,提供浏览层次结构、编辑标志符名称和文本快速定位的功能。

② Routing Map(路由图)

显示 VRML 文件中所有的节点、事件等信息。

③ Resources(资源)

显示了该文件引用到的所有外部资源文件,包括纹理贴图、声音和插入的 VRML 文件。

④ File List(文件列表)

这个功能等同于 Windows 中的资源管理器里的文件列表功能,可以很方便地管理文件。

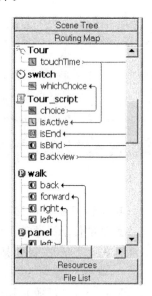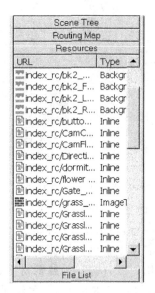

图 7-2-2 VrmlPad 的路由、资源及文件列表

(4) 方便、快捷的材质编辑功能

使用户不用通过编辑繁琐的代码就能对场景中物体的材质进行可视化的编辑,大大简化了开发者的工作。在使用材质编辑器时一定要选中所要编辑的材质。

(5) 方便地下载 VRML 资源功能

可以利用 Download 功能直接下载网上的 VRML 文件及相关资源,以供学习,方便快捷。

VrmlPad 编辑器功能强大,用户还可根据自己的需要重新设置它的各种功能。在主界面菜单项中选择 Tools(工具)→Options(选项),可显示选项设置界面,如图 7-2-3 所示。

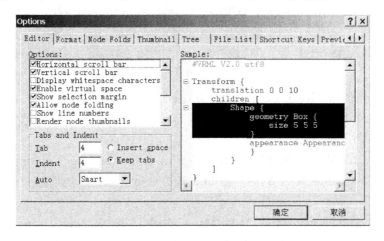

图 7-2-3　VrmlPad 编辑器设置选项

选项设置界面包含 General、Editor、Format、Node Folds、Thunbnail、Tree、File List、Shortcut Keys 和 Preview 共 9 个选项卡,用以对编辑器进行设置。

① 在 General(标准)选项卡中,可对系统、保存选项、下载选项、VRML 扩展进行设置。

② 在 Editor(编辑器)选项卡中,可对编辑器进行设置,包括水平、垂直滚动条,列出语法提示等设置。

③ 在 Format(格式化)选项卡中,可对文本显示进行设置,包括字体、大小、前景、背景颜色等设置。

④ 在 Node Folds(节点折叠设置)选项卡中,可以对不敏感节点进行设置。

⑤ 在 Thunbnail(缩略图)选项卡中,可对节点缩略图、尺寸与颜色、渲染选项进行设置。

⑥ 在 Tree(场景结构)选项卡中,可对 Scene Tree(场景树)、Routing Map(路由图)进行设置。

⑦ 在 File List(文件列表)选项卡中,可对文件进行有关设置,包括常规、鼠标选择、是否在新窗口中打开文件夹和起始目录等设置。

⑧ 在 Shortcut Keys(快捷键)选项卡中,可对快捷键进行管理,修改原始定义的快捷键及定义新的快捷键等。若想恢复对系统快捷键的默认值,单击"Reset Al"按钮。

⑨ 在 Preview(预览)选项卡中,一个区用来设置当从外部浏览器打开文件进行预览时浏览器的尺寸,另一个区用来设置当前打开文件夹时浏览器的尺寸。

VrmlPad 编辑器支持在各种浏览器中预览,采用树形结构显示场景,具有高级查找、分色显示、自动查错、取消操作、重复操作和使用书签等功能。VrmlPad 编辑器可以编辑本地和远程文件,可以处理和执行其他语言编写的外部应用程序,具有强大的网络发布向导功能,并提供文件列表功能,便于用户编程和文件的目录管理。

7.2.2　VRML 场景的浏览器

要在浏览器中观察 VRML 场景,需要安装 VRML 浏览器插件。下面的清单列出了目前常用的 VRML/X3D 浏览器插件。

其中属于 Web3D 组织成员的为：
- BitManagement BS Contact X3D/VRML97 插件，支持 Internet Explorer(Windows)；
- Octaga X3D/VRML 浏览器，支持 Internet Explorer(Windows)；
- CRC FreeWRL X3D/VRML 浏览器，基于 C 语言开发，开源，支持 MacOSX、Linux 平台；
- Xj3D for X3D/VRML 97 开源浏览器，用于制定 X3D 规范的试验工具，2.0 版本采用 Java OpenGL(JOGL)渲染，以 Java Web start 或独立运行方式启动（Windows MacOSX Linux Solaris）；
- Vivaty X3D/VRML 97 Player(以前的 Flux)，支持 Internet Explorer (Windows)；
- Swirl X3D 一款免费的浏览器，由 Pine Coast Software 公司出品（Windows）。

其他浏览器：
- Parallel Graphics Cortona 3D VRML 97 插件，支持 Netscape 与 Internet Explorer；
- blaxxun Contact VRML 97 插件，支持 Netscape 与 Internet Explorer；
- Cosmo Player VRML 插件，是对 VRML 97 标准支持程度最高的一款浏览器，已停止开发，支持 Firefox 与 Internet Explorer；
- OpenVRML，一个跨平台的 VRML/X3D 运行环境(MacOSX、Linux、FreeBSD)。

下面以 Bitmanagement 公司的 BS Contact 为例说明 VRML/X3D 浏览器的使用，其中 BS Contact 是 BS Contact MPEG-4 播放器和 BS Contact VRML 播放器的统称。

BS Contact 插件可以在 Bitmanagement 公司网站上下载免费版本，安装后会自动关联 VRML 文件。本书以 BS Contact 7.1 版本为例，但没注册的用户在浏览场景时，会有一个水印标志在场景中游动，单击此水印，会链接到公司注册网页，注册后才能去除这个水印标志。

由于 BS Contact 对 VRML 进行了关联，当打开一个 VRML 文件时，会自动启动 IE 浏览器调用 BS Contact 渲染三维场景，如图 7-2-4 所示。BS Contact 被设计为不在屏幕上显示自身固定的用户界面。除了未注册版本的水印，BS Contact 没有可见的东西。这可方便使用者可以完全控制他们网站或应用程序的外观。

图 7-2-4　BS Contact VRM/X3D 浏览器

在虚拟环境中移动或从不同角度观察一个对象就称为导航。在 BS Contact 中,主要使用鼠标操作,通常采用的方式如下。

① 鼠标左键:在 VR 场景中移动。

② 鼠标右键:打开 BS Contact 的菜单。

③ 鼠标滚轮:提供额外功能,拨动滚轮可调节用户的视点。按下滚轮可打开导航菜单,使用鼠标四处移动时,当鼠标的指针变为手的形状,表示鼠标正位于一个可交互的对象上,此时单击鼠标将和此对象发生交互。在这种情况下导航,可先把鼠标移到其他地方以使鼠标指针再次恢复为十字。

如果在移动时迷失方向了,可以按下 ESC 退出键复原到初始视角。

当然 BS Contact 主要使用鼠标操作,但一些有经验的用户可以使用键盘按键来快速完成一些操作,或可以按键来使用额外的功能。

以下是 BS Contact 的基本操作方法,如果要更好的使用,可利用右键菜单或快捷键改变控制模式。

1. 导航菜单

在配置三键鼠标的计算机上可以按下中键或按下滚轮来激活导航菜单,如图 7-2-5 所示。只有两键的鼠标可以通过右键菜单调出同样的菜单项。

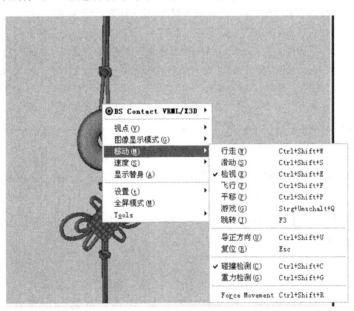

图 7-2-5　BS Contact 的移动菜单

其功能如表 7-2-1 所示。

表 7-2-1　BS Contact 的移动选项功能表

Ctrl+Shift+W	"行走"模式。允许用户以类似真实世界中的方式行走
Ctrl+Shift+F	"滑动"模式。允许用户在 VR 场景中四处移动,而且没有重力把用户拉向地面
Ctrl+Shift+E	"检视"模式。允许用户翻转和缩放物体
Ctrl+Shift+S	"滑动"模式。允许用户横向或前后移动而不改变观察方向

续表

Ctrl+Shift+P	"平移"模式。允许用户四处查看而不移动
Ctrl+Shift+Q	转换到"游戏"模式。允许用户使用鼠标观察各个方向,同时使用键盘移动位置
F3	临时转换到"跳转"模式。允许用户通过单击一个物体来移动到这个物体前。当松开F3时,将再次使用刚才的导航模式
Ctrl+Shift+G	若重力模拟打开,当用户移动时视点始终保持在地面以上一定距离的位置(也称地形随动)。若重力关闭,将按用户指示的方式移动而没有基于重力的约束
Ctrl+Shift+C	当碰撞检测激活时,将阻挡用户进入或穿过墙体或者其他物体。关闭碰撞检测节省计算资源并允许用户穿过物体(当你在物体里面时将看不见物体的表面)
Ctrl+Shift+U	把视点对齐到场景。如果场景看起来倾斜,可以按下Ctrl+Shift+U去除倾斜。如果在"检视"模式下,也可使用ESC
PgUp/PgDown	在可用的视点列表中向前或向后切换视点。视点的位置和方向将在VR场景中预先定义
ESC	在不同状态下,ESC有不同的功能 在"游戏"模式下,退出到一般模式并使鼠标光标可见,允许用户单击物体或其他窗口 在全屏模式下,退出到窗口模式 在其他情况下,退回到最初视点。最初视点是场景中定义的第一个视点,或单个物体场景且没有预定义视点时自动生成的检视模式下的可以看见整个物体的视点
强制移动	在用户位于一个大的可单击物体前时,这个菜单项将帮助用户移动。因为如果一个交互物体正好占满了全部屏幕,此交互物体将接收所有的鼠标输入而用户将不能使用鼠标来移动(不过键盘导航依然有效)。为了需要,此时依然可以使用鼠标导航,这时可以选择"强制移动"菜单项,随后的鼠标操作(单击-拖拽-释放)将被用作为导航操作,而不管此时是否单击到了交互物体

2. 右键菜单

右键菜单是用户控制 BS Contact 的主要方法。在 VR 场景中右击鼠标会显示右键菜单。在此菜单中,最重要的菜单项是视点(Viewpoint)。有几种不同用户界面的复杂程度,可以在右键菜单中特性设置(Preferences)对话框的一般(General)标签中选定一种复杂度。以下是可用的复杂度。

① 无(None)

在这个选项中,禁止任何可见的用户界面。右键菜单和导航菜单都将不可用。但是按键、导航和鼠标交互依然可以操作 3D 场景。可以按 F9 键重新设定到其他的复杂度。

② 商业演示(Trade Show)

这是一个简化过的用户界面,适用于公共场合运行的应用方案,如商业化演示等。右键菜单简化为以下功能:在预定义的视点中选择视点、开始一个在所有视点之间的视点漫游、返回到初始视点。导航菜单被完全禁止。除非用户知道并按下相应的按键,不然用户将不能改变任何的特性设置。只有"视图"菜单可用。

③ 标准(Standard)

在此复杂度下,右键菜单包含了一般用户需要的重要功能,另外可以用导航菜单在不同的导航模式之间快速转换。这是 BS Contact 安装后的默认设置。

④ 专家(Expert)

这是适用于高级用户或内容作者的界面复杂度。除了(标准)复杂度中已经包括的右键菜单,还另外添加了改变渲染质量或转换渲染引擎的菜单项,如图7-2-6所示。

图 7-2-6　BS Contact 的右键菜单

(1) 视点菜单

视点菜单允许用户选择一个由 VR 场景预定义的视点,或开始一次视点漫游,或返回到最初进入场景时的视点。视点是一个由 VR 场景预先定义的视图的位置和方向。因此这个菜单将根据不同的场景变化。

这些菜单项在用户界面复杂度设置为 Trade Show / Standard / Expert 下可用,当 VR 场景中设定禁止用户导航时,此菜单将被禁止。如图7-2-7所示。

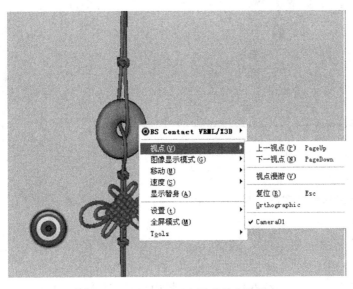

图 7-2-7　BS Contact 右键菜单中的视点

"上一视点"、"下一视点"是跳转到上一个视点或跳到下一个视点。为了让用户不迷失方向,跳转时使用了动画效果。

"视点漫游"为开始一次从第一个视点到最后一个视点的漫游动画。

"复位"把用户带回到初始视点。初始视点是用户最初进入场景时的视点。在用户迷失方向时,"复位"功能很有帮助,因为这可以把他们带回一个事先定义得很好的位置和观测方向。按 ESC 也有同样的效果。

(2) 图像显示模式菜单

如图 7-2-8 所示,当头灯关闭时,如果场景中没设定光源,场景将变得一片漆黑;当选择为线框时,只出现物体的线框;当选择为顶点时,只出现物体的顶点;当选择为平面时,显示整个平面效果;当为平面时,显示整个平面效果。此外还有是否使用场景中的纹理效果;平滑纹理指应用双线形(Bilinear)纹理过滤以使纹理看起来更平滑;抖动指设置帧缓存色彩抖动以模拟不能显示的真彩颜色。

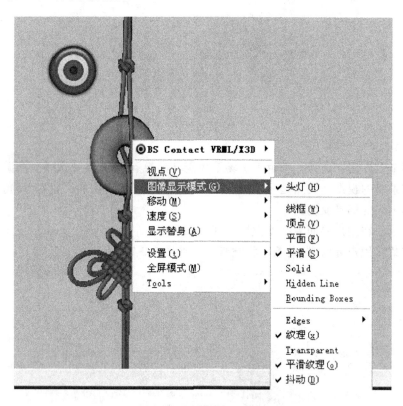

图 7-2-8　BS Contact 右键菜单中的图像显示模式

(3) 移动菜单

菜单和通过鼠标中键调出的"导航菜单"一样。如上面章节所述描述其功能。

(4) 速度菜单

在 VR 场景中,用户可以使用(速度)菜单来控制自己在场景中漫游的速度。当 VR 场景中设定禁止用户导航时,此菜单将被禁止,如图 7-2-9 所示。

当速度设置为"慢"或"最慢"时,替身在场景中移动,只会导致视点很小的移动。反之,当设置为"快"或"最快"时,会导致视点更多的移动,按住键盘上的"Shift"键可以暂时加速。

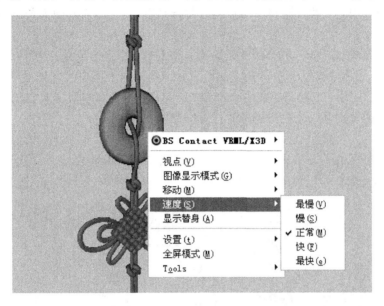

图 7-2-9　BS Contact 右键菜单中的速度

当 VR 场景中定义了自己的漫游速度(使用 NavigationInfo 节点)时,其速度值将不会影响或取代由速度(Speed)菜单做的设定,此时两个速度设置将会相乘。

(5) 显示替身菜单项

显示替身(View my avatar)菜单项决定是否为本地用户显示替身。替身是一个表示 VR 场景中的人的 3D 或 2D 模型。默认情况下,替身为 BS Contact 安装目录下的一个人物模型,单击替身时,他会弯腰行礼,如图 7-2-10 所示。

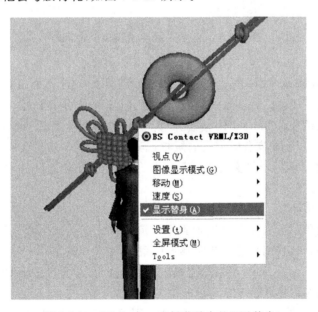

图 7-2-10　BS Contact 右键菜单中的显示替身

"显示替身"也称为使用第三人称模式,"不显示替身"也称为使用第一人称模式,因为在交谈的场景设定中,从"我"的视角看,自己的替身是不可见的,而其他人却可以看见"我"的替身。

第一人称模式(1st person mode)为不显示代表本地用户的替身。场景通过替身自己的视角观看;第三人称模式(3rd person mode)为显示代表本地用户的替身。用户站在替身身后观看 VR 场景。用户自己的替身就是场景的一部分,用户可以看见自己的替身。可以通过数字键盘上的按键调节视图和替身的相对位置。

(6) 帮助菜单

在此菜单中提供了关于 BS Contact 的信息、用户手册的链接,以及关于 VR 场景的信息等,如图 7-2-11 所示。

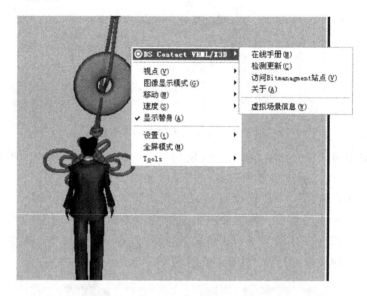

图 7-2-11　BS Contact 右键菜单中的帮助

其中:"在线手册"为打开网络浏览器显示此文档;"检测更新"为打开网络浏览器并转换到一个页面,此页面将告诉用户是否在使用当前最新版本,这个页面也将提供一个下载最新浏览器的链接;"访问 Bitmanagement 站点"为打开 Bitmanagement 公司的主页;"关于"为显示关于当前安装的 BS Contact 的信息,信息中将包括浏览器的授权信息;"虚拟场景信息"为 VR 场景 WorldInfo 节点中定义的版权或其他信息。单击此菜单项将向用户显示这些信息。同时还将显示主场景文件的 URL,并允许用户把这个 URL 添加到 Internet Explorer 的收藏夹中。

(7) 全屏模式菜单项

"全屏模式"菜单项可以让用户设置到全屏渲染模式。在这个模式下,VR 场景将占满整个屏幕。其他的窗口和用户界面此时都不可用,右键菜单被禁用。

按键盘上的 Ctrl+Enter 将激活全屏模式。按下 ESC 或再次按下 Ctrl+Enter 键时,将从全屏模式退出到窗口模式。

BS Contact 如果设置为 DirectX 渲染器,则可在特性设置(Preferences)对话框的 Direct3D 标签中设置全屏模式下的屏幕的分辨率和色深。如果使用 OpenGL 渲染器,则使用当前的屏幕分辨率和色深。

在选择当前的渲染引擎（Renderer）时，Use OpenGL 和 Use DirectX 菜单项是二选一的。渲染引擎（Renderer）是程序中用来绘制 3D 或 2D 场景的软件部分。Windows 中提供 DirectX 和 OpenGL 这两种渲染引擎，BS Contact 对这两种渲染引擎都支持。

（8）硬件加速和软件加速菜单

如果使用 DirectX 渲染引擎，BS Contact 将在右键菜单中添加一些用来选择 3D 加速引擎的菜单项。基于不同的硬件兼容性，菜单项将为"软件加速"、"硬件加速"、"硬件 T&L 加速"或其他可用的菜单项。

在"软件加速"（Software）模式下，图形加速卡将不执行加速功能，将不能使用所有的渲染特性。在"硬件加速"（Hardware）模式下将利用所有的图形加速卡提供的加速优势和渲染特性。

7.3 VRML 基础

7.3.1 VRML 的语法与结构

VRML 语法主要包括文件头、节点、原型、脚本和路由等。当然，并不是所有的文件都必须是这 6 个部分，只有文件头是必须的。VRML 的立体场景与造型由节点构成，再通过路由实现动态的交互与感知，或是使用脚本文件或外部接口进行动态交互。在 VRML 文件中，节点是核心，没有节点，VRML 也就没有意义了。VRML 场景可以由一个或多个节点组成，VRML 中还可以通过原型节点创建新的节点。

一个较为通用的 VRML 文件语法结构：

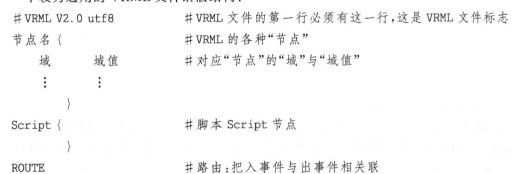

以上结构是一个很典型 VRML 文件的内容。它表达了下述几个方面的含义。

1. 文件头

VRML 文件中的第一行 ♯VRML V2.0 utf8，这是 VRML 文件头，任何 VRML 文件都必须有这样的文件头，并且必须放在第一行，它表述了以下 4 个含义：

（1）♯，这里的♯不是注释，而是 VRML 文件的一个部分；

（2）VRML 表示告诉浏览器，这是个 vrml 文件；

（3）V2.0 表示告诉浏览器，这个文件使用 vrml 2.0 版的规范完成；

（4）utf8 表示文件是使用国际 UTF-8 的字符集。

2. VRML 注释

在 VRML 源程序中,为了使程序结构更合理、可读性更好,经常在程序中加入注释信息,用以对某段内容作些说明。在 VRML 中,注释是在语句的前面加上♯符号,在 VRML 中不支持多行注释,当注释信息多于一行时,会产生语法错误。注释不是必须的,但在必要的地方加上注释是一个很好的习惯,便于程序的阅读、调试、修改。

浏览器在执行中会跳过♯这一行后面的内容,另外浏览器自动忽略 VRML 中所有的空行与空格。

3. VRML 的空间坐标与计量单位

在构建虚拟场景中,构成场景的造型有大小的差别,物体间有相对位置的不同,并且造型还会有旋转、移动等运动。这就涉及物体的空间坐标系、相应的长度、角度及颜色等。在 VRML 中,采用空间直角坐标系确定造型的位置,并且用特定的计量单位表示长度。

(1) VRML 空间坐标系

在 VRML 场景中,空间直角坐标满足右手螺旋法则,就是说,右手四指从 x 方向转到 y 方向,则拇指的指向是 z 方向。在默认情况下,x 坐标向右为正,y 坐标向上为正,而 z 坐标指向观察者,如图 7-3-1 所示。

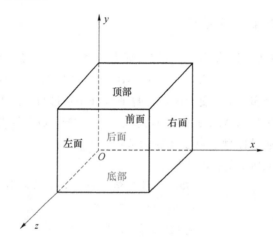

图 7-3-1 VRML 空间坐标系示意图

(2) VRML 长度单位

长度及坐标采用一种统一的 VRML 单位来计量,可以理解为"米",简称为单位(unit)。需要注意的是一些三维建模软件如 3DS MAX,为了满足不同精度的应用需求、支持多种长度单位,如米、厘米存储,当选择厘米为单位时,一个 100 的数值能表示 1 米。而从软件中导出后,在 VRML 中,这个 100 数值未变,单位却变为米,即表示 100 米,从而出现错误。在 VRML 场景中,只有物体间的大小和相对位置都用 VRML 单位计量,才能模拟出真实的现实。

(3) VRML 角度单位

在 VRML 中,使用的角度不是普通的角度,而是用弧度表示,这是浏览器接受的角度描述。当在 VRML 中使用角度单位时,要先将其换算成弧度后,再将其写入到 VRML 源程序中。VRML 中的 360°等于 2π 弧度,由此,1 弧度约等于 57°。

(4) 空间立体着色

在 VRML 三维空间中,无论是背景、光线的颜色、物体,它们的颜色都是由红、绿、蓝

(RGB)组合而成,它们分别对应 3 个浮点数,其域值为 0.0~1.0 之间,由这三原色组合成各种颜色。

7.3.2 VRML 节点

1. 节点(Node)和域(Field)

节点是 VRML 文档中最基本的组成单元,是 VRML 的精髓与核心。VRML 借助于节点描述对象某一方面的特征,如各种形状、材质以及颜色等。VRML 场景往往由一组具有一定层次结构的节点构造出来。每个节点包含有子节点和描述节点属性的"域名"、"域值"。相当于其他高级语言中的变量、数组等,或是数据库中的字段。

一般节点语法定义如下:

```
Shape {                          # Shape 模型节点
    appearance Appearance {      # 定义造型外观、颜色和表面纹理,其值在括号中
        material Material { }    # 描述外观材质属性,如为空则表示发光白色材质
    }
    geometry Cone {              # 指定造型外观为圆锥体节点
        bottomRadius 5.5         # 指定圆锥体底面半径
        height 6.0}              # 指定圆锥体的高度
```

上述的一段 VRML 文档描述了一个圆锥体的建立,其中 Shape、Appearance、Material 以及 Cone 就是节点。

节点由节点名、节点类型、域、事件接口等基本部分组成。

域表示其所在节点所描述的对象的特征,通过设定域值来确定对象的特征属性。上述的一段 VRML 文档中,Cone 节点描述了一个圆锥体,而 bottomRadius 和 height 则是 Cone 节点的两个域,它们描述了圆锥体所具有的形状特征,其底部半径为 5.5VRML 单位,高为 6.0VRML 单位。

不同的节点包含有不同的域,各个域没有次序之分,每个域都有自己的默认值,而且有些域还可用同名的节点作为域值。

根据域具有的域值情况的不同,可以把域分为两类,一类为单值域,用 SF 标记,它用一个值来描述对应节点相应的特征。另一类为多值域,用 MF 标记。VRML 的域值类型有很多种:比如 SFBool 表示单域值布尔型,取值为 TRUE 或者 FALSE,以确定某个属性是否打开;SFVec2f、MFVec2f 表示单(多)域值二维浮点型,取值为两个浮点数值,可用来确定一个二维坐标;而 SFVec3f、MFVec3f 则表示单(多)域值三维浮点型,取值为三个浮点数值,可用来确定一个三维坐标。

2. 节点实例的命名与重用

在建造虚拟环境中,为了减少 VRML 代码的输入量,提高编程效率,对重复使用的造型或多个同样的造型,对这个节点实例进行命名,后面即可以重复使用该节点。

(1) 命名:DEF

在 VRML 中,有时一个场景、造型,或者一个造型的外观等可能会多次在程序中出现。这时可以将描述造型的节点、描述外观的节点或者描述场景的一组节点实例进行命名,在需要的地方引用,节省开发时间。实例的概念即为普通程序语言中的实例,它是指某个对象实

例化的结果,VRML 中的节点就是对象。节点实例命名基本方法如下:

  DEF 实例名称 节点{……}

  其中,实例名称用来给所要引用的节点实例起一个名字,它可以由大小写字母、下划线和数字组成,但是要注意名称的字母是区分大小写的,并且名称不能以数字开头;其次,名称不能包括非打印字符,如空格等,名称中也不能含有各种运算符号、括号以及一些特殊字符,如 $ 等;还有名称不能用 VRML 中有特殊作用的字符串,如 ROUTE 等。

  (2) 重用:USE

  当定义了这个节点实例后,可以在其后多次引用该实例,其语法定义为

  USE 实例名称

  其中,USE 为 VRML 的保留字;实例名就是上面通过 DEF 所定义的。

3. 事件(Event)、路由(Route)和脚本(Script)

  在现实环境中,事物往往随着时间会有相应的变化。比如,物体的颜色随着时间发生变化。在 VRML 中借助事件和路由的概念反映这种现实。

  (1) 事件(Event)

  在 VRML 中,每一个节点一般都有两种事件,"入事件"(eventIn)和"出事件"(eventOut),每个节点通过这些"入事件"和"出事件"来改变节点自己的域值。如节点的颜色可以改变,可以表示为接收了这样一种事件:set_color。当节点被改变了,会对改变的状态有所反应,送出一些事件,比如发出信号,颜色改变了:color_changed。

  事件相当于高级程序语言中的函数调用。其中,"入事件"相当于函数调用的入口参数,而"出事件"相当于函数调用时返回的参数。

  在 VRML 中的每一个节点内部有些域被定义为"暴露域",即指它能够接收事件,也能输出事件。事件的调用是临时的,事件的值不会被写入 VRML 文件中。

  (2) 路由(Route)

  路由的功能是连接一个节点的"入事件"和另外一个节点的"出事件"。通过简单的语法结构,建立两个节点之间的事件传送的路径。路由的说明可以在 VRML 顶部,也可以在文件节点的某个域中。路由的出现,可使虚拟空间具有交互性、动感性与灵活性。借助于事件和路由,能够使得所建立的虚拟场景更接近于现实。

  (3) 脚本(Script)

  脚本是一个程序,是与各种高级语言及数据库的接口。在 VRML 文件中的两个节点之间存在着路由,事件可以通过相应路由从一个节点传递到另一个节点。也可以通过添加脚本程序对这些事件与路由进行编程设计,使虚拟世界的交互性更强。

  在 VRML 中可以通过 Script 节点,利用 Java 或 Vrmlscript/Javascript 语言编写程序脚本来扩充 VRML 的功能。脚本通常作为一个事件级联的一部分来执行,脚本可以接受事件,处理事件中的信息,还可以产生基于处理结果的输出事件。

4. VRML 节点集

  在 VRML 中,节点是核心,如果学好了节点,也就学好了 VRML,以下是 VRML 中所包含的 VRML 节点集。

  VRML 提供了 54 种节点类型,称为内部节点类型。可分为以下几类。

(1) Shape 模型节点(包含三维立体几何节点、绘图节点以及物体外观节点)

三维立体形态几何节点可以构造出原始物体造型。在 Shape 模型节点组织下,创建出复杂空间物体造型。

① 基本几何节点

Box:盒子节点;

Cone:圆锥节点;

Sphere:球面体节点;

Cylinder:圆柱体节点;

Text:文本节点。

② 绘图节点

PointSet:"点集"节点;

IndexedLineSet:"线集"节点;

IndexFaceset:"面集"节点;

ElevationGrid:海拔栅格节点;

Extrusion:挤出造型节点。

③ 物体外观节点

Appearance:外观属性节点,作为 Shape 节点指定材质和纹理,这一节点是通过对它的域的控制来实现的;

Material:材质节点。

(2) 纹理映射节点

ImageTexture:图像纹理节点;

MovieTexture:影像纹理节点;

TextureTransform:纹理变换节点。

说明:TextureTransform(纹理变换)也可将节点分为组节点和子节点,二组节点有一个域可以包含子节点,每一个组节点为它的子节点定义了一个空间坐标。此坐标是相对于原组节点的空间坐标而存在的,它们是逐渐深入的关系。

(3) 群节点

Group:编组节点,基本型群节点;

Transform:坐标变换节点,是转换型群节点;

Inline:内联节点,引入型群节点;

Switch:开关节点,选择型群节点;

Billboard:广告牌节点,广告牌群节点;

Anchor:锚节点,超级链接群节点;

LOD:细节层次节点,是分级型群节点。

(4) 环境、影音与视点导航效果节点

Background:背景节点,天空、大地及室内布景;

Fog:雾节点,空间大气场景的一种自然现象的描绘;

PointLight:点光源节点;
DirectLight:定向光源节点;
SpotLight:聚光灯节点,聚光性光源节点;
Sound:声音节点,声音发射器节点;
AudioClip:音频剪辑节点;
ViewPoint:视点节点,决定观看点的节点;
NavigationInfo:视点导航信息节点,控制浏览者功能的节点。

(5) 规范化接口节点

WorldInfo:场景信息节点,信息化的节点;
Script:脚本节点,程序化的节点。

(6) 动态交互感知节点

TimeSensor:时间检测器节点,控制时间的检测器节点;
PositionInterpolator:位置插补器节点,控制位置变换的动态节点;
OrientationInterpolator:朝向插补器节点,控制方位变换的动态节点;
ScalarInterpolator:标量插补器节点,控制变换强度的动态节点;
ColorInterpolator:颜色插补器节点,控制颜色变换的动态节点;
CoordinateInterpolator:坐标插补器节点,控制坐标变换的动态节点;
NormalInterpolator:法线插补器节点,控制向量变换的动态节点;
TouchSensor:触摸节点;
PlaneSensor:平面检测器节点,平面移动型传感器节点;
CylinderSensor:圆柱检测器节点,单轴旋转型传感器节点;
SphereSensor:球面检测器节点,任意轴旋转型传感器节点;
VisibilitySensor:能见度传感器节点;
ProximitySensor:亲近度传感器节点;
Collision:碰撞节点,碰撞传感器节点。

(7) 扩充新的 VRML 节点

PROTO:原型节点,创建用户新节点;
EXTERNPROTO:创建用户外部定义的新节点。

7.4 创建基本几何造型

VRML 文件由各种各样的节点组成,节点之间可以并列或是层层嵌套使用。一个 VRML 三维立体空间造型是由许许多多的节点组成的,下面就其节点进行介绍。

7.4.1 外形节点 Shape 的使用

Shape 节点是 VRML 核心节点。所有立体空间造型均使用这个节点来创建。它可以创建和控制 VRML 支持的造型的几何尺寸、外观特征、材质等,其模型节点语法结构如图 7-4-1 所示。

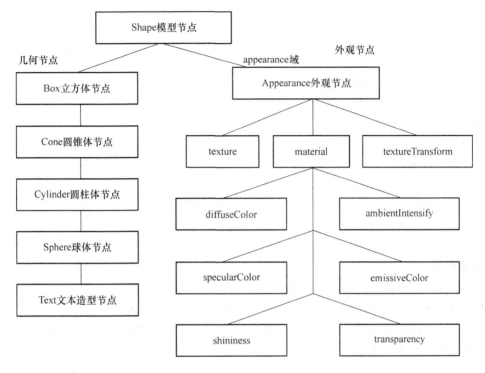

图 7-4-1 Shape 模型节点系统层次图

节点语法定义

```
Shape{ appearance   NULL   # SFNode
       geometry     NULL   # SFNode }
```

域值说明

① appearance 包含一个 Appearance 节点,用来确定在 geometry 域中的造型的外观属性,如颜色、材质以及纹理,等等。

② geometry 包含一个几何节点以及诸如文本造型等其他造型节点(如 Box、Cone、Text)。

从语法结构可以看出,Shape 节点有两个域,而且这两个域的域值都是单域值节点型。appearance 域定义了造型材质和外观,而 geometry 域则定义造型的形状和空间尺寸。

7.4.2 构建虚拟场景的几何造型 geometry 域

在 VRML 中,用来描述造型的形状特征的域是 geometry,VRML 的基本几何造型节点有 Box 节点、Sphere 节点、Cone 节点、Cylinder 节点,从它们的名称很容易看出所要建造的基本几何造型。这些节点都是 geometry 域的节点型域值。在默认情况下,这些基本几何造型的几何中心与 VRML 坐标系的原点重合。

除了基本造型以外,geometry 的域值还包括另外一些创建复杂造型的节点,例如点集合、线集合以及面集合节点;描述复杂表面形状的地表节点;还有借助于挤压概念的成型节点。geometry 语法格式如下：
　　geometry 造型节点{
　　　　　　造型节点的域值}
需要注意的是,geometry 的域值是单域值节点型(SFNode),意味着其只能跟一个节点作为域值,若干个几何造型构建的场景,必然要使用多个 Shape 节点组合而成。

7.4.3　设置对象的外观和材质

1. 设置对象的外观

在 VRML 中,外观节点是 Appearance,它用来描述造型的对外表现的特征从而反映造型的属性。如物体表面的颜色、是否反光,采用什么样的材质、是否透明等。

节点语法定义

```
Appearance { material          NULL    # SFNode
             texture           NULL    # SFNode
             textureTransform  NULL    # SFNode }
```

域值说明

① material:包含一个 Material 节点。

② texture:包含一个 ImageTexture、MovieTexture 或者 PixelTexture 节点。

③ textureTransform:包含一个 textureTransform 节点,如果 texture 域为 NULL,则 textureTransform 域无效。

Appearance 节点仅在 Shape 节点中的 appearance 域中出现。该节点中所有域值均可为 NULL。但是一旦某个域包含非零节点,则被包含节点必须包含一个上述相应类型的节点。

如果 material 域是 NULL,与 Appearance 相关的几何形体是无光亮的,也就是说在绘制这个几何形体时忽略所有光照。但是,如果 material 域包含一个默认材料节点,那么这个几何形体用默认的材料节点的值照亮。也即,在一个造型节点中指定 appearance 域为

　　appearance Appearance{ }

结果是没有光照,出现一个全身的物体。而若指定 appearance 域为

　　appearance Appearance{ material Material{ }}

光照将基于默认材料值。

2. 设置虚拟对象的材质

在虚拟环境中,不同材质的物体外在表现是不同的,表面是金属的物体反光,玻璃物体透明,这些特征采用节点 Material 反映出来。

节点语法定义

```
Material { diffuseColor      0.8 0.8 0.8   # SFColor
           ambientIntensify  0.2           # SFFloat
           specularColor     0 0 0         # SFColor
           emissiveColor     0 0 0         # SFColor
           shininess         0.2           # SFFloat
           transparency      0             # SFFloat }
```

域值说明

① diffuseColor：指定漫反射颜色。物体表面相对于光源的角度决定它对来自光源的光的反射。表面越接近垂直光线，被反射的漫射光线就越多。

② ambientIntensity：指明将有多少环境光被该表面反射。环境光是各向同性的，而且它仅依赖于光源的数目而不依赖于相对于表面的位置。环境光颜色以 ambientIntensity * diffuseColor 计算。

③ specularColor：指明物体镜面反射光的颜色。

④ emissiveColor：指明一个发光物体产生的光的颜色。发射光的颜色在显示基于辐射度的模型（计算空间光能量的传递与分配）时或者显示科学数据时非常有用。当所有其他的颜色为黑色（0 0 0）时，该颜色域被使用。

⑤ shininess：物体表面的亮度，其值从漫反射表面的 0.0 到高度抛光表面的 1.0。

⑥ transparency：物体的透明度，其值从完全不透光表面的 0.0 到完全透光表面的 1.0。

7.4.4 创建基本几何造型

1. 创建球体对象

创建球体几何造型用节点 Sphere，它也是 geometry 的节点型域值。

节点语法定义

Sphere{ radius 1.0 ♯ SFFloat }

域值说明

① 该节点只有一个域 radius，用来规定以原点为圆心的球体的半径，默认值为 1.0。

② 域值类型为单域值浮点型。

实例 7-1 创建一个半径为 3 的灰色球体。

♯VRML V2.0 utf8
Shape {
appearance Appearance {material Material{}}
geometry Sphere {
　　radius 3.0}
}

在本例中创建了一个半径为 3.0、几何中心位于坐标原点的灰色球体，如图 7-4-2 所示。只要改变球体的半径，就可以得到不同大小的球体。

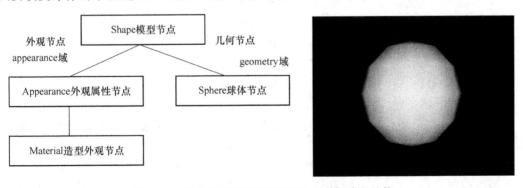

图 7-4-2　实例 7-1 程序的节点层次图与创建的球体

2. 创建立方体对象

创建长方体几何造型的节点是 Box，它是 geometry 域的节点型域值。

节点语法定义

Box { size 2.0 2.0 2.0 ♯SFVec3f }

域值说明

① 该节点的域值定义了单域值三维向量空间，包含有 3 个浮点数，数与数之间用空格分离，该值表示从原点到所给定点的向量。

② 该节点只有一个域 size，用来说明沿三个主坐标轴(x、y、z)方向的立方体的边长大小；默认值是边长为 2.0 单位的正方体。

实例 7-2 创建一个长为 3.0、宽为 3.0、高为 4.0 的立方体，其结果如图 7-4-3 所示。

♯VRML V2.0 utf8
Shape{
　　appearance Appearance {material Material { } }
　　geometry Box {
　　　　size 3.0 3.0 4.0}}

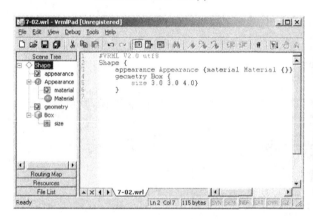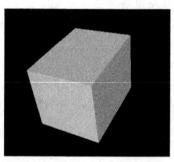

图 7-4-3　创建立方体的编辑窗口与运行结果

3. 创建圆柱体对象

在场景中创建圆柱体几何造型用节点 Cylinder，该节点作为 geometry 域的域值。

节点语法定义

Cylinder { bottom　　　TRUE　　　♯ SFBool
　　　　　height　　　2.0　　　　♯ SFFloat
　　　　　side　　　　TRUE　　　♯ SFBool
　　　　　top　　　　 TRUE　　　♯ SFBool
　　　　　radius　　　1.0　　　　♯ SFFloat }

域值说明

① height：表示圆柱体沿轴线的高度，默认值 2.0；radius 表示圆柱体的半径，默认值1.0。

② side：用来表示圆柱体是否有侧面。如果为 TRUE，则圆柱体侧面是可见的。如果为 FALSE，则它们不可见，意味着虽然这时也是圆柱体的造型，但是却看不到侧面，如果

bottom、top 均设为 TRUE,则只能看到上、下底。默认值为 TRUE。

③ bottom:用来表示圆柱体是否有底面。如果为 TRUE,则圆柱体底部是可见的;如果为 FALSE,则它们不可见,情况同 side,默认值为 TRUE。

④ top:用来确定圆柱体是否有顶面。如果为 TRUE,则圆柱体顶部是可见的;如果为 FALSE,则它们不可见,情况同 side,默认值为 TRUE。

实例 7-3 创建一个半径为 1.0,高为 2.0 的圆柱体。

♯VRML V2.0 utf8
Shape {
  appearance Appearance {material Material {} }
  geometry Cylinder {
   radius 1.0
   height 2.0}
 }

本例中,由默认值可以知道,这个圆柱体有上、下底和侧面。应该注意,Cylinder 创建的圆柱体的几何中心位于坐标原点,且圆柱体的母线平行于 y 轴(为便于观察,图中的造型旋转了一个角度),也就是说,如果做圆柱体的横截面,应该得到平行于 xOz 平面的圆,如图 7-4-4 所示。

4. 创建圆锥体对象

圆锥体也是一个基本几何造型,在 VRML 中,创建圆锥体几何造型用节点 Cone。

节点语法定义

Cone { bottomRadius 1.0 ♯ SFFloat
   height   2.0 ♯ SFFloat
   side   TRUE ♯ SFBool
   bottom   TRUE ♯ SFBool }

域值说明

① bottomRadius:用来确定圆锥体底面的半径,默认值 1.0。

② height:确定从圆锥体底部到锥顶的垂直高度,默认值 2.0。

③ side:确定圆锥体的侧面是否可见。如果为 TRUE,则圆锥体侧面是可见的;如果为 FALSE,则侧面不可见。这种情况同圆柱体的 size 域一样。默认值为 TRUE。

④ bottom:确定圆锥体的底面是否可见。如果为 TRUE,则圆锥体底部是可见的;如果为 FALSE,则它们不可见,同 size。默认值为 FRUE。

实例 7-4 创建一个底面半径为 1.5、高为 3.5 且没有底的圆锥体。

♯VRML V2.0 utf8
Shape { appearance Appearance { material Material {}}
  geometry Cone { bottomRadius 1.5
    height 3.5
    bottom FALSE
  }
}

在本例中，利用 Cone 节点创建的圆锥体其轴线和 Y 轴是重合的，并且造型的几何中心位于坐标原点。有些浏览器从锥体内部是不可见的，如这里展示的结果就是如此。如果希望能从几何体的内部观看它，要使用 IndexedFaceSet 节点，并将其 solid 域设为 FALSE，如图 7-4-5 所示。

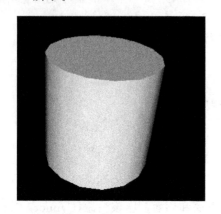
图 7-4-4　创建的圆柱体

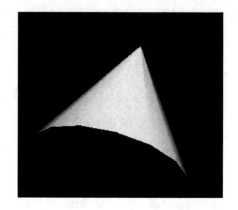
图 7-4-5　创建的圆锥体

7.4.5　添加文本造型

在虚拟场景中，除了基本几何造型以外，文本也是不可少的。在 VRML 中，文本也是一种造型，通常用节点 Text{ }创建它。节点 Text 也是 geometry 域的一个域值，用来创建文本造型。Text 文本造型有 4 个域，分别是 string、fontStyle、maxExtent、length。其中 fontStyle 是节点型文本外观域。

节点语法定义

```
Text { string      []      # MFString
       fontStyle   NULL    # SFNode
       maxExtent   0.0     # SFFloat
       length      []      # MFFloat }
```

域值说明

① string：指定要显示的文本字符串。它是多域值字符串型。意味着可以添加多个字符串，每个字符串用双引号括起来，并且单独占一行。字符串采用 UTF-8 编码，默认值是空字符串。注意：若需显示中文内容，则必须用专门工具转换编码格式为 UTF-8。

② fontStyle：确定文本字符串的相关特性。这个域值是一个同名的节点 FontStyle，该节点说明了如何绘制文本。FontStyle 域的默认值是 Null，即不设置文本特征。

③ maxExtent：确定文本的任意一行在主要方向上的最大范围。其值必须大于等于 0。主要方向由 FontStyle 节点的 horizontal 域来确定，如果该域值是 TRUE，则主要方向是水平方向，否则是垂直方向。maxExtent 域值的默认值为 0，表示字符串可为任意长度。

④ length：设置单个文本串的长度，0 表示可以为任意长度。

实例 7-5　创建一个木板，上面写有几个字母。

```
#VRML V2.0 utf8
#创建一个木板
```

```
Shape {                                   # Shape 模型节点
    appearance Appearance{
       material Material {                # 空间物体造型外观
          diffuseColor 1.0 1.0 1.0        # 一种材料的漫反射颜色
             transparency 0.8             # 物体的透明度
          }
       }
    geometry Box {
       size 20 8 0.8                      # 透明板
       }
}
# 创建文本造型
Shape {                                   # Shape 模型节点
    appearance Appearance{
       material Material {                # 空间物体造型外观
          diffuseColor 1.0 0.0 0.0        # 一种材料的漫反射颜色
          }
       }
    geometry Text {
       string [
           "Hello",                       # 不同的行用逗号隔开
           "My name is VRML"
       ]
    fontStyle FontStyle{
       family "typewriter"                # 字符集(是一种等宽字体)
    size 2.0
    style "BOLDITALIC"
    justify[
        "MIDDLE"                          # 中间
]}}}
```

显示结果如图 7-4-6 所示。

图 7-4-6 利用 Text 节点与 Box 节点创建的字牌

7.4.6 点、线、面的构建

基本造型,如球体、立方体、圆柱体、圆锥体和文本造型等只是创建虚拟场景的基础,但一个虚拟的世界是丰富多彩的,因此需要创建更加复杂的造型才能满足人们对虚拟现实世界的想象。

任何物体造型都是由点、线、面组成的,在空间的点按照某种规律分布或者连接就能够构成点、各种各样的线以及千变万化的面。在 Shape 节点中有 5 个用于绘图的节点,分别是 PointSet、IndexedLineSet、IndexFaceSet、ElevationGrid、Extrusion。

1. 点集节点 PointSet

离散的点的创建用节点 PointSet。它用来制作飞机场的指示灯、天上的星星等。点不受光源的影响,不能增加纹理,不进行碰撞检测。点集合节点 PointSet 是 geometry 域的一个域值,其作用是在空间构造、定义一系列与色彩相关联的点的集合。

节点语法定义

```
PointSet{ color    NULL    # SFNode
          coord    NULL    # SFNode }
```

域值说明

(1) color 域:包含一个 Color 子节点,是专门用来控制物体造型的颜色节点。通过这个节点可控制造型各部分颜色,它和 Material 节点同时对同一造型进行着色时,Color 节点优先。

节点 Color 语法定义

```
Color{ color  []    # MFColor }
```

域值说明

① Color 节点指定一个物体的每一个面、每一根线或每个顶点的 RGB 值。用于 IndexedFaceSet、IndexedLineSet、PointSet 或 ElevationGrid 节点的 color 域。

② Color 节点可为一个几何形体指定多种颜色,如一个 IndexedFaceSet 节点的每一个面或每一个节点可以是不同颜色。Material 节点可被用来指定一个照亮的几何形体的所有材料属性。如果一个几何形体既由 Material 节点又由 Color 节点定义,那么 Color 颜色将取代 material 材质的漫反射成分。

(2) coord 域:包含一个 Coordinate 子节点。对于点、线以及面集合造型确定一系列的空间点用子节点 Coordinate。

节点 Coordinate 语法定义

```
Coordinate{ point  []    # MFVec3f }
```

域值说明

point 域:指定一个或一组空间点的 x、y、z 坐标。它是多域值三维向量型,意味着给出一个三维坐标的列表。这个节点用于 PointSet 以及 IndexedFaceSet、IndexedLineSet 之类的点、线和面的几何节点的 coord 域中,即是 coord 域的节点型域值。coord 包含一个 Coordinate 节点,用来给出一些列空间坐标点。

实例 7-6 设置 8 个离散的点,观察其在空间中的排列。

```
#VRML V2.0 utf8
```

```
Shape { appearance Appearance {}
    geometry PointSet {
        coord Coordinate {
            #设置点的空间坐标
            point [0.0 0.0 0.0,    -0.5 0.5 0.0,
                   0.0 0.5 0.0,    0.5 0.5 0.0,
                   0.6 0.2 -0.5,   0.6 -0.2 -0.5,
                   -0.6 -0.2 -0.5, -0.6 0.2 -0.5]}
            #设置点的颜色
            color Color {
            color [ 1.0 0.0 0.0, 0.0 1.0 0.0,
                    0.0 0.0 1.0, 0.5 0.5 0.5,
                    1.0 1.0 1.0, 1.0 1.0 0.0,
                    0.0 1.0 1.0, 1.0 0.0 1.0,]
                }}}
```

2. 构造空间折线造型

构造空间的折线用节点 IndexedLineSet。IndexedLineSet 是 geometry 域的值,其本身也是一个节点,共有 5 个域,以及两个描述事件的域。

在 VRML 中,两个点可以构成一根直线,多个点在空间中可以构成各种折线;多条线在空间的集合依据一定的关系,在 VRML 中,由索引(Index)定义出来。

节点语法定义

```
IndexedLineSet{ coord           NULL    # SFNode
                coordIndex      []      # MFInt32
                color           NULL    # SFNode
                colorIndex      []      # MFInt32
                colorPerVertex  TRUE    # SFBool }
```

域值说明

① coord:含一个 Coordinate 节点,给出要用到的顶点的列表。

② coordIndex:指向 Coordinate 节点的一个索引列表,指明哪些顶点相连和以什么顺序相连。

③ color:含一个 Color 节点,它列出了用于为每个顶点或每个面着色的颜色列表。

④ colorIndex:指向 Color 节点的索引列表。

⑤ colorPerVertex:如果在 color 域有一个 Color 节点,则该域指明是把一种颜色赋给每个顶点(TRUE)还是赋给每条折线(FALSE)。

实例 7-7 在三维空间中,有一个长方体放在三维坐标中。

```
#VRML V2.0 utf8
Background{
skyColor[
    0.1 0.5 0.8
```

```
            ]
        }
        Shape {
        appearance Appearance{
            material Material {              #空间物体造型外观
            diffuseColor 1.0 1.0 1.0         #一种材料的漫反射颜色
                    }
            }
        geometry IndexedLineSet {            #线节点
            coord Coordinate{                #该节点用来进行"点"
                point[
                -4.0 0.0 0.0,5.0 0.0 0.0     #x轴
                4.5 0.2 0.0, 4.5 -0.2 0.0
                0.0 -4.0 0.0,0.0 4.0 0.0     #y轴
                -0.2 3.5 0.0,0.2 3.5 0.0
                0.0 0.0 -8.0,0.0 0.0 5.0     #z轴
                -0.2 0.0 4.5,0.2 0.0 4.5
                0.0 3.0 0.0, 0.0 3.0 2.0     #折线
                0.0 0.0 2.0, 2.0 0.0 2.0
                2.0 0.0 0.0, 2.0 3.0 0.0
                2.0 3.0 2.0, 2.0 3.0 0.0
                2.0 3.0 2.0, 0.0 3.0 2.0
                2.0 3.0 2.0, 2.0 0.0 2.0
                [
            }
            coordIndex[
                0,1,2,1,3,-1                 #x轴索引
                4,5,6,5,7,-1                 #y轴索引
                8,9,10,9,11,-1               #z轴索引
                12,13,14,15,16,17,12,-1      #折线索引
                18,19,-1
                20,21,-1
                22,23,-1
                ]
            }
        }
```

一个 IndexedLineSet 节点代表一个由一组指定顶点构建的一系列线段而形成的 3D 形体。在 coordIndex 域的索引值指明如何连接顶点以形成线段。索引值为-1时,表明当前连接的线段已经结束,下一个线段将开始。在 coordIndex 域值中,前面的一个永远是后面

一个的起始点。

一条索引的直线集合只存在于 Shape 节点的 geometry 域中。直线集合不受光照的影响而且不能进行纹理映射,意味着它的颜色取决于 color 域的值,其运行结果如图 7-4-7 所示。

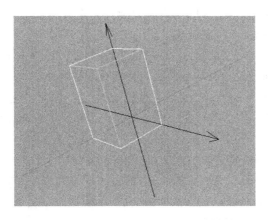

图 7-4-7　利用 IndexedLineSet 节点创建的在三维坐标下的立方体

3. 构造空间平面集合造型

构造空间的平面集合用节点 IndexedFaceSet,面集合节点 IndexedFaceSet 是 Shape 节点中 geometry 域的域值;一系列空间点按一定关系的集合构建 VRML 的面以及面的集合;该节点共有 14 个域,共同决定了构建的面集合的形状以及颜色属性等特征。

节点语法定义

```
IndexedFaceSet { coord            NULL    # SFNode
                 coordIndex       []      # MFInt32
                 texCoord         NULL    # SFNode
                 texCoordIndex    []      # MFInt32
                 color            NULL    # SFNode
                 colorIndex       []      # MFInt32
                 colorPerVertex   TRUE    # SFBool
                 normal           NULL    # SFNode
                 normalIndex      []      # MFInt32
                 normalPerVertex  TRUE    # SFBool
                 ccw              TRUE    # SFBool
                 solid            TRUE    # SFBool
                 convex           TURE    # SFBool
                 creaseAngle      0       # SFFloat}
```

域值说明

① coord:含一个 Coordinate 节点,这个节点列出了平面集之中所有的顶点。

② coordIndex:一个多边形列表,每个多边形通过一组指向 Coordinate 节点中的顶点索引来指明。

③ texCoord:含一个 TextureCoordinate 节点,指明将一幅纹理映射到平面集之上;texCoordIndex:指向 TextureCoordinate 节点的索引列表。

④ color:含一个 Color 节点,它列出了用于为每个顶点或每个面着色的颜色列表;colorIndex:指向 Color 节点的索引列表;colorPerVertex:如果在 color 域有一个节点,则该域指明是把一种颜色赋给每个顶点(TRUE)还是赋给每个表面(FALSE)。

⑤ normal:如果要指定一个法向量,让此域包含一个 Normal 节点;normalIndex:指向 Normal 节点的索引列表;normalPerVertex:指明是否已为每个节点(TRUE)还是给每个表面(FALSE)确定了法向量。如果 normal 域为空,该域被忽略。

⑥ ccw:指明每个表面上的顶点。当从前面看时,是以逆时针方向排列(TRUE)还是以顺时针方向排列(FALSE)。当为 TRUE 时,所画平面正面面向屏幕;当为 FALSE 时,所画平面背面面向屏幕。

⑦ solid:指明用户是否能看见任何表面的背面。

⑧ convex:指明是否所有表面是凸的。如果是,一些浏览器可以优化运算过程。

⑨ creaseAngle:转折角,可以使相邻两表面间的边界看上去有平滑过渡。

实例 7-8 建造一个金字塔模型。

```
#VRML V2.0 utf8
Background {
    skyColor 0.2 0.5 0.6 }
Shape {
    appearance Appearance {
        material Material {
            diffuseColor 0.75 0.75 0.75}}
    geometry IndexedFaceSet {
        coord Coordinate {
            point [2 2 0,2 -2 0,-2 -2 0,-2 2 0,0 0 3,]}
        coordIndex [ 0,4,1,-1, 1,4,2,-1, 2,4,3,-1, 3,4,0,-1, 0,1,2,3,-1, ]
    }
}
```

一个 IndexedFceSet 节点代表一个由一组顶点创建的一系列平面多边形所构成的 3D 形体。一个索引的表面集合通过 coordIndex 域内的一个索引值列表说明它的多边形表面。索引值为-1 时,表明当前表面已经结束,下一个表面将要开始。索引的表面集合只能在 Shape 节点的 geometry 域中出现。其运行结果如图 7-4-8 所示。

图 7-4-8 利用 IndexedLineSet 节点创建的金字塔

如果 texCoord 域不是 NULL,这时它引用的 TextureCoordinate 节点中坐标出现的顺序决定各坐标的编号,编号的起点为 0。如果 texCoordIndex 域不为空,其值的个数不应少于 coordIndex 域,并在与 coordIndex 域相同的位置包含相同的分隔标志"-1",即相互对应。如果 texCoordIndex 域为空,那么直接把 coordIndex 域的编号当成纹理坐标编号,从 TextureCoordinate 节点中选择纹理坐标,这时如果 coordIndex 域中最大的编号是 N,TextureCoordinate 节点中应该包含 $N+1$ 个坐标值。

4. 构建起伏高地

通过前面所学习的点、线以及面构成,可以创建相对复杂的场景。但是,在虚拟场景中往往还有些不规则,或是较复杂的物体,如山峦起伏的景象就很难用前面介绍的造型创建出来。这时,可利用海拔栅格节点创建高山、沙丘及不规则地表等空间造型。其基本意图是在水平平面($x-z$ 平面)上创建栅格,再在 $x-z$ 平面栅格上任选一点,改变这个点在 y 轴方向上的高度值,当增大该值就可形成高山,当减少该值就形成低谷。也可选择任意多个点以改变这些点的高度,就可以创建出崎岖不平的山峦或峡谷等造型。

在 VRML 中,ElevationGrid 节点先将某一个地表区域分割成很多网格,定义网格的个数,再定义网格的长和宽,最后定义网格的高度,可创建该区域所需的海拔栅格几何造型。

节点语法定义

```
ElevationGrid{
    xDimension       0           # field         SFInt32
    xSpacing         0.0         # field         SFFloat
    zDimension       0           # field         SFInt32
    zSpacing         0.0         # field         SFFloat
    height           [ ]         # field         MFFloat
    color            NULL        # exposedfield  SFNode
    colorPerVertex   TRUE        # field         SFBool
    normal           NULL        # exposedfield  SFNode
    normalPerVertex  TRUE        # field         SFBool
    texCoord         NULL        # exposedfield  SFNode
    ccw              TRUE        # field         SFBool
    solid            TRUE        # field         SFBool
    creaseAngle      0.0         # field         SFFloat
    set_height                   # eventIn       MFFloat
```

域值说明

① xDimension 域和 zDimension 域的值为 x 和 z 方向上(水平面)的栅格点的数量,其域值必须大于或等于 0.0,而所创建的海拔栅格中点的总数是 xDimension×zDimension 个。这两个域的默认值均为 0.0,表示没有创建栅格。

② xSpacing 域和 zSpacing 域的值定义了栅格中行和列间的距离。xSpacing 域值为 x 方向上计算的列间的距离,zSpacing 域值为 z 方向上计算的行间的距离。它们的域值必须大于或等于 0.0。其默认值为 0.0。

③ height 域定义海拔高度,即 y 方向上的计算高度。该域值中值对应一个栅格点。为了形成 zDimension 行,height 域值是被一行一行列出来的,并且每一行都有 xDimension 个高度值。此高度值可以是绝对高度或是相对高度。其默认值为空,表示不创建海拔栅格。

④ ccw 域的值是布尔值,它是逆时针的英文缩写。该域值指定了海拔栅格创建的表面是按顺时针、按逆时针或者未知方向索引。当该域值为 TRUE 时,则按逆时针方向索引。其默认值为 TRUE。

⑤ solid 域的值是布尔值。当该域值为 TRUE 时,表示只创建正面;当为 FALSE 时,表示正反两面都创建。当 ccw 和 solid 都是 TRUE 时,则只创建面向 y 轴正方向的一面;若 ccw 为 FALSE,solid 还为 TRUE 时,则只会创建 y 轴负方向的一面。该域值的默认值为 TRUE。

⑥ creaseAngle 域的值定义了一个用弧度表示的折痕角。若该值为较小的弧度,那么整个表面看起来就比较平滑;若为较大的弧度,那么折痕就会很清晰。该值必须大于或等于 0.0,其默认值为 0.0。

实例 7-9　建造一个山脉。

```
#VRML V2.0 utf8
Background {
    skyColor 0.7 0.7 0.7}
    Shape {
        appearance Appearance {
            material Material {
                diffuseColor 0 0.1 0.2 }}
        geometry ElevationGrid {
            xDimension 4
            zDimension 4
            xSpacing 2            #x 方向上(列间)的间距为 2.0
            zSpacing 1            #z 方向上(行间)的间距为 1.0
            height [              #其 4 * 4 个高度值
                0,0.1,0.3,0,
                1,2,3,0,
                3,2,1,0,
                0,0.1,0.2,0,
            ]}}
```

在本例中,定义了 x—z 平面上的一个 4×4 的网格,x 方向间距为 2.0,z 方向间距为 1.0,height 域中的数组为这些点的高度。其运行结果如图 7-4-9 所示。

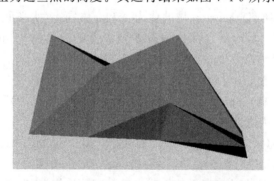

图 7-4-9　利用 ElevationGrid 节点创建的山脉

5. 挤出造型

在 VRML 中，Extrusion 节点用来创建挤出造型。创建挤出造型过程借鉴自工业生产制造，一种加工材料的流体通过一个金属板的模型孔以后，受模型孔的挤压形成的一个新的造型，这个过程就是挤出。Extrusion 可以认为是一个更具变化的 Cylinder 圆柱体节点。

Extrusion 挤出造型节点可以创建出用户需要的所有立体空间造型。它像一个加工厂，能生产出各种各样的零部件或产品。在 VRML 中可以创建出虚拟现实世界里的各种三维造型，因此它是 VRML 中最有用、最重要的节点之一，主要由 crossSection 域和 spine 域的域值决定。

节点语法定义

```
Extrusion {
        crossSection [1 1,1 -1,-1 -1,-1 1,1 1]    #field    MFVec2f
        spine [0 0 0,0 1 0]                        #field    MFVec3f
        scale [1 1]                                #field    MFVec2f
        orientation [0 0 1 0]                      #field    MFRotation
        beginCap TRUE                              #field    SFBool
        endCap TRUE                                #field    SFBool
        ccw TRUE                                   #field    SFBool
        solid TRUE                                 #field    SFBool
        convex TRUE                                #field    SFBool
        creaseAngle 0.0                            #field    SFFloat
        set_spine                                  #eventIn  MFVec3f
        set_crossSection                           #eventIn  MFVec2f
        set_scale                                  #eventIn  MFVec2f
        set_orientation                            #eventIn  MFRotation
```

域值说明

① crossSection 域的值定义了一系列二维坐标，这些坐标表示沿着挤出过程的脊线进行挤出的一个封闭或开放的轮廓。该域的默认值为一个正方形。

② spine 域的值定义了一系列三维坐标，这些坐标表示一个封闭或开放的轨迹，造型是沿着这条轨迹被拉动的，从而创建了挤出过程。该域值的默认值为沿着 y 轴指向正上方的直线轨迹。

③ scale 域的值指定了一系列挤出孔的比例因数对。每一个比例因数对的第一个值为挤出孔指定了一个 x 轴方向上的缩放比例因数，第二个值为挤出孔指定了一个 z 轴方向上的缩放比例因数。它们被使用在沿脊线的每一个坐标处。该域值必须大于或等于 0.0，其默认值为(1.0 1.0)，即缩放比例在 x 轴和 z 轴方向上都为 1.0，即挤出孔的大小不变。

④ orientation 域的值指定了沿脊线坐标的挤出孔的旋转情况。和 rotation 域一样，每个域值都包括一个旋转轴和旋转角度。该域值的默认值为(0.0 0.0 1.0 0.0)，即不产生旋转。

⑤ benginCap 域和 endCap 域的值指定了在挤出完成后，是否加顶盖和底盖。域值为 TRUE 时，则利用 crossSection 域中的二维坐标创建一个盖子表面，其默认值为 TRUE。

⑥ ccw 域的值指定了挤出孔是按顺时针方向、还是按逆时针的坐标来定义。当该域值为 TRUE 时,则按逆时针方向定义。其默认值为 TRUE。

⑦ convex 域的值表示挤出孔是否都是凸面。当该域值为 TRUE 时,VRML 浏览器不需要对这些面进行分割,当该域值为 FALSE 时,浏览器自动将这些凹陷的挤出孔面分割为许多较小的凸面。该域值的默认值为 TRUE,表示挤出孔都是凸面,而不必进行分割。

⑧ solid 域的域值是布尔量。当该域值为 TRUE 时,只会创建正面;当该域值为 FALSE 时,正反两面均创建。该域值的默认值为 TRUE。

⑨ creaseAngle 域的域值指定了一个用弧度表示的折痕用的阀值。挤出造型中两个相邻面间的夹角大于所设定的阀值,那么这两个面的边界就会模糊,即平滑绘制。如果两个相邻面间的夹角大于所设定的阀值,那么边界就会不再进行平滑绘制。该域值必须大于或等于 0.0。其默认值为 0.0。

实例 7-10 建造一个三维的三角体,其运行结果如图 7-4-10 所示。

```
#VRML V2.0 utf8
Background{
    skyColor [
        0.7 0.7 0.7 ]}
#创建各种造型
    Shape {                         # Shape 模型节点
        appearance Appearance{
            material Material {     #空间物体造型外观
                diffuseColor 0.75 0.2 0.2   #一种材料的漫反射颜色
                ambientIntensity 0.1
                specularColor 0.8 0.8 0.8
                shininess 0.25
            }
        }
        geometry Extrusion {        #挤出造型节点
            crossSection [          #断面图形
                0.5 0.0
                -0.5 0.0
                0.0 0.5
                0.5 0.0
            ]                       #沿断面中心轴挤压的路径
            spine [
                -0.8 0.0 0,
                0.8 0.0 0,
                #1.0 0.0 0.0
                #-1.0 0.0 0.0
                #0.0 0.0 1.0
```

```
            #1.0 1.0 1.0
          ]
     creaseAngle    0.825
     solid FALSE
  } }
```

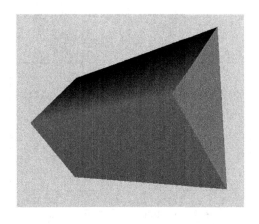

图 7-4-10 利用 Extrusion 节点创建的三角体

7.5 虚拟造型中的群节点

一个虚拟的世界是由很多物体组成的,在前面已创建了很多造型,但这些造型节点是默认位于坐标原点的。如果是多个物体的话,就会产生重复叠加在一起的情况,这时就需要对各个造型节点定义不同的坐标系。同时还需要对物体进行放大与缩小、旋转等变换。

7.5.1 内联节点

内联节点(Inline)的作用是引入外部 VRML 场景。有时由于创建的场景很复杂,使 VRML 源程序过大或过长,给程序编写和调试带来诸多不便,这时可将整个 VRML 源程序进行拆分。这就是软件工程的设计思想,采用结构化、模块化、层次化,提高软件设计质量,设计出层次清晰、结构合理的软件项目。

Inline 内联节点可以使 VRML 程序设计实现模块化。由基本 VRML 程序(模块)组成复杂和庞大的 VRML 立体静态或动态场景。Inline 是一个群节点,可以包含在其他群节点之下。同时,此节点还可以从网络中引入 VRML 文件(程序),可以实现分工协作,完成三维立体虚拟现实空间场景的创建。

节点语法定义
```
Inline{
   url              " "         #exposesfield   MFString
   bboxCenter       0 0 0       #field          SFVec3f
   bboxSize         -1 -1 -1    #field          SFVec3f
```

域值说明

① url 输入所要嵌入的 VRML 文件的路径和文件名,可以是本地计算机或网络中远程计算机文件名和位置。

② bboxCenter 定义包围盒体几何中心的坐标,其含义与 Group 节点的该域值相同。该域值的默认值为坐标原点。

③ bboxSize 定义包围盒的尺寸,其含义与 Group 节点的该域值相同。

Inline 节点调用示意图如图 7-5-1 所示。

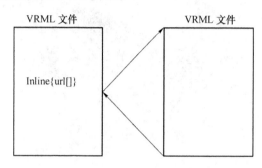

图 7-5-1　Inline 节点调用示意图

7.5.2　编组节点

编组节点(Group)是构建新对象的一种方法,它是 VRML 中最基本的群节点,它可以将多个节点纳入其中,形成一个整体。在许多情况下,这样做是十分方便的。前面介绍过命名(DEF)的概念,如果某类造型在场景中多次出现,可以利用 DEF 对 Group 编组节点实例命名,然后在需要的地方用 USE(重用)进行引用。Group 编组节点的功能就是将其包含的所有节点当做一个整体造型来处理,从而增强了程序设计的可重用性与灵活性,可以高效、方便地创建 VRML 场景。

节点语法定义

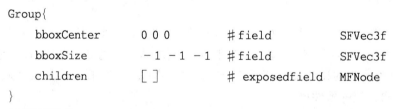

域值说明

① bboxCenter:用来定义该组中对象的最大包围盒体的中心,默认值为(0,0,0)。包围盒必须大到能包容组中所有的子节点,甚至包括光、声、雾等子节点。如果该 Group 节点的大小由于子节点的运动而随时间变化,包围盒应大到能包容该组的所有可能的活动节点。

② bboxSize:包围盒体的尺寸。第 1 个值是箱型的宽,位于 x 轴方向;第 2 个值是箱型的高,位于 y 轴方向;第 3 个值是箱型的深,位于 z 轴方向。该域值的默认值为(-1,-1,-1),表示 VRML 浏览器将自动定义出包围盒体的尺寸。

③ children:包含在该 Group 节点下面的子节点,默认值为空值,即不包含任何子节点。在 Group 中可以包含任意多个子节点,节点的类型没有限制,甚至可以是群节点。

实例 7-11　在虚拟空间中,建立一个简易的徽章,并保存文件为 7-11.wrl,其效果如图 7-5-2 所示,以便在后面的程序中调用。

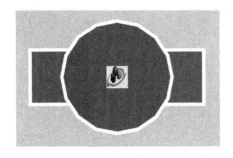

图 7-5-2　创建的 VRML 徽章

\#VRML V2.0 utf8
\#一个简易的 VRML 徽章,无须复杂的变换也可以有好效果
Group{
　　children[
　　\#1.方形外框
　　Shape {
　　　　appearance DEF o_white Appearance{
　　　　　　material Material {
　　　　　　　　emissiveColor 1 1 1 　\#对象发光颜色-白色
　　　　　　}
　　　　}
　　　　geometry Box {
　　　　　　size 5 0.03 1.6
　　　　}
　　}
　　\#2.方形内框
　　Shape {
　　　　appearance Appearance{
　　　　　　material Material {
　　　　　　　　diffuseColor 0.0 0.3 0.8 　\#对象漫反射颜色
　　　　　　}
　　　　}
　　　　geometry Box {
　　　　　　size 4.8 0.06 1.4}
　　}
　　\#3.圆形外框
　　Shape {
　　　　appearance USE o_white

```
            geometry Cylinder {
                radius 1.6
                height 0.07
            }
        }
        #4.圆形内框
        Shape {
            appearance Appearance {
                material Material {
                    diffuseColor 0.8 0 0
                }
            }
            geometry Cylinder {
                radius 1.5
                height 0.09
            }
        }
        #5.VRML 标志
        Shape {
            appearance Appearance {
                texture ImageTexture {
                    url "vrml97.gif"
                }
            }
            geometry Box {
                size 0.6 0.1 0.6
            }
        }
    ]
}
```

提示:请注意所有对象在 y 方向最好不要设置相同的高度,否则在浏览时会出现重叠的面相互穿插的情况。

7.5.3 物体的空间坐标变换

空间坐标变换(Transform)在 VRML 中是一个非常重要的群节点。坐标变换一方面要考虑坐标系的平移,另一方面要考虑坐标系的旋转及物体的放大与缩小。利用 Transform 节点可以实现这几方面的变换。

节点语法定义

```
Transform { bboxCenter          0 0 0           # SFVec3f
```

```
        bboxSize            -1 -1 -1          # SFVec3f
        translation         0 0 0             # SFVec3f
        rotation            0 0 1 0           # SFRotation
        scale               1 1 1             # SFVec3f
        scaleOrientation    0 0 1 0           # SFRotation
        center              0 0 0             # SFVec3f
        children            [ ]               # MFNode }
```

域值说明

① bboxCenter：用来定义该组中对象的最大包围盒体的中心，其含义与 Group 节点的该域值相同。

② bboxSize：包围盒的尺寸，默认值是无包围盒，由浏览器自己去计算。

③ translation：空间坐标变换可能是多个层级的，由此会产生多级坐标系，该值决定当前所在坐标系下坐标平移到的新位置。

④ rotation：给定旋转的轴和角度（以弧度为单位）。前 3 个坐标点与坐标原点的连线决定旋转轴，第 4 个量决定旋转的角度。

⑤ scale：指定沿各个坐标轴缩放的比例，各轴向缩放比值可以不相等。

⑥ scaleOrientation：指定缩放和旋转操作的轴向。

⑦ center：指定缩放和旋转操作的原点。

⑧ children：受该节点变换影响的子节点。

利用 Transform 群节点的 translation 域可以实现坐标系的平移，该域值给出了新坐标系的原点。在 Transform 节点的 children 域中的各个造型节点都以该原点定位。

实例 7-12 运用已有知识对 7-11 实例进行一些改造。实例 7-11 中创建了一个 VRML 徽章，在 7-12 这个实例中将从外部调用这个徽章，并利用 Transform 节点的变换功能完成一些特殊的任务，如图 7-5-3 所示。

```
#VRML V2.0 utf8
Transform {
    #圆形比较单调,可以利用 scale 调节一下
    scale 1.5 1 1
    #原始徽章平行于水平面,将它旋转成竖直,沿着 X 轴方向旋转 90°即可
    rotation 1 0 0 1.571
    children [
        #直接引入外部场景作为 Transform 的子对象
        Inline{url "7-11.wrl"}
    ]
}
#欢迎文字
Transform {
    #将欢迎文字移动到合适的位置
    translation -4 3 0
```

```
        children [
            Shape {
                appearance Appearance {
                    material Material { }
                }
                geometry Text {
                    string ["Welcome,my friends!","This is our badge"]
                }
            }
        ]
    }
```

图 7-5-3　用 Transform 等节点进行文字与徽章的排版

7.5.4　细节层次节点

空间的细节层次节点(LOD)控制原理是通过空间距离的远近来展现空间造型的各个细节。细节层次控制和现实世界中的感观是极为相似的。在现实世界中人们都体验过,在离一个建筑物很远时,只能隐约地看到一座建筑物的轮廓、形状和大小等,但是当你走近时,就会看清楚整个建筑物的窗户、门等,再走近些会看到更加清晰的内容。

在 VRML 世界里,根据不同的细节层次节点创建出不同的造型,然后再根据在 VRML 世界中视觉与立体空间造型的远近在浏览器中调用不同细节的空间造型。LOD 节点是分级型群节点,用于对相同景物做出不同精细度的表述。通过 VRML 所提供的 LOD 细节层次节点,可以将各个不同的细节穿插起来,在不同的距离调用不同的细节空间造型。因此,在创建 VRML 虚拟现实空间造型时,要平衡浏览器速度和造型的真实性两者之间的关系。造型越真实,相应的 VRML 文件就越大,就要影响浏览器的浏览速度,耗费大量的 CPU 时间。而 LOD 节点能够解决这一问题,可以对不同的景物做出不同细致程度的刻画,比较近的景物用比较精细的描述,比较远的景物用比较粗糙的描述,分级程度完全根据浏览者与景物的相对距离而定,从而提高浏览速度。

节点语法定义

```
LOD {
    level [ ]         #exposedField    MFNode
    center 0 0 0      #field           SFVec3f
```

```
    range []         #field        MFFloat
}
```

域值说明

① level 域的域值是一个包含在组内的子节点的列表。该域值可以包含 Shape 节点和其他编组节点。在该域值中所列出的每一个子节点都分别描述了不同细节的造型,通常第一个子节点提供最高细节层次的空间造型,后面的子节点的细节层次依次降低。至于不同细节层次造型的切换,则由空间造型距离的远近来决定。其默认值为一空的子节点。

② center 域的域值定义了 LOD 节点的子节点的几何中心位置坐标。该域值与原点的距离可以用来作为不同细节层次选取的依据。其默认值为(0,0,0)。

③ range 域的域值定义了观察者与对象(造型)之间距离范围的大小。它是用来描述与空间造型的距离远近的列表,根据此列表,浏览器会从一个细节切换到另一个细节。此值必须为正,并且是顺序增长。

实例 7-13 创建一个花的造型,当人慢慢向花靠近时,会自动显示不同精度的模型,如图 7-5-4 所示(其中 flower1.wrl、flower2.wrl、flower3.wrl 分别为低精度、中精度、高精度的模型,文件内容详见本书配套光盘)。

```
#VRML V2.0 utf8
Viewpoint {
    position 0 0 50        #设置初始视点位置,最先看见的是最低精度的模型
}
NavigationInfo {
    type "examine" }       #设置场景浏览模式为检视
Background{
        skyColor[
          0.2 0.5 0.6
]}
#创建分级节点
    LOD {                  #细节层次节点即分级型群节点
        #center 0.0 0.0 0.0  #几何中心点
        range [20.0 35.0]    #可视距离
        level [
            Group {
                children [
                    Inline {url "flower3.wrl"}    #最高精度的景物
]}
            Group {
                children [
                    Inline {url "flower2.wrl"}    #中等精度的景物
]}
            Group {
```

```
         children [
             Inline {url "flower1.wrl"}      # 最小精度的景物
         ]}]}
```

图 7-5-4　LOD 的 3 种精度的模型

7.5.5　Anchor 锚节点

Anchor 锚节点即超级链接群节点，它的作用是链接 VRML 三维立体空间中各个不同场景，使 VRML 世界变得更加生动有趣。还可以利用 Anchor 锚节点直接上网，实现真正意义上的网络世界。

Anchor 锚节点（超级链接群节点）能够实现 VRML 场景之间的调用和互动。它是 VRML 的外部接口，可实现与 VRML 网页之间的调用及与 3D 之间的调用等。使用超级链接功能实现网络上任何地域或文件之间的互联、互动及感知。

节点语法定义

```
Anchor {
url " "
children          [ ]           # esposeField      MFNode
description       " "           # exposeField      SFString
parameter         [ ]           # exposeField      MFString
bboxCenter        0 0 0         # exposedField     SFVec3f
bboxSize          -1 -1 -1      # field            SFVec3f
addChildren                     # eventIn          MFNode
removeChildren                  # eventIn          MFNode
}
```

域值说明

① url 域指定需装入文件的路径或 url（统一资源定位器）。如果指定多个 url，按优先顺序进行排列，浏览器装入从 url 序列中发现的第一个文件。

② children 域指定场景中锚节点对象。它包含指向其他文件（在 url 域中指定）的超级链接。当观察者单击其中的一个对象时，浏览器便装入在 url 域中指定的文件。

③ description 域指定一个文本字符串提示，当移动光标到锚节点对象而不单击它时，浏览器显示该提示字符串文件。

④ parameter 为 VRML 和 HTML 浏览器附加的信息,这些信息是一连串的字符串,格式为"关键词=值"的字符串。

⑤ bboxCenter 域指定包围 Anchor 锚中子节点对象的包围盒的中心。

⑥ bboxSize 域指定包围 Anchor 锚中子节点对象的包围盒在 x、y、z 方向上的尺寸。

事件说明

① addChildren 入事件用来在 Anchor 锚节点的子节点序列中加入指定的节点。如果指定子节点已经在子节点序列中,则忽略。

② removeChildren 入事件用来在 Anchor 锚节点的子节点序列中删除指定的节点。如果指定子节点已经不在子节点序列中,则忽略。

当用户选择 Anchor 节点中的任何一个子节点对象时,可将 Anchor 节点中 url 域中指定的文件从网上取来。如果此文件是 *.wrl 文件格式,则直接装入并显示它,以取代包含本 Anchor 锚节点的世界。如果取得的文件是其他类型的文档,由浏览器决定如何处理这些数据。

实例 7-14　创建一个圆锥体,单击它跳到另一个 VRML 程序,如图 7-5-5 所示。

```
#VRML V2.0 utf8
Background{
skyColor[0.6 0.6 0.6 ]}
#创建锚节点造型
Group {
    children [
        Anchor {                    #锚节点
            children [
                Shape {
    appearance Appearance{
        material Material {         #空间物体造型外观
        diffuseColor 1.0 0.0 0.0    #一种材料的漫反射颜色
            }    }
    geometry Cone {                 #锥体
        bottomRadius 3.0
        height 4
                }    }   ]
        description "call sphere"
        url "7 - 15.wrl"
            } ]   }
```

实例 7-15　创建一个球体,单击它跳到另一个 VRML 程序。

```
#VRML V2.0 utf8
Background{
skyColor[0.3 0.3 0.3 ]}
#创建锚节点造型
```

```
Group {
    children [
        Anchor {                        ＃锚节点
            children [
                Shape {
        appearance Appearance{
            material Material {         ＃空间物体造型外观
                diffuseColor 0.5 1 0.0  ＃一种材料的漫反射颜色
            } }
        geometry Sphere {               ＃球体
            radius 1.0
        } } ]
            description "Goto Cone"
            url "7 - 14.wrl"
        } ] }
```

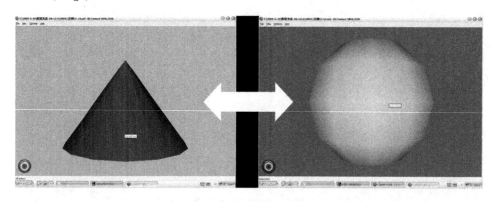

图 7-5-5　场景之间的跳转

7.6　虚拟场景环境的设置

在默认情况下,浏览器为黑色的背景色。而且场景中没有光照,只有浏览器加的"头灯"。显然,这样并不能满足实际的需要。这一节讨论如何给场景设置背景,以及给场景添加光照。

7.6.1　在虚拟场景中添加背景

在 VRML 中,给场景设置背景有利于对场景起到烘托和渲染的作用,访问者浏览场景的时候能看到较为生动的景象。构建背景使用 Background 节点,它主要用于定义 VRML 世界中的天空和地面的颜色及空间与地面角度等。

节点语法定义

Background { groundColor   [ ]   ＃ MFColor

```
groundAngle          []        # MFFloat
skyColor             [0 0 0]   # MFColor
skyAngle             []        # MFFloat
frontUrl             ""        # MFString
backUrl              ""        # MFString
rightUrl             ""        # MFString
leftUrl              ""        # MFString
topUrl               ""        # MFString
bottomUrl            ""        # MFString }
```

域值说明

① groundColor：用于指定对天球地面部分进行着色的 RGB 值。可以设定一系列颜色以产生按水平分层渐变的效果，其中所列出的第一个值是指竖直向下看到的那个点的颜色。groundColor 域所含的数据个数应该比 groundAngle 的多一个。

② groundAngle：指定一系列对应 groundColor 域内颜色变化的角度值。取值单位为浮点数表示的弧度值，取值范围为 0～π/2。其中，所列出的第一个颜色值对应于默认的角度值 0，即天球底（相当于"南极"），这个角度值不用显式指定，因而列出的颜色值也会比列出的角度值多一个。groundAngle 值中，如果最后一个值小于 π/2，则最后一个 groundAngle 与"赤道"间的区域不存在。

③ skyColor：用于指定对天球天空部分进行着色的 RGB 值。所列出的第一个值是天球顶部的颜色。

④ skyAngle：对应于 skyColor，skyAngle 域值为浮点数表示的弧度值，取值范围为 0～π。角度从天球顶开始计算，从上往下到水平面处时为 π/2，到天球底为 π。如果最后一个值小于 π，则最后的 skyColor 被用来填充从最后一个 skyAngle 到 π 之间的区域。

⑤ frontUrl、backUrl、rightUrl、leftUrl、topUrl、bottomUrl：分别指定将被映射到空间立方体各个面上的图像。该空间立方体的 6 个面形成了一组包围世界中所有几何体的全景图像。映射的图像多为一些山脉、摩天大楼或云彩等远景。

天空与地面位置示意图如图 7-6-1 所示。

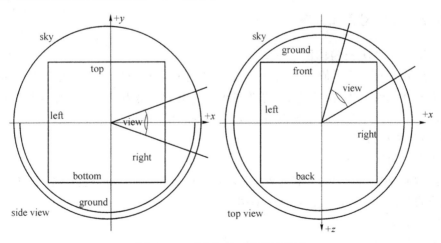

图 7-6-1　天空与地面位置示意图

实例 7-16　用 6 张图片创建一个全景的背景,如图 7-6-2 所示。
```
#VRML V2.0 utf8
Background{
    frontUrl "p07.jpg"      #前面
    backUrl  "p08.jpg"      #后面
    leftUrl  "p09.jpg"      #左面
    rightUrl "p10.jpg"      #右面
    topUrl   "p12.jpg"      #顶部
    bottomUrl "p11.jpg"     #底部
           }
```

图 7-6-2　用图片创建背景的效果

可以设计天空(Sky)和地面(Ground)的颜色来构建全景,利用 Angle 将天空和地面的颜色展现出颜色梯度,能够创建出和实际相似的背景。由 Background 的域值可以看到。还可以在场景中添加图片构建全景,分别对应于 front、back、left、right、top、bottom 的位置。添加不同的图片,可以构造出栩栩如生的背景,减轻了设计的难度,但是这样做往往显示不出天空以及地面的颜色。

7.6.2　为造型添加纹理

1. 纹理及 VRML 支持的图片格式

为了使造型逼真,除了使用材质以外,还可以通过纹理映射。纹理实际上就是一个位图,不改变物体几何形状,在不增加多边形的基础上提高渲染质量,是将图形指定到造型表面。可以应用于许多方面,简化表面的处理:建筑物外墙、地板、草地等。

其支持的图片格式如下。

① JPEG 图像

这是一种有损压缩程式,文件较小,适合互联网传输,只有全彩色规范(RGB),没有透明度,适合自然图片,对含有表格、文字的图像支持不好。

② GIF 图像

这是互联网流行的图像文件格式,相对质量较差,支持透明度。

③ PNG 图像

这是创作 VRML 必须具备的图片格式,相对于 GIF 图像质量高,支持单、双、三以及四元图像,支持透明度和灰度,适合含有表格、文字的图片。

④ MPEG 视频

这是视频压缩格式,质量较高,但不支持透明。

2. 纹理映射

纹理映射就是将图片等对应到造型表面,主要借助于 texture 域完成。texture 是 Apprearance 节点的一个域,其域值为单域值节点型,texture 支持 3 种纹理,分别用节点表示:ImageTexture(静态图像作为纹理);PixelTexture(用十六进制的数据直接定义纹理);MovieTexture(动态视频文件作为纹理)。

节点语法定义

```
ImageTexture { url [ ]  # MFString
        repeatS TRUE  # SFBool
        repeatT TRUE  # SFBool
        }
```

域值说明

① url:指定纹理文件的路径。可指定多个 url 路径,浏览器按指定顺序装载该表中第一个能够找到的文件。纹理可以是 JPEG、PNG 形式或 GIF 形式。若想关掉纹理,将该域设为空:[ ]。

② repeatS:指明在 s 方向上纹理的覆盖方式。若为 TRUE(默认为 TRUE)表明在 s 方向重复。

③ repeatT:指明在 t 方向上纹理的覆盖方式。若为 TRUE 在 t 方向重复。

ImageTexture 节点指定了纹理图及将该纹理图映射至几何体表面时需要指定的参数。纹理映射定义了一个二维坐标系统(s,t),s、t 取值范围均为$[0.0,1.0]$。纹理图可以是单元素的(单灰度的)、双元素的(灰度值加透明度)、三元素的(全部 RGB 颜色)或四元素的(全部 RGB 颜色加透明度)。纹理图改变物体材料的漫反射颜色和透明度。

实例 7-17 采用图片给物体表面进行贴图,其效果如图 7-6-3 所示。

```
#VRML V2.0 utf8
#角度数    0    30    45    60    90    120    135    150    180
#弧度数    0    0.524 0.785 1.047 1.571 2.094  2.356  2.618  3.141
Background {
    skyColor [
        0.75 0.75 0.75]}
Transform{
    rotation 1.0 1.0 0.0 1.047
    children[
      Shape {
        appearance Appearance{
            texture  ImageTexture {
```

```
            url "p13.jpg"
        #   repeatS  TRUE
        #   repeatT  TRUE
        }       }
    geometry Box {
        size 3.0 3.0 3.0
        }}]}
```

图 7-6-3 采用图片给物体表面进行贴图的效果

3. 纹理的变换

Appearance 节点下有 3 个节点型域：material、texture 和 textureTransform。

其中，Transform 域为单域值节点型的域类型，其域值为同名的 TextureTransform 节点，作用是设置纹理的平移、旋转和缩放变换。

节点语法定义

```
TextureTransform { translation  0  0   # SFVec2f
                   rotation     0      # SFFloat
                   scale        1  1   # SFVec2f
                   center       0  0   # SFVec2f }
```

域值说明

① translation：指定一个平移，基于纹理坐标系(s,t)。

② rotation：指定一个以 center 域中定义的物体中心为原点的旋转（弧度）。注意右手定则确定角度的正负。

③ scale：指定一个以 center 域中定义的物体中心为原点的缩放。两个轴向的缩放程度可以不同。

④ center：指定一个缩放和旋转的中心。默认是纹理坐标的原点。

实例 7-18 利用纹理坐标变换进行物体表面贴图，其效果如图 7-6-4 所示。

```
#VRML V2.0 utf8
Background {
    skyColor [
      0.6 0.6 0.6]}
Transform{
    rotation 1.0 1.0 0.0 0.785
    children[
      Shape {
        appearance Appearance{
          material Material {
          }
          texture   ImageTexture {
              url"P13.jpg"}
          textureTransform TextureTransform {
              scale 1.3 1.3
              }}
        geometry Cylinder {
          radius 2.0
          height 4.0
            }}]}
```

图 7-6-4　利用纹理坐标变换设置物体表面贴图效果

7.6.3　虚拟环境中添加光照

光照和声音对于创建生动的虚拟现实场景来说十分重要,能够模拟出十分接近于真实的效果。在 VRML 中有相应的光源节点构造场景的光照,并且也有相应的节点给场景添加声音。合理地运用光照和声音效果,能使得虚拟场景更生动也更自然。

1. 虚拟场景中光源的基本概念

在虚拟场景中,光源的概念同日常生活中光源的概念并不相同。

在现实世界中的光源就是发光的物体,无论何种光源,能够观察出光源的形状或者轮廓,如灯、火苗等。但是虚拟场景中的光源只是浏览器对于被照射物体表面的明暗分布、色彩分布的计算,并且使得被照射物体和周围环境有明暗对比,从而表现物体的光照效果。因而,VRML 中光源并不是一个实体,尽管在这里也有光源位置的概念。

现实世界中光线不能穿过不透明的物体,所以有阴影的概念。而在 VRML 虚拟环境中的光照只是对被照射物体表面明暗、色彩的描述,所以原则上可以穿越空间中的任何物体。由此知道,在 VRML 虚拟环境中的光源并不产生阴影。实际应用中,可以借助于几何造型构建出形象的阴影效果。

实际上,在 VRML 中有自带的光源,就是头灯(Headlight)。默认情况下,头灯是打开的,使得场景中的造型获得光照,一旦关闭了头灯,场景便会漆黑一团。另外,头灯在使用中不够灵活,同时,和现实中的光照效果差别也很大,不能真实地模拟现实中的光照的情况。因此,光源节点的使用是十分必要的。

同现实世界中的情况类似,VRML 中光源节点有几种不同的类型:点光源、平行光源以及锥光源。它们对于空间环境的光照效果不同,在使用中,根据情况的不同,使用不同的光源节点,才能构建出合理的光照效果,从而确切地表达场景所要表现的效果。

2. 点光源

点光源(PointLight)的特点是:光线由某特定点发出,向四面八方传播,如图 7-6-5 所示。即光源位于一个球面的球心,光线沿着径向传播出去,点光源是各向同性,因而方向性差,不会在某一方向上有特殊。从而,讨论点光源的时候指明发光点的位置就能大致知道对周围环境的影响。

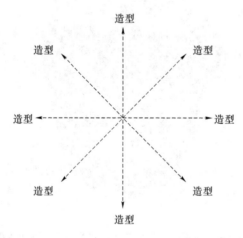

图 7-6-5 点光源示意图

节点语法定义

```
PointLight {      on                 TRUE        # SFBool
                  intensity          1           # SFFloat
                  ambientIntensity   0           # SFFloat
```

```
color              1.0 1.0 1.0      # SFColor
location           0.0 0.0 0.0      # SFVec3f
radius             100              # SFFloat
attenuation        1 0 0            # SFVec3f }
```

域值说明

① on:表示光源的打开和关闭。

② intensity:光源亮度。

③ ambientIntensity:光源对于环境光的作用程度。

④ color:光的颜色。

⑤ location:局部坐标系中光源的位置。

⑥ radius:指示物体在距光源多远处仍能被光源照亮。

⑦ attenuation:指定光强衰减程度。此域中第 1 个数用于恒定衰减,第 2 个数用于在一定距离内的线性衰减,第 3 个数用于二次规律衰减(基于距离的平方)。二次衰减是三者之中最具真实感的,但是浏览器处理起来也最慢。

实例 7-19 创建一个球体的点阵,在横向与纵向方向共有 5 个球,如图 7-6-6 所示。

```
#VRML V2.0 utf8
DEF sp2
Transform {
  translation -3.0 0.0 0.0
  children [
    DEF sp Shape {
      appearance Appearance {
        material Material {
        diffuseColor 1.0 1.0 0.0
        }}
      geometry Sphere {
      radius 0.4}}
        Transform {
        translation 1.5 0.0 0.0
        children [USE sp
          Transform {
            translation 1.5 0.0 0.0
            children [USE sp
              Transform {
                translation 1.5 0.0 0.0
                children [USE sp
                  Transform {
                    translation 1.5 0.0 0.0
                    children [USE sp]}]}]}]}]}
```

```
Transform {
  translation 0.0 3.0 0.0
  children [USE sp2
    Transform {
      translation 0.0 -1.5 0.0
      children [USE sp2
        Transform {
          translation 0.0 -3.0 0.0
          children [USE sp2
            Transform {
              translation 0.0 -1.5 0.0
              children [USE sp2}]}]}]}
```

实例 7-20 在球体的点阵加入一个点光源,其效果如图 7-6-7 所示。

```
#VRML V2.0 utf8
Transform {
    scale 0.2 0.2 0.2
    children [
      Inline{
        url["7-19.wrl"]
      }]}
PointLight {                              #点光源节点
        ambientIntensity 1.0              #点光源向四周照射强度
        attenuation1 0 0                  #光线衰减方式
        location 0 0 0                    #光源的位置
        color 1.0 0.0 0.0                 #光源的颜色
        radius 8.0                        #光线发射距离
        on TRUE }                         #点光源的开关
```

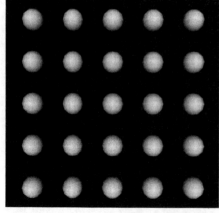

图 7-6-6 球阵

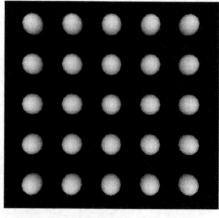

图 7-6-7 球阵中加入点光源的效果

3. 平行光源

自然界中平行光源(DirectionalLight)发出的光线彼此平行,有明确的方向性。比如,将点光源和透镜结合可以得到平行光源,太阳因为距离地球非常遥远,可以认为是近似程度非常好的平行光源。

DirectionalLight 节点模拟的就是这种光源。可以想象,这种类型的光方向性好,因此在哪一点发光并不重要,关键是在什么方向照射;该类型的光会照亮迎着光线的那些对象,特别注意,这里没有遮挡的概念。

节点语法定义

```
DirectionalLight{ on                TRUE              # SFBool
                  intensity         1                 # SFFloat
                  ambientIntensity  0                 # SFFloat
                  color             1 1 1             # SFColor
                  direction         0.0 0.0 -1.0      # SFVec3f }
```

域值说明

① on:指明光源是否打开。当光源关闭时,对其他物体无光照影响。

② intensity:光的亮度。

③ ambientIntensity:决定环境光的一个系数,与光强值的乘积决定虚拟场景中环境光的亮度。

④ color:光的颜色。

⑤ direction:由坐标原点指向这里所确定的坐标点,指示光照的方向。

实例 7-21 在球体的点阵加入一个平行光源,其效果如图 7-6-8 所示。

```
#VRML V2.0 utf8
Transform {
    scale 0.2 0.2 0.2
    children [
        Inline{
            url["7-19.wrl"]
        }]}
DirectionalLight {
    direction 0 5 0
    ambientIntensity 1.0
    color 1.0 0 0
    onTRUE
    intensity 1.0}
```

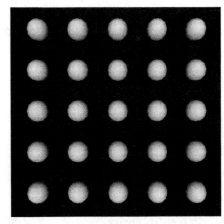

图 7-6-8 在球阵中分别加入平行光源的效果

平行光源的光指向(0,0,0)到(0,5,0)所确定的方向,注意在范例中,节点 Directionallight 放置的位置在顶端和末尾效果是一样的。但是如果放在某个群节点之间,效果则不相同。

4. 锥光源

锥光源(SpotLight)同前面的点光源和平行光源情况不同,锥光源的光线由空间某个确定点发出,投射到空间确定方向,但是与平行光源不同,锥光源的所有光线集中在一个空间圆锥体的范围,其示意图如图7-6-9所示。

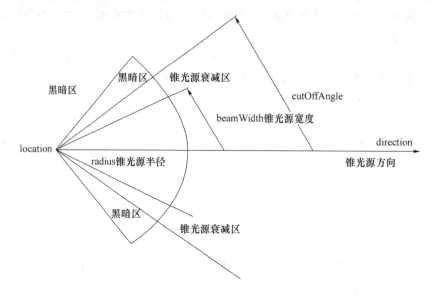

图7-6-9 锥光源示意图

节点语法定义

```
SpotLight { on                TRUE        # SFBool
            intensity         1           # SFFloat
            ambientIntensity  0           # SFFloat
            color             1 1 1       # SFColor
            location          0.0 0.0 0.0 # SFVec3f
            direction         0 0 -1      # SFVec3f
            beamWidth         1.571       # SFFloat
            cutOffAngle       0.785       # SFFloat
            radius            100         # SFFloat
            attenuation       1 0 0       # SFVec3f }
```

域值说明

① on:确定光源是否打开。

② intensity:确定光源的强度。

③ ambientIntensity:确定光源对环境的影响。

④ color:指明光源的颜色。

⑤ location:光源所在的位置。

⑥ direction:光线形成的圆锥的锥轴的方向。

⑦ beamWidth:光线散射的角度(以弧度为单位)。在这个散射角内,光的强度一致。出了散射角光强逐渐减弱,在光源的遮挡角的锥面处降为零。

⑧ cutOffAngle:光源的遮挡角,即光线圆锥面的锥的角度。只有位于该散射角范围内的虚拟对象才能够被照射到,也就是说,这个域值和下面的光源的最大射程共同确定了光源

的作用范围。

⑨ radius:光源的最大射程。

⑩ attenuation:光源光照的衰减度。域中的第1个数表示常数衰减;第2个数表示对距离线性衰减;第3个数表示对距离平方衰减。对距离平方衰减是3种衰减中最接近现实的,但也是计算最慢的。

实例 7-22 在球体的点阵加入一个锥光源,其效果如图 7-6-10 所示。

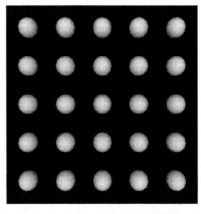

```
♯VRML V2.0 utf8
Transform {
            translation 0 0 0
      scale 0.2 0.2 0.2
      children [
         Inline{
            url["7-19.wrl"]
         }]}
SpotLight {
      location -10 0 3          ♯锥光源起始坐标
      radius 20.0               ♯锥光源照射半径
      beamWidth 1.524           ♯锥光源照射宽度
      ambientIntensity 1.0      ♯锥光光源向四周照射强度
      intensity 1.0             ♯光源的光线强度
      direction 1 0 0           ♯光源的光线的朝向
      color 1.0 0.0 0.0         ♯光源的颜色
      on TRUE }
```

图 7-6-10 在球阵中分别加入锥光源的效果

7.6.4 虚拟环境中添加声音

声音是人们在现实生活中用来传递信息的最重要手段之一,在虚拟世界中如果增加声音,可以让用户听到逼真的效果,将大大提高虚拟现实系统的沉浸感。在虚拟现实中,播放的三维虚拟立体声音用于模拟声音在真实世界中的效果。音频节点把虚拟与现实融为一体,使 VRML 世界更加具有真实感、更加生动逼真。

1. 音频剪辑节点

音频剪辑(AudioClip)节点描述了一个声音发生源,指定了其他需要声源的节点可以引用的音频文件的位置及播放的各种参数,就像生成一台播放音乐的机器。

VRML 所支持的音频文件有以下几种:其中,WAV、MIDI 文件格式是通过 AudioClip 节点引用的,而 MPEG-1 文件格式是通过 MovieTexture 影像文件节点来引用的。

① 标准声音文件格式 WAV

这是美国微软公司 Windows 系统中的标准音频文件格式,其存储的是通过不同的采样率对声音进行采样而形成的不同音频质量的数字声音信号,是数字化的声音本身,所以该格式文件也称为数字音频文件。WAV 文件可存储低质量、一般质量和高质量的数字音响波形信息。但高质量的声音文件占用的空间更多。WAV 文件的扩展名为"*.wav"。

② 乐器数字接口 MIDI

这是一个用于音乐演奏时声音合成器之间通信的标准。该标准指定了声音合成器应当支持的声音,包括长号、钢琴、长笛、架子鼓等。MIDI 格式是专门用于电子音乐合成的统一接口。其文件容量非常小,但一般只能存储音乐。MDI 文件的扩展名为"*.mid"。

③ 影像文件 MPEG

这是活动视频文件,即运动图像专家组,是一种压缩比率较大的活动图像和声音的压缩标准,其压缩率为 0.8 位/像素到 0.4 位/像素之间,其所存储的电影文件的图形质量也比较好。现在 MPEG 技术有 MPEG-1、MPEG-2、新的 MPEG-4 及正在研发的 MPEG-7 等,而在 VRML 中只支持 MPEG-1 文件格式。其文件的扩展名为"*.mpg"。

节点语法定义

```
AudioClip{
    url[ ]                    #exposedField MFString
    descrption ""             #exposedField SFString
    loop FALSE                #exposedField SFBool
    pitch 1.0                 #exposedField SFFloat
    startTime 0.0             #exposedField SFTime
    stopTime 0.0              #exposedField SFTime
    duration_changed          #eventOut      SFTime
    isActive                  #eventOut      SFBool
}
```

域值说明

① url 域的值定义了一个或一组引入的音频文件的 url 地址。该域值提供了在该 VRML 场景中所要播放的声音文件的具体位置,其排列顺序为从高优先级到低优先级。通常浏览器从地址列表中第 1 个 url 指定地址试起,如果音频文件没有被找到或不能被打开,浏览器就尝试读入下一个作为声源。其默认值为一张空的 url 列表,表示没有任何文件被打开,不播放任何声音。

② loop 域的域值指定是否循环播放所引用的音频文件。它是一个布尔运算量;当域值为 TURE,只要 startTime 大于 stopTime,音频便循环播放;当域值为 FALSE,则音频只播放一次。其默认为 FAISE。

③ description 域的域值定义了一组描述所引用音频文件的文本串。在浏览器播放该音频文件的同时显示这些文本串,或在不能播放时显示该文本串,以说明该音频文件。该域值的默认值为空。

④ pitch 域的值指定了播放音频的相乘因子(频率的倍数),用来加快或减慢播放速度。将 pitch 域的域值同音频文件的固有播放时间相乘就是该音频文件在 VRML 场景中的播放时间。当该域值为 1.0 时,音频按正常速度播放;当该域值在 0.0~1.0 之间时,将减慢音频的播放速度,并降低音调;当该域值大于 1.0 时,将加快音频的播放速度,并提高音调。该域值的默认值为 1.0。

⑤ startTime 域的值定义了音频文件开始播放的时间。该域值的默认值为 0.0 s。

⑥ stopTime 域的值定义了音频停止播放的时间。该域的默认值为 0.0 s。

⑦ startTime、stopTime、pitch 和 loop 域共同控制着 AudioClip 节点的音频播放。此节点在其 startTime 到达之前保持休眠状态,即不播放音频文件。在 stopTime 时刻,开始播放音频;如果 loop 域值为 FALSE,当 startTime 到达或播放完一遍音频后,停止播放;如果 loop 域值为 TURE,将连续反复播放音频,直到 stopTime 为止。在 stopTime 早于 startTime 的情况下,系统将忽略停止时间,这可用来生成永远循环的音频。

2. 声音节点

AudioClip 在 VRML 文件中,不能作为单独的节点来使用,它只是创建了声源,而要想播放就需要声音(Sound)节点来实现。

Sound 节点在 VRML 世界中生成了一个声音发射器,可以用来指定声源的各种参数,即指定了 VRML 场景中声源的位置和声音的立体化表现。声音可以位于局部坐标系中的任何一个点,并以球面或椭球的模式发射出声音。Sound 节点也可以使声音环绕,即不通过立体化处理,这种声音离它所指定的距离逐渐变为 0。Sound 节点可以出现在 VRML 文本文件的顶层,也可以作为组节点的子节点,如图 7-6-11 所示。

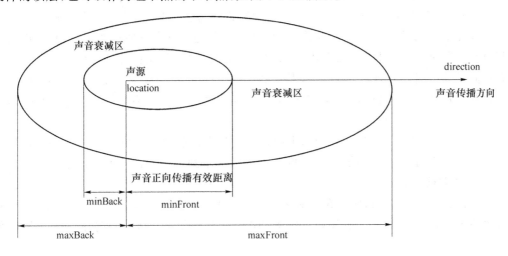

图 7-6-11 声音传播原理示意图

节点语法定义

```
Sound{
    direction      0.0 0.0 1.0
    intensity      1.0              #exposedField    SFFlocat
    location       0.0 0.0 0.0      #exposedField    SFVec3f
    maxBack        10.0             #exposedField    SFFloat
    maxFront       10.0             #exposedField    SFFloat
    minBack        10.0             #exposedField    SFFloat
    minFront       1.0              #exposedField    SFFloat
    priority       0.0              #exposedField    SFFloat
    source         NULL             #exposedField    SFNode
    spatialize     TRUE             #exposedField    SFBool
```

域值说明

① direction 域的值指定了声音发射器的空间朝向,即规定 VRML 界中声音发射器所指方向的矢量,声音发射器将以这个矢量的方向发射声音。该矢量由 3 个浮点数表示,分别表示一个三维向量的 x、y、z 部分。该域的默认值为(0.0,0.0,1.0),即指向空间坐标系的 z 轴正方向的向量。

② intensity 域的值指定了声音发射器发射声音的强度,即音量。该域值在 0.0~1.0 范围内变化。1.0 表示音量最大,为声音文件建立时的全音量;0.0 表示静音,在 0.0~1.0 之间的值则表示不同声音发射器的音量。但当 intensity 的域值大于 1.0 时,会使该声音失真。其默认值为 1.0。

③ location 域的值指定了当前局部坐标系中一个用来表示声音发射器位置的三维坐标。该域的默认值为(0.0,0.0,0.0),即坐标系的原点。

④ priority 域的值用来指定声音的优先级。该域的取值范围为 0.0~1.0。1.0 表示最高的优先级,0.0 表示最低的优先级。其默认值为 0.0。

⑤ source 域的值为 VRML 场景中播放的声音提供了声源。其域值就是用来创建声源的 audioClip 节点或 MovieTexture 节点。该域的默认值为 NULL,表示没有声源。

⑥ spatialize 域的值指定是否实现声音立体化,即是否将声音经过数字处理,使浏览者听到声音的同时可感觉出声音发射器在三维空间的具体位置,从而达到立体效果。该域值为布尔值运算。当域值为 TURE,声音信号被转换为一个单音信号,经过立体化处理,然后由扬声器或耳机输出;当域值为 FALSE 时,声音信号将不经处理,直接由扬声器或耳机输出。

⑦ maxBack 域的值指定了在当前坐标系中从声音发射器所在位置沿 direction 域所指定方向的相反方向假定的直线距离,超过此距离则听不到声音。该域值的设定要求大于或等于 0.0,其默认值为 10.0。

⑧ maxFront 域的值指定了在当前坐标系中从声音发射器所在位置沿 direction 域所指定方向假定的直线距离,超过此距离则听不到声音。该域值要求大于或等于 0.0,其默认值为 10.0。

⑨ minBack 域的值指定了在当前坐标系中从声音发射器所在位置沿 direction 域所指定方向的相反方向假定的直线距离,超过此距离则声音开始衰减,直到 maxBack 域所指定的距离处,音量为零。该域值要求大于或等于 0.0,其默认值为 1.0。

⑩ minFront 域的值指定了在当前坐标系统中从声音发射器所在位置沿 direction 域所指定方向假定的直线距离,超过此距离声音开始衰减,直到 maxFront 域所指定的距离处,音量为零。该域值要求大于或等于 0.0,其默认值为 1.0。

direction、location、maxBack、maxFront、minBack、minFront 这几个域在 VRML 空间中共同指定了两个不可见的表示声音范围的椭圆型半球。这两个椭圆球表示浏览者在 VRML 中移动时由一个声音发射器发出的声音在音量上的变化和声音传播的范围。当观察者位于最小范围椭圆球中时,因为观察者离声音发射器较近,所听到的该声音发射器发出的声音强度最大,且处处相等;当观察者位于最小范围椭圆球和最大范围椭圆球之间时,观察者离声音发射器越远,所听到该发射器发出的声音强度越小,这与现实中的声音减弱规律一样,直到最大范围椭圆球边缘处时,声音强度变为 0。当观察者位于最大范围椭圆球之外时,观察者离声音发射器已经相当远了,听不到该发射器发出的声音。声音强度变化规律如图 7-6-11 所示。正常声音范围在最小范围椭圆球内,声音衰减范围在最小范围椭圆球到最大范围椭圆球之间,声音盲区在最大范围椭圆球之外的空间中。

实例 7-23 虚拟声音的播放。

```
#VRML V2.0 utf8
Group {
    children [
    Background {
      skyColor [0.2 0.3 0.2]}
    Sound {                        #声音节点(发射声音)
      source AudioClip {           #声源节点
        url "music2.mid"           #声源文件所在位置或路径
        description"sound"         #文字描述声音文件
        loop TRUE                  #循环播放
        pitch 1.0                  #声音播放的速率
      }
      direction 0 0 1              #声音的传播方向(沿 Z 轴)面向观众
      intensity 1                  #声音的强度最大
      location 0 0 0               #声源来源的坐标位置
      maxFront 30                  #正向发射的最大距离
      minFront 10
      maxBack  30                  #反向发射的最大距离
      minBack  10
      spatialize FALSE }           #环绕立体声
    ]}
```

3. 影片节点

影片节点(MovieTexture)是影片纹理,用来指定纹理映射属性。通常作为 Appearance 节点的 appearance 域的值。MovieTexture 主要用于纹理映射,可以连续播放影视文件,还可以使用 MovieTexture 作为 Sound 节点的 source 域指定所需的声音文件来创建伴音。

节点语法定义

```
MovieTexture{
    url         [ ]           #exposedField    SFString
    loop        FALSE         #exposedField    SFFloat
    speed       1.0           #exposedField    SFFoat
    startTime   0             #exposedField    SFTime
    stopTime    0             #exposedField    SFTime
    repeatS     TURE          #field           SFBool
    repeatT     TURE          #field           SFBool
```

duration_changed	#eventOut	SFTime
isActive	#eventOut SFBool	

域值说明

① url 域的域值是引入影片文件的路径。影片文件的格式为 MPEG-1。

② loop 域的域值是布尔量。如果该值为 TRUE 时,表示一直循环播放;如果该值为 FALSE 时,则反之。其默认值为 FALSE。

③ speed 域的域值是浮点数。该域值指定了影片纹理播放速度的乘法因子。当该域值为 1.0 时,表示影片按正常速度播放;当该域值大于 1.0 时,表示影片快速播放;当该域值为 2.0 时,则为两倍的播放速度;当该域值小于 1.0 时,影片的播放速度减慢,当该域值小于 0.0 时,则影片将反向播放。该域值的默认值为 1.0,即按正常速度播放电影。

④ startTime 域的域值代表影片开始播放的时间。

⑤ stopTime 域的域值代表影片结束播放的时间。

注:startTime 域、stopTime 域、speed 域和 loop 域共同控制着 MovieTexture 影片纹理节点,这 4 个域值共同作用产生不同的效果。

repeatS 域和 repeatT 域指定纹理在 s 和 t 方向的覆盖方式。s 代表水平方向,t 代表垂直方向。如果域值为 TURE,则纹理在该方向重复;如果域值为 FALSE,则纹理不重复。其默认值为 TRUE。

事件说明

① duration_changed 是出事件(eventOut)。duration_changed 事件要求影片播放时间以秒为单位,被送出的播放时间值和影片载入的时间值相同。

② isActive 也是出事件(evenOut)。输出的事件值为布尔量。当影片播放开始时,输出值为 TRUE,当影片播放结束时,输出值为 FALSE。

实例 7-24 创建一个液晶电视造型,并播放视频,其效果如图 7-6-12 所示。

```
#VRML V2.0 utf8
Transform {
    translation  0.0 0.0 0.0              #背景颜色
    children [
      Background { skyColor 0.2 0.8 0.5 }
Transform {
    translation0.0 0.0 -0.12
    children [
#创建液晶电视造型
    Shape {
      appearance Appearance{
        material Material {
          diffuseColor 0.2 0.3 0.3
          } }
       geometry Box {                      #液晶电视
         size 8.4 7.5 0.2
```

```
      }}]}
   DEF movie MovieTexture            ♯影片纹理节点
    {  url "video.mpg"               ♯电影文件 *.mpg
       loop TRUE
       repeatS  FALSE
       repeatT  FALSE
       speed 1.5  }
   Shape {
     appearance Appearance{
        material Material {
          diffuseColor 0.0 0.0 0.0 }
          texture    USE movie }
        geometry Box {
          size 7.6 5.6 0.01           ♯电影屏幕
     }}]}
```

图 7-6-12　播放影像文件的效果

7.6.5　虚拟环境中视点变换

在 VRML 中的视点（Viewpoint）就是一个观察者所浏览的立体空间中预先定义的观察位置和空间朝向，在这个位置上通过这个朝向，观察者可以观察到虚拟世界中相应的场景。

在 VRML 虚拟世界中，可以创建多个观察点，以供浏览者选择。但是在一个虚拟空间中，浏览者在任何时候只有一个空间观察点可用，这与人只有一双眼睛的事实是相符合的。视点可以从控制那个可用的观察点切换到另一个视点。从一个视点切换到另一个视点有两种途径：一是跳跃型的，一是非跳跃型的。跳跃型视点一般用来说明那些在虚拟世界中重要的、有趣的和用户感兴趣的观察点，为用户提供了一种方便快捷的机制，使浏览者不必浏览每一个视点；而非跳跃型视点一般用来建立一种从一个坐标系到另一个坐标系的平滑转换，也是一种快速浏览的方式。

导航就是在 VRML 虚拟世界中使用一个三维的造型作为观察者在虚拟世界中的替身,并可使用替身在虚拟世界中移动、行走或飞行等。可以通过该替身来观看虚拟世界,还可以通过替身与虚拟现实的景物和造型进行交流、互动和感知等。

1. 视点节点

视点节点(Viewpoint)说明了一个 VRML 空间坐标系中的观察位置,指定了这个观察位置在 VRML 立体空间的三维坐标、立体空间朝向及视野范围等参数。该节点既可作为独立的节点,也可作为其他组节点的子节点。

节点语法定义

```
Viewpoint{
    position        0.0 0.0 1.0         # exposedField   SFVec3f
    orientation     0.0 0.0 1.0 0.0     # exposedField   SFRotation
    fieldOfView     0.785398            # exposedField   SFFloat
    jump            TRUE                # exposedField   SFBool
    description     ""                  # field          SFString
    set_bind                            # eventIn        SFBool
    isBound                             # eventIn        SFBool
    bindTime                            # eventOut       SFTime
```

域值说明

① position 域的值指定了一个三维坐标,用来说明这个 Viewpoint 节点在 VRML 场景中所创建的空间视点的空间位置。其默认值为(0.0,0.0,1.0),即将视点放在 z 轴正方向的距离坐标原点 1.0 个单位长度的位置上。

② orientation 域的值指定了一个空间朝向,也就是浏览者在虚拟世界中面对的方向,但不是直接给出方向,而是提供了一个观察点的位置绕其旋转的旋转轴,旋转角度指定了绕此轴旋转的数值。VRML 中初始化的视点与 z 轴负方向对齐,x 轴正方向指向右,y 轴正方向指向正上方。其域值是相对初始化的空间朝向的旋转角度。该域值的前 3 个值代表了一个三维向量,最后一个值为弧度值,说明了旋转角度的正负。该域值的默认值为(0.0,0.0,1.0,0.0),即没有发生旋转。

③ fieldOfView 域的域值定义了观察点视角的大小,用弧度表示。大视角产生类似广角镜头的效果,而小视角产生类似远焦镜头的效果。该域值范围在 0°~180°即 0.0~3.141 弧度。其默认值为 45°。即 0.785 弧度。

④ jump 域的域值是一个布尔值,定义了视点是跳跃型还是非跳跃型。如果为 TRUE,表示跳跃型的空间视点,浏览器将从某一个观察点转到另一个新的观察点上;如果是 FALSE,表示非跳跃型的空间视点,则一直维持在当前的观察点位置上。

⑤ description 域的域值定义了一个用于描述视点的字符串,也可以称为该视点的名字。人们通过该视点的描述找到自己感兴趣的视点。这些文字描述会出现在空间视点列表中,即浏览器主窗口的左下角。其默认值为空字符。

2. 场景导航信息节点

场景导航信息(NavigationInfo)节点用来提供有关浏览者如何在 VRML 虚拟世界里导航的信息,如以移动、行走、飞行等类型进行浏览,而且该节点可提供一个虚拟现实的替身

(avatar),使用该替身可在虚拟现实世界空间里遨游驰骋。

节点语法定义

```
NavigationInfo{
    avatarSize          [0.25 1.6 075]      #exposedField   MFFloat
    headlight           TRUE                #exposedField   SFFBool
    type                ["WALK","ANY"]      #exposedFid     MFString
    speed               1.0                 #exposedField   SFFloat
    visibilityLinmit    0.0                 #exposedField   SFFloat
    set_bind                                #eventIn        SFBool
    isBound                                 #eventOut       SFBool
```

域值说明

① avatarSize 域的域值定义了三维空间中浏览者替身的尺寸。在运行 VRML 程序时,可以假设三维空间中有一个不可见的浏览者替身,通常利用该替身来进行碰撞检查。

size 域值有以下 3 个参数:

(a) width 参数指定了替身与其他几何物体发生碰撞的最小距离;

(b) height 参数定义了替身距离地面的高度;

(c) stepheight 参数指定替身能够跨越的最大高度,即步幅高度。

② headlight 域定义了替身的头顶灯开关的打开或关闭。若该域值为 TRUE,表示打开替身的头顶灯;若为 FALSE,则关闭替身的头顶灯。替身的头顶灯是由 DirectionalLight 节点创建,它相当于强度值为 1.0 的方向(平行)光。

③ type 域的域值定义了浏览者替身的漫游(浏览)类型,该域值可在 ANY、WALK、FLY、EXAMINE、NONE 这 5 种类型中进行转换。其默认值为 WALK。

(a) WALK 表示替身以行走方式浏览虚拟世界,替身会受到重力影响。

(b) FLY 表示替身以飞行方式浏览虚拟世界,替身不会受到重力影响,可在虚拟空间飞翔、遨游。

(c) EXAMINE 表示替身不能移动,要改变替身与物体之间的距离,只能移动物体去靠近或远离它,甚至可以围绕它旋转。

(d) NONE 表示不提供替身导航方式。

(e) ANY 表示浏览器支持以上 4 种浏览方式。

④ speed 域的域值指定了浏览者在虚拟场景中替身行进的速度,单位为每秒多少单位长度(units/s),其默认值为 1.0(units/s)。漫游的速度也会受到浏览器设置的影响,大多数浏览器(如 BS Contact、Cosmol player)都可以通过浏览器本身的设置来改变漫游速度。当采用 EXAMINE 导航方式时,speed 域不会影响观察旋转的速度。如果 type 域设置的是 none,漫游速度将变为 0,浏览者的位置将被固定,但浏览者改变视角将不受影响。

⑤ VisibilityLimit 域的域值指定了用户能够观察到的最大距离。该域值必须大于 0,其默认值为 0.0,表示最远可以观察到无穷远处。如果浏览者在最大观察距离之内没有观察到任何对象,则将显示背景图。在构造一个大的三维立体空间场景时,其运算量是很大的,如虚拟城市,当远景看不到或可忽略时,就可以利用这个域来定义用户能够观察到的最大距离。

7.7 动画效果的实现

通过上面的学习,读者已经可以创建出很逼真的 VRML 场景,但是这些场景都是静态的。要达到虚拟现实的目的,还必须增加动态效果,如场景中造型的形状、颜色的变化,造型之间的位置运动,这就需要在 VRML 程序中加入能够反映这些动态变化的效果。

在动画的设计中,首先必须清楚事件(Event)与路由(Route)的基本概念和使用。在 VRML 中实现动画实际上就是描述场景随时间的变化的情况。借助于 TimeSensor 节点确定发生变化的时间,再利用描述外观变化情况的插补器节点来控制它们的状态和外观随时间的变化。

造型的状态、外观等的变化自然是指描述它们的域值的变化,但是这只是浏览器在运行虚拟场景时用变化的域值代替原来的域值,并未改变 VRML 文件的内容。

要想实现域值的变化,必须通过一定的途径将一个事件发送到那个域,通知浏览器在一定的条件下改变域值,当域值确实变化了,又会通过一定的途径将一个事件传送出来,表明域值已经变化。这里所指出的域接收事件称为域的入事件(EventIn),域所发出的事件称为出事件(EventOut)。而所谓的一定的途径称为路由,表明了事件传送的方式与路径。

7.7.1 时间传感器节点

动画描述的是对象的状态、外观等随时间的变化,因此 VRML 中设置了一个虚拟的时钟来控制变化过程,这个虚拟时钟用时间传感器(TimeSensor)节点创建。其作用是向其他的节点发送时间值。

节点语法定义

```
TimeSensor { cycleInterval    1        # SFTime
    enabled       TRUE      # SFBool
    loop          FALSE     # SFBool
    startTime     0         # SFTime
    stopTime      0         # SFTime  }
```

域值说明

① cycleInterval:每个变化周期的长度,以秒为单位,取值大于 0。

② enabled:设定是否产生时间的相关作用。若为 TRUE,当条件成立时产生时间相关事件;若为 FALSE,在任何条件下都不会产生时间相关事件。但是这个域值的设定不会影响域的出、入事件。无论 enabled 为 TRUE 或 FALSE,域的 set_事件都被处理并产生 _changed 事件。

③ loop:表明 TimeSensor 是无限循环,还是在一个周期后被终止。

④ startTime:开始产生事件的时间。

⑤ stopTime:终止产生事件的时间。其值若小于等于起始时间,则被忽略。

时间传感器是一个时间的感知器,用来控制动画的进行和变化,一般用于和其他描述变化的插补器一起,共同完成场景的动画设计。

7.7.2 利用插补器构造动画

插补方法是创建动画最主要的方法,其认为对象的状态变化是线性的,在每两个状态间设置一些关键值或者关键点,从而完成整个状态的改变。在 VRML 中,也是利用插补的方法构建场景的动画。VRML 设计了许多插补器节点对应着不同的状态变化,通过时间传感器和插补器节点的使用,构建 VRML 场景的动画效果。

1. 插补器的语法结构

VRML 提供了 6 个插补器节点,分别对应位置、颜色、坐标、表面法线、方位以及缩放的关键值的内插,它们的语法结构都是相同的结构形式。

节点语法定义

```
key                  [ ]
keyValue             [ ]
set_fraction         eventIn
value_changed        eventOut
```

域值说明

key 为时间关键值列表;keyValue 为事件关键值列表,取值与所要改变的状态域值有关;set_fraction 为动画完成的比率;value_changed 为与比率对应的事件值。掌握了语法结构,对应于不同的状态变化,能很方便地构建出场景的动画。

2. 位置插补器

位置插补器(PositionInterpolator)主要用于造型位置的变化,和时间传感器一起,可以随时间改变对象的位置,从而创建对象移动的效果。

节点语法定义

```
PositionInterpolator { key       [ ]      # MFFloat
                       keyValue  [ ]      # MFVec3f   }
```

域值说明

① key:关键帧对应时间的列表,它表示的是每个关键帧对应的时间所占总动画时间的比率,通常为介于 0.0～1.0 之间的浮点数,包括 0.0 和 1.0。

② keyValue 内插坐标值列表,逐一对应于上面的时间比率列表中的数值。

实例 7-25 创建一个沿路径运动的物体。

```
Background {
  skyColor [0.5 0.6 0.8,
            0.6 0.7 0.9
              1.0 1.0 1.0
  ]
  skyAngle [1.309 1.571]
}

DEF movement Transform {
  scale 1.5 1.5 1.5            #放大造型,以适应当前场景的需要
  children Inline{url "7-11.wrl"}
}
```

```
#引入一个外部物体的造型
DEF Time TimeSensor    {         #时间传感器
  cycleInterval 10.0
  loop TRUE
}
DEF movementinter PositionInterpolator {#移动位置节点
  key [                          #相对时间的逻辑值
      0.0, 0.2,                  #逻辑时间点的集合
      0.4, 0.5,
      0.6, 0.8,
      0.9, 1.0   ]
      keyValue[                  #空间坐标的位置值与相对时间的逻辑值对应
         10 6 -20,
         10 -6 -20,              #设定矩形路径
         -10 -6 -20,
         -10 6 -20,
         10 6 -20,
         -10 -6 -80,
         0 0 0,
         10 6 -20,
      ]
}
ROUTE Time.fraction_changed TO movementinter.set_fraction
ROUTE movementinter.value_changed TO movement.set_translation
```

Route 提供了事件的传递,时间片断 fraction 的变化传递给 PositionInterpolator 节点,对应时间的节点内插关键值传递给 translation 域,用当前的内插值取代原来的位置。随着时间的变化,位置也随设定的路径在不断的变化。

在这个例子中可以看到,物体先是沿一个矩形的轨迹运动,后向远处飞去再折返回来的效果。

3. 颜色插补器

颜色插补器(ColorInterpolator)和时间传感器结合使用,描述颜色随时间的变化,从而使得造型的颜色呈现一种灵活、生动的变化效果。

节点语法定义

```
ColorInterpolator { key        [ ]     # exposed field MFFloat
                    keyValue   [ ]     # exposed field MFColor }
```

域值说明

① key:关键帧对应时间的列表,与 PositionInterpolator 中 key 相同。

② keyValue RGB:颜色值列表,对应于 key 的值,从而造型的颜色随时间不断变化。

实例 7-26 创建一个颜色变化的吊灯。

```
#VRML V2.0 utf8
```

```
#设置天空背景
Background {
    skyColor [0.5 0.6 0.8,
              0.6 0.7 0.9
              1.0 1.0 1.0]
    skyAngle [1.309 1.571]}
#利用群节点将灯变成一个整体,以便其他地方调用
Group {
    children [
        #灯的吊杆
        Shape {
            appearance Appearance {
                material Material {
                    diffuseColor 0 0 0
                    specularColor 1 0.60 0.50
                }
            }
            geometry Cylinder {
                radius 0.04
                height 2.0
            }
        }
        Transform {
            #在灯内部的局部坐标系中,将灯与灯罩向下移动移动的距离,以得到正确的效果
            translation 0.0 -1.48 0.0
            children [
                #灯罩
                Shape {
                    appearance Appearance {
                        material Material {
                            diffuseColor 0 0 0
                            specularColor 1 1 1
                            emissiveColor .65 .65 0
                            ambientIntensity 0
                            shininess 0.32
                            transparency 0.50 #设置一定的透明度
                        }
                    }
                    geometry Cone {
```

```
                    bottom TRUE #可以尝试将其设为 FASLE,看看有什么变化
                    height 1.0
                    bottomRadius 1.5
                }
            }
            Transform {
                #在局部坐标系中,向下移动 0.5 个单位
                translation 0.0 -0.5 0.0
                children [
                    #灯泡
                    Shape {
                        appearance Appearance {
                            material DEF col Material {
                                diffuseColor 1 1 1} }
                        geometry Sphere {
                            radius 0.6}
                    }
                ]
            }
        ]
    }
    DEF clock TimeSensor {
        cycleInterval 8.0
        loop TRUE
    }
    DEF path ColorInterpolator {
        key [0 0.15 0.3 0.45 0.6 0.75 0.90 1.0]
        keyValue [1.0 0.0 0.0,
                  0.5 0.0 0.0,
                  1.0 1.0 0.0,
                  0.0 1.0 0.0,
                  0.0 1.0 1.0,
                  0.0 0.0 1.0,
                  1.0 0.0 1.0,
                  1.0 1.0 1.0,  ]
    }
```

```
ROUTE clock.fraction_changed TO path.set_fraction
ROUTE path.value_changed TO col.diffuseColor
```

这个例子采用 ColorInterpolator 节点，使吊灯的颜色发生变化。

Route 提供了事件的传递，时间片断 fraction 的变化传递给 ColorInterpolator 节点，对应时间的节点内插关键值传递给 diffuseColor 域，对应关系见表 7-1，用当前的内插值取代原来的颜色。随着时间的变化，颜色也在不断的变化。

表 7-1 key 和 keyValue 对应关系

key	0.0	0.15	0.3	0.45	0.6	0.75	0.90	1.0
keyValue	1 0 0	0.5 0 0	1 1 0	0 1 0	0 1 1	0 0 1	1 0 1	1 1 1

除了上面介绍的两类插补器外，还有下述几类插补器。

4．法线插补器

法线插补器（NormalInterpolator）节点可以改变法向量 Normal 节点中 vector 域的域值。vector 域的域值定义了一个法向量列表（X,Y,Z），法向量 Normal 节点是面节点 IndexedFaceSet 和海拔栅格节点 ElevationGrid 中的一个节点。可以随着时间的变化改变造型表面的三维向量域值，以产生不同的动态效果。通过改变表面的法线向量，则表现出的反射也就不同，出现反射颜色的变化，实现了表面的一种类似于起伏的动感效果。

5．朝向插补器

朝向插补器（OrientationInterpolator）也称为方位插补器，这个节点的作用是方位变换，用来描述一系列的旋转值。主要用于物体的朝向变化，也就是随着时间的变化，使物体绕某个轴，逐渐地旋转到不同的角度，体现出物体的方位的动态变化。注意在这种情况下，物体的坐标位置不变化。这个节点不创建任何造型，在虚拟世界中是不可见的。

6．坐标插补器

坐标插补器（CoordinateInterpolator）是表示坐标插值的节点，这个节点是在一组 MFVec3f 值之间进行线性插值。通过这个节点对空间坐标的数值进行插补，可以使一个造型的组成坐标发生变化。但是同位置插补器 PositionInterpolator 的情况不同，坐标插补器往往不是用在对造型对象的位置坐标上，而是用在某个对象的空间构成坐标上。这个节点不创建任何造型。

7．标量插补器

标量插补器（ScalarInterpolator）是一个强度变换动态节点，通过改变一系列的关键值，对某些标量数值的域进行插补的，一般用于只有单一的数值表示的域。如改变强度，可以调节光照，雾的浓度，材质的透明度，等等。和时间传感器 TimeSensor 结合，控制相应域值的变化，从而营造一种逐渐变化的效果，这个节点也不创建任何造型。

在实际利用 VRML 创建的虚拟场景中，往往并非一个插补器就能够满足实际的需要，有时需要多个不同的插补器共同使用，才能构建出逼真的效果来。在多个插补器同时使用的情况下，需注意时间传感器的设置，各个插补器和时间传感器的关系。

7.8 交互功能的实现

对于 VRML 场景来说,有了动画的功能,能够让浏览者感受到一种生动、逼真的效果,但是对于浏览者而言,还是有不足,因为还是被动的接受信息。如果浏览者能够控制场景,那么动画、光照以及声音等效果才能更逼真。实现用户和场景的交互有很多的方法,最常见的是通过检测、感知等节点的使用,使浏览者和虚拟对象能够实现交互的功能。

传感器主要用来检测浏览者在虚拟场景中的动作。通过事件的传递,实现用户和虚拟环境的交互。

传感器可以分为两大类,一类是触摸型的传感器,另一类是感知型的传感器。这主要是由浏览者在场景中的动作所决定的。

所谓动作,广义的看可以分为两类。一类是用户的输入设备对于对象的操作。用户在浏览场景的时候,主要的输入设备就是鼠标,这时候传感器实际上是检测用户对鼠标的各种操作动作,如鼠标的单击、指向和拖动等动作,从而对场景作出相应的反应。检测这类动作的传感器是接触型传感器。描述这类传感器的节点有:接触传感器(TouchSensor)节点以及 PlaneSensor 节点、SphereSensor 节点、CylinderSensor 节点。另外一类是用户和场景中某对象接近的程度,对象进而作出响应,从而在用户和虚拟对象之间形成交互。检测用户和对象接近程度的传感器是感知传感器。描述这类传感器的节点有:可见传感器(VisibilitySensor)节点、接近传感器(ProximitySensor)节点、碰撞传感器(Collision)节点。

下面以接触传感器(TouchSensor)节点、平面移动型传感器(PlaneSensor)节点和接近传感器(Proximity)节点为例说明传感器的使用。

7.8.1 触摸型传感器的使用

1. 接触传感器节点

接触传感器(TouchSensor)节点主要是检测鼠标是否单击了对象,从而做出响应。

节点语法定义

```
TouchSensor {
    exposedField  SFBool   enabled TRUE
    eventOut      SFVec3f  hitNormal_changed
    eventOut      SFVec3f  hitPoint_changed
    eventOut      SFVec2f  hitTexCoord_changed
    eventOut      SFBool   isActive
    eventOut      SFBool   isOver
    eventOut      SFTime   touchTime
}
```

域值说明

enabled 表明此传感器是否对用户输入设备做出反应。TRUE 表示传感器启动,能够检测用户输入设备动作。

该节点的域值很简单,但是节点本身有很多事件接口,以便用户和场景的交互。下面是接触传感器的一些事件接口,考虑到外部输入设备大多是鼠标,以鼠标为例对事件加以说明。

事件说明

① isOver:输出事件,单域值布尔型。这个事件指出鼠标当前是否正指在对象上,只要鼠标位于对象上,无论是否有操作(按键、拖动等),是会输出 TRUE,否则输出 FALSE。

② isActive:输出事件,单域值布尔型。指明鼠标的按键是否被按下,鼠标键按下输出 TRUE,否则输出 FALSE。

③ hitPoint_changed:输出事件,单域值 3 维向量型。当鼠标位于对象上时,单击鼠标则会输出事件。同上面情况有所不同,这是输出的是位置坐标。

④ hitNormal_changed:输出事件,单域值 3 维向量型。这个事件输出的是 hitPoint_changed 所指定点的法向量。

⑤ hitTexCoord_changed:输出事件,单域值 2 维坐标型。hitPoint_changed 所指定点的造型表面的纹理坐标。

⑥ touchTime:输出事件,单域值时间型。输出单击鼠标的时间。

一般说来,这些事件大多数要用 JavaScript 脚本语言或者 Java 编程语言调用控制,但是 touchTime 由于输出时间值,不用脚本语言也可以使用。可以把它送到时间传感器 TimeSensor 中,作为时间传感器中动画周期的时间起点,这样就可以经用户决定在什么时候开始动画,或者对于已经开始的动画决定什么时候停止。

实例 7-27 创建一个物体,用 Mouse 单击一下,沿指定的路径移动一段距离。

```
#VRML V2.0 utf8
Background {
skyColor 0.6 0.6 0.6}
Transform {
translation0 0 -30
  children [
    DEF  movement Transform {
         scale 1.5 1.5 1.5
         children Inline  {url "7-11.wrl"} }    #引入一个物体造型
    DEF  Touch TouchSensor {
           enabled TRUE }
    DEF  Time TimeSensor{                        #时间传感器
         cycleInterval 30.0
         loop TRUE
         enabled  FALSE}
    DEF  movementinter PositionInterpolator {   #移动位置节点
         key [                                   #相对时间的逻辑值
             0.0, 0.2,                           #逻辑时间点的集合
             0.4,0.5,
```

```
                0.6,0.8,
                0.9,1.0   ]
        keyValue [                    #空间坐标的位置值与相对时间的逻辑值对应
                10   6  -20,
                10  -6  -20,                   #指定路径
               -10  -6  -20,
               -10   6  -20,
                10   6  -20,
               -10  -6  -80,
                 0   0    0,
                10   6  -20, ]}]}
```

ROUTE Touch.isActive TO Time.set_enabled

ROUTE Time.fraction_changed TO movementinter.set_fraction

ROUTE movementinter.value_changed TO movement.set_translation

在这个例子中可以看到,场景中设置了动画,但是没有给时钟即时间传感器设定动画开始的时间,起始造型是不动的,当鼠标位于对象上单击的时候,则造型会运动起来。

TouchSensor 检测到鼠标单击的动作,输出事件的时间值作为时间传感器的入事件,也就是传递给时钟一个开始时间,则造型运动起来。

TouchSensor 检测的是鼠标位于对象上单击的情况,常见的鼠标动作还有拖动,在这种情况下,需要用与之对应的检测以及响应方式。

2. 平面移动型传感器

平面移动型传感器(PlaneSensor)节点检测鼠标拖动对象的动作,使得对象可在 XY 平面移动,但是其方位并不发生变化。故称为平面移动型传感器。

节点语法定义

```
PlaneSensor { minPosition    0  0        #SFVce2f
              maxPosition   -1 -1        #SFVce2f
              enabled       TRUE         #SFBool
              offset        0  0  0      #SFVce3f
              autoOffset    TRUE         #SFBool }
```

域值说明

① minPosition:把对象的移动限制某一点的上方和右方。默认值为 $x=0, y=0$。

② maxPosition:把对象的移动限制某一点的下方和左方。默认值为 $x=-1, y=-1$。这个域和 minPosition 域在使用中须注意,如果 minPosition 域中的 x 或者 y 大于 maxPosition 域中的相应分量,则对象的移动将不会受到限制;如果 minPosition 域中的 x 或者 y 等于 maxPosition 域中的相应分量,则对象将只在一维方向上运动。

③ enabled:指示传感器当前是否响应鼠标事件。TRUE 表示传感器打开,会响应鼠标事件,如果为 FALSE,则关闭传感器。

④ offset:定义出对象被移动后相对于初始点的最远位置。

⑤ autoOffset:决定每次鼠标拖动后再次拖动对象时开始的位置。如果选择 TRUE,则

每次拖动对象后,对象会停留在新位置,并且再次拖动时,对象会从新位置开始移动。否则 autoOffset 值为 FALSE 时,用户每次开始新一轮拖动时,被拖动的对象都自动先复位到初始位置。

事件说明

① isActive:输出事件,单域值布尔型。表示鼠标键是否被按下。此事件仅当按钮被按下或释放时才发出,而拖动时事件则不会发生。

② trackPoint_changed:输出事件,单域值 3 维向量型。记录拖动对象后鼠标在 $x-y$ 平面上的确定位置。这里可以忽略域值 minPosition 和 maxPosition 的限制。

③ translation_changed:输出事件,单域值 3 维向量型。记录拖动对象过程中鼠标在 $x-y$ 平面上的暂时位置。这个事件要受域值 minPosition 和 maxPosition 的限制。

实例 7-28　创建一个物体只能在 $x-y$ 平面中用 Mouse 拖动。

```
#VRML V2.0 utf8
Viewpoint {     position 0 0 10   }
Background{
    skyColor[ 0.2 0.5 0.6 ]}              #创建天空背景
    Group {
        children [
            DEF   fly Transform {
                translation 0 0.0 0.0
                children Inline{url "7-11.wrl"}}    #引入一个物体造型
            DEF   fly_ps PlaneSensor {         #平面移动传感器节点
                enabled   TRUE                 #开启状态
                autoOffset TRUE
                maxPosition  10.0 0.0          #设定 x-y 平面移动范围
                minPosition  -10.0 0.0
                offset -3 0 0 }] }             #移动的最大距离
ROUTE fly_ps.translation_changed TO fly.set_translation
```

3. 柱面传感器

下面以实例介绍柱面传感器(CylinderSensor)节点的应用。

实例 7-29　创建一个"竹蜻蜓"玩具的造型

```
#VRML V2.0 utf8
    Transform{
        translation 0.0 4.9 0.0
        scale 0.8 0.5 0.8
        children[
          Shape {
            appearance Appearance{
                material Material {                 #空间物体造型外观
                    diffuseColor 0.3 0.2 0.0         #一种材料的漫反射颜色
```

```
                ambientIntensity 0.4              #多少环境光被该表面反射
                specularColor 0.7 0.7 0.6         #物体镜面反射光线的颜色
                shininess 0.20                    #造型外观材料的亮度
                    }}
                geometry Sphere {                 #球体
                    radius 0.5}}]}
Transform{
    translation 0.0 1.0 0.0
    scale 0.5 1.0 0.5
    children[
        DEF leaf Shape {
            appearance Appearance{
                material Material {               #空间物体造型外观
                    diffuseColor 0.3 0.2 0.0      #一种材料的漫反射颜色
                    ambientIntensity 0.4          #多少环境光被该表面反射
                    specularColor 0.7 0.7 0.6     #物体镜面反射光线的颜色
                    shininess 0.20 }}
            geometry Cylinder {                   #柱体
                radius 0.2
                height 8.0
                top   TRUE
                bottom TRUE
                side TRUE }}
Transform{
translation 3.8 4.0 0.0
scale 20.0 0.03 1.5
rotation 1.0 0.0 0.0 0.524
children[USE leaf]}
Transform{
translation -3.8 4.0 0.0
scale 20.0 0.03 1.5
rotation 1.0 0.0 0.0 -0.524
children[USE leaf]}]}
```

实例 7-30 创建一个"竹蜻蜓"玩具的旋转,如图 7-8-1 所示。

```
#VRML V2.0 utf8
#创建背景
Background{
    skyColor[0.2 0.5 0.6 ]}
Group {
```

```
children [
    DEF fan Transform {
        translation 0.0 -1.0 -5.0
        scale 0.5 0.5 0.5
        children Inline{url "7-29.wrl"}}          #引入"竹蜻蜓"造型
    DEF Touch TouchSensor {}
    DEF Time TimeSensor{
        cycleInterval 1.5}
    DEF xz OrientationInterpolator {
        key[
            0.0,0.2,0.4,0.6,0.8,1.0]
        keyValue [
                    0.0 1.0 0.0 0.0
                    0.0 1.0 0.0 -1.256
                    0.0 1.0 0.0 -2.512
                    0.0 1.0 0.0 -3.768
                    0.0 1.0 0.0 -5.024
                    0.0 1.0 0.0 -7.280]}
    DEF fan_cs CylinderSensor {             #沿柱旋转传感器节点
        autoOffset TRUE                     #拖拉前后的旋转轨迹
        diskAngle 0.262
        enabled   TRUE                      #开启状态
        autoOffset TRUE                     #传感器是打开的
        maxAngle  -1.0                      #旋转事件的最大角度
        minAngle  0.0                       #旋转事件的最小角度
        offset 2.618 }]}                    #旋转多少弧度
ROUTE fan_cs.rotation_changed TO fan.set_rotation
ROUTE Touch.touchTime TO Time.startTime
ROUTE Time.fraction_changed TO xz.set_fraction
ROUTE xz.value_changed TO fan.set_rotation
```

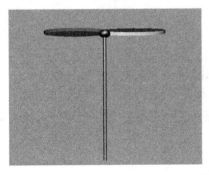
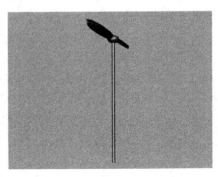

图 7-8-1　旋转的"竹蜻蜓"

7.8.2 感知型传感器的使用

1. 接近传感器

接近传感器(ProximitySensor)节点也称亲近度传感器节点,这个节点也设定了一个长方体区域,用来感知用户何时进入、退出和移动于这个区域。检测这个对象的接近程度,与预先设定的检测数据比较,满足条件的时候输出事件,从而控制对象的行为。如能够感应观察者进入和移动 VRML 虚拟现实场景中的长方体感知区域。当浏览者穿越这个长方体感知区域时,可以使 ProximitySensor 启动某个动态对象;当浏览者离开这个长方体感知区域,将停止某个动态对象。如采用这个节点来控制一个自动门,当浏览者靠近时,门自动打开,反之自动关闭。

节点语法定义

```
ProximitySensor {
    exposedField SFVec3f      center              0 0 0       # (-,)
    exposedField SFVec3f      size                0 0 0       # [0,)
    exposedField SFBool       enabled             TRUE
    eventOut     SFBool                           isActive
    eventOut     SFVec3f                          position_changed
    eventOut     SFRotation                       orientation_changed
    eventOut     SFTime                           enterTime
    eventOut     SFTime                           exitTime
}
```

域值说明

① center:检测区域的中心,在该区域内传感器检测用户动作。

② size:以 center 为中心,设定检测区沿每个坐标轴方向的坐标值,从而确定检测区域的大小。

③ enabled:确定检测器是否打开。如果为 TRUE,表示传感器正在检测用户的动作。

事件说明

① isActive:输出事件,单值布尔型。TRUE 表示用户是否进入检测区域,FALSE 表示离开该区域。

② position_changed:输出事件,三维向量型。浏览者当前的位置,随着浏览者进入或在检测区域里的移动而随时修改。

③ orientation_changed:输出事件,单值旋转型。浏览者当前的方位,随着浏览者进入或在检测区域里的移动而随时修改。

④ enterTime:输出事件,单值时间型。表示浏览者进入检测区域的时间。

⑤ exitTime:输出事件,单值时间型。表示浏览者离开检测区域的时间。

实例 7-31 创建一个自动门效果,浏览者进入感应区域时,门自动打开,浏览者离开感应区域时,门自动关闭,如图 7-8-2 所示。

```
#VRML V2.0 utf8
#门的左半部分
```

```
DEF ldoor Transform {
    translation -2 0 0
    children [
    DEF door Shape {
            appearance Appearance {
              material Material {}}
            geometry Box {
            size 4 10 0.25 } } ] }
#门的右半部分
DEF rdoor Transform {
    translation 2 0 0
    children [
    USE door ] }
#设置传感器
DEF Touchs ProximitySensor {            #接近感知器节点
    size 8.0 3.0 20.0 #感知区域沿各个轴方向的尺寸
     }
#时间传感器
DEF Time TimeSensor {
    cycleInterval 4.0
    loop FALSE }
DEF Time2 TimeSensor {
    cycleInterval   4.0
    loop FALSE
}
#移动位置节点
DEF moveinter1 PositionInterpolator {
    key [                               #相对时间的逻辑值
        0.2,0.4,0.6,0.8]
    keyValue [  #移动的初始坐标值需与门当前的状态一致,否则会出现不平滑的移动
          -2 0 0,
          -3 0 0,
          -4 0 0,
          -5 0 0,
]}
DEF moveinter2 PositionInterpolator {
    key [
        0.2,0.4,0.6,0.8]
    keyValue [
```

```
                200,
                300,
                400,
                500,
    ]}
DEF moveouter1 PositionInterpolator {
    key    [0.2,0.4,0.6,0.8]
    keyValue [-500,-400,-300,-200]
}
DEF moveouter2 PositionInterpolator {
    key    [0.2,0.4,0.6,0.8]
    keyValue [500,400,300,200]
}

#进入感知区域就激发TimeSensor,时间传感器发出时间片段
ROUTE Touchs.enterTime TO    Time.set_startTime
ROUTE Time.fraction_changed  TO moveinter1.set_fraction
ROUTE Time.fraction_changed  TO moveinter2.set_fraction
#浏览器根据各个时刻点对应坐标值进行插值运算,驱使对象移动
ROUTE moveinter1.value_changed TO ldoor.set_translation
ROUTE moveinter2.value_changed TO rdoor.set_translation

#离开感知区域
ROUTE Touchs.exitTime TO Time2.set_startTime
ROUTE Time2.fraction_changed TO moveouter1.set_fraction
ROUTE moveouter1.value_changed TO ldoor.set_translation
ROUTE Time2.fraction_changed TO moveouter2.set_fraction
ROUTE moveouter2.value_changed TO rdoor.set_translation
```

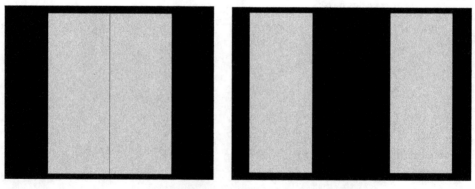

图 7-8-2 自动门的运行效果

由于设置了 ProximitySensor 节点,给出浏览者和对象接近的范围,当进入或者离开这个范围时,输出事件启动时间传感器 TimeSensor,动画开始。也就是,当浏览者逐渐接近门时,门会自动地打开,进门以后,随着距离的增加,门又自动关闭。

2. 碰撞传感器

碰撞传感器(Collision)节点用来检测何时浏览者和虚拟空间中造型发生碰撞。该节点是一个群节点,它类似 Group 节点,可以有多个子节点在 Children 的域中,但它又具有传感器节点的特性。

碰撞传感器节点的功能是使浏览者看到虚拟空间物体与造型之间发生碰撞的现象。在该节点中使用 ROUTE 路由提交的出事件可以启动一个声音节点,从而使 VRML 虚拟现实场景更加逼真。

节点语法定义

```
Collision{
    children          [ ]                  # exposedFiled   MFNode
    collide           TRUE                 # exposedFiled   SFBool
    proxy             NULL                 # field          SFNode
    bboxCenter        0.0 0.0 0.0          # field          SFVec3f
    bboxSize          -1.0 -1.0 -1.0       # field          SFVec3f
    collideTime                            # eventOut       SFTime..
    addChildren                            # eventIn        MFNode..
    removeChildren                         # eventIn        MFNode
}
```

域值说明

① children 域的域值指定了一个被碰撞检测的节点感知的对象(子节点)。如果提供了代理碰撞对象,则以它替代进行碰撞检测。

② collide 域的域值是一个布尔量。它表示该节点的子节点碰撞检测是否有效。若该域值为 TRUE 时,表示碰撞有效;若为 FALSE 时,则表示碰撞无效。

③ proxy 域的域值为一"代理"。它定义了一个可选的造型,用来取代 children 域中的对象进行碰撞检测。

④ bboxCenter 域的值指定了包围 Collision 节点的所有子节点的包围盒的中心。其默认值为(0,0,0)。

⑤ bboxSize 域的值指定了包围 Collision 节点的所有子节点的包围盒在 x、y、z 方向上的尺寸。其默认值为(−1,−1,−1)。

事件说明

① addChildren:入事件,用于增加一个特别子节点到 Collision 节点的子节点列表中。如果指定节点已经存在于子节点列表中,则该事件将被忽略。

② removeChildren:入事件,用于删除 Collision 节点中的某个特别的子节点。如果指定节点不在子节点列表中,则该事件将被忽略。

③ collideTime:出事件,用来发送检测到的碰撞发生时间。

实例 7-32 感受碰撞检测器作用。

```
#VRML V2.0 utf8

#原始球位于 Z 轴负轴上,默认是打开碰撞检测的
DEF b Transform {
    translation 0 0 -5
    children [
        Shape {
            appearance Appearance {
                material Material {}
            }
            geometry Sphere {
                radius 1
            }
        }
    ]
}
Collision {                              #碰撞检测器节点
    collide   FALSE                      #有效碰撞
    children[
        #它的一个副本位于坐标原点,关闭碰撞检测
        Transform {
            translation 0 0 5
            children [USE b ]
        }
    ]
}
#浏览时浏览模式为检视,通过鼠标中键控制场景向前,
#我们发现可以直接穿过排在前面的即坐标原点的那个球
#当我们来到后面那个球面前时,鼠标呈"禁止"状
```

除了上面介绍的一些节点外,还有类似的一些感知器,例如 Visibility 节点,是一种能见度感知器,用来感应检测浏览者能否看到某一特定的对象和区域。合理、灵活地使用这类感知器,能够创建出和现实更接近的虚拟现实场景。

7.9　VRML 通用接口

在前面章节,了解了 VRML 中各种动画节点,利用这些节点能够创建一个动态、丰富的 VRML 世界。但在某些时候需要更具一般性的行为,例如较为复杂的计算、智能推理能力、网络通信能力等,这些由 VRML 提供的插补器和传感器就会显得能力不够,而需要其他编

程语言进行支持。在这种情况下,就需要一个或多个 VRML 的脚本节点。

利用程序脚本和 Script 节点,就可以创建一些节点,让它们产生复杂的动作,如实现自由落体及反弹,处理人工智能,跟踪游戏者的能力值、生命值和物品表。程序脚本和 Script 节点为 VRML 提供了强有力的补充。

在这一部分中,将讲述 VRML 与其他各种语言工具的通用接口。在 VRML 语言中,主要是通过 Script 脚本节点和 Java 语言接口与外部进行联系,还可以使用锚节点实现 VRML 场景之间的调用和外部程序的联系,并且利用锚节点直接上网。本章还讲述了 HTML 与 VRML 之间的调用及 VRML 与 Cult3D 之间的调用。此外,用户可以根据软件开发的需要创建自己的新节点,进而使用这些新节点创建所需的各种场景和造型。

7.9.1 Script 脚本节点

Script 脚本节点可以描述一些由用户自定义制作的传感器和插补器,能接受事件,对其处理,并输出处理后的结果。这些检测器和插补器需要一些有关域、事件出口和事件入口的列表及处理这些操作时所须做的事情。因此该节点又定义了一个包含程序脚本节点的域(注意不能定义 exposedField)、事件出口和事件入口及描述用户自定义制作的传感器和插补器所做的事情。Script 节点可以出现在文件的顶层或作为成组节点的子节点。

在 Script 脚本节点中,可由用户定义一些域、入事件和出事件等,所以 Scirpt 脚本节点的结构与前面介绍的 VRML 节点有所不同。

节点语法定义

```
Script {
    url            [ ]           #exposedField    MFString
    direction      FALSE         #field           SFBool
    mustEvent      FALSE         #field           SFBool
    eventIn                      #eventTypeName   eventName
    eventOut                     #eventTypeName   eventName
}
```

域值说明

① url 域:该域定义为一个 url 列表。其域值指定的程序脚本可以由任何 VRML 浏览器支持的语言写成。通常情况下,VRML 浏览器支持的语言有 Java 语言和 JavaScript/VRMLScript 脚本语言。而且 JavaScript 的函数和指令可以直接包含在 url 域中。其域值默认为空列表。

JavaScript 是由 Netscape 公司创建的一种脚本语言。虽然名字跟 Java 差不多,但它与 Java 并没有直接的联系。它的设计目的是为了在 Web 页中编写脚本,它比较简单。它由内核和一些外延的对象组成,这些对象一般都能提供一种特殊的功能,如实现与当前通用文件的通信。在 VRML 2.0 创建的时候,创始者们就在寻求一种简单的语言来作 VRML 的脚本成分。VRMLScript 是 JavaScript 的一个子集,它支持 VRML 的数据类型。VRMLScript 与其他脚本语言相比有以下特性:

- 脚本可以用源代码或单独的 URL 形式引入;
- 直接支持 VRML 2.0 的所有数据类型;

- 使用单独的函数接收外部事件,可以简化开发过程,提高运算速度;
- 使用简单的赋值向外部发送事件;
- 在表达式中可直接使用标量数据(SFTime、SFInt32、SFFloat、SFBool)。JavaScript数据对象可直接转换为此 4 种数据类型的任意一种;
- 可使用构造器轻松创建与转换大多数的数据类型;
- 数据与字符串对象与全部 JavaScript 函数完全兼容;
- 全部 JavaScript string 方法与属性可用,标量可自动转化为字符变量。

② mustEvaluate 域:该域值指定程序脚本是如何进行求值。当该域值为 TRUE 时,每当由节点的 enentIn 事件接收到一个新值时,浏览器就立即对该程序脚本进行计算。当该域值为 FALSE 时,则浏览器在此脚本不影响事件的任何可视部分的情况下,可以推迟对脚本的计算,直到合适的时间到来。这样就会出现事件到节点的传送和计算节点处理该事件动作的延迟,此时如果多个事件被传送,待处理的事件时间就会变长。为了尽量使其性能达到最佳值,mustEvaluate 域值应设定为 FALSE,因为浏览器的性能取决于一个事件被发出后必须进行计算的程序脚本数目,如果将其域值设为 TRUE,就会增加浏览器的工作量,从而降低画面的刷新速度和交互性。该域值的默认值为 FASLE。

③ directOutput 域:该域值用来说明程序脚本的输出是否受到限制。当该域值为 TRUE 时,程序脚本可以直接对它能访问的任何节点的可见域进行写操作或对任何节点的 eventIn 事件送值,另外还可以在 VRML 场景中增加或删除一条通路。当该域值为 FALSE 时,程序脚本不能直接发送事件,不过可以访问。通常情况下,directOutput 域值设为 FALSE。该域值的默认值为 FALSE。

Script 节点定义了一个接口,接口 eventIn 和接口 eventOut。Script 节点中以"field"开头的一行就是为检测器和插补器定义接口域的开始,其后的是"fieldType",即域数据类型名,在 fieldType 后的是所指定的接口域名(fieldName),在最后,是为域提供的初始化值(initialValue)。

Script 节点可定义多个域和事件(入事件和出事件)。接口域、接口 eventIn 和接口 eventOut 都可以任意取名字,但必须遵循 DEF 的命名规则。按照 VRML 的约定,要区分大小写,名字必须以小写字母开头,而且名字的每个子序列单词都必须大写,允许在名字中使用下划线和阿拉伯数字。

eventIn(入事件)通常以"set_"开始,除非它们具有对组内进行添加或删除子元素的操作权限。eventOut(出事件)通常以"_changed"结尾,除非它们是一个布尔值或时间值。布尔类型的 eventOut 事件名以"is"开头,时间类型的 eventOut 事件名以"Time"结尾。

实例 7-33 在虚拟世界中,当来到这个房间门前,用 Mouse 单击门,门会自动打开,当再次单击时,门自动关闭。

```
#VRML V2.0 utf8
#定义一个比较好的初始视点
Viewpoint {position 1.5 0 10 }
#定义两扇门,注意重用
Transform {
    children [
```

```
        DEF tchSensor TouchSensor {}
        DEF ldoor Transform {
            children [
                DEF door Transform {
                    translation 1 0 0
                    children [
                        Shape {
                            appearance Appearance {
                                material Material {
                                    diffuseColor 0.6 0.1 0.1 }
                            }
                            geometry Box {
                                size 2 4 0.15
                            }
                        }
                    ]
                }
            ]
        }
        DEF rdoor Transform {
          translation 2 0 0
          center 2 0 0
          children [
            USE door ]
        }
    ]
}
DEF tmSensor TimeSensor { cycleInterval 2 }
# 由于两扇门的转动方向相反，需要定义两条转动路径
DEF ontInp OrientationInterpolator {
    key [0,1]
    keyValue [0 1 0 0,0 1 0 -1.57]}
DEF ontInp2 OrientationInterpolator {
    key [0,1]
    keyValue [0 1 0 0,0 1 0 1.57]}
DEF controller Script {
    field SFBool isOpen FALSE #域，用于记录门当前开关状态
    eventIn  SFTime doorClicked #入事件，门被单击时的时间
    eventIn  SFFloat  fracIn #入事件，用于接收时段，构成连续性动画，而不是突变
```

```
      eventOut SFTime   actionStart  # 出事件,开关门动作开始的时间
      eventOut SFFloat fracOut  # 出事件,发出时段
    url "javascript:
      function doorClicked(value){
        isOpen = ! isOpen;
        actionStart = value;
      }
      function fracIn(value,timeStamp){
        if(! isOpen)
          fracOut = 1 - value;
        else
          fracOut = value;
      }
    "}
ROUTE tchSensor.touchTime TO controller.doorClicked
ROUTE controller.actionStart TO tmSensor.startTime
ROUTE tmSensor.fraction_changed TO controller.fracIn
ROUTE controller.fracOut TO ontInp.set_fraction
ROUTE controller.fracOut TO ontInp2.set_fraction
ROUTE ontInp.value_changed TO ldoor.rotation
ROUTE ontInp2.value_changed TO rdoor.rotation
```

此外,虽然 VRML 中提供了丰富的标准节点类型,利用这些标准节点,可创建出虚拟场景,但在实际工作中,仅仅靠这些标准节点还是不够的。VRML 为开发者提供了更加灵活的自定义原型方式。所谓原型 PROTO 节点是一种用户可以创建新节点的类型。它可以定义新节点的名字、域、域值及节点体,一旦定义了用户的新节点,就可以像 VRML 标准节点一样去使用它,通常放在 VRML 文件的前面部分。

同时,还有一个创建外部定义的新节点 EXTERNPROTO 节点,它是在 VRML 主程序中定义外部新节点的名字、域或事件、域值类型、域或事件名字及 url,并且在一个外部 VRML 文件中定义一个或多个 PROTO 新节点的名字、域、域值、事件与节点主体。

7.9.2 VRML 与网络

VRML 是一种专门为网络而设置的虚拟现实建模语言。采用 VRML 不仅可以直接访问网站(网页),而且还可以采用 VRML 来进行建立网站,实现立体化网站的意图。

1. 在 VRML 程序中直接打开网络资源

在 VRML 程序中,可以使用锚节点 Anchor 来实现直接打开网络资源的目的。如实例 7-34 所示。

实例 7-34 在 VRML 程序中实现链接到相关网站,如图 7-9-1 所示。

```
#VRML V2.0 utf8
Background{
    frontUrl "p12.jpg"}                                    #背景
Anchor {
    url "http://www.china-vr.com"                          #链接的目标网址
    children [
      Transform {
        translation 0.0 -5.0 -7.0
          children [
            Shape {
              appearance Appearance {
                material Material {
                  diffuseColor 1.0 0.0 0.0 }}
              geometry Text {
                string [ "Go to Internet www.china-vr.com" ]  #显示的提示
                fontStyle FontStyle {
                family "TYPEWRITER"
                  style "BOLD"
                  size 10.0
                horizontal TRUE
                leftToRight TRUE
                justify ["MIDDLE"]}
                  maxExtent 60.0
                }}]}]}
            Anchor {
url "7-35.htm"                                             #链接的目标网址
children [
    Transform {
      translation 0.0 10.0 -7.0
        children [
          Shape {
            appearance Appearance {
              material Material {
                diffuseColor 1.0 1.0 0.0 }}
            geometry Text {
              string [ "Go local net " ]                   #显示的提示
              fontStyle FontStyle {
```

```
        family "TYPEWRITER"
          style "BOLD"
          size 10.0
        horizontal TRUE
        leftToRight TRUE
        justify ["MIDDLE"]}
          maxExtent 60.0
            }}]}]}
```

在这个实例中,可实现直接上 Internet 网络,也可以链接到本地的网页,实现本地网页与 VRML 程序的跳转。

图 7-9-1　在 VRML 程序中访问网站

2. 利用 VRML 建立立体网站

HTML 是超文本标记语言,它常用来设计网页。它是一种描述文档结构的语言,它是一个放置了标签的 ASCII 文本文件。在此文件中采用超链接的方法可实现 VRML 程序的调用。

实例 7-35　在 HTML 网页中可链接 VRML 程序,并实现网页与 VRML 程序之间的跳转。

```
<html>
<head>
<meta http-equiv = "Content-Type" content = "text/html; charset = gb2312">
<title>VRML-HTML 世界之间的跳转</title>
</head>
```

```
<body>
<h1>VRML-HTML 世界之间的跳转</h1>
<ul>进入 VRML 立体空间场景
    <li><a href="7-13.wrl">进入 VRML 场景 1</a>
    <li><a href="7-33.wrl">进入 VRML 场景 2</a>
    <li><a href="7-34.wrl">进入 VRML 场景 3</a>
</ul>
</body>
</html>
```

7.9.3 VRML 与 Cult3D

Cult3D 是一种虚拟现实技术常用的制作工具,其制作的三维物体文件容量小、质量高,在产品展示、网站建设中应用较多。

在设计与开发 VRML 虚拟世界时,可以充分利用 Cult3D 现有的程序,提高软件开发的效率,这样就需要有一个良好的接口程序,将三维立体空间模型直接引入 VRML 三维立体网络语言中,以进一步提高编程效率。

要使用 Cult3D 技术,首先要安装 Cult3D 浏览器插件,安装文件的名称为 Cult3d_ie。双击它后按提示要求的步骤进行安装即可。

实例 7-36 在 VRML 程序中调用 Cult3D 文件。

```
#VRML V2.0 utf8
Background{
    frontUrl "P04.jpg" }  #背景
Anchor {
    url "tea.co"
    children [
      Shape {
            appearance Appearance {
                material Material {
                    diffuseColor 1.0 1.0 0.2 }}
            geometry Text {
                string [ " Go to Cult3D "]}}]}      #显示字符
```
在本例中,tea.co 为 Cult3D 文件。

7.9.4 VRML 与 Office

Office 是常用的办公处理软件,在 Word 中或是在 PowerPoint 演示报告中,加入三维效果将大大提高其效果。在 Word 或 PowerPoint 中调用 VRML 程序是十分简单的,只要在文稿或演示报告中插入超链接就可以实现,如图 7-9-2 所示。

同时如有需要,也可以利用 ActiveX 的方式直接将虚拟场景嵌入文档内容中。

(a)   (b)

图 7-9-2 插入 VRML 程序过程及效果

7.10 VRML 与 3DS MAX

如果虚拟世界的场景十分复杂，全部采用 VRML 来建模，相对来说比较麻烦，而现在有很多专业的三维软件支持 VRML 格式输入/输出，将建立好的场景导出成 VRML 的格式，这样就比较直观、简便。

3DS MAX 是在建模过程中使用较多的一个软件，可以在 3DS MAX 中建立场景然后利用它的导出功能直接把场景输出成 VRML 文件，另外还可以在 3DS MAX 中建立 VRML 节点，其实现的效果和用 VRML 语言编写的效果可以做到一致。

7.10.1 3DS MAX 的场景导出

一般 3DS MAX 与 VRML 结合应用的步骤是：先在 3DS MAX 中建立一个三维场景的造型、材质、贴图、动画和视点等，再利用 3DS MAX 的 Export 功能导出为 VRML 97 文件格式，最后再编辑生成 .wrl 源文件，对其修改和编辑等。

在 3DS MAX 文件菜单中，选择 Files 下的 Export（导出）选取项，在其导出文件类型中选择 .wrl 文件类型，弹出如图 7-10-1(a)所示对话框，输入文件名，确定保存。

(a)   (b)

图 7-10-1 导出选项

7.10.2 在 3DS MAX 中插入节点

在 3DS MAX 中建立 VRML 节点不能直接创建，在命令面板创建（Create）的辅助物体（Helper）下的列表中选择 VRML 97 选项。如图 7-10-1(b)所示。

3DS MAX 可以导出的节点有 12 种场景，分别是 Anchor（锚点）、AudioClip（音频剪辑）、Background（背景）、Billboard（公告板）、Fog（雾）、Inline（引入）、LOD（细节控制）、NavInfo（浏览控制信息）、ProxSensor（接近事件传感器）、Sound（立体声音）、TimeSensor（时间传感器）、TouchSensor（触动传感器）。这些节点还可以导出后在 VRML 中对它们的参数进行修改。

1. Anchor

如图 7-10-2(a)所示，description 是一个提示，移动光标到锚点对象而不单击它时，浏览器显示该提示文本。用户可以在场景中加入超链接，用 pick trigger odject 指定场景中锚点对象；url 用来指定超级链接位置；parameter 为 VRML 和 HTML 浏览器附加的信息。例如，有些浏览器允许在 HTML 文档中指定一个页面框架作为链接对象。

2. AudioClip

如图 7-10-2(b)所示，url 用来指定声音的位置；pitch 加快或减慢播放声音的相乘因子（如 3.0 意味着以 3 倍的速度播放），只有正值是有效的；loop 指明是否重复播放声音。

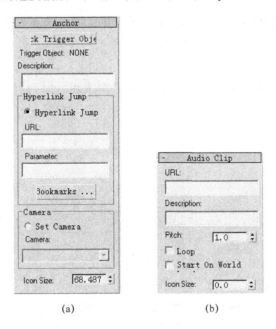

图 7-10-2　Anchor 与 AudioClip 设置

3. Background

如图 7-10-3 所示，Background 用来控制场景中天空和地面的颜色，还可以指定一组图像分别放置在场景的前后、上下、左右。

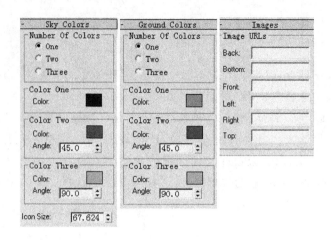

图 7-10-3 Background 设置

4．Billboard

可以在用户浏览时，动态地改变自己的坐标系。

5．Fog

type 随着观察者的距离增加，雾的浓度增加的方式（线性方式、指数方式）；color 为雾的颜色；Visibility Range 为观察者能在雾中看到所有东西的最大距离，0 或小于 0 的值表示没有雾。

6．Inline

用于引入外部的 VRML 造型文件。可以在当前的场景中插入其他的 VRML 文件的造型。但文件必须是以 *.wrl 为后缀的 VRML 文件。

7．LOD

LOD 节点可使浏览器自动地在不同的物体造型描述之间进行切换。显示哪一细节层次是根据对象和用户之间的距离决定的。当距离近时，细节层次多些物体清晰些。Distance 就是用来设定距离的。

Billboard、Fog、Inline 及 LOD 的设置如图 7-10-4 所示。

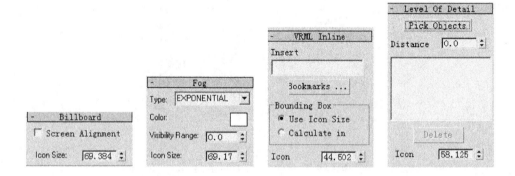

图 7-10-4　Billboard、Fog、Inline 及 LOD 设置

8．NavInfo

描述观察者和观察场景的物理特征的信息。

- Type：不同的导航类型适用于不同的情况，一个 WALK 浏览者就像行走在虚拟世

界,要受限于所在地形并受重力的影响。一个 FLY 观察者除不受地形和重力影响之外,类似于 WALK 浏览者,像在空中飞行。EXAMINE 观察类型可用来观察单个物体,通常提供转动或把它移近或移远的能力。NONE 类型不给观察者提供任何专项功能,用户只能用场景提供的控制进行浏览。

- Visibility Limit:设定用户能够看到的最远距离。浏览器不会显示在这一范围以外的对象,并使它们和背景同色。默认值表明是无限的可视界限。
- Speed:设定观察者在场景的速度,单位是 m/s。
- Avatar Size Collision:碰撞被探测出以前用户位置与一个碰撞几何体间的允许距离。
- Terrain:视点与地面间应保持的高度。
- Setp height:视点可以跨过的最高障碍物的高度。

9. ProxSensor

在用户进入、退出或在一个方形区域中移动时产生事件。

10. Sound

结合 AudioClip 使用,使声音产生较真实的立体声效果。

- intensity:声源的强度,0 为最小值,1 为最大值。
- priority:指出声音的优先级。
- spatialize:指出声音是作为空间点播放,还是作为环境声播放。
- maxfront minback:用来控制声音的衰减范围,在内椭圆区域内声音为最大值,在外椭圆区域外没有声音,在内外椭圆之间的区域内,其声音按距离衰减。箭头指向的是声音发射的方向。

NavInfo、ProxSensor 与 Sound 设置如图 7-10-5 所示。

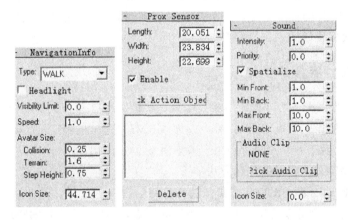

图 7-10-5　NavInfo、ProxSensor 与 Sound 设置

11. TimeSensor

随着时间的推移,TimeSensor 节点产生事件。它能被用来生成动画(通常与插值器一起),能在一个指定时间引发一个动作或者以固定时间间隔产生事件。

12. TouchSensor

TouchSensor 节点产生基于定点输入设备(通常是鼠标)的事件。这些事件表明用户是否正在点选某个几何体和用户在什么地方,以及在什么时候按了定点设备的键。用于指定一个单击触发器,用来检测鼠标动作。通过单击对象(场景中的物体)产生动画。

TimeSensor 与 TouchSensor 设置如图 7-10-6 所示。

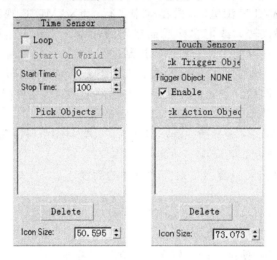

图 7-10-6　TimeSensor 与 TouchSensor 设置

7.11　VRML 程序的优化

在创建复杂的 VRML 场景时,除了创建大量的模型外,还必须考虑在网络上的传输问题。文件的容量等直接关系到服务器和客户浏览器之间的传输时间及文件在浏览器上的载入时间。如果这段时间过长,浏览者将无法忍受。同时,渲染的速度也直接影响浏览者浏览的速度,速度过低将使场景失去真实感。

7.11.1　文件容量的优化

VRML 文件的大小在两方面影响到场景:一方面是服务器与浏览器之间的传输时间,如果速度过慢,这是让人难以忍受的;另一方面 VRML 文件的大小也直接影响到将场景载入浏览器。所以在创建场景的同时必须要考虑对场景的优化。

常见对 VRML 文件容量的优化方法如下。

1. 利用 DEF、USE 和 PROTO 对实例进行重用

在场景中经常有部分节点有着相同或相近的特点,比如沿着公路的路灯,它们的外形是相同的,仅有位置上的区别,可以对一个包括路灯的造型 shape 节点命名,如 DEF light Shape{…},再利用 Transform {…USE light…}多次对 light 引用。

与 DEF、USE 相比,PROTO 的使用更需要对场景进行组织,在场景中存在一些节点,它们有相同的功能,但有一些属性上的区别,如颜色、纹理等,这时便可通过原型设计来优化。

2. 消除空白间隔

由于 VRML 文件是按文本方式保存的,也就是说所有的空行、空格都被保存下来,这样便增加了文件的长度,所以一些不必要的空格应该删除。但并不是所有的空格都应删除,空格能保证文件的可读性。当然,必要的注释还是应该保留的。

3. 数据的优化

当场景达到一定的规模,其间的数据量是相当可观的,数据的存储与运算也变得十分繁重,因此有必要对数据进行优化。一种方法是对数据取整。可以认为一个数据在取整后误差小于百分之一,那么它不会影响到场景的效果。另一种方法是对数据固定精度,多余的部分将被删除。精度的确定取决于场景与模型本身,以不影响效果为准。数据的优化在使用导入模型时显得非常重要,一般的导入工具经常产生过高的精度,使数据过于庞大,像0.000 000 013 970 939 228这种数据许多时候都可以用0来代替。

4. 对 VRML 文件进行 gzip 格式压缩

VRML 浏览器通常都支持 *.wrz 格式的文件,这种文件即表示是采用了 gzip 格式压缩的。一般压缩比可以达到 6～10 倍,VrmlPad 中就集成了 gzip 压缩功能。在打开"保存文件对话框"时勾选"是否以压缩格式进行保存"的选项进行压缩保存。

7.11.2 提高渲染速度

在网络浏览一个复杂的 VRML 场景时,随着里面景物的增多,一般来说会感到浏览的速度减慢,太慢时甚至会影响场景的真实性与交互性。当浏览者通过浏览器每秒看到的帧数少于 10 帧,就会觉得不自然。所以必须提高场景的渲染速度。

除了从硬件上提高计算机 CPU 速度、增加内存、选择好的显卡等方法外,也可以通过以下方法的应用,在不损失效果的同时,提高渲染的速度。

1. 减少多边形的数目

在构造模型时,其构成的多边形数目越多其真实感也就越强,但不能无限制地增加多边形的数目,当一旦多边形数目过大,超过计算机的运算能力,浏览器的画面将会停滞。所以在创建模型时,必须在保证必要精度时,尽可能减少模型的多边形数目。选择模型的构成节点时,尽量用 Box、sphere、Cone 等这些规则几何节点。使用 IndexedFaceSet、IndexedLineSet、Extrusion 这些复杂节点时,应尽量减少顶点个数。可利用向量(Normal)来改善显示效果。对于一些细节可通过用纹理来替代。

2. 注意光源的使用

要避免使用过多的光源,以提高渲染速度。一般来说,DirectionLight 不要超过 8 个,PointLight、SpotLight 不要多于 3 个。光源的作用范围也要进行控制,如在 Transform 内部的光源就只对内部的几何节点产生效果。如果只对个别物体产生光照,避免使用全局光源,尽量使用局部光源。对于 PointLight 和 SpotLight 来说,可以减小光源的作用范围(radium)来减少运算量。

3. 优化细节层次

为了产生更加真实的效果,设计者在场景中经常要使用一些复杂的几何模型,它们通常都是由大量的多边形组成。但复杂的几何模型会使浏览器的运算量急剧增加,整个场景都因此变慢。为了解决这个问题,VRML 中引入了对细节的层次控制。

由于模型的细节只有在观察者接近时才能感觉到,超出一定范围,模型的细节便被观察者的眼睛所忽略掉了。根据这一原理,在创建模型时,可以创建不同分辨率的模型,应用于观察者处在不同的距离上观察。随着观察者的位置改变,用不同分辨率的模型进行显示。

一般可分为3种细节:在距离最远时使用低分辨率模型,它只具有模型的基本特征;再往近处走到一定距离便使用低分辨率模型,它使用简单几何体代替复杂的细节;当观察者近距离观察时,则使用高分辨率的模型,可以看到模型的全部细节。

4. 充分利用纹理

几何体要产生逼真的效果,很大程度上依赖于纹理的使用,因此在一个场景中通常会用到多处纹理。但如果纹理使用不当,也会给系统带来很大的负担。

(1) 尽可能使用简化纹理、使用单元素纹理。

单元素纹理只有亮度的影响,oxFF 表示亮度最大,ox00 表示全黑。通过单元素纹理与 Material 中的 difuseColor 配合使用,能产生很好的效果,同时因为是单元素纹理,浏览器处理起来很快。

同时,尽可能使用小块的纹理。纹理是可以不断延伸与重复的,所以尽量使用小一点的纹理图。如创建一块草地,最好的方法是采用很小的一块纹理图,再通过在各个方向上重复多次便可铺满整个地面,这与使用一个大纹理图产生的效果是一样的。

(2) 使用纹理代替几何体。

通常需要用大量多边形才能将物体的细节表现出来。比如一栋大楼,有门、阳台、窗户,如果使用多边形来完成那将是巨大的工程。如果这栋大楼在整个场景中只是作为背景,那就造成了极大的浪费。达到同样的效果完全可以通过对一个几何体添加纹理来实现。

5. 分块处理

将一个场景进行合理的规划,使浏览器渲染的时候分为几部分渲染同样可以加速渲染。浏览器利用 Group、Transform 来管理分组的节点。每一个 Transform 节点和 Group 节点都有一个域用于描述包围盒(box),包围盒内是包围其内部所有几何体的一个立方体。浏览器通过 Viewpoint 计算,再与各个包围盒的大小和位置进行比较,得出当前应该显示的包围盒。那些不在视野范围内的节点组将被浏览器忽略掉。

对那些必须在同一时刻显示的节点,将它们分为一组,其他关联不大的节点单独分开,这样浏览器便可以最优的方式显示当前节点。一般来说,一个节点组内不应该包括过大场景的内容,那将导致浏览器一次显示过多内容。

6. 优化碰撞

为了防止浏览者的视野进入到几何体中,浏览器利用碰撞检查监测浏览者的状态。但是,在一个复杂的场景中碰撞检查将占用大量资源。

(1) 关闭碰撞检查

在默认的情况下,碰撞检测是打开的。对于用户没有可能接触到的几何节点可以关闭碰撞检查。如浏览者的浏览方式被定为 EXAMINE 时,可以将场景中物体的碰撞检查关闭。浏览方式为 WALK 时,浏览者不能离开地面,对于位置较高的物体也应该关闭碰撞检查。

要关闭一个几何节点的碰撞检查,可以将几何节点放入 Collision 的 children 域中,将 collide 设为 FALSE 即可。

(2) 使用碰撞代理

在必须保留碰撞检查的情况下,可以对复杂的节点使用碰撞代理。直接的碰撞检查是依据几何体的外形进行的,如果几何体过于复杂,像 IndexedFaceSet 创建的节点,碰撞检查的效率将变得很低。碰撞代理利用一个简单的几何体,如 Box、Sphere 作为碰撞检查的边界。利用碰撞代理作碰撞检查要快得多。使用碰撞代理只要在 proxy 域中指定一个能将 children 域中所有的节点包围的简单几何体便可。

7. 有效使用脚本

灵活应用脚本也可用于优化场景。对于场景中的复杂效果,如声音、电影纹理、复杂的光照都可使用 Script 节点来控制,只有当浏览者进入可以感受到这些效果的地方再触发它们,在距离较远或感受不到的位置就不需要打开这些效果。

在脚本中,尽量把 ROUTE 设置在场景层次内的最底层,这样浏览器便可优化那些不做变化的节点。

7.12 X3D 介绍

7.12.1 X3D 概述

X3D 是一种无须任何授权费用的开放标准的 Web3D 文件格式以及运行时的架构,它使用 XML 来描述与交换 3D 场景和对象。它是一套通过了 ISO 认证的标准,为应用程序中嵌入实时图形内容而提供存储、恢复及回放的系统,在一种开放式架构中支持各个应用领域与各种用户。

X3D 具有一整套丰富的组件化特性,能胜任工程、科学可视化、CAD 与建筑、医学可视化、培训与仿真、多媒体、娱乐、教育,以及更多的任务。

1. X3D 的特性

X3D 整合了 XML,这是与以下内容整合的关键。
- Web Services:分布式网络,跨平台、跨应用程序的文件与数据交换。
- 组件化:允许轻量级的 3D 运行时的核心引擎。
- 可扩展性:允许为市场应用程序和服务添加组件以便扩展功能。
- 重塑能力(Profiled):标准化的扩展套件,以满足特定的应用需求。
- 渐进的:易于更新同时保留 VRML 97 内容到 X3D 中。为网络/嵌入式应用准备,从移动电话到超级计算机。
- 实时性:图形是高质量的、实时的、交互式的,并且 3D 数据中包含音频和视频。
- 良好定义性:使得构建一致的、一贯的以及无 Bug 的实现更简单。

2. X3D 支持功能
- 3D 图形及可编程渲染:多面体、参数化几何体、多层次变换、灯光、材质、多通道/多级纹理映射、像素与顶点渲染及硬件加速。
- 2D 图形:空间化的文本;2D 矢量图形;2D/3D 混合。
- CAD 数据:CAD 数据转换为一种开放的格式,供发布和交互式媒体使用。
- 动画:利用计时器及插补器来驱动连续性动画;仿人体动画与变形。
- 空间化的音频与视频:可视化的声源映射到场景中的几何体上。
- 用户交互性:基于鼠标的拾取与拖拽;键盘输入。
- 导航:摄像头;用户在 3D 场景中的移动;碰撞检测,靠近与可见性检测。

- 用户定义的对象:可以通过创建用户自定义的数据类型来扩展浏览器内置功能。
- 脚本:可以通过编程语言和脚本语言动态改变场景。
- 网络:能够整合单一 X3D 场景和网络上 X3D 场景的资源;通过超链接的方式将对象链接到其他场景或 WWW 上其他资源。
- 物理仿真与实时通信:仿人体动画;空间地理信息数据;与分布式交互仿真(DIS)协议整合。

3. X3D Profile 与一致性概述

X3D 的模块式架构使得可以有各种层次的 Profile(应用轮廓),可以提供增强虚拟环境沉浸性及加强交互能力,或者专注于市场应用中——由模块化功能(组件)组成的小的可下载的占更小空间——数据的交换格式。以便易于被应用程序和内容开发者理解和实现。

基于组件的架构支持创建各种不同的能够单独支持的 Profile。通过添加新的"级别"(level),组件可以单独被扩展或修改,也可以增加新的组件来引进新的特性,如流。通过这种机制,X3D 规范中的一些开发可以很快活跃起来,因为一个领域的开发不会拖慢整个 X3D 规范的进度。重要的是,对内容的一致性要求保证了声明(Profile)组件和级别这些必须项不会出现歧义。

4. 基本的 X3D Profile

Interchange 是应用程序间通信的最基本的级别声明。它支持几何体、纹理、基本的灯光和动画。其中运行时没有模型被渲染,使得它非常容易整合到任何应用程序中。其关系图如图 7-12-1 所示。

Interactive 通过加入各种传感器节点,实现用户导航和交互,如 PlanseSensor、TouchSensor,加强的计时器和灯光,使得 3D 环境具有一些基本的交互能力。

Immersive 具有完整的 3D 图形和交互能力,包括音频支持、碰撞检测、雾和脚本。

Full 是所有定义的节点,包括 NURBS、H-Anim 和地理组件。

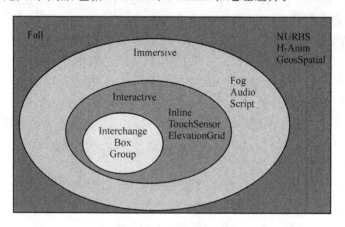

图 7-12-1 Profile 关系图

7.12.2 X3D 基本语法

实例 7-37 一个基本的"Hello,World!"程序。

```
<? xml version = "1.0" encoding = "UTF-8"? >
```

```xml
<!DOCTYPE X3D PUBLIC "ISO//Web3D//DTD X3D 3.0//EN"
"http://www.web3d.org/specifications/x3d-3.0.dtd">
<X3D profile='Immersive' version='3.0' xmlns:xsd='http://www.w3.org/2001/XMLSchema-instance'
xsd:noNamespaceSchemaLocation='http://www.web3d.org/specifications/x3d-3.2.xsd'>
  <head>
    <meta name='title' content='HelloWorld.x3d'/>
    <meta name='description' content='Simple X3D example'/>
  </head>
  <Scene>
    <!--Example scene to illustrate X3D nodes and fields (XML elements and attributes)-->
    <Group>
      <Viewpoint centerOfRotation='0 -1 0' description='Hello world!' position='0 -1 7' retainUserOffsets='FALSE'/>
      <Transform rotation='0 1 0 3'>
        <Shape>
          <Sphere/>
          <Appearance>
            <Material diffuseColor='0 0.5 1'/>
            <ImageTexture url=' "earth-topo.png" "earth-topo.jpg" "earth-topo-small.gif" '/>
          </Appearance>
        </Shape>
      </Transform>
      <Transform translation='0 -2 0'>
        <Shape>
          <Text solid='FALSE' string='"Hello" "world!"'>
            <FontStyle justify='"MIDDLE" "MIDDLE"'/>
          </Text>
          <Appearance>
            <Material diffuseColor='0.1 0.5 1'/>
          </Appearance>
        </Shape>
      </Transform>
    </Group>
  </Scene>
```

</X3D>

效果如图 7-12-2 所示。

图 7-12-2 X3D 运行效果图

7.12.3 X3D 浏览器与编辑工具

本章前面对 VRML 浏览器的描述中包含了对 X3D 支持情况的介绍,请阅读相关内容。

X3D 采用 XML 格式,这使得几乎所有 CAD 软件、仿真软件、三维建模软件等都可以轻易地支持 X3D 格式输出,尽管目前这些软件对 X3D 格式还不是那么普遍。

从广义来说,所有支持 X3D 场景处理的软件都可以称为 X3D 编辑工具,如 3DS Max、Maya、Blender 等都已经较好支持 X3D 格式的模型导出。对于复杂场景和动画的制作,很大程度上将依赖这类专业的建模软件,因为 X3D 从本质上来说只是一种数据格式,它不直接提供相应的数据生成解决方案。

专门的 X3D 编辑工具一般是指能提供从场景建模到动画制作、交互实现整套环境的软件。本书将简要介绍用于 X3D 学习的两款工具。

1. X3D-Edit v3.1

X3D-Edit v3.1 的功能特点:

- 直观的图形化的场景结构。
- 支持 DTD/XSD 有效性验证,从而保证建立语义上符合 X3D 规范的场景图文件。
- 可以转换 X3D 场景到 VRML 格式,以浏览结果 。
- VRML 97 文件的导入与转换。
- 智能语义环境提示,辅助快速开发。
- 每个元素和属性的弹出式工具提示(ToolTip),帮助了解 VRML/X3D 场景图如何建立和运作,已支持中文。
- 支持 XSLT,使用扩展样式表(XSL)自动转换:X3dToVrml 97.xsl(VRML 97 向后兼容性)、X3dToHtml.xsl(标签集打印样式)、X3dWrap.xsl / X3dUnwrap.xsl(包裹标签的附加/移除)。
- 使用标签和图标打印场景图正文。

X3D-Edit 3.1 基于 IBM 的 Xeena 1.2,原版本配置比较麻烦,限制了其使用。本书所附光盘中的版本对其进行了一定的修改,简化了配置过程,便于更多人使用学习。其工作界面如图 7-12-3 所示。

说明:运行该软件需要安装 JDK1.4 以上版本,且软件所在目录中不能含有中文字符,否则会出现错误。

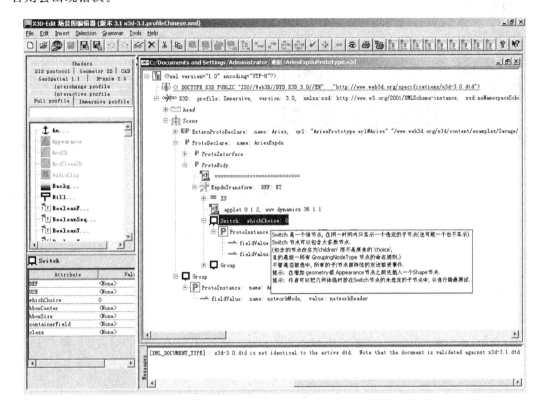

图 7-12-3 X3D-Edit v3.1 工作界面

2. X3D-Edit 3.2

该版本虽然仍叫作 X3D-Edit,但实际上是完全重写的。它基于 Netbeans 平台,可以作为 Netbeans 插件运行,也可以作为独立软件运行。其工作界面如图 7-12-4 所示。

它是一套完整的 X3D 开发、调试环境,借助 Netbeans 平台的强大功能,实现了智能源代码编辑、有效性验证、图形化场景图结构,可视化节点编辑、实时预览(集成 Xj3D)、支持传统 VRML 与二进制编译、使用 XML 安全标准加密与数字签名验证。

运行该软件需要 JDK 1.5 及以上环境。

7.12.4 X3D-VRML 格式转换

尽管 X3D 兼容传统 VRML 编码格式,但很多时候 VRML 97 格式的文件需要升级到 XML 编码格式以获得更多软件的支持。X3D-Edit 中集成了一个 VRML 97 到 X3D 格式的转换工具 Vrml97ToX3dNist。在 X3D-Edit 中选择"文件"→"导入"→"VRML/ClassicVRML 文件"即可打开转换工具界面。有时使用的浏览器插件尚未支持或未完全支持 X3D,可利用 X3D-Edit 的"导出"菜单输出低版本的格式以获得浏览器支持。

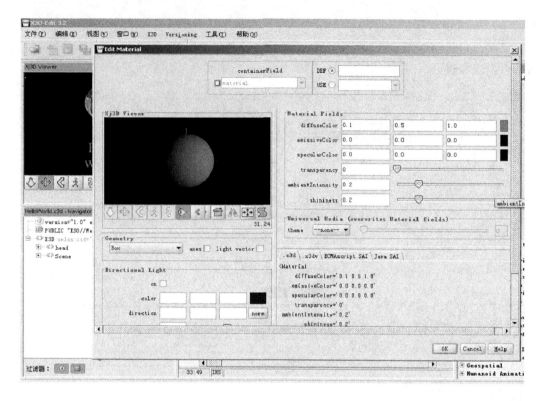

图 7-12-4　X3D-Edit 3.2 工作界面

习　　题

1. 理解 VRML 的节点、事件、路由、脚本、原型概念。
2. VRML 节点中域名、域值的作用是什么？
3. 创建一个吊扇的造型，单击后自动旋转。
4. 创建一台电视造型，并可播放电视节目。
5. 利用聚光灯创建一个舞台灯光的效果。
6. 创建一个雨伞的造型。
7. 创建一个室内场景。
8. 在 VRML 程序中实现调用 Cult3D 作品。
9. 利用 VRML 程序来建立一个立体网站。
10. 在 PPT 演讲报告中插入 VRML 程序。

参考网站

1. 虚拟无忌 www.86vr.com
2. 虚拟现实起点站 www.vr168.com
3. 上海杰图软件技术公司 www.jietusoft.com
4. 中国图形图像学会虚拟现实专业委员会 www.china-vr.com
5. 中国虚拟现实产业第一门户 www.vrart.cn
6. 米兰虚拟 www.web3dchina.com
7. 北京黎明视景科技开发有限公司 www.pcvr.com.cn
8. 北京万维拟境科技有限公司 www.mvrworld.com
9. 美国 Eonreality 公司 www.eonreality.com.cn
10. 北京科瑞斯特公司 www.krystal.com.cn
11. Cult3D 官方网站 www.cult3d.com
12. 北京大学全景工作室 www.panoaid.com
13. 深圳中视典公司 www.vrplatform.com
14. 3D 论坛 www.web3dvr.com
15. 深圳市易维讯计算机技术有限公司 www.evision.com.cn/cn/index.html
16. 广州华淮公司 www.huahuai.com
17. 美国虚拟现实有限公司 www.vrealities.com
18. 人机在线 www.ergocn.com/wenzhai16.htm
19. 美国 5DT 公司 www.5dt.com
20. 伟景行数字城市科技有限公司 www.gvision.cn
21. kaidan 股份有限公司 www.kaidan.com
22. IT 新动力 www.51bbc.com
23. 国家体育总局体科所系统仿真实验室 www.3s.org.cn/chinese/xueshu/neiwai.htm
24. 中国全景摄影网——四方环视 www.chinavr.net
25. 北京大学 PS 全景工作室 www.panoaid.com
26. 宇风多媒体 www.yfdmt.com
27. 虚拟现实时代 www.vrage.cn

参 考 文 献

[1] 胡小强.虚拟现实技术与应用.北京:高等教育出版社,2004.

[2] 虚拟现实技术.2版.魏迎梅,栾悉道,等译.北京:电子工业出版社,2005.

[3] 虚拟现实系统.魏迎梅,杨冰,等译.北京:电子工业出版社,2004.

[4] 洪炳镕,蔡则苏,唐好选.虚拟现实及其应用.北京:国防科技大学出版社,2005.

[5] 陆晶辉.VRML入门与提高.北京:北京大学出版社,2003.

[6] 曾芬芳.虚拟现实技术.上海:上海交通大学出版社,1997.

[7] 黄心渊.虚拟现实技术及应用.北京:科学出版社,1999.

[8] 苏威洲,童仲豪,叶翰鸿.实现网络三维互动.北京:清华大学出版社,2001.

[9] 张秀山,等.虚拟现实技术及编程技巧.北京:国防科技大学出版社,1999.

[10] 网冠科技.Cult3D产品三维展示——时尚创作百例.北京:机械工业出版社,2002.

[11] 石教英.虚拟现实基础及实用算法.北京:科技出版社,2002.

[12] 申蔚,夏立文.虚拟现实技术.北京:北京希望出版社,2002.

[13] 刘祥.虚拟现实技术辅助建筑设计.北京:机械工业出版社,2004.

[14] 张金钊,等.虚拟现实三维立体网络程序设计VRML.北京:清华大学出版社与北京交通大学出版社,2004.

[15] 胡小强.虚拟现实技术.北京:北京邮电大学出版社,2005.

[16] 张茂军.虚拟现实系统.2版.北京:科学出版社,2002.

[17] 周正平,等.使用VRML与JAVA创建网络虚拟环境.北京:北京大学出版社,2003.

[18] 段新昱.虚拟现实基础与VRML编程.北京:高等教育出版社,2004.

[19] 韦有双,杨湘龙,王飞.虚拟现实与系统仿真.北京:国防工业出版社,2004.

[20] 张金钊,等.X3D虚拟现实设计.北京:电子工业出版社,2007.

[21] 汤跃明.虚拟现实技术在教育中应用.北京:科学出版社,2007.